全国专业技术人员新职业培训教程

智能制造工程技术人员 初级

智能制造共性技术

人力资源社会保障部专业技术人员管理司　组织编写

中国人事出版社

图书在版编目(CIP)数据

智能制造工程技术人员：初级：智能制造共性技术/人力资源社会保障部专业技术人员管理司组织编写. --北京：中国人事出版社，2021

全国专业技术人员新职业培训教程

ISBN 978－7－5129－1684－5

Ⅰ.①智…　Ⅱ.①人…　Ⅲ.①智能制造系统-职业培训-教材　Ⅳ.①TH166

中国版本图书馆 CIP 数据核字（2021）第 218253 号

中国人事出版社出版发行

（北京市惠新东街 1 号　邮政编码：100029）

*

三河市潮河印业有限公司印刷装订　　新华书店经销

787 毫米×1092 毫米　16 开本　25 印张　378 千字

2021 年 11 月第 1 版　　2023 年 9 月第 2 次印刷

定价：78.00 元

营销中心电话：400-606-6496

出版社网址：http://www.class.com.cn

本书编委会

出版说明

当今世界正经历百年未有之大变局，我国正处于实现中华民族伟大复兴关键时期。在全球经济低迷，我国加快形成以国内大循环为主体、国内国际双循环相互促进的新发展格局背景下，数字经济发挥着提振经济的重要作用。党的十九届五中全会提出，要发展战略性新兴产业，推动互联网、大数据、人工智能等同各产业深度融合，推动先进制造业集群发展，构建一批各具特色、优势互补、结构合理的战略性新兴产业增长引擎。“十四五”期间，数字经济将继续快速发展、全面发力，成为我国推动高质量发展的核心动力。

近年来，人工智能、物联网、大数据、云计算、数字化管理、智能制造、工业互联网、虚拟现实、区块链、集成电路等数字技术领域新职业不断涌现，这些新职业从业人员通过不断学习与探索，将推动科技创新、释放巨大能量，推动人们生产生活方式智能化、智慧化、数字化，推动传统产业转型升级，为经济高质量发展注入强劲活力。我国在技术、消费与应用领域具备数字经济创新领先优势，但还存在数字技术人才供给缺口较大、关键核心技术领域自主创新能力不足、数字经济与实体经济融合的深度和广度不够等问题。发展数字经济，推进数字产业化和产业数字化，推动数字经济和实体经济深度融合，急需培育壮大数字技术工程师队伍。

人力资源社会保障部会同有关行业主管部门将陆续制定颁布数字技术领域国家职业技术技能标准，坚持以职业活动为导向、以专业能力为核心，遵循人才成长规律，对从业人员的理论知识和专业能力提出综合性引导性培养标准，为加快培育数字技术人才提供基本依据。根据《人力资源社会保障部办公厅关于加强新职业培训工作的通知》（人社厅发〔2021〕28 号）要求，为提高新职业培训的针对性、有效性，进一步发挥新职业培训促进更好就业的作用，人力资源社会保障部专业技术人员管理司组织相关领域的专家学者编写了全国专业技术人员新职业培训教程，供相关领域开展新职业培训使用。

本系列教程依据相应国家职业技术技能标准和培训大纲编写，划分初级、中级、高级三个等级，有的职业划分若干职业方向。教程紧贴数字技术人员职业活动特点，定位于全国平均先进水平，且是相关数字技术人员经过继续教育或岗位实践能够达到的水平，突出该职业领域的核心理论知识、主流技术及未来发展要求，为教学活动和培训考核提供规范和引导，将帮助广大有意或正在从事数字技术职业人员改善知识结构、掌握数字技术、提升创新能力。

希望本系列教程的出版，能够在加强数字技术人才队伍建设、推动数字经济快速发展中发挥支持作用。

目　录

第一章 智能制造概论

本章分为三节。第一节为智能制造体系架构，介绍智能制造的定义与内涵，阐述智能制造的三范式、系统架构和标准体系，并分析当前智能制造的典型案例；第二节为制造业信息系统；第三节为精益生产与质量管理，要求可以运用智能制造体系架构和信息系统进行质量管理和精益生产管理。

- **职业功能：**智能制造共性技术运用
- **工作内容：**运用智能制造体系架构构建质量管理、精益生产管理方法
- **专业能力要求：**能按照智能制造体系架构的要求进行智能制造单元级的建设与集成；能运用质量管理、精益生产管理等方法进行智能制造系统单元级的管理与运行
- **相关知识要求：**智能制造体系、质量管理、精益生产与管理基础；智能制造信息系统与集成技术基础

第一节　智能制造体系架构

考核知识点及能力要求：

- 了解智能制造的内涵、与传统制造的异同及其标准体系结构。
- 了解智能制造三范式。
- 熟悉智能制造的定义和典型特征。
- 熟悉智能制造系统架构。
- 能够按照智能制造体系架构的要求进行智能制造单元级的构建和集成。
- 能够运用精益生产等方法进行智能制造单元级系统的运行和管理。

一、智能制造简介

1. 智能制造的定义和内涵

智能制造是基于新一代信息通信技术与先进制造技术的深度融合，贯穿于设计、生产、管理、服务等制造活动的各个环节，具有自感知、自学习、自决策、自执行、自适应等功能的新型生产方式[1]。

智能制造的内涵[2] 是实现整个制造业价值链的智能化和创新，是信息化与工业化深度融合的进一步提升。如图 1-1 所示，智能制造金字塔可以很好地反映出智能制造的内涵。在智能制造金字塔中，智能产品与智能服务可以帮助企业带来商业模式的创新，智能设备、智能产线、智能车间到智能工厂可以帮助企业实现生产模式的创新，

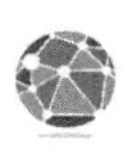

智能研发、智能管理、智能物流与供应链可以帮助企业实现运营模式的创新，而智能决策则可以帮助企业实现科学决策。

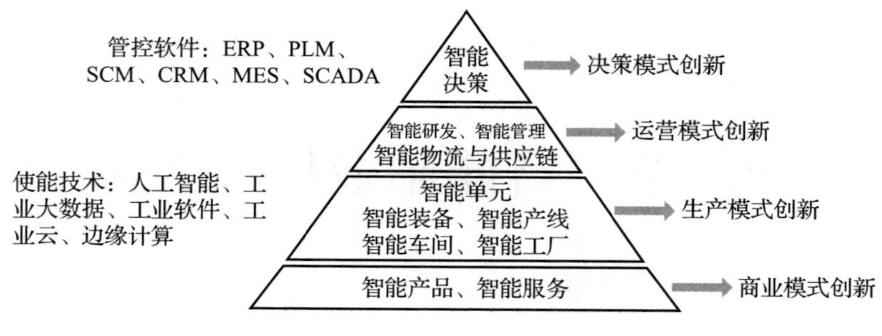

图 1–1 智能制造金字塔

2. 智能制造与传统制造的异同

智能制造更新了传统自动化的概念，使其变得自主性、智能化和高度集成化。智能制造与传统制造的异同点主要体现在产品的设计、加工、制造管理及产品服务等几个方面，具体如表 1–1 所示。

表 1–1 智能制造与传统制造的异同

分类	传统制造	智能制造	智能制造产生的影响
设计	• 常规产品 • 面向功能需求设计 • 新产品研发周期长	• 虚实结合的个性化设计，个性化产品 • 面向客户需求设计 • 数字化设计，研发周期短，可实时动态改变	• 设计理念与使用价值观的改变 • 设计方式的改变 • 设计手段的改变 • 产品功能的改变
加工	• 加工过程按计划进行 • 半智能化加工与人工检测 • 生产组织高度集中 • 人机分离 • 减材加工成型方式	• 加工过程柔性化，可实时调整 • 全过程智能化加工与在线实时监测 • 生产组织方式个性化 • 网络化过程实时跟踪 • 网络化人机交互与智能控制 • 减材、增材多种加工成型方式	• 劳动对象变化 • 生产方式的改变 • 生产组织方式的改变 • 生产质量监控方式的改变 • 加工方法多样化 • 新材料、新工艺不断出现
制造管理	• 人工管理为主 • 企业内管理	• 计算机信息管理系统 • 机器与人交互指令管理 • 延伸到上下游企业	• 管理对象变化 • 管理方式变化 • 管理手段变化 • 管理范围扩大
产品服务	产品本身	产品全生命周期	• 服务对象范围扩大 • 服务方式变化 • 服务责任增大

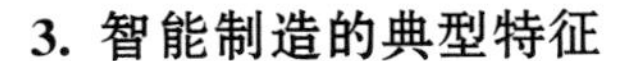

3. 智能制造的典型特征

智能制造的典型特征是“状态感知→实时分析→自主决策→高度集成→精准执行”（图 1-2），即利用传感系统获取企业、车间和设备的实时运行状态信息和数据，通过高速网络实现数据和信息的实时传输、存储和结构化处理。根据分析的结果，按照设定的规则做出判断和决策，再将处理结果反馈到现场调整执行状态。智能制造技术实现了从人工智能到机器智能、从机器智能再到系统智能的进步和发展，其前提是产品和制造过程的数字化模型、数字化控制的工艺装备、网络化集成的制造系统、基于传感网络或知识库的智能化处理[2]。

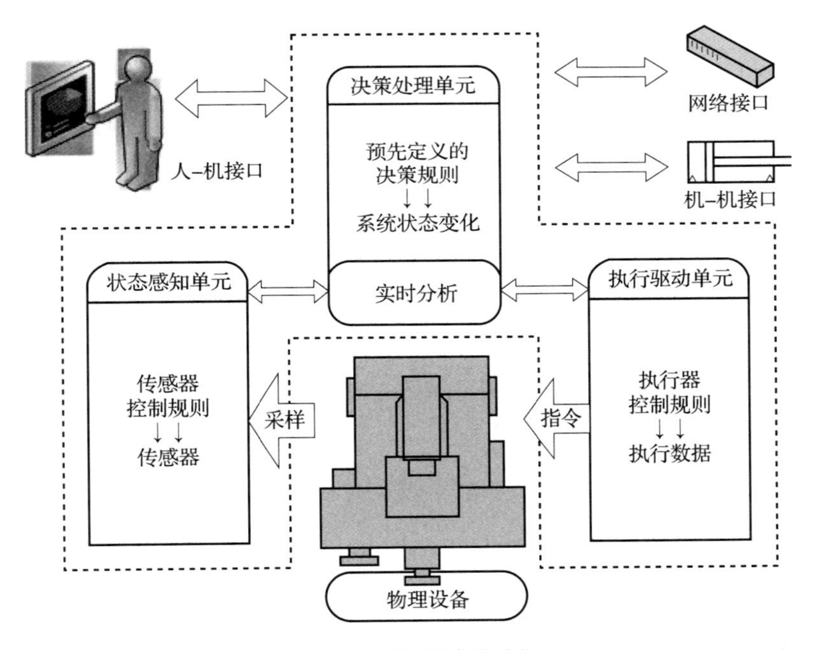

图 1–2　智能制造的特征

（1）状态感知。对制造车间人员、设备、工装、物料、刀具和量具等多类制造要素进行全面感知，完成制造过程中的物与物、物与人及人与人之间的广泛关联，是实现智能制造的基础。针对要采集的多源制造数据，通过配置各类传感器和无线网络，实现物理制造资源的互联、互感，从而确保制造过程多源信息的实时、精确和可靠，智能制造系统的感知、互联覆盖全部制造资源以及制造活动全过程。

（2）实时分析。制造数据是进行一切决策活动和控制行为的来源和依据。基于制造过程感知技术获得各类制造数据，对制造过程中的海量数据进行实时检测、实时传输与分发、实时处理与融合等，是数据可视化和数据服务的前提。因此，对制造数据进行实时分析，将多源、异构、分散的车间现场数据转化为可用于精准执行和智能决策的可视化制造信息，是智能制造的重要组成部分，对制造过程的自主决策及精准控制起着决定性的作用。

（3）自主决策。“智能”是知识和智力的总和，知识是实现智能的基础，智力是获取和运用知识求解的能力。智能制造不仅仅是利用现有的知识库指导制造行为，同时具有自学习功能，能够在制造过程中不断地充实制造知识库，更重要的是它还有搜集与理解制造环境信息和制造系统本身的信息、并自行分析判断和规划自身行为的能力。在传统的制造系统中，人作为决策智能体，具有支配各类“制造资源”的制造行为，制造设备、工装等并不具备分析、推理、判断、构思和决策等高级的行为能力。而智能制造系统是一种由智能机器和人类专家共同组成的人机一体化系统，系统对“制造资源”具有不同程度的感知、分析与决策功能，能够拥有或扩展人类智能，使人与物共同组成决策主体，促使信息物理融合系统中实现更深层次的人机交互与融合。

（4）高度集成。在实现制造业自动化、数字化和信息化的过程中，集成已成为制造系统重要的表现形式，涵盖了硬件设备和控制软件的集成、研发设计和制造的集成、管理和控制的集成、产供销的集成以及 PDM（Product Data Management，产品数据管理）/ERP（Enterprise Resource Planning，企业资源计划）/CAPP（Computer Aided Process Planning，计算机辅助工艺过程设计）/MES（Manufacturing Execution System，制造执行系统）等企业信息系统的综合集成。对于智能制造而言，集成的覆盖面更加广泛，不仅包括制造过程硬件资源间的集成、软件信息系统的集成，还包括面向产品研发、设计、生产、制造、运营、管理、服务等产品全生命周期所有环节的集成，以及产品制造过程中实时的制造数据、丰富的制造知识之间的集成。智能制造将所有分离的制造资源、功能和信息等集成到相互关联的、统一和协调的系统之中，使所有资源、数据、知识达到充分共享，实现集中、高效、便利的管理。

（5）精准执行。制造过程的精准执行是实现智能制造的最终体现，车间制造资源的互联感知、海量制造数据的实时采集分析、制造过程中的自主决策，都是对外部需

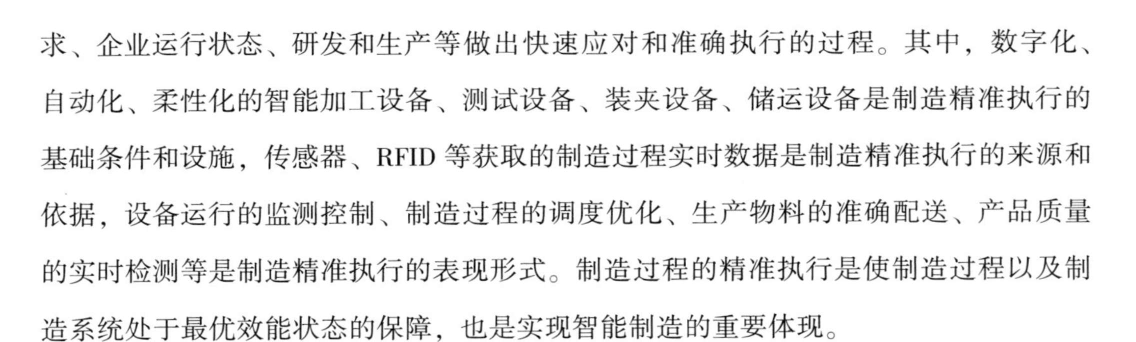
求、企业运行状态、研发和生产等做出快速应对和准确执行的过程。其中，数字化、自动化、柔性化的智能加工设备、测试设备、装夹设备、储运设备是制造精准执行的基础条件和设施，传感器、RFID 等获取的制造过程实时数据是制造精准执行的来源和依据，设备运行的监测控制、制造过程的调度优化、生产物料的准确配送、产品质量的实时检测等是制造精准执行的表现形式。制造过程的精准执行是使制造过程以及制造系统处于最优效能状态的保障，也是实现智能制造的重要体现。

4. 智能制造的实施

发展智能制造既符合制造业发展的内在要求，也是重塑我国制造业新优势、实现转型升级的必然选择，可从以下几个方面去实施智能制造[3]。

（1）智能工厂不是无人工厂，人是智能制造的核心。德国、美国、日本都是传统制造业强国，我国是制造业大国。德国企业的实践证明，工业 3.0 并不需要达到 100% 的自动化，未来工厂里人依然将发挥重要的控制和决策作用。人与机器可以和谐相处，人有丰富的经验和更高的灵活性，机器则在某些方面具有较好的一致性，人与机器各有所长，要充分发挥各自的长处。因此，建议中国企业将自动化程度提高到 70%～80%，以此作为工业 3.0 的实现目标，但迈进思路要以智能制造的理念为指导。

（2）要进行生产组织和工作流程的梳理。精益生产是通过系统结构、人员组织、运行方式和市场供求等方面的变革，使生产系统能很快适应用户需求的不断变化，并能使生产过程中一切无用、多余的东西被精简，最终取得包括市场供销在内的生产的各方面最好结果的一种生产管理方式。与传统的单一品种大规模生产方式不同，其特色是“多品种”“小批量”。

不同的企业在行业特点上不尽相同。以流程行业和离散行业为例，化工、医药、金属等流程行业一般侧重设备管理（如 TPM，Total Productive Maintenance），因为在流程型行业中需要运用一系列的特定设备，这些设备的运行状况极大地影响着产品的质量；而如机械、电子等离散行业的工厂的布局、生产线的排布，都是影响生产效率和质量的重要因素，因此离散行业注重标准化、JIT（Just In Time）、看板以及零库存。

（3）人、机器、工件（产品）互联互通。传统生产模式下，车间内的信息交流只能发生在工人与设备以及工人与工人之间，工人只能与本工位机器或其上下道工位的工人进行信息交互。而在智能制造模式下，机器间可以直接通信并进行信息交互，人与机器间的通信结构为网状，这大大提高了信息交互的效率，也为个性化生产提供了可能。

（4）生产数据自动采集。故障检测是利用各种检查和测试方法判断系统和设备是否存在故障的过程，而进一步确定故障所在大致部位的过程是故障定位。故障检测和故障定位同属网络生存性范畴。要求把故障定位到实施修理时可更换的产品层次（可更换单位）的过程称为故障隔离。故障诊断就是指故障检测和故障隔离的过程。

可对采集到的生产数据运用大数据的分析方法进行分析，结合故障以及寿命预测算法，对设备的寿命进行预测分析。同时可以通过对设备状态的检测实时判断或分析设备的运行状态，为任务的动态调度提供依据。

（5）车间布局——消灭固定生产线。由原先的严格按照生产节拍进行生产线生产的模式，改为具有高度灵活性和自主性的矩阵或网状的生产系统，从而达到消灭固定生产线的目的。

（6）实现个性化产品的前提是标准化、模块化和数字化。标准化是指在一定的范围内获得最佳秩序，对实际的或潜在的问题制定统一且可重复使用的规则，包括制定、发布及实施标准的过程。标准化的重要意义是改进产品、过程和服务的适用性，防止贸易壁垒产生，促进技术合作。模块化是指解决一个复杂问题时自上而下逐层把系统划分成若干模块的过程。数字化是指将许多复杂多变的信息转变为可以度量的数字、数据，再基于这些数字、数据建立起适当的数字化模型，并把它们转变为一系列二进制代码，引入计算机内部，进行统一处理。

（7）用户体验。在传统模式下，用户体验是在产品交付到用户手中之后开始的，而在智能制造模式下，用户可以在设计甚至生产环节就参与产品的生产过程，用户可以通过终端实时监控产品的生产情况，这大大延伸了产品的用户体验区域，为多样化、全方位的用户体验带来可能。

（8）敏捷制造。是指制造企业采用现代通信手段，通过快速配置各种资源，以有效、协调的方式响应用户需求，实现制造的敏捷性。由对市场的快速响应转变为对用户个性化需求的快速响应，在传统模式下，敏捷制造需要分析市场，并结合市场分析结果对生产决策做出支撑，因为传统模式下产品的生产是批量的，需要根据市场大部

分用户的需求而定；而在智能制造模式下，由于个性化生产的出现，使得企业可以直接获得每个个体的需求，因此敏捷制造要能及时响应个体客户的要求。

（9）信息物理系统是实现智能制造的基础。信息物理系统包括了智能装备、仓储系统以及生产设备的电子化，并基于通信技术将其融合到整个网络，涵盖内部物流、生产、市场销售、外部物流以及延伸服务，使得它们之间可以进行独立的信息交换、进程控制、触发行动，以此达到全部生产过程的智能化，将资源、信息、物体以及人紧密地联系在一起、创造物联网及服务互联网，并将生产工厂转变为一个智能环境。这是实现智能制造的基础。

（10）实现“自动化+信息化”不等于智能化，智能工厂是革新。纵向集成的全称为“纵向集成和网络化制造系统”，其实质是“将各种不同层面的工厂系统集成在一起（如执行器与传感器、控制、生产管理、制造和执行及企业计划等不同层面的连接）”，通过将企业内不同的工厂系统、生产设施（以数控机床、机器人等数字化生产设备为主）进行全面的集成，建立一个高度集成化的系统，为将来智能工厂中的网络化制造、个性化定制、数字化生产提供支撑。

（11）智能制造解决信息孤岛问题。纵向集成主要是指将企业内部各单元进行集成，使信息网络和物理设备之间进行联通，即解决信息孤岛的问题。纵向集成中企业信息化的发展经历了部门需求、单体应用到协同应用的一个历程，并伴随着信息技术与工业融合发展经常更新，换句话说，企业信息化在各个部门发展阶段中的里程碑就是企业内部信息流、资金流和物流的集成，是生产环节上的集成（如研发设计内部信息集成），是跨环节的集成（如研发设计与制造环节的集成），是产品全生命周期的集成（如产品研发设计、计划、工艺到生产、服务的全生命周期的信息集成）。工业 4.0 所要追求的就是在企业内部实现所有环节信息的无缝链接，这是所有智能化的基础。

（12）智能制造不仅仅是智能工厂，横向集成是革命。横向集成是指将各种应用于不同制造阶段和商业计划的 IT 系统集成在一起。这其中既包括一个公司内部的材料、能源和信息的配置，也包括不同公司间的配置（价值网络）（摘自《德国工业 4.0 战略计划实施》），也就是以供应链为主线，实现企业间物流、能量流、信息流合一，实现企业间的无缝合作和社会化的协同生产。

（13）智能制造要建立端到端的集成，即消灭中间环节。端到端的集成是指“通过将产品全价值链和为满足客户需求而协作的不同公司集成起来，现实世界与数字世界完成整合”（摘自《德国工业 4.0 战略计划实施》），即集成产品的研发、生产、服务等产品全生命周期的工程活动。

二、智能制造三范式[4]

如图 1–3 所示，智能制造从技术演变的角度体现为数字化制造，数字化、网络化制造，数字化、网络化、智能化制造三个基本范式。三个基本范式体现了智能制造发展的内部规律。一方面，三个基本范式次第展开，体现先进信息技术与制造技术发展的阶段性特征；另一方面，三个基本范式在技术上是相互交织、迭代升级，体现智能制造发展的融合性特征。

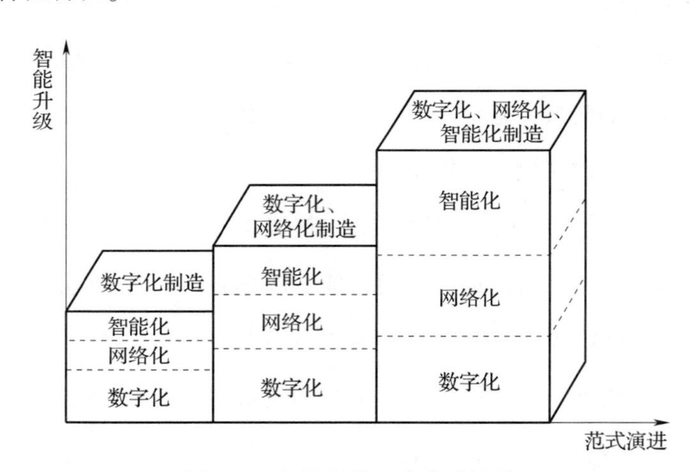

图 1–3　智能制造三个范式演进

1. 数字化制造阶段

数字化制造将计算机通讯和数字控制等信息化技术广泛应用于制造业。与传统制造业相比，数字化制造的本质变化是增加了信息系统，使得设备计算分析、精确控制和感知能力都得到了极大提高，并代替了人类部分脑力劳动。

数字化阶段特点表现如下。

（1）数字技术在产品中得到普遍应用，形成数字一代。包括产品和工艺的数字化，制造装备/设备的数字化，材料、元器件、被加工的零部件、模具/夹具/刀具等

“物”的数字化以及人的数字化。

（2）广泛应用数字化设计，建模仿真、数字化装备、信息化管理。包括各种计算机辅助设计、优化软件和各类信息管理软件。

（3）实现生产过程的集成优化。包括网络通信系统构建，不同来源的异构数据格式的统一以及数据语义的统一。数据的互联互通，其目的是要利用这些数据实现整个制造过程各环节的协同。具体体现在产品数据管理（PDM，Product Data Management）、制造执行系统（MES，Manufacturing Execution System）、企业资源计划系统（ERP，Enterprise Resource Planning System）等管理系统的协同功能。例如，MES 中的计划排产模块，需要输入交货信息、库存信息、在制品信息、工艺信息、设备信息、质量信息以及人力配置等信息，通过算法对这些信息进行集成，实现各环节的协同，从而输出一个可执行的生产计划。

数字化阶段发展起来的数字化技术涵盖了设计、制造以及管理等各个业务领域，主要包括以下内容：

- 计算机辅助设计（CAD）。
- 计算机辅助工程分析（CAE）。
- 计算机辅助制造（CAM）。
- 计算机辅助工艺规划（CAPP）。
- 产品数据管理（PDM）。
- 企业资源计划（ERP）。
- 逆向工程技术（RE）。
- 快速成型技术（RP）。
- 制造执行系统（MES）。

2. 数字化网络化制造阶段

数字化网络化制造的实质是在数字化基础上通过网络将相关的人、流程、数据和服务连接起来。它的最大特征在于连接与数据，通过企业内、企业间的协同和各种资源的共享和集成优化，实现信息互通和协同集成优化，重塑了制造业的价值链。

数字化网络化阶段的特征主要表现为三点。

（1）在产品方面，数字技术、网络技术得到普遍应用，产品实现网络连接，设计、研发实现协同与共享。CPS 和物联网等技术的应用实现了生产过程的去中心化。

（2）在制造方面，实现企业间横向集成、企业内部纵向集成和产品流程端到端集成，打通整个制造系统的数据流、信息流。物联网和务联网技术的应用为制造业的制造物联提供了基础。

（3）在服务方面，企业与用户通过网络平台实现连接和交互，企业生产开始从以产品为中心向以用户为中心转型，通过远程运维，为用户提供更多的增值服务。包括智能服务和大规模个性化定制。

智能制造数字化网络化阶段是基于数字化阶段发展而来，以网络技术为支撑，以信息为纽带，实现了人、现实世界及其对应的虚拟世界的深度融合。其主要技术包括如下内容：

- 信息物理系统。
- 大数据。
- 云计算。
- 5G 通信技术。
- 物联网技术。
- 务联网技术。
- 数字孪生技术。
- 机器视觉技术。
- 虚拟现实（VR）/增强现实（AR）/混合现实（HR）。
- 区块链技术。
- 增材制造技术。
- 协同制造技术。

3. 数字化网络化智能化制造阶段

新一代智能制造是数字化、网络化、智能化技术和制造技术的深度融合，其核心是新一代人工智能技术与制造技术的深度融合。通过新一代人工智能技术赋予制造系统强大智能，使信息系统不仅具备更加强大的感知、决策与控制能力，还具备基于人

工智能技术的学习能力和认知能力。这极大地提高了处理制造系统复杂性和不确定性的能力，也使得制造知识的产生、利用、传承和积累效率都发生了革命性变化。

新一代智能制造是一个大系统，主要是由智能产品和装备、智能生产和智能服务三大功能系统，以及智能制造云和工业智联网两大支撑系统集合而成，新一代智能制造的系统集成过程如图 1-4 所示。

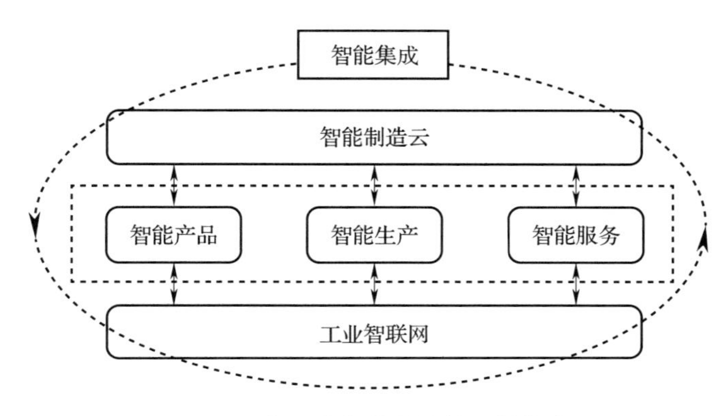

图 1-4 新一代智能制造的系统集成

在智能工厂中，智能生产是主线，智能产品和装备成为新一代智能制造的主体。同时，新一代人工智能技术的应用催生了产业模式的革命性转变，以智能服务为核心的产业模式变革成为了新一代智能制造系统的主题。智能制造云和工业智联网作为支撑新一代智能制造系统的基础，为新一代智能制造生产力和生产方式变革提供发展的空间和可靠的保障。

如果将数字化网络化制造看作新一轮工业革命的开始，那么新一代智能制造的突破和广泛应用将推动形成这次工业革命的高潮，重塑制造业的技术体系、生产模式、产业形态，并将引领真正意义上的“智能制造”。

三、智能制造系统架构

智能制造参考架构[1] 是公认且普遍使用的对象描述模型，其定义了系统的基本概念和属性，描述了在其环境中元素、关系以及其设计和演化的规则。智能制造参考架构确定了系统内要素间的关系，使应用架构的各方达成统一认知，并探索创新需求，建立可持续发展的生态系统。其有利于科学、有效地推进智能制造。智能制造系统参考架构的另一项重要功能是可作为智能制造相关标准的需求分析依据，推进管理制造综合标准化工作，加速智能制造综合标准体系的建设。

智能制造系统架构如图 1-5 所示，智能制造的产品生命周期与传统制造业是类似的，但是在设计等环节与传统制造业相比增加了企业间的协同合作，并实行了水平集成。系统层级从设备到企业的四个环节与传统制造业企业也是类似的，只是每个环节的内涵和外延都有了相应的扩展。另外，协同是智能制造相对于传统制造的一个新的特点。智能特征维度则是让产品和工厂更加数字化、网络化、智能化等一系列信息技术的集中体现。整个智能制造系统架构体现了工业化与信息化的深度融合。

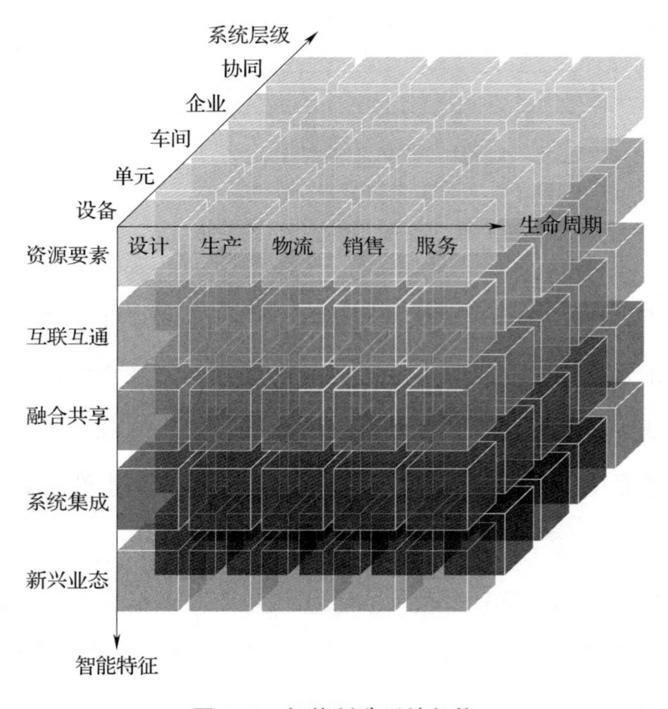

图 1-5　智能制造系统架构

总体来讲，产品生命周期维度从一张设计图纸开始，经过生产、物流和销售，最后被消费者使用，系统层级维度包含了制造企业中是如何实施智能制造的，而智能特征维度则给产品和制造企业插上了智能的翅膀。智能制造系统架构具有如下特征。

（1）三个维度组成。分别是生命周期、系统层级和智能特征。

（2）生命周期。包含一系列相互连接的价值创造活动的集成。不同行业有不同的

生命周期。

（3）做简化。相对于 RAMI4.0 系统层级维度做简化，将产品和设备合并为设备层级。

（4）生命周期维度细化。具体细化为设计、生产、物流、销售和服务。但同时忽略了样品研制和产品生产的区别。

（5）智能特征维度。体现了各个层级的系统集成、数据集成和信息集成。

（6）解决问题。重点解决当前推进智能制造工作中遇到的数据集成和互联互通等基础瓶颈等问题。

（7）强调五种核心技术装备。分别为高档数控机床与工业机器人、增材制造装备、智能传感与控制装备、智能检测与装配装备和智能物流与仓储装备。

（8）强调五种新模式。分别为离散制造、流程制造、网络协同制造、大规模个性化定制和远程运维服务。

1. 生命周期

生命周期是指从产品原型研发开始到产品回收再制造的各个阶段，包括设计、生产、物流、销售、服务等一系列相互联系的价值创造活动，如图 1-6 所示。生命周期的各项活动可进行迭代优化，具有可持续性发展等特点，不同行业的生命周期构成不尽相同。将生命周期与其所包含的增值过程一起考虑，不仅限于单个工厂内部，而是扩展到涉及的所有工厂与合作伙伴，从工程设计到零部件供应商，直至最终客户。将采购、订单、装配、物流、维护、供应商以及客户等紧密关联起来，这为改进提供了巨大的可能性。

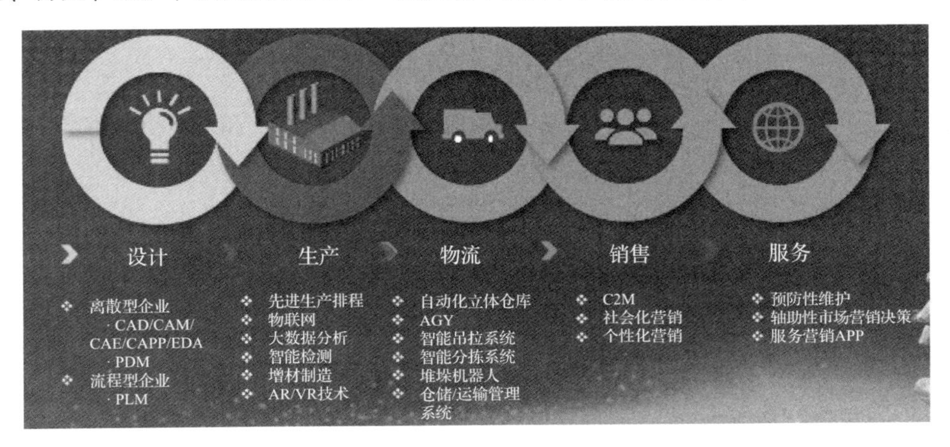

图 1-6 生命周期维度

（1）设计。是指根据企业的所有约束条件以及所选择的技术来对需求进行构造、仿真、验证、优化等研发活动过程。

（2）生产。是指通过劳动创造所需要的物质资料的过程。

（3）物流。是指物品从供应地向接收地的实体流动过程。

（4）销售。是指产品或商品等从企业转移到客户手中的经营活动。

（5）服务。是指提供者与客户接触过程中所产生的一系列活动的过程及其结果，包括回收等。

2. 系统层级

系统层级是指与企业生产活动相关的组织结构的层级划分，包括设备层、单元层、企业层、车间层、企业层和协同层，如图 1-7 所示。智能制造的系统层级体现了装备的智能化和 IP（网络协议）化，以及网络的扁平化趋势。

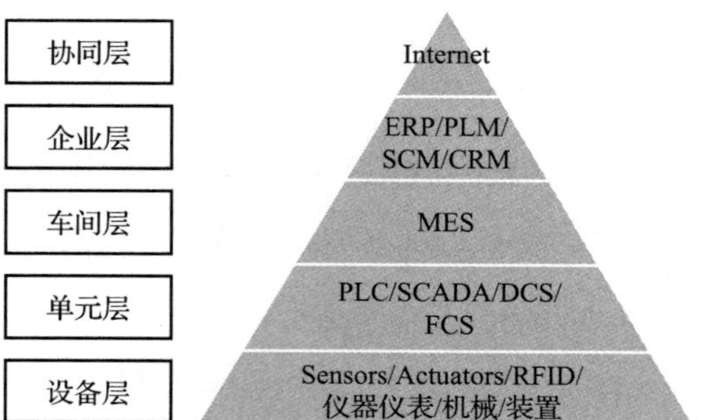

图 1-7　系统层级维度

（1）设备层。是指企业利用传感器、仪器仪表、机器、装置等，实现实际物理流程并感知和操控物理流程的层级，是企业进行生产活动的物质技术基础。

（2）单元层。是指用于工厂内处理信息、实现监测和控制物理流程的层级。

（3）车间层。是实现面向工厂或车间的生产管理的层级，包括制造执行系统（MES）等。

（4）企业层。是实现面向企业经营管理的层级，包括企业资源计划系统（ERP）、产品生命周期管理（PLM）、供应链管理系统（SCM）和客户关系管理系统（CRM）等。

（5）协同层。是企业实现其内部和外部信息互联和共享过程的层级，让产业链上不同企业通过互联网络共享信息实现协同研发、智能生产、精准物流和智能服务等。

3. 智能特征

智能特征是指基于新一代信息通信技术使制造活动具有自感知、自学习、自决策、自执行、自适应等一个或多个功能的层级划分，包括资源要素、互联互通、融合共享、

系统集成和新兴业态五层智能化要求。

（1）资源要素。是指企业对生产时所需要使用的资源或工具进行数字化过程的层级，包括设计施工图纸、产品工艺文件、原材料、制造设备、生产车间和工厂等物理实体，也包括电力、燃气等能源。此外，人员也可视为资源的一个组成部分。

（2）互联互通。是指通过有线、无线等通信技术实现装备之间、装备与控制系统之间、企业之间相互连接功能的层级，以互联互通为目标的工业互联网实现了物理世界和信息世界融合，与业界广泛讨论的 CPS 不谋而合，如图 1-8 所示。

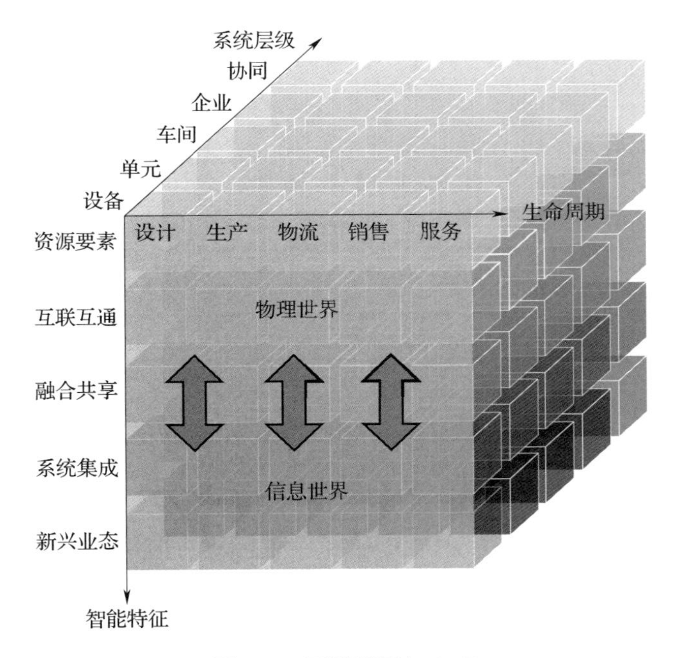

图 1-8　互联互通与 CPS

（3）融合共享。是指在互联互通的基础上，利用云计算、大数据等新一代信息通信技术，在保障信息安全的前提下，实现信息协同共享的层级。

（4）系统集成。是指通过二维码、射频识别、软件等信息技术集成原材料、零部件、能源、设备等各种制造资源，实现智能装备到智能生产单元、智能生产线、数字化车间、智能工厂乃至智能制造系统集成过程的层级。

（5）新兴业态。是企业为形成新型产业形态进行企业间价值链整合的层级。智能制造的关键是实现贯穿企业设备层、单元层、车间层、企业层、协同层不同层面的纵向集成，实现跨资源要素、互联互通、融合共享、系统集成和新兴业态不同级别的横向集成，以及覆盖设计、生产、物流、销售、服务的端到端集成，包括个性化定制、远程运维和工业云等服务型制造模式。

四、智能制造标准体系结构

智能制造标准体系[5] 结构包括 A 基础共性、B 关键技术、C 行业应用三个部分，主要反映标准体系各部分的组成关系。智能制造标准体系结构图如图 1-9 所示。

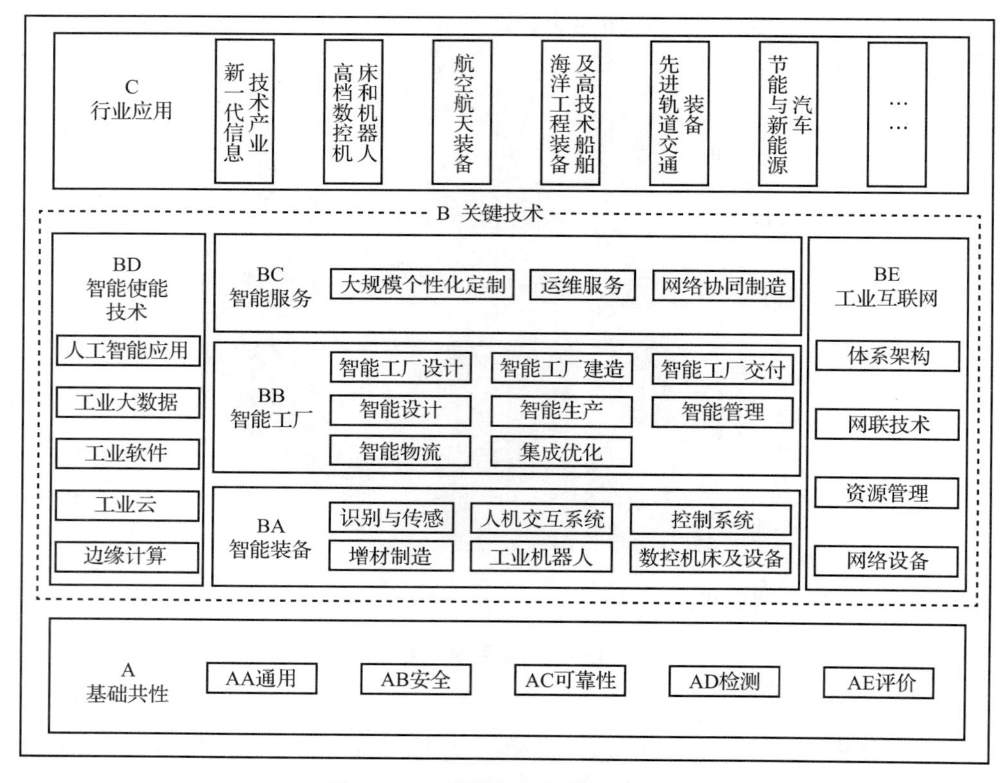

图 1-9　智能制造标准体系结构图

具体而言，A 基础共性标准解决智能制造基础共性关键问题，包括通用、安全、可靠性、检测、评价五大类，位于智能制造标准体系结构图的最底层，其研制的基础共性标准支撑着标准体系结构图上层虚线框内的 B 关键技术标准和 C 行业应用标准。

B 关键技术标准是智能制造系统架构智能特征维度在生命周期维度和系统层级维度所组成的制造平面的投影，其中 BA 智能装备对应智能特征维度的资源要素，BB 智

能工厂对应智能特征维度的系统集成，BC 智能服务对应智能特征维度的新兴业态，BD 智能使能技术对应智能特征维度的融合共享，BE 工业互联网对应智能特征维度的互联互通。

C 行业应用标准位于智能制造标准体系结构图的最顶层，其依据基础共性标准和关键技术标准，兼顾传统制造业转型升级的需求，优先在十大重点领域率先实现突破，并逐步覆盖智能制造全应用领域。各行业结合自身发展需求和智能制造水平，制定重点行业的智能制造标准。行业应用标准是对基础共性标准和关键技术标准的细化和落地。

智能制造标准体系结构中明确了智能制造的标准化需求，与智能制造系统架构具有映射关系。以大规模个性化定制模块化设计规范为例，它属于智能制造标准体系结构中，B 关键技术的 BC 智能服务中的大规模个性化定制标准。在智能制造系统架构中，它位于生命周期维度设计环节，也位于系统层级维度的企业层和协同层，是智能特征维度的新兴业态。

五、案例分析

1. 西门子的智能工厂[6]

(1) 智能工厂的架构与功能定义。智能工厂是实现智能制造的基础与前提，它在组成上主要分为三大部分：企业层、管理层和集成自动化系统（见图 1-10）。在企业层，要对产品研发和制造准备进行统一管控，PLM 与 ERP 进行集成，建立统一的顶层研发制造管理系统；管理层、操作层、控制层、现场层通过工业网络（现场总线、工业以太网等）进行组网，实现从生产管理到工业网底层的网络连接，满足管理生产过程、监控生产现场执行、采集现场生产设备和物料数据的业务要求。除了要对产品开发制造过程进行建模与仿真外，还要根据产品的变化对生产系统的重组和运行进行仿真，在投入运行前就要了解系统的使用性能，分析其可靠性、经济性、质量、工期等，为生产制造过程中的流程优化和大规模网络制造提供支持。

• 企业层——基于产品全生命周期的管理层。企业层融合了产品设计生命周期和生产生命周期的全流程，对设计到生产的流程进行统一集成式的管控，实现全生命周期的技术状态透明化管理。通过集成 PLM 系统和 MES、ERP 系统，企业层实现了全数字化，即设计到生产的全过程高度数字化，从而最终实现基于产品的、贯穿所有层级的垂直管控。通过对 PLM 和 MES 的融合，实现设计到制造的连续数字化数据流转。

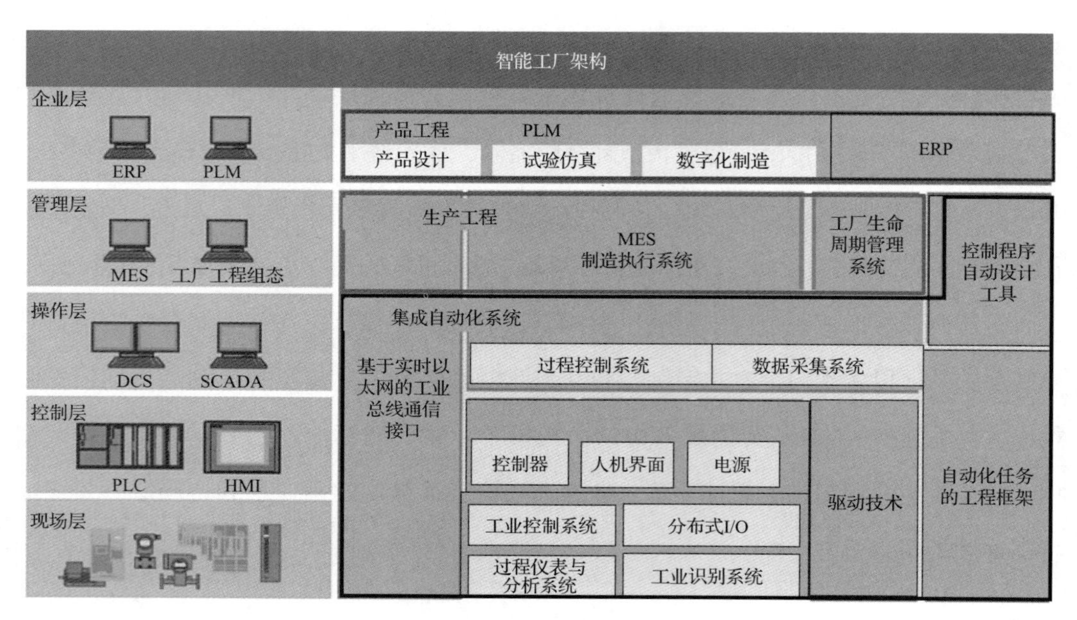

图 1-10　智能工厂的架构

• 管理层——生产过程管理层。管理层主要实现生产计划在制造职能部门的执行，管理层统一分发执行计划，进行生产计划和现场信息的统一协调管理。管理层通过 MES 与底层的工业控制网络进行生产执行层面的管控，操作人员或管理人员提供计划的执行、跟踪以及所有资源（人、设备、物料、客户需求等）的实时状态，同时获取底层工业网络对设备工作状态、实物生产记录等信息的反馈。

• 集成自动化系统。自动化系统的集成是从底层出发、自下而上的，其跨越设备现场层、中间控制层以及操作层三个部分，基于 CPS 网络方法使用 TIA 技术集成现场生产设备，从物理层面创建底层工业网络，在控制层通过 PLC 硬件和工控软件进行设备的集中控制，在操作层有操作人员对整个物理网络层的运行状态进行监控、分析。

智能工厂架构可以实现高度智能化、自动化、柔性化和定制化，研发制造网络能够快速响应市场的需求，实现高度定制化的精益生产。

（2）智能工厂的雏形——安贝格数字化工厂。西门子基于工业 4.0 概念创建了安贝格数字化工厂，它是应对工业 4.0 要求所形成的“数字化企业”解决方案，做到了使用自己的解决方案制造自己的产品，其解决方案的核心是基于“Teamcenter”平台的产品生命周期管理（PLM）、制造执行系统（MES）以及完全集成的自动化（TIA）的软件组合，目的是实践工业4.0概念并诠释未来制造业的发展。在产品的设计研发、生产制造、管理调度、物流配送等过程中，安贝格数字化工厂都实现了数字化操作。

安贝格数字化工厂突出数字化、信息化等特征，为制造产业的可持续发展提供了借鉴。安贝格数字化工厂已经完全实现了生产过程的自动化，在生产过程的制造研发方面与国际化的质量标准相对接。安贝格数字化工厂的理念是将企业现状和虚拟世界结合在一起，从全局角度看待整个产品的开发与生产过程，推动每个过程步骤都实现高能效生产，覆盖从产品设计到生产规划、生产工程、生产实施以及后续服务的整个过程。安贝格数字化工厂通过数字化工厂的实践对未来工业4.0概念做出最佳实践，处于制造业革命的应用前沿（见图1-11）。

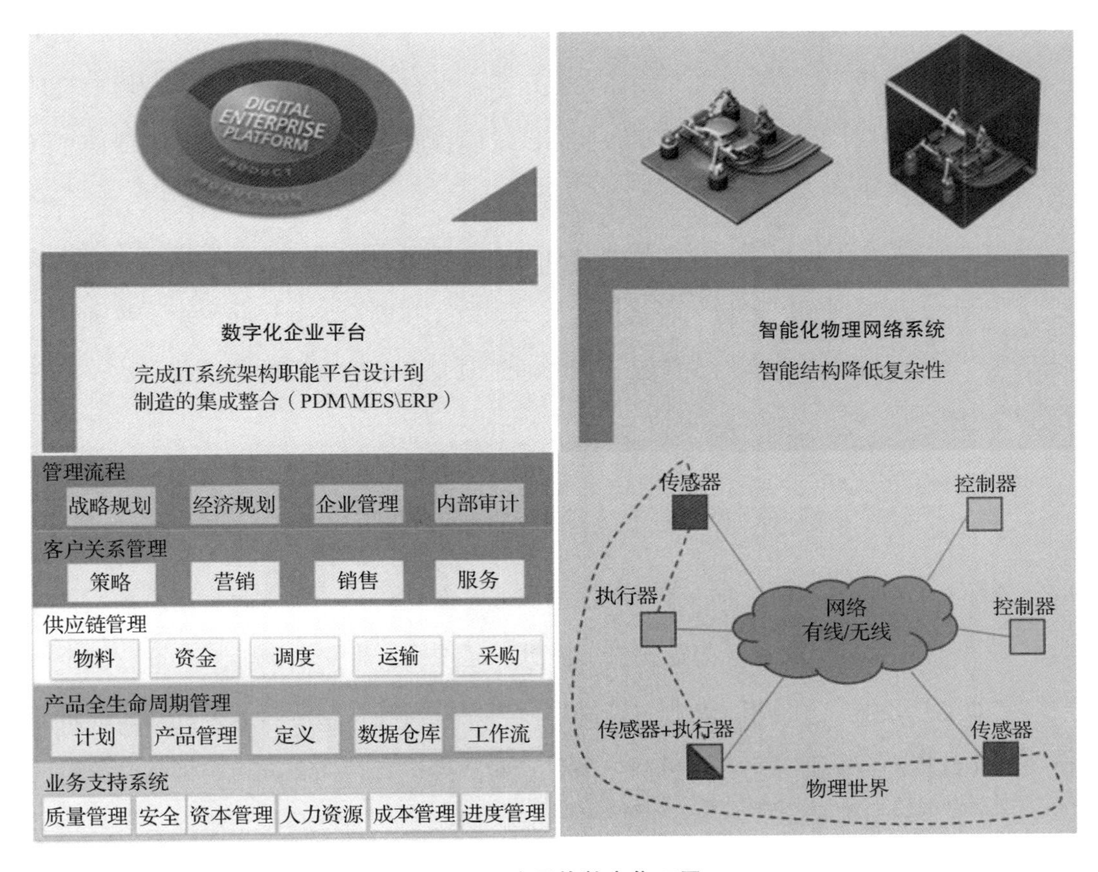

图1-11　安贝格数字化工厂

• 建立数字化企业平台。在统一的数字化平台上进行企业资源、企业其他供应链、企业其他系统的融合管理，建立一个跨职能的层级数字化平台，实现资源、供应链、设计系统、生产系统的柔性协调和智能化管控，企业所有层级进行全数字化管控，通过数字化数据的层级流转实现对市场需求的高定制化要求，并实时监控企业的资源消耗、人力分配、设备应用、物流流转等生产关键要素，分析这些关键要素对产品成本和质量的影响，以达到智能控制企业研发生产状态、有效预估企业运营风险的目的。

• 建立智能化物理网络。基于信息物理网络基础集成西门子的 IT 平台、工控软件、制造设备的各种软硬件技术，建立西门子的工业网络系统。在创建生产现场物理网络的同时，把生产线的制造设备连接到物理网络中，采集设备运行情况，记录生产物料流转等生产过程数据。

在西门子数字化工厂中，所研发、生产的每一件新产品都会拥有自己的数据信息。这些数据信息在研发、生产、物流的各个环节中不断丰富，实时保存在数字化企业平台中。基于这些数据，数字化工厂得以柔性运行，生产中的各个产品全生命周期管理系统、车间级制造执行系统、底层设备控制系统、物流管理等全部实现了无缝信息互联，并实现智能生产。

西门子数字化工厂在同一数据平台上对企业的各个职能和专业领域进行数字化规划，数字化工厂应用领域包括数字化产品研发、数字化制造、数字化生产、数字化企业管理、数字化维护、数字化供应链管理。通过对企业各个领域的数字化集成，实现企业精益文化的建立，实现企业的精益运营。

2. 三一重工远程运维系统[7]

三一重工作为国内机械行业数字化转型的先行者，通过数字化提质增效降本，推进公司由“单一设备制造”向“设备制造+服务”转型。三一重工远程运维系统，如图 1-12 所示，将运行设备（如挖掘机、风机、起重机、旋挖钻机等）互联，使企业数据（如生产数据、客户相关数据、产品生命周期数据等）与运行数据互通，通过三个平台（计算平台、业务平台与可视化平台）对数据进行存储、分析与展示，最终面向主机厂、代理商、用户、二手机市场等提供全方位的增值服务。

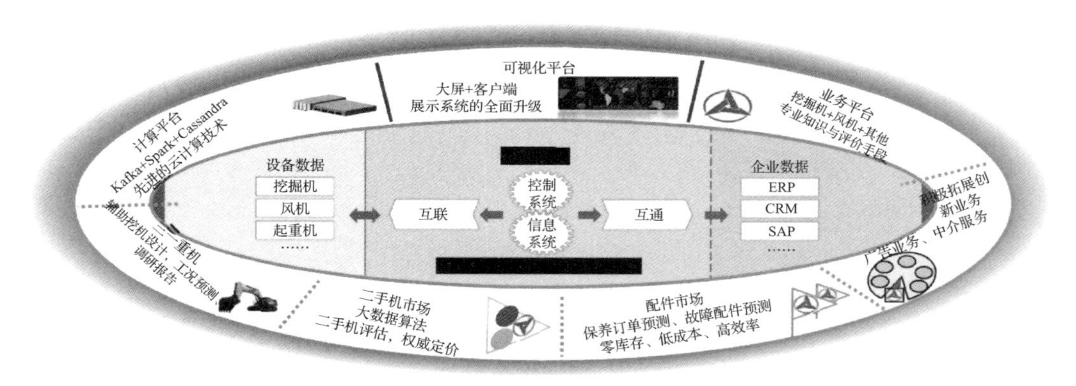

图 1-12　三一重工远程运维系统

三一重工远程运维系统的技术架构由两大平台构成——控制端 LM 平台和工业互联网平台 WitSight。其利用云平台在资源调度上的优势和大数据系统对海量信息实时处理的功能，将设备上传数据的间隔由分钟级缩短秒级，并建立事件数据库。

（1）控制端 LM 平台。如图 1-13 所示，控制端 LM 平台为三一重工智能硬件的基础平台，各类软件都是通过控制端 LM 平台来搭建。控制端 LM 平台底层通过计算机编程实现由各种应用抽象出来的功能模块，控制端 LM 平台上层将功能模块装配成应用软件。另外该平台还具备实时数据库，支持智能巡检，可以将约定好的数据按照通信协议定时上传，当企业有临时需求时，可以更加便捷地获得数据。

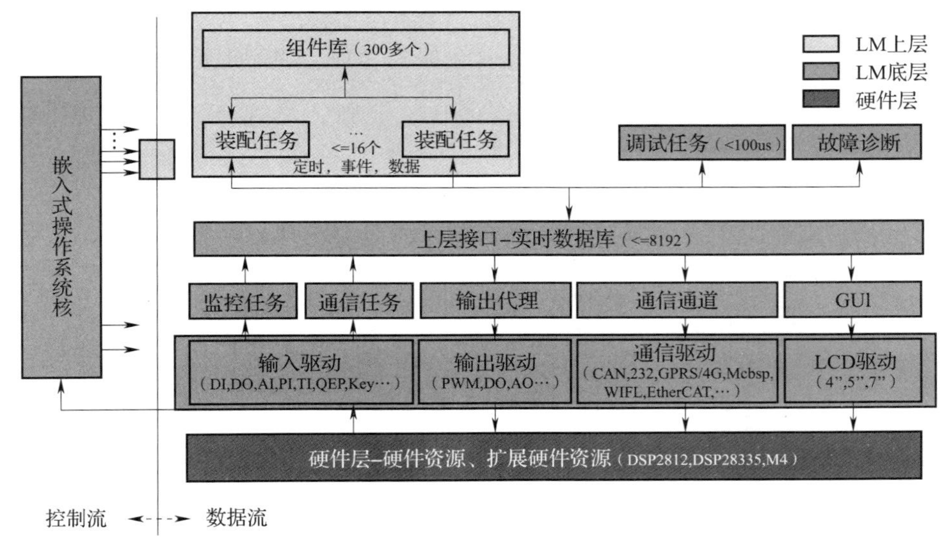

图 1-13　控制端 LM 平台

（2）WitSight 工业互联网平台。如图 1-14 所示，WitSight 工业互联网平台调度和管理计算引擎、业务应用和可视化展示等多个平台，是 EVI Cloud、EVI APP 等业务系统的基础平台。

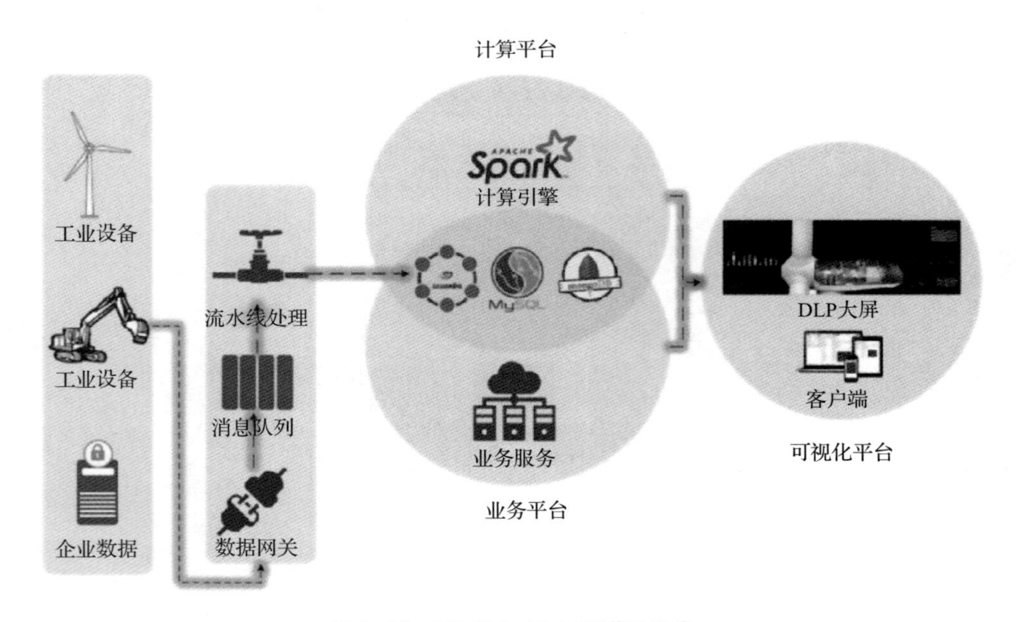

图 1-14　WitSight 工业互联网平台

• 计算平台：提供 Cassandra 大数据存储，Spark 计算引擎，Kafka 消息队列等基础服务实现数据的采集、传输、存储、处理与分析等功能。

• 业务平台：提供设备监控、服务运营、债权管理、智能巡检等业务。业务平台分为通用业务与产品业务，通用业务是设备管理、运维人员管理、安全管理以及运行监控，而产品业务是根据不同产品的属性和功能进行合理的建模。

• 可视化平台：提供大屏、电脑、移动端等多种可视化方式，实现数据、矢量组态与报表的多终端显示、分布式控制以及图形自由编排与联通。

（3）未来的三个发展趋势。一是数字矿山：提供矿山上生产设备的工况信息，使用高精度的定位、定位围栏、3D 航拍等技术帮助客户计量调度，进行资源优化配置。二是故障预诊断：对挖掘机进行运算处理后，反映设备全生命周期健康状况的油压、压力、油温、控制稳定性四大性能指标，保证设备施工不停工，设备故障不扩散。三是无人化、自动化：通过整车电控、3D 姿态测量和路径规划、安全监测等辅助技术实

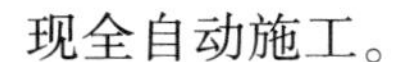

现全自动施工。

3. 大隈株式会社智能工厂“Dream Site”[8]

“Dream Site”作为“自动化和精湛技术相结合的未来工厂”，是以制造高质高效机床为目的、可实现一天24小时并且一周7天连续运行的“一体化生产工厂”。所有作业区域从原材料投入、零部件加工、组装、检测到出货实行恒温控制，采用切屑自动回收系统持续保持零部件加工区域的干净整洁。

（1）信息物理系统（Cyber Physical System，CPS）。对于制造业来说，信息物理系统要实现“在需要的时候，以适当的数量，为需要的人提供必要的东西和服务”。同时，通过数据的透明可视实现不断优化，达到“应该改变什么，为什么要改变，以及如何改变”的目的。如图1-15所示，大隈株式会社智能工厂“Dreem Site”采用信息物理系统（CPS）提高了加工准备的速度，实现了制造过程中对生产过程进行管理和控制，明确何时进行制造。为了建设响应敏捷的智能工厂，必须根据频繁变化的生产计划使工程链管理（ECM，Engineering Chain Management）和供应链管理（SCM，Supply Chain Management）同步进行准备，两者在制造执行系统（MES，Manufacturing Execution System）进行交互，记录并分析日常运行状况，并适时调整。另外，连接制造商和客户的需求链管理（DCM，Demand Chain Management）也通过信息物理系统纳入

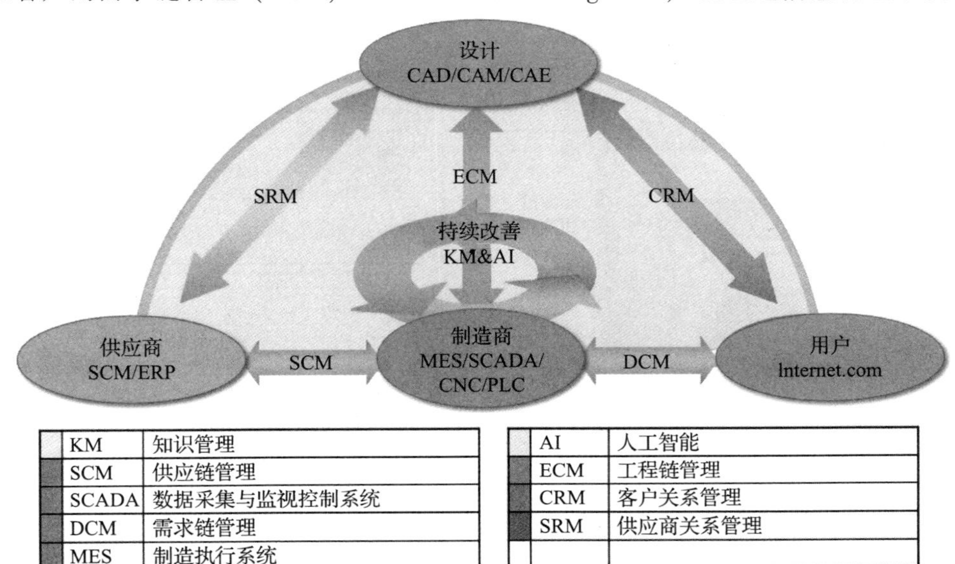

KM	知识管理
SCM	供应链管理
SCADA	数据采集与监视控制系统
DCM	需求链管理
MES	制造执行系统

AI	人工智能
ECM	工程链管理
CRM	客户关系管理
SRM	供应商关系管理

图1-15　大隈株式会社智能工厂CPS系统

智能工厂内。通过物联网，生产车间实现了可视化。每一个改进通过知识管理（KM，Knowledge Management）进行积累，可重复利用。通过人工智能的应用可实现整个工厂的优化。

（2）总体生产效率。大隈株式会社智能工厂是一个融合自动化和高级技能的未来工厂，它全面推进自动化，以可视化解决问题，并通过专业知识进行优化。大隈株式会社智能工厂灵活地响应频繁变化的生产计划，最小化生产过程中的库存，并建立了一个系统以实现高混合、小批量生产的目标，最大限度地提高生产量。

为了最大程度地提高运营效率，生产过程的可视化是必需的。另外，必须完全消除净生产时间以外的浪费。如图 1-16 所示，通过在 PC 上安装模拟器，在与实际机床相同的条件下“预先”操作，可以减少在实际机床上检查数控程序所需的时间。此外，机器碰撞规避系统（CAS，Collision Avoidance System）消除了运动部件的碰撞，减少了额外安装时间。大隈株式会社智能工厂最新的加工中心 OSP 套件配备了支持日常启动、设置、加工、检查和维护/检查活动的应用程序，除了提供操作员协助外，还可以在使用这些应用程序时记录工作指令。

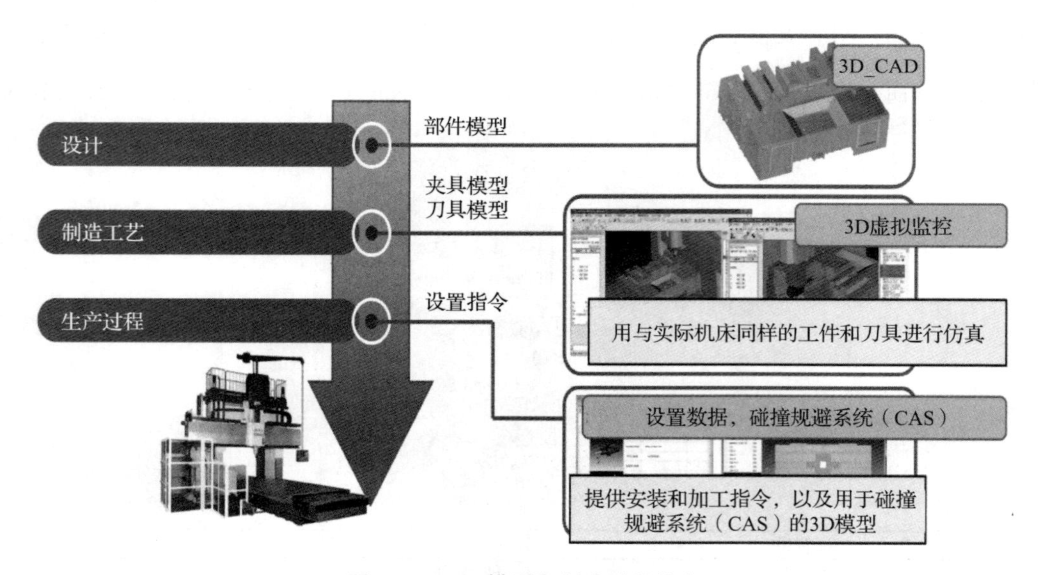

图 1-16　3D 模型和制造过程仿真

大隈株式会社智能工厂在它的“Dream Site 1”中提高了每台机器和生产线的运行率。然而，要提高工厂级别的生产力，需要构建一个系统，在必要的时候只生产必要的部分。以往多品种、小批量的重型零部件生产在很大程度上依赖于人力。目前，大隈株式会社智能工厂使用机器人自动进行零件装卸、工件去毛刺等环节，削减了人力成本，如图 1-17 所示。

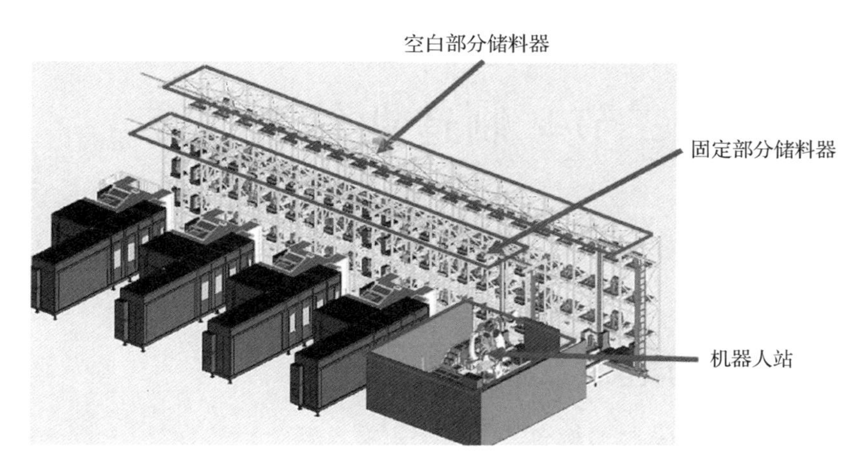

图 1-17　大隈自动存储和检索系统

（3）敏捷制造。对于敏捷制造，物料的运输时间必须尽量缩短，尽量与柔性加工计划和最终装配交货日期同步。通常，加工曲线联轴器通常需要单独进行机器车削、钻孔、齿面加工、热处理、磨床抛光，大隈株式会社智能工厂的多任务机器人 MULTUS U4000 LASER EX 集合车削、钻孔、齿轮表面切削和热处理等功能于一体，已经将曲面联轴器的加工从四天减少到四个小时，如图 1-18 所示。

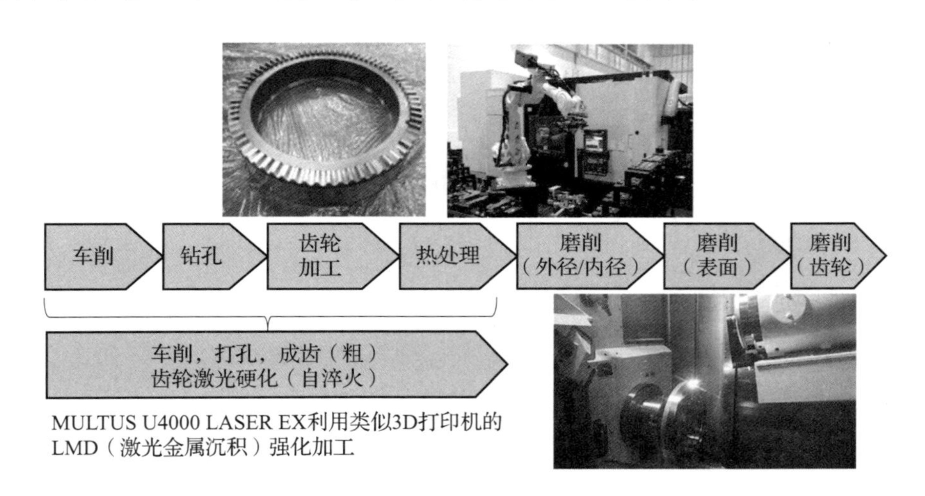

图 1-18　多任务一体化机器系统

第二节　制造业信息系统

考核知识点及能力要求：

- 了解制造业信息系统的概念、作用及主要内容。
- 熟悉制造业信息系统的构成与关联关系。
- 熟悉制造业各信息系统的主要功能与基本操作。
- 了解 PLM、MES 系统进行产品数据管理、制造执行管理操作。

一、制造业信息系统概述

1. 什么是制造业信息化

制造业信息化是将信息技术、自动化技术、现代管理技术与制造技术相结合，改善制造企业的经营、管理、产品开发和生产等各个环节，可达到提高生产效率、产品质量和企业的创新能力，降低消耗，带动产品设计方法和设计工具的创新、企业管理模式的创新、制造技术的创新以及企业间协作关系的创新的目的，并实现产品设计制造和企业管理的信息化、生产过程控制的智能化、制造装备的数控化以及咨询服务的网络化，全面提升制造企业的竞争力。

2. 制造业信息系统的作用

（1）信息技术为制造业企业整体优化提供了集成平台。信息技术集成电子信息、自动控制、现代化管理和生产制造等多项先进技术，对制造业企业的各个分系统实现了集

成，达到整体优化运行。集成平台对企业产品全生命周期内各阶段的信息进行整合，各阶段的功能和资源实现了动态集成，确保了企业物流、资金流和信息流的有效调控和畅通。平台支持企业内部及企业之间的合作协同。平台促进了企业产品设计模式、生产运作模式、企业管理模式，以及企业间的协作模式的创新。平台提高了产品质量和劳动生产率、降低了资源消耗和产品成本，从而大幅度地提高了企业的整体竞争能力。

（2）信息技术提高了制造业企业新产品开发能力。信息技术于企业中的应用，带动了产品设计方法和工具的创新，实现了产品设计的数字化。产品设计的数字化主要是通过采用各种计算机辅助设计系统，如计算机辅助设计（CAD）、计算机辅助工艺设计（CAPP）、产品结构分析、产品数据管理（PDM）等实现的。产品设计的数字化有效地缩短了产品开发周期，降低了制造成本，提高了设计质量和产品设计的创新能力。

（3）数字化制造是改进传统制造技术的核心。应用数字化制造技术是改造传统制造技术的有效手段。信息技术的广泛应用，提高了生产装备的数字化、自动化和智能化的水平，提高了产品的质量和生产效率，增加了加工制造的柔性，从而大幅度地提高了市场的竞争能力。

（4）信息技术有效地提高了制造企业的响应速度。当今时代有人称之为“速度经济”时代，这反映出企业提高自己的生产效益和工作效率的重要性。信息技术为企业提高生产运营各环节的速率提供了有效的手段。“速度经济”更加强调企业对市场和客户的需求做出真正快速的响应。为此，企业必须采用信息技术和先进制造技术提高企业的生产效率，在保障质量的前提下，缩短生产周期和交货期；同时，随着应用计算机和互联网技术实现运营管理和交易手段的现代化，企业应实现和供应商及客户之间交易以及通讯的快速进行，提高企业对市场的快速响应能力。

（5）实现了制造资源的优化配置和集约化运行。制造业企业管理信息化系统，如ERP、CRM、SCM 等的应用，实现了制造资源的优化配置和集约化运行，提高了企业与其他企业的协作性，以及企业的管理水平。因特网和电子商务的应用，改变了企业运营管理和交易的方式，促进了企业从传统运营模式向网络经济模式转型，加快了企业和供应商和客户信息流通和商务活动的速度，同时也大大降低了交易成本，提高了企业反应速度。

（6）促进企业生产运营管理模式的变化。信息化的深入应用促使适应高效、快速生产的新型企业组织模式的诞生。这种新型组织形式基于流程化管理，实现了信息的共享和交流，使信息流更加畅通。企业组织机构的重组，使传统的垂直的金字塔式管理让位于扁平化的网络化管理。组织结构和运作方式的改变，从本质上提高了企业运作效率和管理水平。

3. 制造业企业信息化的技术内容

可将制造业信息化的关键技术归纳成“五个数字化”，即设计制造数字化、生产数字化、装备数字化、管理数字化，以及在此基础上的系统集成。

（1）设计制造数字化。设计制造数字化主要通过产品设计制造手段和过程的数字化及智能化，缩短产品开发周期，促进产品的数字化，降低制造成本，提高企业创新能力。数字化设计制造系统包括以产品3D数字化模型为主要特征的产品设计、产品结构分析、工艺设计、虚拟样机、仿真验证、数控编程、产品数据和过程管理、面向过程的优化设计等。

（2）管理数字化。管理数字化，是通过实现企业内外部管理的数字化，促进企业重组和优化，提高企业管理效率和水平。适用于制造业企业的管理系统包括企业资源计划（ERP）、产品生命周期管理（PLM）、供应链管理（SCM）和客户关系管理（CRM）等。此外，还包括质量管理系统、商务智能和决策支持系统等。

（3）装备数字化。数字化装备通过实现制造装备的数字化、自动化和精密化，来提高产品的精度和加工装备的效率。其中包括机器人技术、精切类数控机床及加工中心、高精尖精密加工装备的设计和制造，以及加工制造数字化中的关键技术，如数控系统中产品信息集成接口、基于现场的网络化技术、智能化技术、远程监控、诊断技术、主动质量控制等。

（4）生产数字化。生产数字化，是通过实现生产过程控制的自动化和智能化，提高企业生产过程智能化水平。主要包括制造执行系统（MES）、基于物联网的控制系统、实时数据集成技术、过程控制技术、过程优化技术、流程工业生产计划和动态调度技术等。制造执行系统以过程数据模型为核心系统，连接实时数据库和关系数据库，

对生产过程进行实时监视、控制和诊断，进而完成环境检测、单元整合、过程模拟和参数优化，在生产过程中进行物料平衡、生产计划、调度、排产、离线和在线模拟优化等。

（5）系统集成。系统集成是通过信息集成技术，将上述各个分系统联结成一个有机的整体，使各个分系统在企业统一的运营目标和计划的指导下协调而顺畅地运行，实现企业三要素（运营、组织、技术）及三流（物流、信息流、价值流）的高度融合。主要内容包括：纵向集成、横向集成与端到端集成、集成平台支撑技术等。

4. 制造业信息系统的体系结构

制造业信息系统应包含产品智能设计、企业智能管理、产品智能生产三个层次，覆盖产品开发设计、采购、生产制造、运营管理、质量保障、物流、客户服务等环节。系统整体架构及关键信息流如图 1–19 所示。

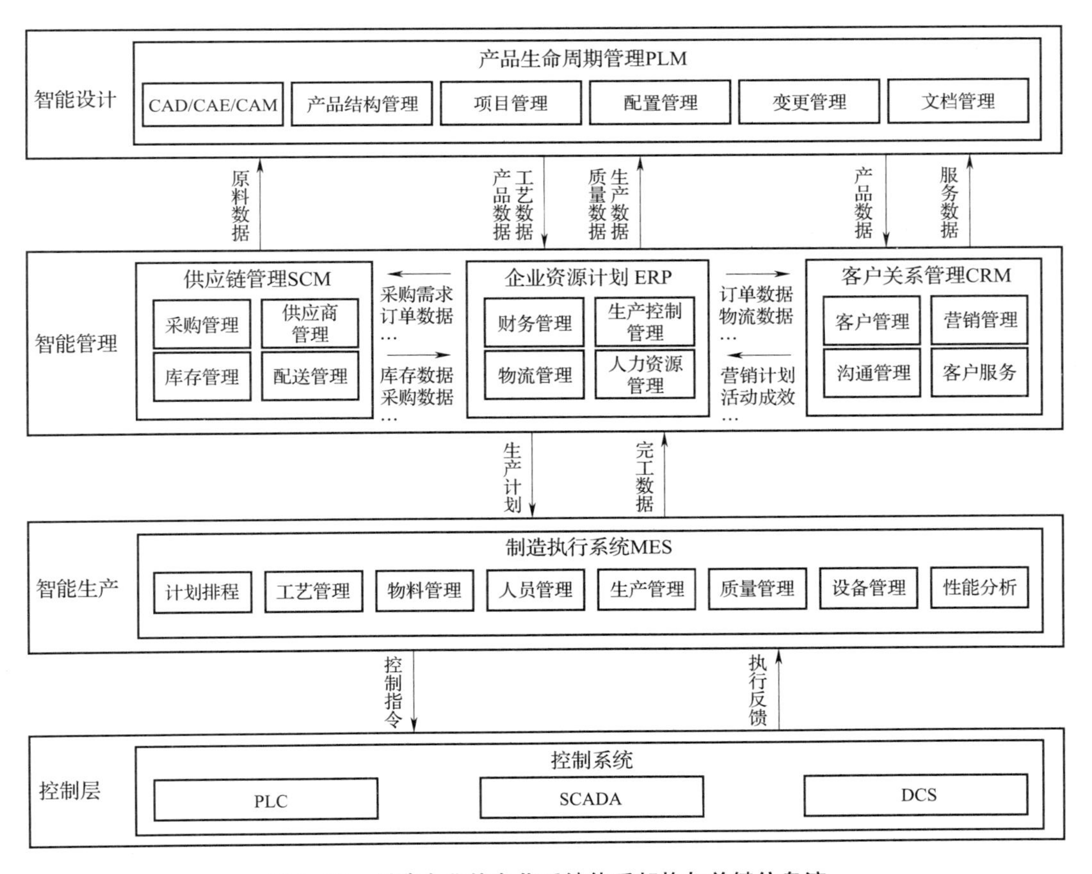

图 1–19　制造企业信息化系统体系架构与关键信息流

（1）智能设计层。智能设计层由产品生命周期管理系统（PLM）进行产品设计数据、项目工作流程的统一协同管理，主要由 CAD、CAM、CAE 等计算机辅助应用软件，以及产品结构管理、变更管理、文档管理、项目管理等模块组成。PLM 将把产品设计数据传递给 ERP，并接收来自 ERP、SCM、CRM 等系统的产品关联数据，完成产品数据的集成管理。

（2）智能管理层。智能管理层负责企业运营数据及流程管理，覆盖市场销售、物资供应、生产计划、财务管理、人力资源管理、运营决策等，主要由企业资源计划（ERP）、供应链管理（SCM）、客户关系管理（CRM）等系统构成。智能管理层与智能设计层进行产品数据的交互，向智能生产层下发生产计划，并接收智能生产层的生产过程及结果反馈。

（3）智能生产层。智能生产层由制造执行系统（MES）负责生产的执行和监控，包括生产排程、生产执行管理、数据采集监控、质量管理、设备管理等功能。MES 接收来自 ERP 的生产计划与订单需求，转换成具体的生产排程计划，下发给控制系统执行，并将生产状态与结果回传给 ERP。

二、制造业信息系统核心功能

1. 企业资源计划（ERP）

企业资源计划系统（ERP，Enterprise Resources Planning）是指建立在信息技术基础上、以系统化的管理思想为企业决策层及员工提供决策运行手段的管理平台。ERP 是一种可以提供跨地区、跨部门甚至跨公司整合实时信息的企业管理信息系统。ERP 不仅仅是一个软件，更重要的是一种管理思想，它还实现了企业内部资源和企业相关的外部资源的整合。ERP 通过软件把企业的人、财、物、产、供、销及相应的物流、信息流、资金流、管理流、增值流等紧密地集成起来实现资源优化和共享。

ERP 的核心功能构成如图 1-20 所示。

（1）财务管理。ERP 中的财务模块与一般的财务软件不同，作为 ERP 系统中的一部分，它和系统的其他模块有相应的接口，能够相互集成。比如，它可将由生产活

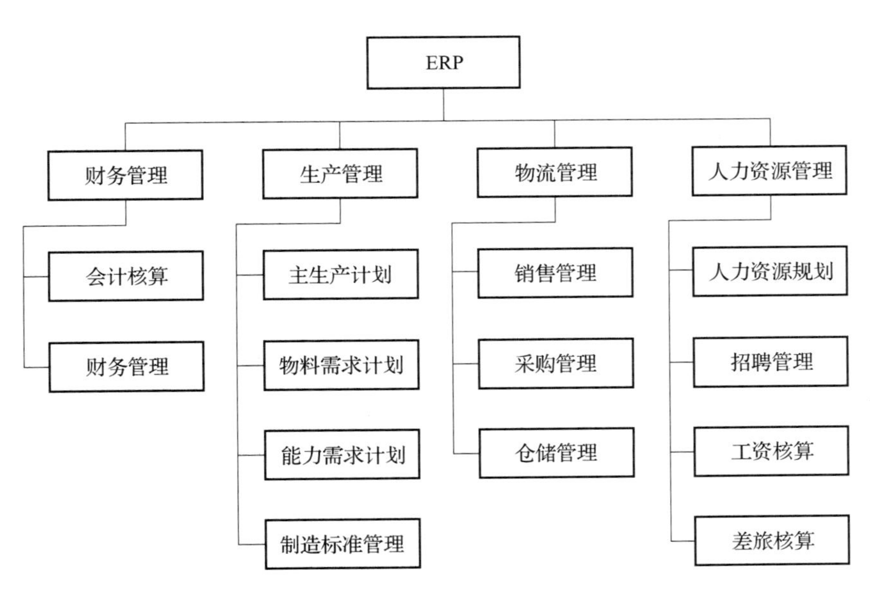

图 1-20　ERP 功能构成

动、采购活动输入的信息自动计入财务模块生成总账、会计报表，取消了输入凭证烦琐的过程，几乎完全替代以往传统的手工操作。一般的 ERP 软件的财务部分分为会计核算与财务管理两大块。

• 会计核算：会计核算主要是记录、核算、反映和分析资金在企业经济活动中的变动过程及其结果。它由总账、应收账、应付账、现金、固定资产、多币制等部分构成。

• 财务管理：财务管理的功能主要是基于会计核算的数据再加以分析，从而进行相应的预测、管理和控制活动。它侧重于财务计划、控制、分析和预测。

（2）生产管理。这一部分是 ERP 系统的核心所在，它将企业的整个生产过程有机地结合在一起，使得企业能够有效降低库存，提高效率。同时各个原本分散的生产流程的自动链接，也使得生产流程能够前后连贯进行，而不会出现生产脱节，耽误生产交货时间。生产控制管理是一个以计划为导向的先进生产、管理方法。首先，企业确定一个总生产计划，再经过系统层层细分后下达到各部门去执行。

• 主生产计划：它是根据生产计划、预测和客户订单的输入来安排将来各周期中提供的产品种类和数量，它将生产计划转为产品计划，在平衡了物料和能力的需要后，精确到时间、数量的详细的进度计划。它是企业在一段时期内的总活动的安排，是一个稳定的计划，是从生产计划、实际订单和对历史销售分析得来的预测产生的。

• 物料需求计划：在主生产计划决定生产多少最终产品后，再根据物料清单，把整个企业要生产的产品的数量转变为所需生产零部件的数量，并对照现有的库存量，可得到还需采购多少、生产多少、加工多少的最终数量。这才是整个部门真正依照的计划。

• 能力需求计划：在得出初步的物料需求计划之后，将所有工作中心的总工作负荷，与工作中心的能力进行平衡后产生的详细工作计划，以此来保证生成的物料需求计划的可行性。能力平衡解决的问题包括超负荷、低负荷、资讯利用率、瓶颈等问题。

• 制造标准管理：编制计划中需要许多生产基本信息，这些基本信息就是制造标准，包括零件、产品结构、工序和工作中心等。

（3）物流管理。主要包括以下三方面。

• 分销管理：销售的管理是从产品的销售计划开始，对其销售产品、销售地区、销售客户等各种信息的管理和统计，并对销售数量、单价、金额、利润、绩效、客户服务做出全面的分析。在分销管理模块中大致有三方面的功能：客户信息管理、销售订单管理和销售统计分析。

• 库存管理：用来控制存储物料的数量，以保证稳定的物流支持正常的生产，它是一种相关的、动态的、极真实的库存控制系统。它能够结合、满足相关部门的需求，可以随时间变化动态地调整库存，精确反映库存现状。

• 采购管理：旨在确定合理的定货量、优秀的供应商和最佳的安全储备。能够随时提供定购、验收的信息，跟踪和催促对外购或委外加工的物料，保证货物及时到达。能够建立供应商的档案，用最新的成本信息来调整库存的成本。

（4）人力资源管理。主要包括以下四方面。

• 人力资源规划：对于企业人员、组织结构编制的多种方案进行模拟比较和运行分析，并辅之以图形的直观评估，辅助管理者做出最终决策。进行人员成本分析，对人员成本作出分析及预测，并通过 ERP 集成环境，为企业成本分析提供依据。

• 招聘管理：进行招聘过程的管理，优化招聘过程，减少业务工作量；对招聘的成本进行科学管理，从而降低招聘成本；为选择聘用人员的岗位提供辅助信息，并有效地帮助企业挖掘人才资源。

• 工资核算：能根据公司跨地区、跨部门、跨工种的不同薪资结构及处理流程制定与之相适应的薪资核算方法。能够及时更新员工的薪资结构，通过和其他模块的集成，自动根据要求调整员工薪资结构及数据。

• 差旅核算：系统能够自动控制差旅申请、差旅批准到差旅报销的整个流程，并且通过集成环境将核算数据导进财务成本核算模块中。

通过近 30 年的发展，ERP 解决方案已趋于成熟，并在制造业中得到广泛应用。国内知名的 ERP 供应商有：用友、金蝶、浪潮等；国际知名的 ERP 供应商有：SAP、Oracle 等。国外的 ERP 软件在行业版本、软件功能完善、实施能力方面占有明显优势，但在与中国国情结合度上比较薄弱，其在客户化修改、接口的开放度、客户数据转换支持、软件价格和实施费用等方面不容易被国内企业认同与接受。国外 ERP 软件适合于已与国际化接轨、信息化基础较好、人员素质较高的大型企业，不适合我国生产（经营）规模较小、信息化管理程度低的中小型企业。对于具有自主知识产权的国内 ERP 软件，在中国 ERP 市场上占有比较大的份额。产品在分步实施、软件结构及其接口的开放性、数据转换等方面容易使客户接受。国内 ERP 软件价格和实施费用较低，但在软件功能完善型、广泛性、成熟性等方面与国外知名 ERP 软件存在差距。

2. 产品生命周期管理（PLM）

所谓产品生命周期管理（PLM，Product Life-Cycle Management），就是从人们对产品有需求开始，到产品淘汰报废、回收的全部生命历程的管理，其应用于企业内部，以及在产品研发领域具有协作关系的企业之间。其支持产品全生命周期的信息的创建、变更、管理、分发和应用等一系列解决方案，能够集成与产品相关的人力资源、流程、应用系统和信息。PLM 是一种先进的企业信息化思想，它促使人们思考在激烈的市场竞争中，如何用最有效的方式和手段为企业增加收入和降低成本。

PLM 的三个核心理念如下：

• 统一、安全、可管理的访问和使用产品信息。

• 在产品的全生命周期中保持产品定义及相关信息的完整性。

• 管理和维护用于创建、管理、传播、分享和使用产品信息的业务流程。

在 PLM 诞生前，与产品相关的信息保存在不同的独立系统中。例如，在产品设计阶段，产品结构数据保存在设计软件中；在产品生产过程中，由供应链管理系统（SCM）负责原材料采购信息管理，一旦产品进入市场，由 CRM 系统帮助管理客户关系。然而企业需要集成所有这些信息，以便更好地优化产品开发、生产和销售部署。例如，CRM 数据须将当天的客户需求反馈给产品设计人员，以体现到下一代产品中；为了节省成本，SCM 系统须从产品定义阶段就开始介入，从而节省采购时间和资金，支持产品开发过程；业务伙伴、供应商和客户等所有相关方，都须及时了解产品信息的变更，以便更快地做出相应的调整。PLM 正是产品的完整信息视图与协作流程的入口，为 CRM、SCM、ERP 等业务系统同步产品信息提供统一、集成的平台，并支持协作创新[8]。

PLM 核心功能构成如图 1-21 所示。

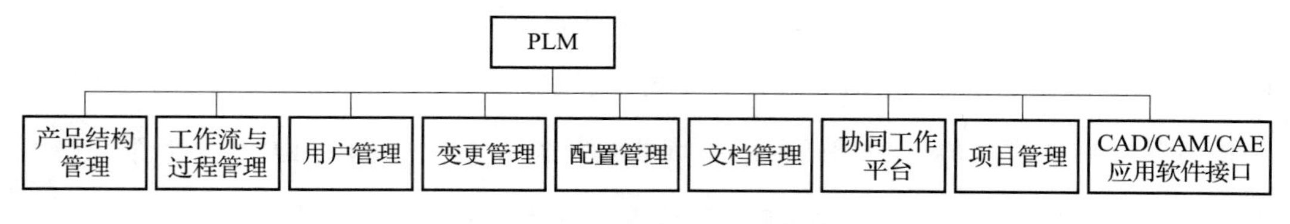

图 1-21　PLM 核心功能构成

（1）产品结构管理。PLM 系统一般采用视图控制法，来对某个产品结构的各种不同划分方法进行管理和描述，产品结构视图可以按照项目任务的具体需求来定义，也可以反映项目里程碑对产品结构信息的要求。

（2）工作流与过程管理。PLM 系统的工作流与过程管理提供一个控制并行工作流的软件工具。利用 PLM 图示化的工作流编辑器，可以在 PLM 系统中建立符合各企业习惯的并行的工作流程。根据项目任务的结构特点，可以利用工作流与过程管理模块为任务数据对象，建立相关的串行或并行流程。当任务中的数据对象被赋予流程后，流程用于控制该数据对象的流转过程，会自动将文档推到下一环节。如果任务有相关

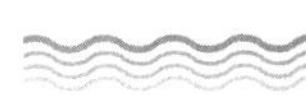

数据对象被赋予了流程，只有当所有被赋予流程的数据对象走完相应的流程后，该任务才能提交，继续下一步的任务。

（3）用户管理。PLM 系统对系统用户的个人信息进行管理，项目负责人利用这些信息，可以针对一个既定的项目，组织一个完整的集成产品研发团队。

（4）变更管理。PLM 系统的变更管理，是建立在工作流与过程管理基础上的，通过变更流程来管理变更请求、变更审核与审批、变更发布的整个过程。

（5）协同工作平台。PLM 系统提供协作笔记本、团队数据库、团队论坛和即时消息等支持协同工作的工具。在项目立项之后的整个管理阶段中，用户会需要与项目中其他分配有任务的人员交流项目信息，这时可以利用 PLM 的协同工作工具，进行多用户的即时通信。

（6）配置管理。建立在产品结构管理功能之上，它使产品配置信息可以被创建、记录和修改，允许产品按照特殊要求采用不同的配置，记录某个变异产品的产品结构。同时，也为产品周期中不同领域提供不同的产品结构表示。

（7）文档管理。提供图档、文档、实体模型安全存取、版本发布、自动迁移、归档、签审过程中的格式转换、浏览、圈阅和标注，以及全文检索、打印、邮戳管理、网络发布等一套完整的管理方案，并提供多语言和多媒体的支持。

（8）项目管理。管理项目的计划、执行和控制等活动，以及与这些活动相关的资源。将它们与产品数据和流程关联在一起，最终达到项目的进度、成本和质量的管理。

（9）CAD/CAE/CAM。CAD/CAM/CAE，有时也统称为 CAD，是上世纪 60 年代以来迅速发展起来的一门新兴的综合性的计算机应用技术，是设计人员在计算机系统的辅导与帮助下，根据一定的设计流程进行产品设计的一项专门技术，是人的智慧和创造力与计算机软硬件功能的巧妙结合。设计人员通过人机交互操作方式进行产品设计构思，直观、形象地建立集合模型，快速、准确地进行性能分析和计算，进而利用专用信息库（数据库和图形库）进行结构设计、详细设计，编制工程图。

这些计算机辅助应用软件系统所产生的工程数据将统一保存到 PLM 中，由 PLM 进行集成管理。

3. 制造执行系统（MES）

20 世纪 80 年代后期，美国总结了 MRPll 的实施成功率总是徘徊在约 60%的原因，吸收日本准时制造（JIT）系统经验，提出将计划与制造过程统一起来的制造执行系统（MES，Manufacturing Execution System）。美国制造执行系统协会关于 MES 的定义是：MES 能通过信息传递，对从订单下达到产品完成的整个生产过程进行优化管理。当企业发生实时事件时，MES 能对此及时做出反应、报告，并用当前的准确数据对其进行指导和处理。这种对状态变化的迅速响应使 MES 能够减少企业内部不增值的活动，有效地指导企业的生产运作过程，从而使其既能提高企业及时交货的能力，又能改善物料的流通性能。MES 还通过双向的直接通信，在企业内部和整个产品供应链中提供有关产品活动的关键信息[9]。MES 是企业资源计划（ERP）与设备控制之间承上启下的“信息枢纽”，在 ERP 系统产生的长期计划的指导下，MES 根据底层控制系统采集的与生产有关的实时数据，进行短期生产作业的计划调度、监控、资源配置和生产过程的优化等工作。MES 在整个企业信息集成系统中承上启下，是生产活动与管理活动信息沟通的桥梁。MES 对企业生产计划进行“再计划”，“指令”生产设备“协同”或“同步”动作，对产品生产过程进行及时响应，对生产过程进行及时调整、更改或干预。

按照国际制造执行系统协会（MESA）的定义，MES 应具有 11 个功能模块，如图 1-22 所示。

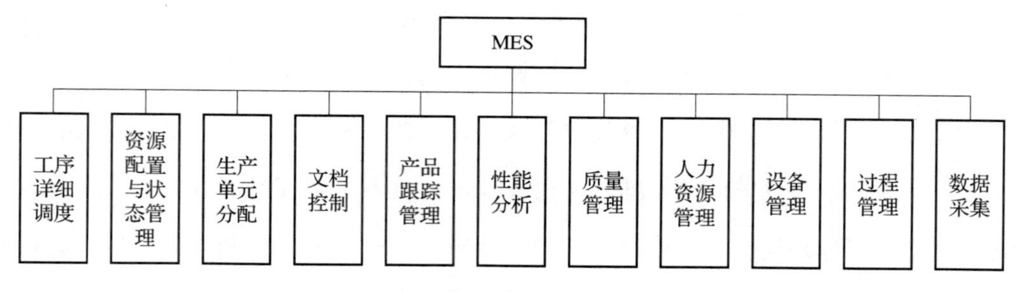

图 1-22　MES 功能构成

（1）资源配置及状态管理（Resource Allocation and Status）。该功能管理机床、工具、人员物料、其他设备以及其他生产实体，满足生产计划的要求对其所作的预定和

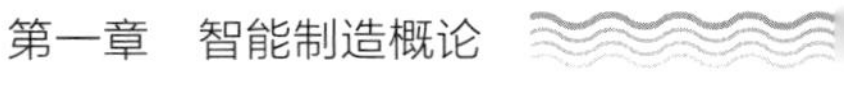

调度，用以保证生产的正常进行，提供资源使用情况的历史记录和实时状态信息，确保设备能够正确安装和运转。

（2）工序详细调度（Operations/Detail Scheduling）。该功能提供与指定生产单元相关的优先级（Priorities）、属性（Attributes）、特征（Characters）以及处方（Recipes）等，通过基于有限能力的调度，通过考虑生产中的交错、重叠和并行操作来准确计算出设备上下料和调整时间，实现良好的作业顺序，从而最大限度地减少生产过程中的准备时间。

（3）生产单元分配（Dispatching Production Units）。该功能以作业、订单、批量、成批和工作单等形式管理生产单元间的工作流。通过调整车间已制订的生产进度，对返修品和废品进行处理，用缓冲管理的方法控制在制品数量。当车间有事件发生时，要提供一定顺序的调度信息并按此进行相关操作。

（4）质量管理（Quality Management）。该功能是指通过对从制造现场收集的数据进行实验分析来保证产品质量，控制和确定生产中需要注意的问题。质量管理功能应向用户推荐纠正错误应采取的行为建议，以帮助用户辨明引起错误的原因。

（5）人力资源管理（Labor Management）。该功能以分钟为单位提供每个人的状态。通过时间对比、出勤报告、行为跟踪及基于行为（包含资财及工具准备作业）的费用分析为基准，实现对人力资源的间接行为的跟踪能力。

（6）设备管理（Maintenance Management）。该功能为了提高生产和日程管理能力，对设备和工具的维修行为、维修计划进行指示及跟踪，实现设备和工具的最佳利用效率。

（7）过程管理（Process Control）。该功能是通过数据采集接口，实现智能设备与制造执行系统之间的数据交换，来监控生产过程和自动修正生产中的错误，或者向用户提供纠正错误的决策支持，以提高生产活动的效率和质量。过程管理的焦点集中在被监控或被控制的机器上，通过跟踪连续的操作来跟踪整个生产处理过程。过程管理应包括报警功能，以保证企业员工及时意识到生产过程的变化。

（8）文档控制（Document Control）。该功能控制、管理并传递与生产单元有关工作指令、配方、工程图纸、标准工艺规程、零件的数控加工程序、批量加工记录、工程更改通知以及各种转换操作间的通讯记录，并提供了信息编辑及存储功能，将向操作者提供操作数据或向设备控制层提供生产配方等指令下达给操作层，同时包括对其他重要数据（例如与环境、健康和安全制度有关的数据以及 ISO 信息）的控制与维护。

（9）产品跟踪管理（Product Tracking and Genealogy）。该功能可以看出完成作业的位置，通过状态信息了解谁在作业，供应商的资财、关联序号、生产条件、警报状态及再作业后跟生产联系的其他事项。

（10）性能分析（Performance Analysis）。该功能通过对过去记录和预想结果的比较，提供实际的作业运行结果。执行分析结果包含资源活用、资源可用性、生产单元的周期、日程遵守、标准遵守的测试值。具体化从测试作业因数的许多异样的功能收集的信息，这些结果以报告的形式准备或在线提供对执行的实时评价。

（11）数据采集（Data Collection/Acquisition）。该功能通过数据采集接口来获取并更新与生产管理功能相关的各种数据和参数，包括产品跟踪、维护产品历史记录以及其他参数。这些现场数据，可以从车间手工方式录入或由各种自动方式获取。

4. 供应链管理（SCM）

供应链是由供应商、制造商、仓库、配送中心和渠道商等构成的物流网络。供应链管理使供应链运作达到最优化，以最少的成本完成所有过程，包括实现工作流、实物流、资金流和信息流等高效率地操作，并把合适的产品以合理的价格及时准确地送达消费者手上。SCM 是一种集成的管理思想和方法，它提供供应链中从供应商到最终用户的物流计划和控制等职能。从单一的企业角度来看，是指企业通过改善上、下游供应链关系，整合和优化供应链中的信息流、物流、资金流，以获得企业的竞争优势。

SCM 能为企业带来如下的益处：

- 增加预测的准确性。
- 减少库存，提高发货供货能力。
- 减少工作流程周期，提高生产率，降低供应链成本。
- 减少总体采购成本，缩短生产周期，加快市场响应速度。

SCM 的核心功能如图 1-23 所示。

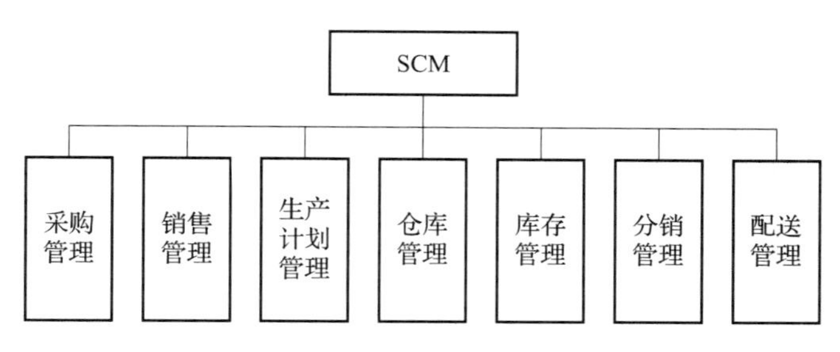

图 1-23　SCM 核心功能构成

（1）采购管理。融入供应链管理的理念，采用“以无定购”的原则，达到减少库存、加快周转的管理目标。按照当前库存和销售计划自动计算所需要采购的商品种类和数量。全程跟踪订单从签订、执行、物流配送和货款收付，多部门协同工作，实现从采购部门、管理部门、仓库配送、财务部门等之间的全面协调。建立完善的供应商资料和供应商评估信息，实现对供应商的分类管理和业务分权限管理。

（2）销售管理。具有完善的客户管理功能，包括客户分类、业务员分区和客户分配等功能，以及全面的货款管理功能，包括应收账款查询、账款风险提示和分析等功能。

（3）生产计划管理。根据销售计划、生产能力和物料供应情况，生成生产计划。根据生产计划生成物料需求计划和物料采购计划，通过系统与供应商协同并根据供应商的供应能力来调整生产计划。

（4）仓库管理。对来货签收、入库管理、出库管理、发货管理、库存盘点、库内移位和库间调拨进行全方位的管理。可以随时准确查询商品的库存数目和存放库位，全面了解仓库的库容情况。融合多种物流设备接口，可以兼容普通条码、RFID 标签等采集设备和自动分拣设备。

（5）库存管理。可以根据每一个商品的历史周转，对商品的库存上下限进行设置，以达到对不同商品库存分类管理的目标。应用供应链一体化理念，实现供应链上下游之间的库存数据实时共享，以便随时掌握供应链每一个环节的库存情况。

（6）分销管理。根据不同的类型客户授权不同的商品和销售价格。实现对订单从签订、执行、物流配送和货款收付的全程跟踪。具有应收账款查询、账款风险提示和分析等功能。

（7）配送管理。根据不同的配送方式和线路自动生成费用清单。适应多网点、跨区域的收发货和转运管理。

5. 客户关系管理（CRM）

客户关系管理是指企业为提高核心竞争力，利用相应的信息技术以及互联网技术协调企业与顾客间在销售、营销和服务上产生的问题，从而提升其管理方式，并向客户提供创新式的交互和服务的过程。其最终目标是吸引新客户、保留老客户，将已有客户转为忠实客户。

客户关系管理系统，是指利用软件、硬件和网络技术，为企业建立一个客户信息收集、管理、分析和利用的信息系统。其以客户数据的管理为核心，记录企业在市场营销和销售过程中和客户发生的各种交互行为，以及各类有关活动的状态，并提供各类数据模型，为后期的分析和决策提供支持。它集合了当今最新的信息技术，包括互联网和电子商务、多媒体技术、数据仓库和数据挖掘技术、人工智能技术等等。

CRM 的作用体现在如下几个方面：

• 通过 CRM 系统，客户可方便地通过电话、网络等访问企业、进行业务往来，任何与客户打交道的员工都能全面了解客户信息，并根据客户需求进行交易和提供服务，记录自己获得的客户信息。

• 能够对市场活动进行规划和评估，从不同角度提供成本、利润、生产率、风险率等信息，并对客户、产品、时间、职能部门、地理区域等进行多维分析。

• 能够对各种销售活动进行追踪，跟踪每个客户的状况、需求、成交、服务全过程的信息。

• 提供对市场活动、销售活动的分析功能，提供产品的技术信息，进行市场的预测和分析。

CRM 的主要功能模块如图 1-24 所示。

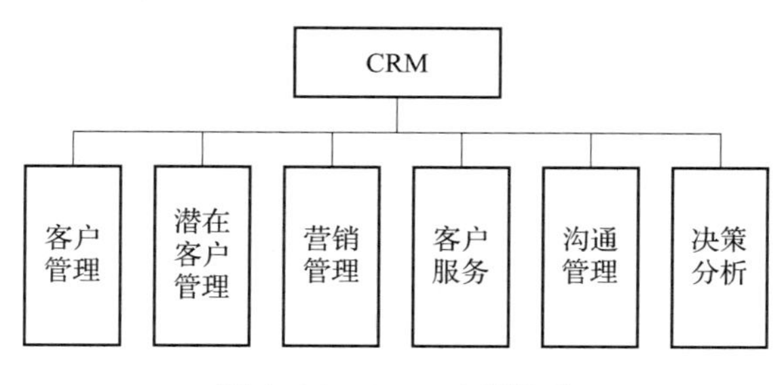

图 1-24　CRM 功能构成

（1）客户管理。管理维护客户基本信息、联系方式、活动历史，跟踪客户订单。

（2）潜在客户管理。包括对业务线索、销售机会、潜在客户的管理、跟踪。

（3）营销管理。包括对活动计划、预算的管理；对活动投资收益分析；对活动执行进度跟踪。

（4）客户服务。包括服务请求记录、服务计划安排、服务跟踪、客户反馈记录、事件升级等。

（5）决策分析。通过信息查询、统计，产生报告及图表，支持决策分析。

（6）沟通管理。沟通计划安排，通过不同渠道沟通联系，包括呼叫中心、电子邮件、电商、社交 APP 等。

三、制造业信息系统间的集成关系

1. PLM 与 ERP、SCM、CRM 的关系

PLM 与 ERP、SCM、CRM 的关系如图 1-25 所示。

PLM 与 ERP 间需集成产品设计、产品生产计划、产品质量等数据；PLM 将产品设计数据（包括产品规格、BOM、工艺流程等）传输给 ERP，以便 ERP 制定采购需求、分配生产资源、核算成本等；ERP 向 PLM 反馈产品的生产计划、批次、生产资源配置、产品质量检测结果等，以便 PLM 对产品生产过程进行跟踪管理。

PLM 需集成 SCM 的产品原料来源的详细信息，包括厂家、规格型号、生产批次等，以及产品的物流配送计划、物流跟踪数据等。

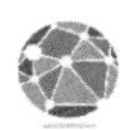

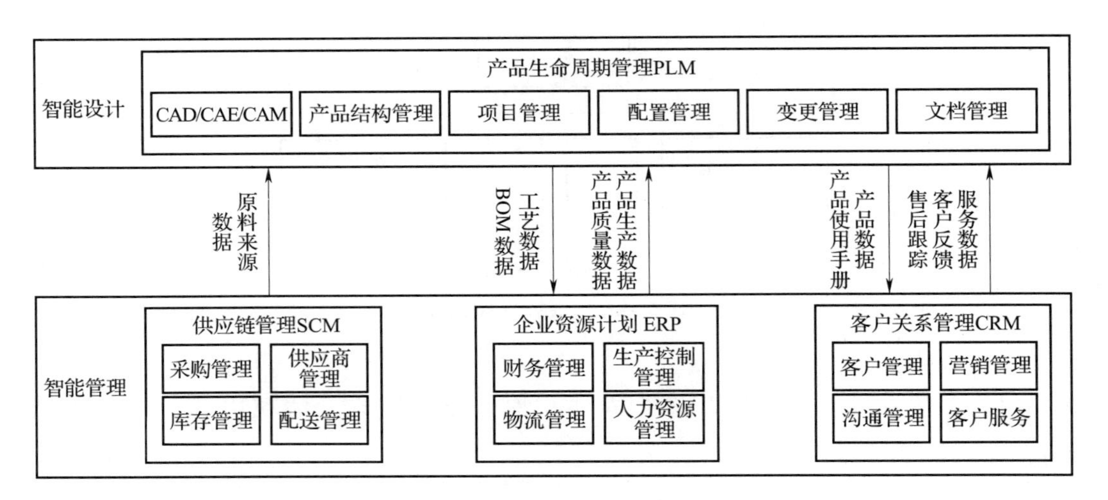

图 1-25　PLM 与 ERP、SCM、CRM 的信息集成关系

PLM 与 CRM 间需集成产品的使用及售后服务数据。PLM 向 CRM 传递产品使用手册、产品参数配置、运维手册、故障诊断方案等信息，便于 CRM 及时为客户提供服务及开展营销活动；CRM 向 PLM 反馈客户使用反馈、售后服务、故障等信息，便于产品设计团队优化产品，及为新产品开发提供市场需求信息。

2. PLM 与 MES 的关系

PLM 与 MES 的关系如图 1-26 所示。

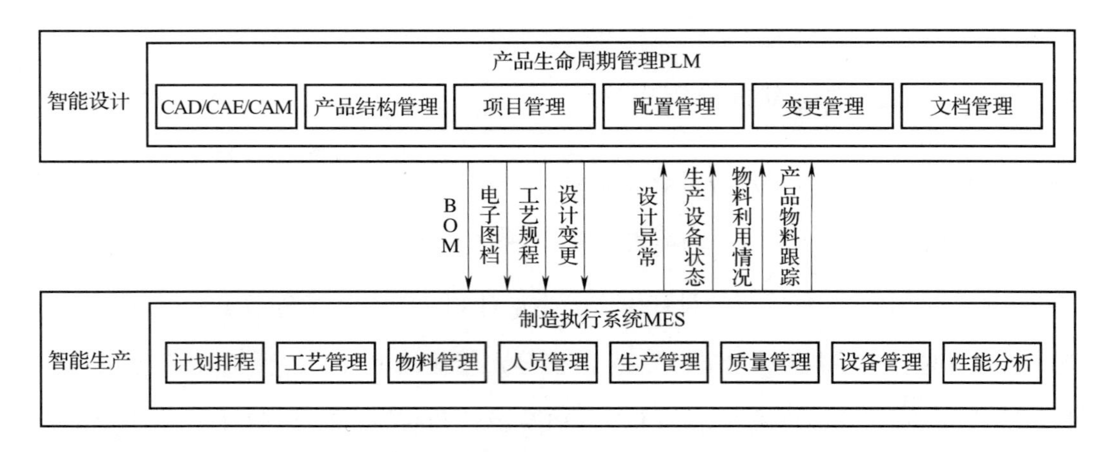

图 1-26　PLM 与 MES 的信息集成关系

MES 系统从 PLM 中获得设计和工艺等信息，在进行生产加工时可方便地进行查

询，以指导具体的生产操作。通过集成，产品设计与工艺设计的结果可以传递给制造部门，从而进行进一步的生产计划的编制以及质量、进度的监控。根据工艺路线规划的时间，确定提前的周期，确保产品生产装配的顺利进行。生产部门也可根据设计变更及时调整计划与工艺。MES 将生产制造过程的状态数据、物料数据反馈给 PLM，形成产品的详细跟踪数据。生产的质量问题可以反馈给工艺与设计部门，进行工艺、质量、成本分析和优化。

3. ERP 与 MES 的关系

ERP 与 MES 的关系如图 1-27 所示。

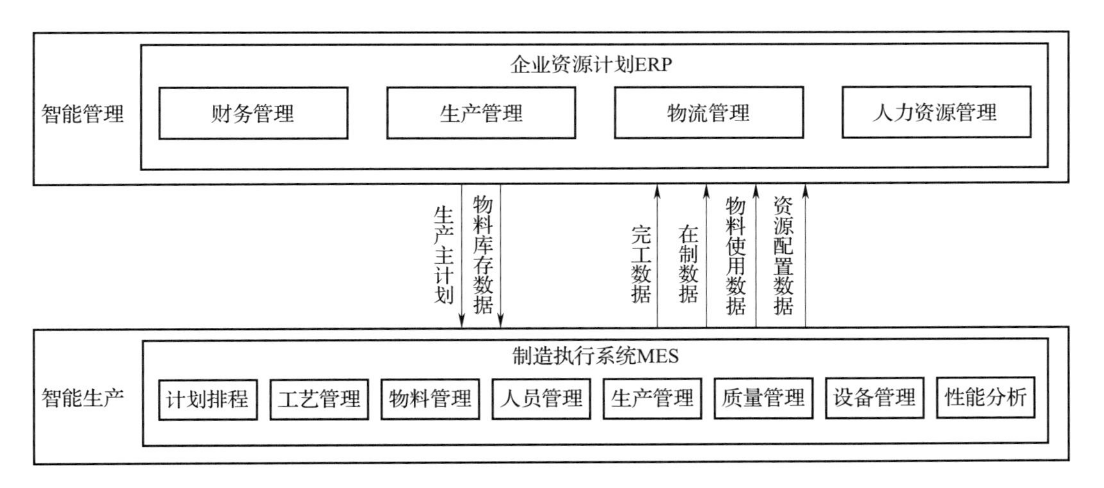

图 1-27　ERP 与 MES 的信息集成关系

MES 系统接收来自 ERP 的主生产计划、物料库存数据以及物料采购计划，从而制定精确的生产排程，保证生产的高效性和及时性。在生产执行过程中，MES 系统及时将工序状态信息、计划确认信息及产品交付信息反馈到 ERP 系统中，使得管理人员可以即时监控和跟踪生产计划的执行情况，并根据生产部门的产品交付信息制订物流配送计划，实时调整库存，为后续主生产计划制订提供参考；同时，MES 将物料使用数据以及人员、设备等资源的利用情况反馈给 ERP，使 ERP 可及时核算财务成本。

4. ERP 与 SCM、CRM 的关系

ERP 与 SCM、CRM 的关系如图 1-28 所示。

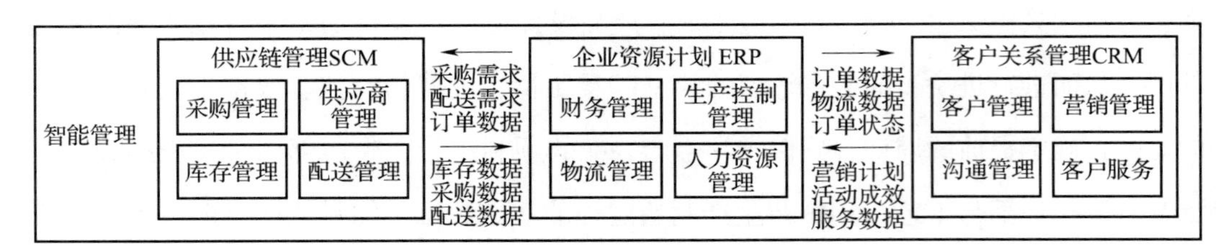

图 1-28 ERP 与 SCM、CRM 的信息集成关系

ERP 将采购需求、配送需求、销售订单等发送给 SCM，以便 SCM 及时制订采购计划、配送计划，确保生产的顺利进行，准时交付客户产品。SCM 将采购、配送执行情况反馈给 ERP，以便 ERP 跟踪执行情况，及时核算成本。另外 SCM 会反馈库存数据，为 ERP 制订采购或生产计划提供依据。

ERP 将订单数据、订单执行情况、物流配送信息传递给 CRM，CRM 可实时更新客户数据库，并及时为客户提供服务。CRM 将客户沟通、市场营销计划、活动执行结果、售后服务等数据传递给 ERP，以便于 ERP 及时核算相关成本与效益。

5. 案例分析

昆明云内动力股份有限公司（以下简称“云内动力”）成立于 1999 年，迄今已有近六十多年从事柴油机开发生产的历史，是中国内燃机行业最早的国有上市公司之一，多年来一直保持多缸小缸径柴油机领域领先地位，是中国汽车零部件发动机行业龙头企业，中国内燃机行业排头兵企业，国内最大的多缸小缸径柴油机生产企业、行业引领者。

2016 年，云内动力启动内燃机行业智能制造新模式项目。

（1）现状分析。在项目实施前，云内动力已建成了 ERP、CRM、产品数据管理（PDM）、仓储管理系统（WMS）、设备运维管理系统、CAD/CAE/CAPP 等信息系统。但也存在以下突出问题。

• 信息化系统不健全。部分关键系统缺失，如 MES、SCM。

• 已建成的信息系统功能不完善。ERP 系统中只应用部分模块，未实现销售、采购、生产、财务的有效协同；CRM 系统主要对售后单据进行管理，在售前管理以及远程诊断服务等方面有所缺失；设备管理系统未能覆盖全部重要关键设备、故障诊断机

制不完善，故障诊断结果与维修维护计划缺乏联动。

• 数据孤岛情况明显。例如 PDM 只是单点应用，未实现 PDM、CRM、ERP 之间的数据集成；WMS 系统未与 ERP 系统实现无缝对接、有机集成。

（2）信息化解决方案。信息化系统建设是云内动力智能制造新模式项目的核心内容，本项目的信息化解决方案包含以下主要内容。

• 建设以 MES 为核心的数字化车间。在铸造车间、装配车间实施 MES 系统，实现车间计划优化与管理、生产物流管理与数字化跟踪、全面质量管理与追溯、可视化生产过程多维度监视及动态调度控制等功能。

• 建设完善 ERP、SCM、CRM 等企业管理系统。完善 ERP 财务、采购和仓储模块的功能，同时拓展销售、生产、人力资源等新的业务模块，实现公司人、财、务、产、供、销的集中和协同管控，建成财务业务一体化的运营管控平台，打造精细化管理能力；建设 SCM 系统，实现采购、物流计划的管理、出入库管理、在途物流状态跟踪、到货确认等主要功能；完善优化 CRM，形成从售前、售中到售后的全面管控，包括客户信息管理、市场营销管理、销售管理等内容，搭建从“客户挖掘—报价/投标管理—订单/合同签约—订单/合同履行”的统一链条，将前端业务与后端业务贯穿起来。

• 建设以 PLM 为核心的产品研发协同平台。在 PLM 系统的统一管理下，在一系列设计、工艺技术标准的基础上，开展基于模型定义的设计，让 MBD 的几何模型、制造数据、物流清单等贯穿于设计、工艺、制造、服务全过程。构建产品设计知识库与专家系统，构建工艺设计知识库和专家系统，提高知识的共享性、设计的科学性，提高设计的标准化、效率和质量。

• 建立全价值链的信息集成平台。建立从客户需求、研发设计、采购、生产制造、物流运输、销售、到售后服务的全价值链的端到端集成平台，实现客户需求与研发设计，研发设计与 ERP、MES、CRM、SCM 的集成，实现企业与供应商、客户、合作伙伴的协同；建立 ERP 与 MES、车间 MES 之间、MES 与自动化控制系统间的纵向集成，实现从订单销售到生产计划、生产排程、生产控制、质量检测、产品交付的全流程自动化优化调度与控制。

建成后的云内动力信息化系统如图 1-29 所示。

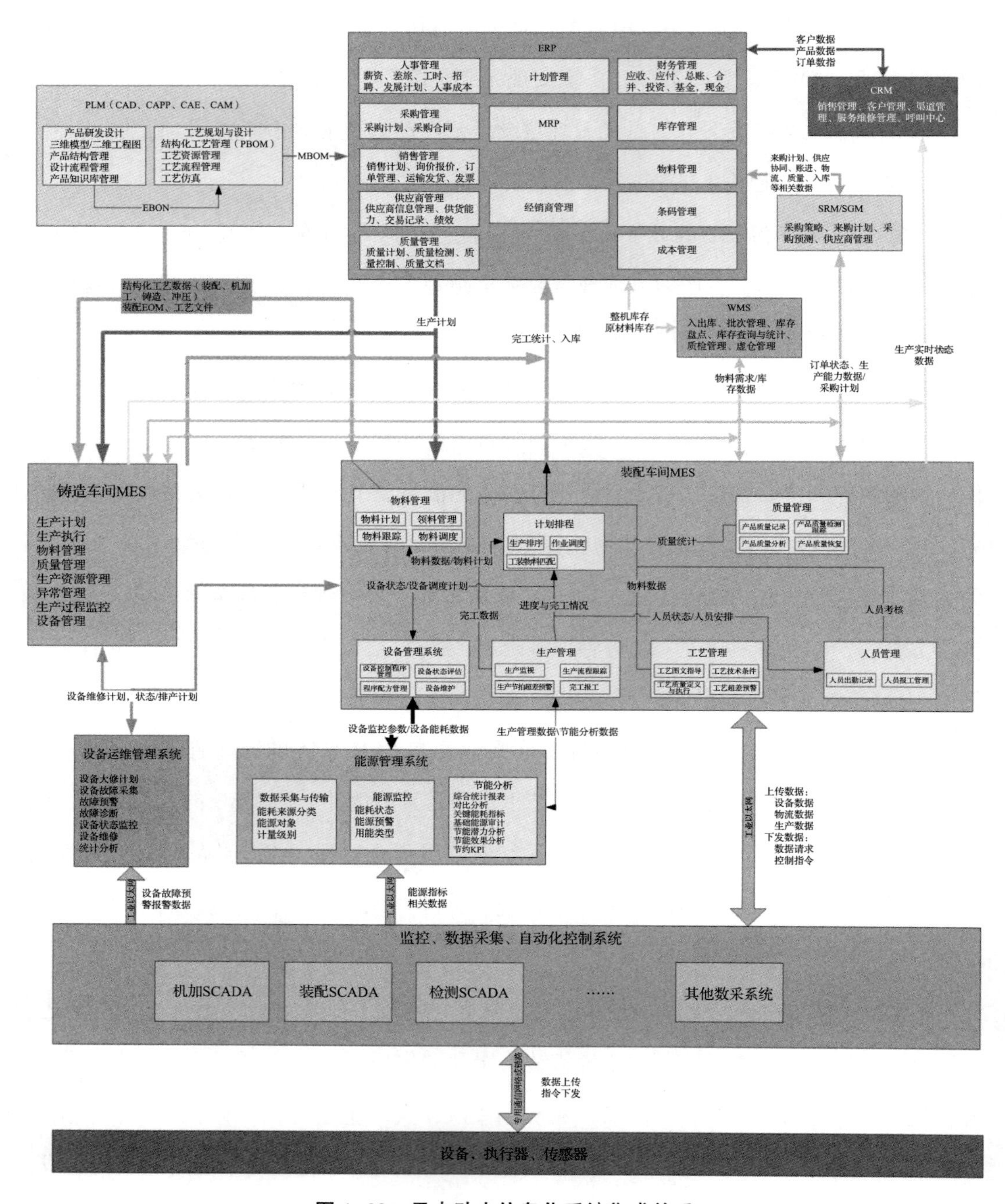

图 1-29　云内动力信息化系统集成关系

四、端到端全流程数字化管理与运营

1. 实验目标

• 理解制造企业各信息系统的作用。

• 理解各信息系统的协作关系。

• 掌握关键信息系统的基本功能和操作。

2. 实验环境

• 硬件：PC 电脑一台。

• 软件：电商 APP、ERP、PLM、MES。

3. 实验内容及主要步骤

• 创建个性化订单。通过手机或 Web 打开电商 APP，选择商品并进行个性化定制，提交订单。

• 个性化产品设计与验证。PLM 自动接收到订单，并根据个性化需求对产品工艺进行设计，经过仿真验证后自动生成数控加工程序。

• ERP 资源计划。ERP 自动接收到订单，根据产品 BOM、工艺对物料、生产资源进行分配和计划，并向相应车间 MES 下发生产计划。

• 生产排产。MES 自动接收 ERP 下发的生产计划，根据 PLM 生成的工艺数据进行生产排产，并下发生产指令。

• 生产过程监控。通过 MES 的数据采集及数据看板，监控生产过程，查看产线运行状态。

• 产品交付。通过电商 APP 跟踪订单状态，产品在生产中的各个关键节点均可在 APP 中显示，直至配送交付。

第三节　精益生产与质量管理

考核知识点及能力要求：

- 了解精益生产的基本理念，了解其发展以及起源。
- 了解增值活动、不增值活动的判断原则，能够识别生产经营中的各种浪费。
- 熟悉精益生产的五项原则。
- 熟悉精益生产的主要方法、工具和管理体系。
- 能够灵活使用精益生产工具进行生产管控。
- 能够利用 FMEA 方法管控智能制造过程中的风险。
- 能够利用 SPC 方法减小过程及产品的变异。

一、精益生产理念

精益生产是指发挥全员的力量，不断消除生产经营中的各项浪费，使之能够快速适应客户需求的变化，为客户带来最大价值的生产方式。相对于传统的通过大规模、批量化生产来降低成本的方法，精益生产具有多品种、小批量的特点。

20 世纪 80 年代，美国麻省理工学院在一项名为“国际汽车计划”的研究项目中，通过对日本企业的大量调查、对比发现，日本丰田汽车公司的准时化（JIT，Just In Time）管理方式是最适用于现代制造的一种生产方式，这种生产方式的目标是降低生产成本，提高生产过程的协调度，彻底杜绝企业中的一切浪费现象，从而提高生产效

率。像“丰田一样的生产组织、管理方式”即称为精益生产。

精益生产的两大支柱是准时化 JIT（Just In Time）和带人字旁的“自働化（JIDOKA）”：

• JIT：只在适当的时候，生产满足客户需要的适当的数量的产品。

• JIDOKA：整个过程中每一位员工都是质量检验员，严格遵循“三不原则”（不接受上道工序不合格的来料，不生产不合格的产品，不放过不合格的产品），防止异常的扩大。

精益生产方式可以概括为以下几个基本理念。

1. 利润源泉

首先，精益生产关注通过不断地降低成本来提高利润。它的观点是利润的源泉在于制造过程和方法。因制造过程和方法的不同，产品生产所产生的成本会大不相同。其次，精益生产方式的“利润源泉”理念也反映在评价尺度的使用方面。精益生产方式主张一切以“经济性”作为判断基准。强调高效率并不完全等于低成本，提高效率的目的是为了降低成本。

2. 暴露问题

精益生产方式非常强调问题的再现化，即将潜伏着的问题点全部暴露出来，以便进一步改善。其中采用的手段主要包括：不许过剩生产，追求零库存，目视管理，停线制度等。

3. 遵守标准

标准化活动是确保任何一个团体、任何一个系统有效运作并持续改进的最基本的前提条件。然而，在实际操作中总有一些不尽如人意的地方。其中最主要的原因有两个：一是制定的标准本身脱离实际；二是实际操作者对标准的理解不够。为此，精益生产方式推出“标准作业”制度，要求“标准作业”必须由现场直接管理者亲自制作，确保“标准作业”的可行性和实效性。

4. 现场为王

精益生产方式强调现场是一个有机体，绝不能将现场看成是将“脑”托付给管理部门，而只有“手脚”的场所。管理部门不能成为现场的“指挥官”，应以“提供服务”的姿态，扶持现场，并充分挖掘现场的潜能，建立现场的自律机制，使现场真正处于“主人公”的位置。

5. 持续改善

精益生产方式有十项改善精神守则：

- 抛弃固有的旧观念。
- 不去找不能做的理由，而去想能做的方法。
- 学会否定现状。
- 不等十全十美，有五成把握就可动手。
- 打开心胸，吸纳不同的意见。
- 改善要靠智慧并非金钱。
- 不遇问题，不出智慧。
- 打破砂锅问到底，找出问题的症结。
- 三个臭皮匠，胜过一个诸葛亮。
- 改善永无止境。

6. 以人为本

精益生产的“人本化”理念主要反映在“多能工制度”上。在以往大量生产的时代，为追求高产量，企业将作业彻底地细分化，让每个人都成为螺丝钉。精益生产方式的“多能工制度”，并且强调人力资源的重要性，鼓励员工提出改善意见，把员工的智慧和创造力视为企业的宝贵财富和未来发展的原动力。

7. 团队

精益生产方式强调生产就如同音乐，有旋律（物流）、有节拍（均衡生产），还有相互之间的和谐（标准作业），而这些是要靠一支训练有素、协调一致的乐队（团队）来保证的。

8. 下序即客户

对顾客的理解应是广义的，不能仅仅理解为产品的“买主”。需要特别指出的是：“下一道过程”就是“上一道过程”的顾客。

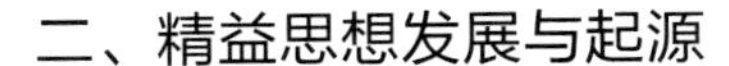

二、精益思想发展与起源

1950年，年轻的工程师丰田英二（1967年至1982年任丰田汽车公司董事长）在对福特公司在底特律的鲁齐汽车制造厂进行为期3个月的考察后，与大野耐一（后为丰田汽车公司的总工程师）进行研究，认为福特的大批量生产不适用于日本的汽车制造业。他们根据日本资源稀缺、产品品种多、批量小的市场情况，逐渐在丰田汽车公司建立起独特的生产方式TPS（Toyota Production System），这一生产方式在1973年的石油危机中，使丰田汽车公司的业绩远高于其他公司，并在其后几年逐步拉开与其他竞争对手的距离，使丰田汽车公司成为世界上最成功的汽车公司。丰田生产方式的重要理念是两大支柱：JIT（准时化生产）和JIDOKA（自动化），详见图1-30。

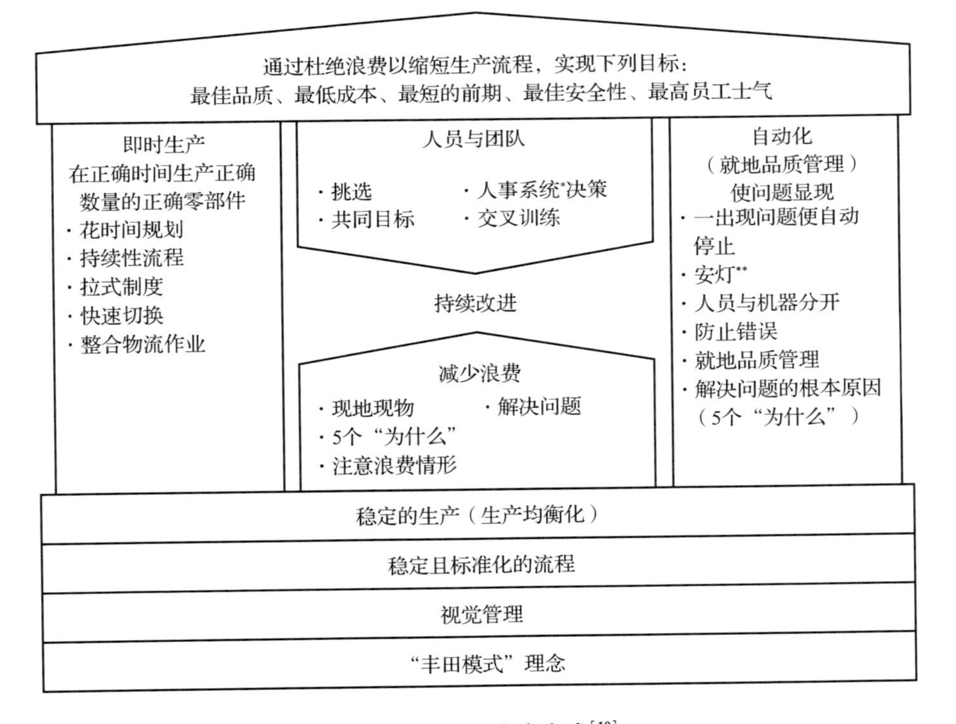

图1-30　丰田生产方式[10]

1985年，美国麻省理工学院的教授耗资500万美元，组织53位专家、学者，1984年到1989年，用了近5年的时间对14个国家的90多家汽车制造厂进行研究考察，并将大量生产方式与丰田生产方式进行对比分析，于 1990 年出版了《改变世界的机器》（*The Machine That Changed The World*）一书，书中将丰田生产方式定名为精益生产方式（Lean Production System），并对其管理思想的特点和内涵进行了详细的描述。

三、生产管控模式的发展与精益生产

1. 单件小批量生产替代手工作坊式生产模式

生产管控模式的第一次转变是单件小批量生产替代手工作坊式生产模式。在制造业形成早期，由于科学技术水平低下，整个世界的市场化程度极低，一般人均是在定期设置的集市或市场中进行商品交换或贸易活动。二十世纪初，技术上开始使用电力，但电子技术仍以电子管为主，此时的制造设备广泛使用皮带式流水线，以解决生产过程的搬运、移载等产生的效率低的问题。

2. 大规模生产替代单件小批量生产模式

生产管控模式的第二次转变是大规模生产替代单件小批量生产模式。单一或少品种大量生产的开始标志是 20 世纪 20 年代美国福特公司开创的机械式（刚性）自动流水线生产模式，即单一品种大规模生产模式。

3. 多品种小批量柔性生产替代大规模生产模式

生产管控模式的第三次转变是多品种小批量柔性生产替代大规模生产模式。20 世纪 60 年代英国的 Molins 公司在世界上首次建成柔性制造系统（当时称为可变任务系统，只针对制造而未考虑产品实现全过程的柔性）应视为多品种小批量柔性生产模式的起端。随着社会经济的发展与大量的产品生产，使原先“饥渴”的市场逐渐趋于饱和。进入 20 世纪八九十年代，多元化、个性化的需求开始凸显，买方市场时代到来。

4. 精益生产（LP）与准时化生产（JIT）

一般认为精益生产是指丰田生产方式，其中“准时化生产（JIT）”是其典型代表。精益生产的核心思想是以整体优化的观点合理地配置和利用企业拥有的生产要素，消除生产全过程一切不产生附加价值的劳动和资源，追求“尽善尽美”，达到增强企业适应市场多元需求的应变能力，从而获得更高的经济效益。精益生产的核心其实是

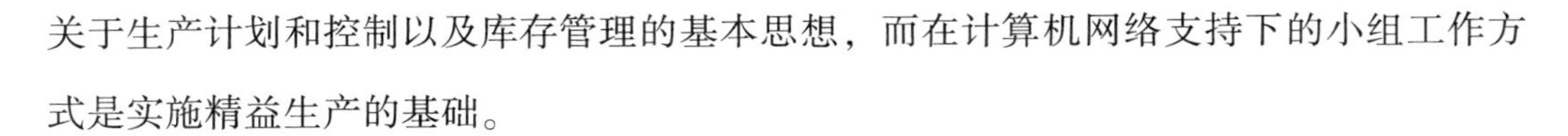

关于生产计划和控制以及库存管理的基本思想，而在计算机网络支持下的小组工作方式是实施精益生产的基础。

5. 智能制造模式

该模式面向产品全生命周期，实现泛在感知条件下的信息化制造。智能制造技术是在现代传感技术、网络技术、自动化技术、拟人化智能技术等先进技术的基础上，通过智能化的感知、人机交互、决策和执行技术，实现设计过程、制造过程和制造装备智能化，是信息技术、智能技术与装备制造技术的深度融合与集成。

四、精益生产方法与工具

精益生产可以概括为五大原则[11]：

• 以客户的立场判断生产经营活动的“价值”。

• 建立最有效的“价值流”（从原材料到成品赋予价值的全部活动）。

• 保持价值的“流动”。停滞和等待就意味着价值流中存在着浪费，必须无情地予以消灭。

• 以客户的需要“拉动”生产，而不是按计划推动生产。

• 用“尽善尽美”的价值创造过程（包括设计、制造和对产品或服务整个生命周期的支持）为用户提供尽善尽美的价值。

围绕着这五大原则，衍生出很多方法和工具。

1. 以客户的立场判断生产经营活动的“价值”

企业生产经营中有大量不增值的活动，必须予以消除。一项活动必须同时满足以下三个条件，才可算作“增值”活动：

• 改变了产品的形状或特性。

• 一次就做对。

• 客户愿意为之付款。

任何一条或多条不能满足即为“不增值”活动，即是浪费，应予消除。浪费可以归纳为七种表现形式，通常以缩略语 TIMWOOD 表示。

（1）搬运 T（Transportation）。搬运或运输过程中，材料或产品的特性并不会发生任何变化，故为浪费。

（2）库存 I（Inventory）。存货除了可能发生的变质、破损等，并不会改变特征或外形，而且大量库存还将掩盖生产及供应过程中存在的其他问题，占用企业宝贵的流动资金，必须尽量降低。

（3）动作 M（Motion/Movement）。多余的动作不但容易产生疲劳，也会耗费大量时间。

（4）等待 W（Waiting）。无论是人等设备还是生产设备等待人员操作，都是对企业资源的直接浪费。

（5）过度加工 O（Over Processing）。功能的堆叠、精度过高的表面加工等等未必是客户所需要的，黄金打造的锄头并不会比铁制的更好用。

（6）过量生产 O（Over Production）。生产比需求更多的产品是所有浪费中最严重的浪费，往往是其他浪费的根源。

（7）缺陷 D（Defect）。不多解释此义。

2. 建立最有效的“价值流”

丰田汽车公司常采用形象化的方式展现整个价值流中的材料流动和信息流动，用以辨识和减少生产过程中的浪费，称之为价值流图（VSM，Value Stream Mapping）。

VSM 贯穿于生产制造的所有流程、步骤，直到终端产品离开仓储。对生产制造过程中的周期时间、当机时间、在制品库存、原材料流动、信息流动等情况进行描摹和记录，有助于形象化当前流程的活动状态，并有利于对生产流程进行指导，朝向理想化方向发展。

VSM 通常包括对“当前状态”和“理想状态”两个状态的描摹，从而作为精益制造战略的基础。如图 1-31 和图 1-32 所示。

3. 保持价值的“流动”

（1）标准作业（Standard Work）。标准作业是以作业员的动作为中心，以没有浪费的操作顺序有效地进行生产的作业方法。标准作业用于建立群组式的生产单元，将离散生产方式转变为流动生产方式。它能大幅提升效率，降低在制品库存，缩短生产周期。

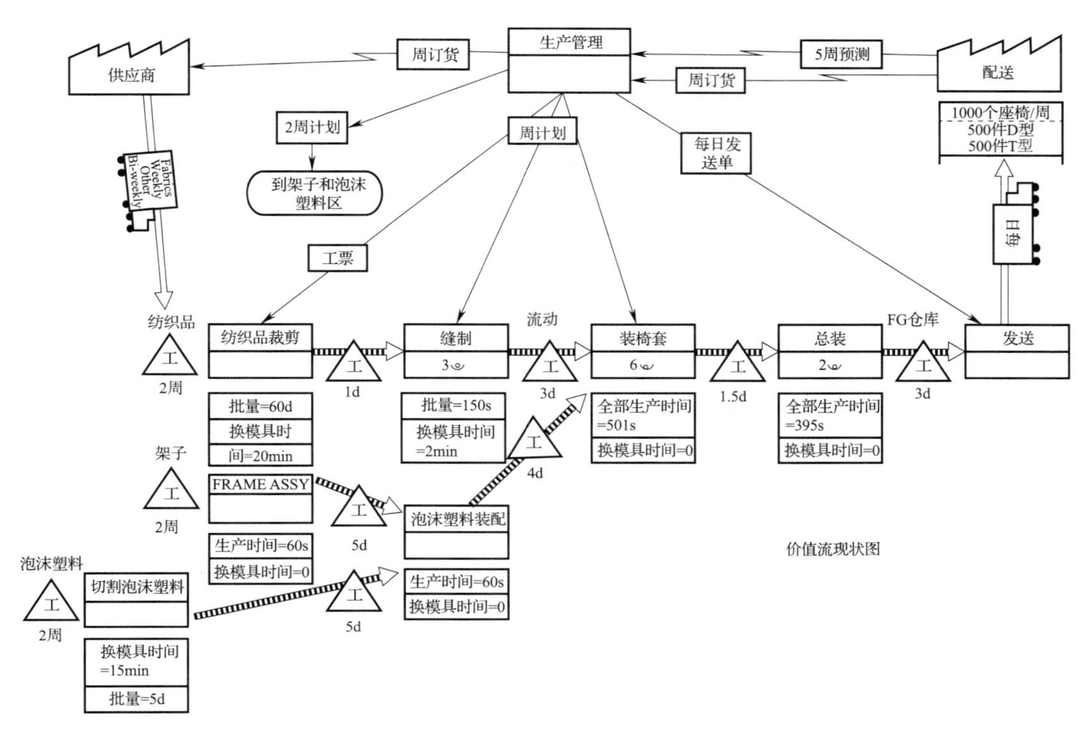

图 1-31　当前状态价值流图[12]

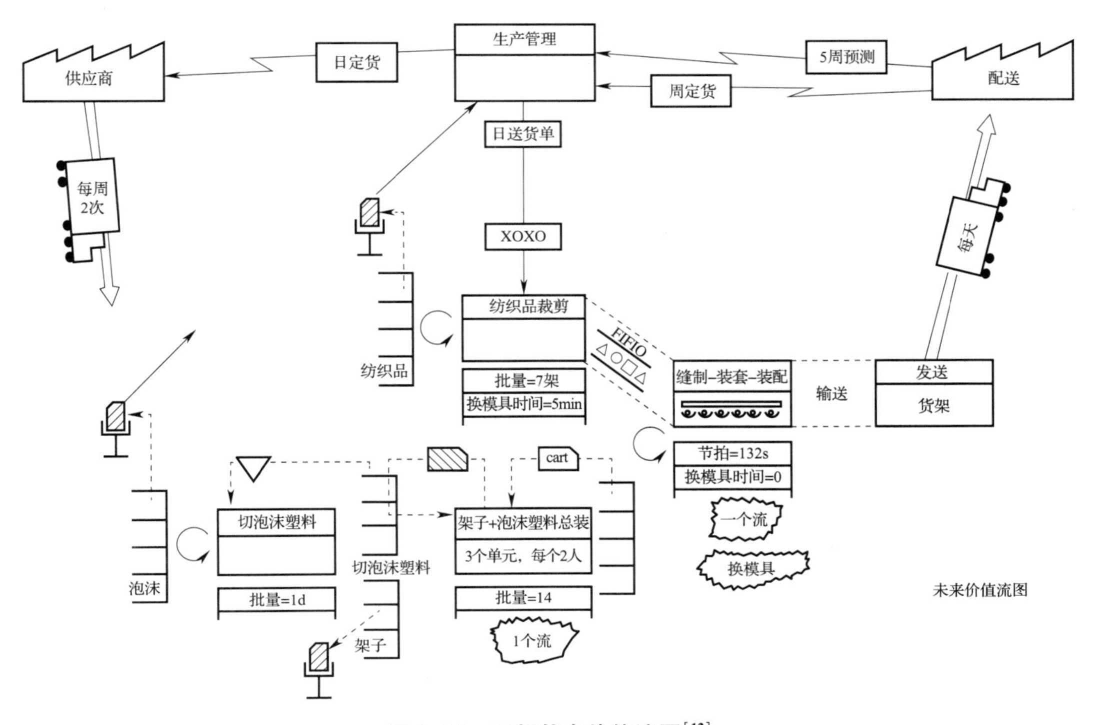

图 1-32　理想状态价值流图[12]

标准作业包括以下三个要素。

一是节拍时间。即每个生产单元的目标作业时间，可通过总有效作业时间除以客户需求的单元数量求得：

$$节拍时间=\frac{1\text{ 天的劳动时间（定时）}}{1\text{ 天的必要参量}}$$

它是由市场销售情况决定的，与生产线的实际加工时间、设备能力、作业人数等无关。

二是作业顺序。能够效率最高地生产合格品的生产作业顺序。必须深入生产现场进行仔细观察，认真分析作业者的每一个动作，把手、足、眼的活动分解，使其做到动作最少、路线最短，才能制定出好的作业顺序。

三是标准手持（即标准存货量）。指能够让标准作业顺利进行的最少的中间在制品数量。

需要注意的是，标准作业与作业标准（SOP，Standard Operation Procedure）并不相同。标准作业是以人的动作为中心，强调的是人的动作，由节拍时间、作业顺序和标准手持三个要素构成；作业标准是对作业者的作业要求，强调的是作业的过程和结果。作业标准是每个作业者进行作业的基本行动准则，标准作业应满足作业标准的要求。一般企业会用标准作业组合票来对工序操作的步骤和时间目视化，通过目视化的直线和曲线来分析人机配合，实现一人多机，如图 1-33 所示。

（2）目视管理（Visual Control）。目视管理是利用形象直观而又色彩适宜的各种视觉、听觉感知信息来组织现场生产活动，达到提高劳动生产率的一种管理手段，也是一种利用视觉来进行管理的科学方法。

常用的方法如下。

一是红牌作战。红色常用作警告色，通过给异常设备、有问题的产品、现场非必要的物品挂红牌，促进改善。

二是安灯（Andon）系统。也称“暗灯”，原为日语的音译，是一个可视化的管理工具，通常是一个置于高处的信号板，使人们一眼就能够看出工作的运转状况，如产量、质量、进度、设备状况等，并且在任何有异常状况时发出信号。

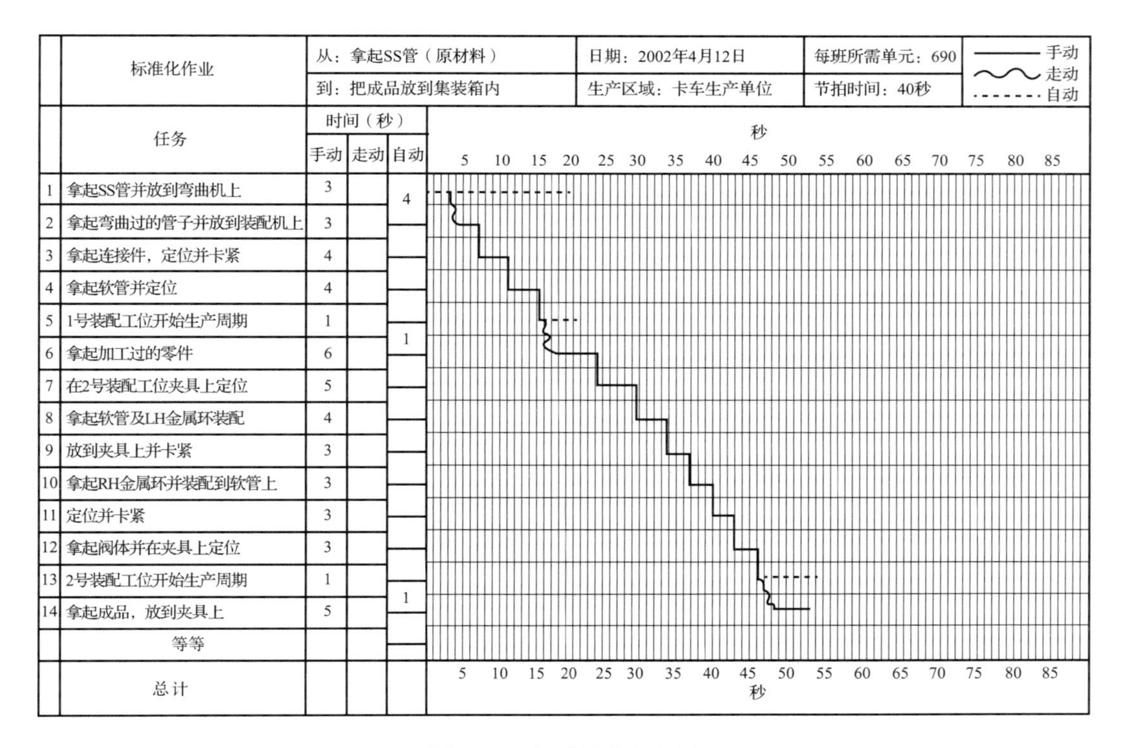

标准化作业	从：拿起SS管（原材料）	日期：2002年4月12日	每班所需单元：690	—— 手动
	到：把成品放到集装箱内	生产区域：卡车生产单位	节拍时间：40秒	～～ 走动 - - - - 自动

	任务	时间（秒）手动	走动	自动
1	拿起SS管并放到弯曲机上	3		4
2	拿起弯曲过的管子并放到装配机上	3		
3	拿起连接件，定位并卡紧	4		
4	拿起软管并定位	4		
5	1号装配工位开始生产周期	1		1
6	拿起加工过的零件	6		
7	在2号装配工位夹具上定位	5		
8	拿起软管及LH金属环装配	4		
9	放到夹具上并卡紧	3		
10	拿起RH金属环并装配到软管上	3		
11	定位并卡紧	3		
12	拿起阀体并在夹具上定位	3		
13	2号装配工位开始生产周期	1		1
14	拿起成品，放到夹具上	5		
	等等			
	总计			

图 1-33 标准作业组合票

三是标识。指现场中所有设备、物品都应有明确的标识，使其名称、放置位置、状态、数量、责任人等信息一目了然，比如阀门的状态应是常开还是常闭、液位/温度等的正常波动范围等，如图 1-34 所示。

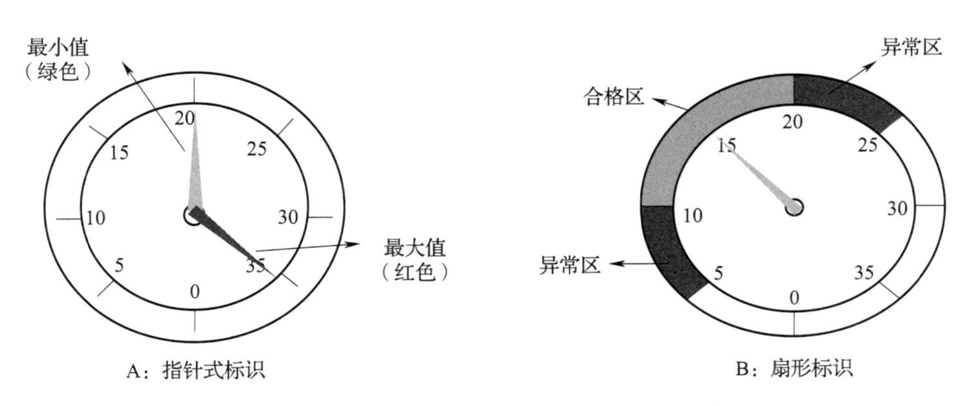

图 1-34 设备计量管理标识

四是信号/状态灯柱。一般设置在设备最高处，通过不同灯光颜色显示设备正常作业、待机、缺料、故障等状态，如图 1-35 所示。

五是操作流程图。是描述工序重点和作业顺序的简明指示书，也称为步骤图，用于指导生产作业。

六是反面教材。一般通过结合现场照片和柏拉图来表示，目的是让现场的作业人员明白，了解其不良的现象及后果。一般是放在人多的显著位置。

七是区域线。就是对半成品放置的场所或通道等区域用线条标出，主要用于整理与整顿异常原因如停线故障等。

图 1-35　设备信号灯柱

八是警示线。就是在仓库或其他物品放置处用来表示最大或最小库存量的涂在地面上的彩色漆线，防止库存失控。

九是告示板。是一种及时管理的道具，也就是公告。

十是生产管理板。是揭示生产线的生产状况、进度的表示板，记入生产实绩、设备开动率、异常原因（停线、故障）等，用于生产现场及班组管理。

（3）快速换型（SMED，Single Minutes Exchange Die）。如图 1-36 所示，快速换模是通过工业工程的方法，也是在切换产品时，将换模时间、生产启动时间或调整时间等尽可能减少的一种过程改进方法。快速换模是一种以团队工作为基础的工作改进方式，可显著地缩短模具/治具安装、设定所需的时间，从而使得企业能够灵活生产，缩短交货时间，减少调整过程中可能的错误，提高生产效率。

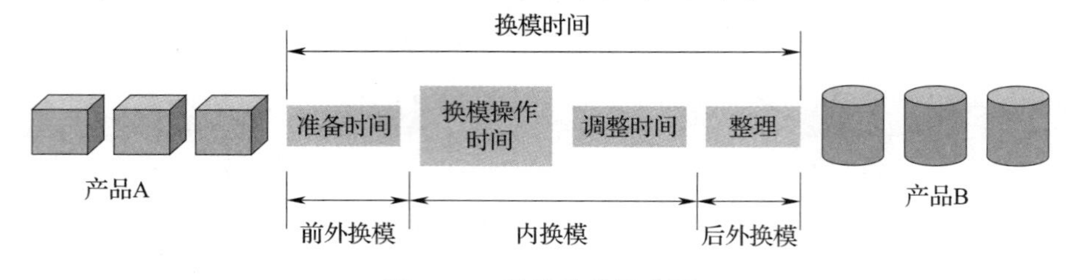

图 1-36　快速换模示意图

SMED是20世纪50年代由新乡重夫在丰田汽车公司发展起来，他指出生产转换的时间超过10分钟是严重的浪费。为做到准时化生产JIT，必须想办法将换型时间缩减到10分钟以内，即只有一位数的分钟数。

通常可以通过以下原则实现快速换模：

- 区分内部作业与外部作业。
- 内部作业尽可能转换成外部作业。
- 排除一切调整过程。
- 完全取消作业转换操作。

通过下面的案例可以更好地了解SMED改善的方法和过程。

注塑机更换模具往往需要经过降温冷却再升温等过程，一般耗时都比较长，如表1–2所示，改善前，各项动作分解和总耗时为59分46秒。

表1–2　　改善前作业分解和耗时

序号	动作	开始时间	完成时间	耗时	属性
1	班组通知模具间更换模具				外换模时间
2	关注塑机、热流道温控器，模温机	0′0″	0′54″	0′54″	内换模时间
3	机台清理、等待工具（模具工准备工具）	0′54″	5′47″	4′53″	内换模时间
4	模具工进入注塑车间内换模时间				内换模时间
5	等待模具降温到20℃	5′47″	10′30″	4′43″	内换模时间
6	模具降温到20℃后卸水压，关水冷机				内换模时间
7	拔水管、拆模具滑块、清理分型面	10′30″	14′47″	4′17″	内换模时间
8	滑块送入模具时间	14′47″	15′22″	0′35″	内换模时间
9	模具工从注塑间进入模具间	15′22″	19′49″	4′27″	内换模时间
10	更换型芯	19′49″	29′56″	10′7″	内换模时间
11	返回注塑间	29′56″	36′25″	6′29″	内换模时间
12	安装滑块、加润滑脂、清洁分型面、接水管				
13	开水冷机、模温机	设定模温 36′25″	46′30″	10′5″	内换模时间
14	打开热流道温控器				
15	等待模具加温	设定注塑参数 46′30″	56′00″	9′30″	内换模时间
16	清洁机台				

续表

序号	动作	开始时间	完成时间	耗时	属性
17	开机调试	首件检验 56′00″	59′46″	3′46″	内换模时间
18	正常生产完成				
累计			59′46″		

经过分析发现，原换模过程基本上全部是内部更换时间，大量的准备工作在机器停机后才开始，并且大量的操作是串行完成，这样就造成了较长的更换时间。根据上述的更换流程描绘，并进行现场的观察，改进小组提出了下列改进方案：根据计划更换规格，正式停机前先提前通知模具间进行工具和模具部件准备；只有模具技工将工具和模具部件准备完毕，在注塑现场到位后才正式关停注塑机。为了使准备过程标准化，避免工具及物品的遗漏，特别准备了换模准备检查表，见表 1–3。

表 1–3　　换模准备检查表

序号	名称	数量
1	工具车	2 辆
2	零件盒	2 个
3	接水盒	1 个
4	L 型内六角扳手–3mm	2 个
5	L 型内六角扳手–4mm	2 个
6	T 型内六角扳手–4mm	2 个
7	白色食品级润滑脂	1 盒
8	干净擦机布	2 块
9	待换型芯	16 根
10	吹气枪准备	1 把

在原流程中，由于产品注塑在 10 万级净化车间生产，而模具间在常规环境，模具技工拆下滑块后，需要经过复杂的净化车间进出流程，将滑块拿到模具间更换型芯后再进入注塑车间安装。由于更换型芯过程不会对净化环境造成不良影响，研究小组决定直接在注塑机台旁边准备小型活动工作车，更换直接在机台旁边完成，避免了大量的人员移动过程。在关停注塑机后，按照常规经验，需要等模具水温降低到 20 ℃才开

始拆卸模具滑块。而原操作是在注塑机停机后立即关闭模温机，仅仅依靠自然冷却使模具温度降低，因此需要较长的等待降温时间。但是小组成员经过讨论认为，在 40 ℃进行操作仍然是安全的，并且通过改设模温机温度可以利用模温机内部的温度控制系统，强制将模具温度降低，这将缩短降温时间。经过咨询相关安全工程师后，初步确定在注塑机关机后，将模温设定为 30 ℃，但实际操作时降到 40 ℃即可开始拆卸滑块。

改进后，时间缩短到了 32 分 39 秒，见表 1-4。

表 1-4　　改进后的作业分解及耗时

序号	动作	开始时间	完成时间	耗时	属性
1	班组通知模具间更换模具				外换模时间
2	模具间按检查表更换				外换模时间
3	模具工到位，更换准备完成				外换模时间
4	注塑机转入手动模式	0′0″	0′19″	0′19″	内换模时间
5	关闭热流道温控器，将模温机设定为 30 ℃	0′19″	0′30″	0′11″	内换模时间
6	等待模具降温到	0′30″	4′11″	3′41″	内换模时间
7	清理机台残料				同时进行
8	设定料筒温度 150 ℃				同时进行
9	模具降温到 35 ℃时关模温机，关水冷机，卸水压				同时进行
10	拔水管、拆模具滑块、清理分型面	4′11″	8′40″	4′29″	内换模时间
11	更换型芯	8′40″	17′53″	9′13″	内换模时间
12	料筒开始升温	17′53″	20′11″		同时进行
13	安装滑块、接水管	17′53″	24′25″	6′32″	内换模时间
14	开水冷机、模温机，设定模温，等待模具加热	24′25″	28′54″	4′29″	内换模时间
15	打开热流道温控器，设定注塑参数	24′57″	26′15″		同时进行
16	加润滑脂，清理分型面	26′15″	27′25″		同时进行
17	清洁机台	27′25″	28′45″		同时进行
18	开机调试，首件检验	28′54″	32′39″	3′46″	内换模时间
19	正常生产				完成
累计			32′39″		

最后总体看下改进前后的时间。从图 1-37 可以看出，部分内换模时间如工具准备时间由原来的内换模时间变成了外换模时间，缩短了停机等待时间。另外，通过改进，大大缩短了降温、升温的时间，并将这些时间利用，减少了串行的任务数量和时间。为了持续跟踪改进效果，还可以建立更换时间跟踪记录，对每次的更换时间进行跟踪。

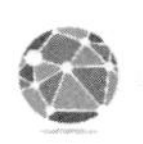

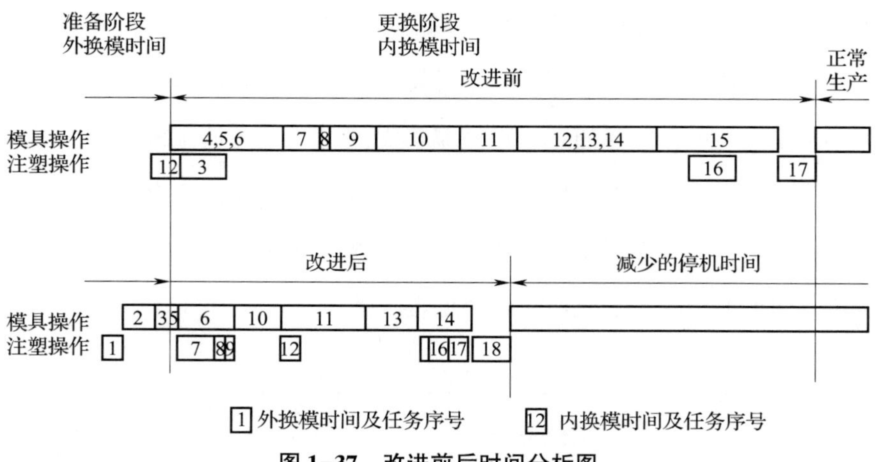

图 1-37　改进前后时间分析图

4. 以客户的需要“拉动”生产

（1）看板拉动（Kanban）。“看板”一词源自日语 Kanban，是表示某工序何时需要何数量的某种物料的卡片，又称为传票卡，是传递信号的工具。如图 1-38 所示，看板分两种，即传送看板和生产看板。传送看板用于指挥零件在前后两道工序之间移动。当放置零件的容器从上道工序的出口存放处运到下道工序的入口存放处时，传送看板就附在容器上。当下道工序开始使用其入口存放处容器中的零件时，传送看板就被取下，放在看板盒中。

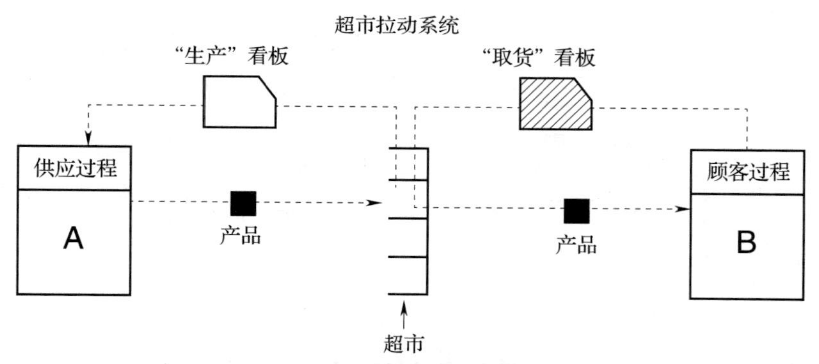

图 1-38　看板拉动示意图[12]

拉动式生产是丰田生产模式两大支柱之一，也是“准时化生产（JIT，Just In Time）”得以实现的技术承载。这也是大野耐一凭借超群的想象力，从美国超市售货方式中借鉴到的生产方法。过去的推动生产是前一作业将零件生产出来“推给”后一

作业加工，拉式生产是后一作业根据需要加工多少产品，要求前一作业制造正好需要的零件。“看板”就是在各个作业之间传递这种信息、运营这种系统的工具。看板使用的前提条件为：后工序领取工序，平准化生产，过程稳定，严守生产规则。

看板分为领取看板、生产看板和临时看板。对于工序间领取卡片是用来传递搬运指示信息，凭领取看板到前工序领取物料。这种看板应用于装配线以及生产多种产品且不需要作业更换时间的工序，如图 1–39 所示。

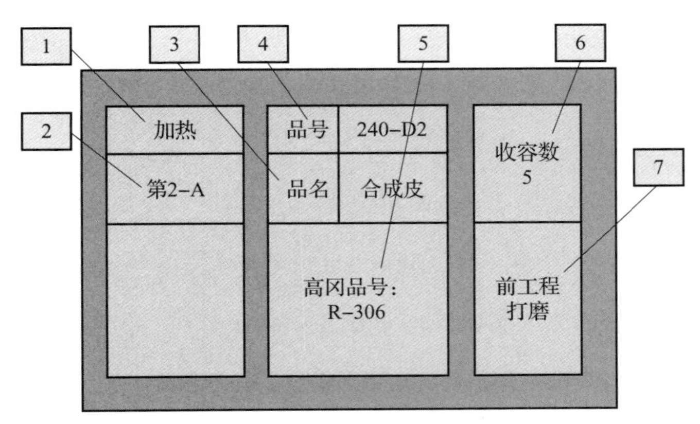

工序间领取看板卡

1.后工序名称：加热；2.存储位置：第2–A；3.物料名称：合成皮；4.物料编号：240–D2；
5.后工序物料编号：R–306；6.收容数：每箱数量5件；7.前工序名称：打磨

图 1–39　领取看板

生产看板用于传递生产任务的看板。生产工序的物料领走后，生产看板将会释放，指令生产工序进行生产来补充消耗，如图 1–40 所示。

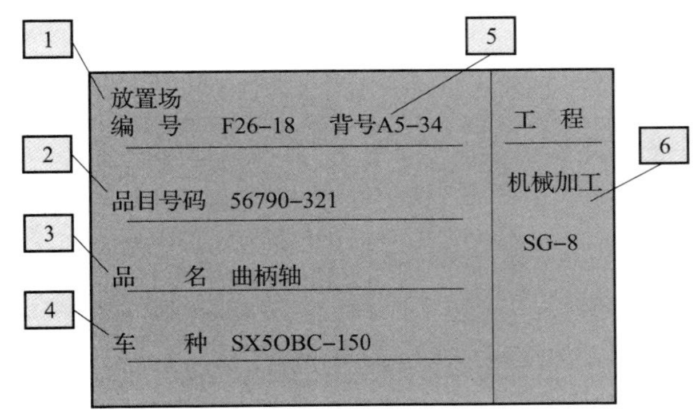

工序内生产看板卡

1.放置场编号：物料放置位置；2.品目编号：物料编号；3.品名：物料名称；
4.车种：物料用于车型；5.背号：记忆物料短号；6.工序：生产物料所在工序

图 1–40　生产看板

（2）单元设计。单元式生产是以最小浪费来生产多种型号的精益生产方法。生产单元将生产工序合理、紧凑地布局并建立安全的工作环境，在此基础上将人员、设备、物料及生产方法做最合理的安排，以连续流的方式，按节拍时间生产。

制造产品的各个工位之间，紧密连接近似于连续流。在生产单元里，无论是一次生产一件还是一小批，都通过完整的加工步骤来保持连续流。U 形（如图 1-41 所示）单元非常普遍，因为它把走动距离减小到最少，而且操作员可以对工作任务进行不同的组合。这是精益生产中一个非常重要的概念，因为 U 形单元里的操作员人数可以随着需求而改变。在某些情况下，U 形单元还可能安排第一道和最后一道工序，都由同一个操作员完成，这对于保持工作节奏与平顺流动是非常有帮助的。很多公司都交换使用“Cell”和“Line”这两个术语。

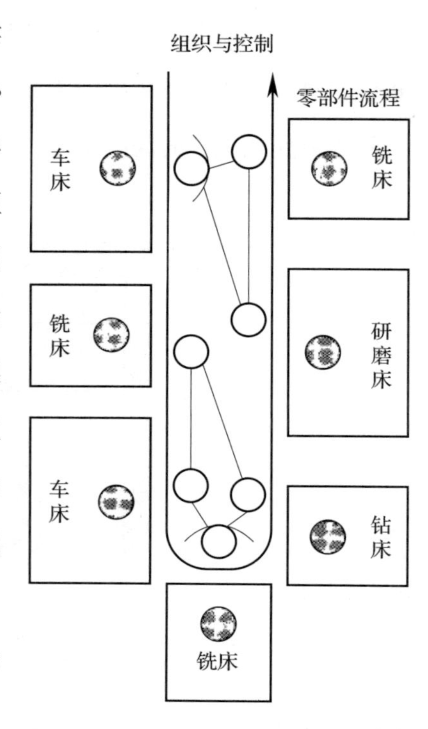

图 1-41　U 形的“一个流”小组[10]

设计生产单元的基本方法包括三个阶段和十二条问题。

首先，了解以下现况：

- 产品族组合合理吗？
- 节拍时间合理吗？
- 生产一个产品需要经过多少道工序？
- 知道每道工序的真正所需工时吗？

其次，按流程更改布局：

- 哪些是增值的工序？
- 有足够的生产能力吗？
- 需要多少自动化？
- 怎样是最有效的生产流程和布局？
- 需要多少个工人？

• 如何给工人分派工作?

最后，持续改进流程：

• 如何处理需求变动及季节性需求?

• 还要改善什么以确保改进的效益?

5. “尽善尽美”

精益不是一种状态，而是持续改进的过程，需要全员参与，随市场发展和技术进步不断发展。在推行过程中，精益生产和质量管理也发展出了很多各具特色的管理体系，智能制造工程师应对其有初步的了解，并能在智能制造系统设置、调节、优化、持续改善等工作中利用各管理体系的原则和要求，不断使企业的产品或服务“尽善尽美”。

（1）全员生产维护。全员生产维护（TPM，Total Productive Maintenance）是以提高设备综合效率为目标，以全系统的预防维修为过程，全体人员参与为基础的设备保养和维修管理体系。

1969 年初，日本电装与 JIPE（日本工程师协会）全面协力开展所谓的全员参与的生产保养活动。之后三年，日本电装在 TPM 的活动成果方面取得长足进步，1971 年荣获 PM 优秀事业场奖（1994 年起改为 TPM 奖），并逐步发展出 TPM 九大活动，如图 1-42 所示。引入 TPM 主要是为了达到如下目标：

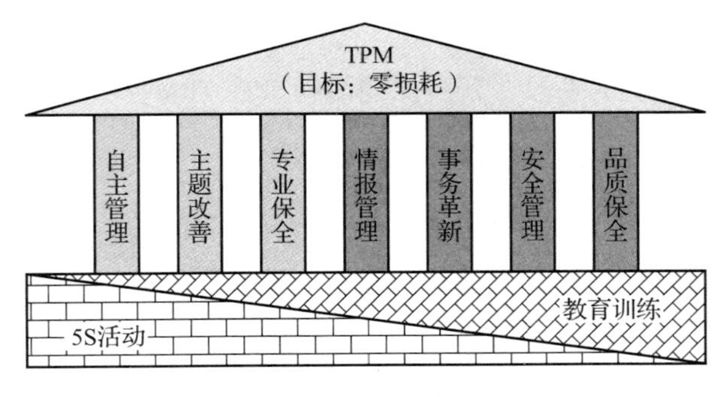

图 1-42　TPM 框架

• 在快速运行的经济环境下避免浪费。

• 在不降低产品质量的情况下缩短产品生产周期。

- 降低成本。
- 用尽可能快的时间进行小批量生产。
- 出售无缺陷产品给顾客。

TPM 框架包括两大基础和 7 根支柱。

TPM 基石——5S 活动。5S 是整理、整顿、清扫、清洁、素养的简称。5S 活动是一项基本活动，是现场一切活动的基础，是推行 TPM 阶段活动前的必需的准备工作和前提，是 TPM 的基石。

TPM 基础——教育训练。教育训练是 TPM 的另一项基础，对于企业来讲，推进 TPM 或任何新生事物都没有经验，必须通过教育和摸索获得，而且 TPM 没有教育和训练作为基础，TPM 肯定推进不下去。可以这么认为，教育训练和 5S 活动是并列的基础支柱。

生产支柱——制造部门的自主管理活动。TPM 活动的最大成功在于能发动全员参与，如果占据企业总人数约 80%的制造部门员工能在现场进行彻底的自主管理和改善的话，必然可以提高自主积极性和创造性，减少管理层级和管理人员，特别是普通员工通过这样的活动可以参与企业管理，而且能够提高自身的实力。所以自主管理活动是 TPM 的中流砥柱。

效率支柱——全部门主题改善活动和项目活动。全员参与的自主管理活动主要是要消灭影响企业的微缺陷以及不合理现象，起到防微杜渐的作用，但对于个别突出的问题，就不得不采用传统的手段，开展课题活动。在 TPM 小组活动里按主题活动的方式进行，需要跨部门的可以组成项目小组进行活动。

设备支柱——设备部门的专业保全活动。所有的产品几乎都是从设备上流出来的，现代企业生产更加离不开设备。做好设备的管理是提高生产效率的根本途径，提高人员的技能和素质也是为了更好地操作和控制设备，因此设备管理是非常重要的，是企业必须面对的核心课题之一。将设备管理的职能进行细分是必要的，设备的传统日常管理内容移交给生产部门推进设备的自主管理，而专门的设备维修部门则投入精力进行预防保全和计划保全，并通过诊断技术来提高对设备状态的预知力，这就是专业保全活动。

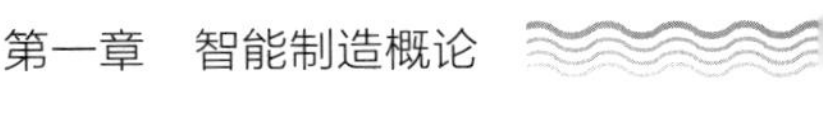

事务支柱——管理间接部门的事务革新活动。TPM 是全员参与的持久的集体活动，没有管理间接部门的支持，活动是不能持续下去的。其他部门的强力支援和支持是提高制造部门 TPM 活动成果的可靠保障，而且事务部门通过革新活动，不但提高业务的效率，提升服务意识，而且可以培养管理和领导的艺术，培养经营头脑和全局思想的经营管理人才。

技术支柱——开发技术部门的情报管理活动。没有缺点的产品和设备的设计是研究开发、技术部门的天职，能实现的唯一可能就是掌握产品设计和设备设计必要的情报，要获取必要的情报就离不开生产现场和保全及品质部门的支持，因此这种活动就是 MP 情报管理活动，设备安装到交付正常运行前的初期流动管理活动也属于此活动的范畴。

安全支柱——安全部门的安全管理活动。安全是万事之本，任何活动的前提都是首先要确保安全。安全活动定在第 7 大支柱，并不是安全第七重要，事实上安全活动从 5S 活动开始就始终贯穿其中，任何活动如果安全出现问题，一切等于零。

品质支柱——品质部门的品质保全活动。传统品质活动的重点总是放在结果上，不能保证优良的品质，更生产不出没有缺陷的产品，这种事后管理活动与抓住源头的事前管理的品质活动是不同的。品质保全活动放在最后一个支柱来叙述，是因为提高品质是生产的根本目的，相对来说也是最难的一项工程。

以上这九大活动是相互联系和相互补充的，以便谋取整体的综合效果，任何局部的活动都很难取得巨大成果。比如制造部门非常努力地开展自主管理活动，但得不到设备部门的强力支持，就不可能取得好效果；即使设备部门专心于专业保全和重点课题改善活动，但得不到管理部门的支援和协助，活动也难有结果。如果有些部门袖手旁观，努力的部门也会松懈下来，活动必然夭折。

（2）战略部署。战略部署原为军事术语，即将战略意图转化为具体的目标、任务，并据此调派组织资源。在精益企业管理中，企业借用这一概念，将企业的中短期经营规划转化为具体的目标和任务，逐层落实管理资源并定期审核其进度的一整套方法。

企业通常采用 X 矩阵（X-Matrix）的形式组织高层管理人员讨论、制定以及呈现 1

年、3 年、5 年或更长期的战略部署，并且每季度、半年或每年对其进行回顾和更新。

表 1-5　　　　某定制服装公司战略部署的 X 矩阵表

4.战术	完善绩效管理系统	促进持续改善	合理的产品组合	扩大营销领域，提升销售额30%	重视包装环节	减少设计错误
实施每日绩效回顾	●					
开发提升解决问题能力的培训		●				
优化产品族，清除不盈利款式			●			
招募关键客户经理及3位销售员				●		
通过单元化包装作业实现单件流					●	
消除主要投诉的根因						●
通过设计规则检查表验证消减输入错误						●

4.战术	质量：设计修改，3.8%降至1%	生产率：拣货量28件/人–工时→40	销售额：USD216M→USD281M	利润：毛利由15%提高到20%	能力：经认证的改善能手，由0→78人	体系：执行每日绩效评估的团队,由2组→6组	成熟度：审计分数从3.2提升到3.5
实施每日绩效回顾						●	○
开发提升解决问题能力的培训					●		○
优化产品族，清除不盈利款式				●			
招募关键客户经理及3位销售员			●				
通过单元化包装作业实现单件流		●					○
消除主要投诉的根因	●						○
通过设计规则检查表验证消减输入错误	●						○

4.战术 / 6.资源	Mark（IT负责人）	Bob（黑带）	Monika（设计负责人）	Henny（销售负责人）	Sid（运营负责人）	Joe（HR负责人）	Chris（采购负责人）	Conny（财务负责人）
实施每日绩效回顾	●	●	●	●	●	●	●	●
开发提升解决问题能力的培训		●				○		
优化产品族，清除不盈利款式				○	○			●
招募关键客户经理及3位销售员				○		●		
通过单元化包装作业实现单件流		○			●			
消除主要投诉的根因		●		○				
通过设计规则检查表验证消减输入错误	●							

2.结果	完善绩效管理系统	促进持续改善	合理的产品组合	扩大营销领域，提升销售额30%	重视包装环节	减少设计错误
无瑕疵服务						●
当日交付					●	
EBITDA＞11%			●	●		
精益文化		●				
金牌成熟度	●					

1.使命：从设计到交付，提供业界领先的客户服务（2.结果；3.战略；4.战术；5.目标；6.资源）

XXX定制服装公司
第一级战略部署
A.史密斯
2021/12/1

（3）减少变异。在 TS16949 中对变异的定义是过程的单个输出之间所不可避免的差异。通俗地讲，只要测量精度足够，总能发现每个产品特性之间的差异。结合国际标准化组织（ISO）在 ISO 9000 系列标准中对质量的定义：一组固有特性满足要求的程度，其中的“程度”一词即是指这些差异的大小。可以说变异的大小决定了产品的质量，并用以确认制程能力及制程稳定性。简单来说，高度一致的产品就是高质量的产品。

休哈特博士（W · A · Shewhart）在 20 世纪 20 年代首次以科学方法阐述了理解和控制变异的方法。他将导致变异的根源分为两类：一般原因导致的随机变异（common cause）和特殊原因导致的系统变异（special or assignable cause）。并指出，对于一般原因导致的随机变异，除非改用更精良的生产设备或更高等级的原材料等手段，是无法消减的，但由于特殊原因导致的系统变异，应该找出这些“特殊原因”并对其加以管控直至消除其对变异的影响，进而不断消减变异，为提高质量指明了一条可行之路。这一整套方法称为统计过程控制 SPC（Statistical Process Control），其中最核心的工具就是控制图（Control Chart），详见表 1-6。

表 1-6 **均值-极差控制图**

控制图编号：

制品名称	X100 V3	规格	标准	群组数大小	管制	$\bar{X}$图	R图	制造部门	加工中心	时间	
		上限USL	0.90	5	上限UCL	0.82	0.38				
管制项目	沟槽宽度	中心限CL	0.70	总组数	中心限CL	0.72	0.18	机别	ABC2123	抽样方法	随机
测量单位		下限LSL	0.50	25	下限LCL	0.61	0.00	测定者		日期	yyyy-mm-dd

时期/时间																										合计
批号	1	2	3	4	5	6	7	8	9	10	11	12	13	14	15	16	17	18	19	20	21	22	23	24	25	ΣX=89.50 ΣR=4.45
样本测定值 1	0.65	0.75	0.75	0.60	0.70	0.60	0.75	0.60	0.65	0.60	0.80	0.85	0.70	0.65	0.90	0.75	0.75	0.75	0.65	0.60	0.50	0.60	0.80	0.65	0.65	
2	0.70	0.85	0.80	0.70	0.75	0.75	0.80	0.70	0.80	0.70	0.75	0.75	0.70	0.70	0.80	0.80	0.70	0.70	0.65	0.60	0.55	0.80	0.65	0.60	0.70	
3	0.65	0.75	0.80	0.70	0.65	0.75	0.65	0.80	0.85	0.60	0.90	0.85	0.75	0.85	0.80	0.75	0.85	0.60	0.85	0.65	0.65	0.65	0.75	0.65	0.70	量测数值的判定条件
4	0.65	0.85	0.70	0.75	0.85	0.85	0.75	0.75	0.85	0.80	0.50	0.65	0.75	0.75	0.75	0.80	0.70	0.70	0.65	0.60	0.80	0.65	0.65	0.60	0.60	>USL蓝色 <LSL红色 N=125
5	0.85	0.65	0.75	0.65	0.80	0.70	0.70	0.75	0.75	0.65	0.80	0.70	0.70	0.60	0.85	0.65	0.80	0.60	0.70	0.65	0.80	0.75	0.65	0.70	0.65	
ΣX	3.50	3.85	3.80	3.40	3.75	3.65	3.65	3.60	3.90	3.35	3.75	3.80	3.60	3.55	4.10	3.75	3.80	3.35	3.50	3.10	3.30	3.45	3.50	3.20	3.30	平均
$\bar{X}$	0.70	0.77	0.76	0.68	0.75	0.73	0.73	0.72	0.78	0.67	0.75	0.76	0.72	0.71	0.82	0.75	0.76	0.67	0.70	0.62	0.66	0.69	0.70	0.64	0.66	$\bar{X}$=0.72
R	0.20	0.20	0.10	0.15	0.20	0.25	0.15	0.20	0.20	0.20	0.40	0.20	0.05	0.25	0.15	0.15	0.15	0.15	0.20	0.05	0.30	0.20	0.15	0.10	0.10	$\bar{R}$=0.18

$\bar{x}$管制图

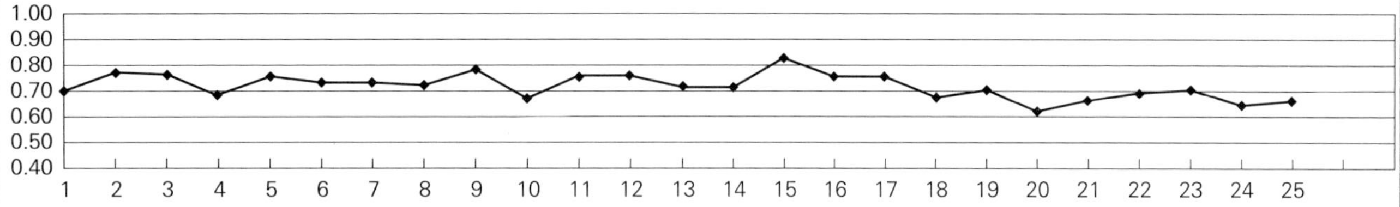

R管制图

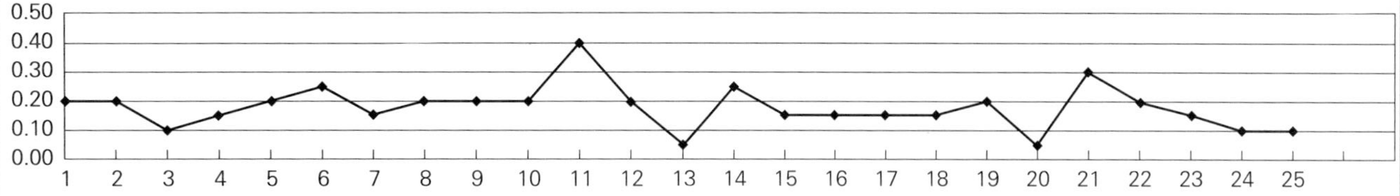

预估不良率(PPM)	10355
制程能力分析	Std.Dev.=0.09
	Sigma=0.08
	PPK=0.72
	PP=0.78
	Ca=8.00%
	CPK=0.80
	CP=0.87 Grade=D

备注及原因追查	

（4）业务流程再造。业务流程再造（BPR，Business Process Reengineering）是指通过对企业战略、增值运营流程以及支撑它们的系统、政策、组织和结构的重组与优化，达到工作流程和生产力最优化的目的。此概念由美国的 Michael Hammer 和 James Champy 在 20 世纪 90 年代提出，强调以业务流程为改造对象和中心、以关心客户的需求和满意度为目标，对现有的业务流程进行根本的再思考和彻底的再设计，并利用先进的制造技术、信息技术以及现代的管理手段，打破传统的职能型组织结构，建立全新的过程型组织结构，从而实现企业经营在成本、质量、服务和速度等方面的突破性的改善。

根本性、彻底性、戏剧性和流程性是 BPR 定义的四个核心内容：

- 根本性是指 BPR 应关注工作的本质性问题，如为何要做当前的工作、为何以此种方式做、为什么不能由别人来做等等，进而发现企业的商业假设是否已过时或根本就是错误的。

- 彻底性是指要抛弃所有的陈规陋习及约束，重构业务流程，创新性地完成工作，而不是改良、增强或调整。

- 戏剧性改善表明 BPR 追求的不是渐进性的业绩提升或局部改善，而是追求突破性增长、飞跃和产生戏剧性变化。

- 流程性是指将工作任务重新组合到首尾一贯的工作流程中去，而不是按照传统的管理理念把工作分解为最简单和最基本的步骤。

在企业内部推行业务流程再造时，可以遵循以下几项基本原则：

- 减少、消除浪费。
- 简化流程，需要时可能组合流程步骤。
- 设计具有可选路径的流程。
- 并行思考。
- 在数据源收集数据。
- 应用信息技术改进流程。
- 让用户参与流程重组。

在实施过程中应注意以下几点：

- 围绕结果而不是工序进行组织。
- 注重整体流程最优的系统思想。
- 将信息处理工作纳入产生这些信息的实际工作中去。
- 将各地分散的资源视为一体。
- 将并行工作联系起来，而不是仅仅联系它们的产出。
- 使决策点位于工作执行的地方，在业务流程中建立控制程。
- 建立扁平化组织。
- 新流程应用之前应该做可行性实验。
- 再造必须估计受影响人们的个人需求，设计变革方案必须邀请当事人参与。
- 再造应该在 12 个月内初见成效。

（5）全面质量管理。1961 年，美国通用电气公司质量管理部费根鲍姆博士（A·V·Feigenbaum）提出全面质量控制理论（TQC）并出版《全面质量控制》一书，标志着全面质量管理时代的开始。他将质量控制定义为“一个协调组织中人们的质量保持和质量改进努力的有效体系，该体系是为了用最经济的水平生产出客户完全满意的产品”。

费根鲍姆主张用系统或者说全面的方法管理质量，在质量过程中要求所有职能部门参与，而不局限于生产部门。这一观点要求在产品形成的早期就建立质量，而不是在既成事实后再做质量的检验和控制，将质量控制扩展到产品寿命循环的全过程，强调全体员工都参与质量控制，并认为人际关系是质量控制活动的基本问题，而一些特殊的方法，如统计和预防维护，只能被视为全面质量控制程序的一部分。

全员质量管理的核心是客户满意和持续改善，包括以下内容：

- 持续改善。企业内各级员工对生产经营活动各环节的质量、生产力、成本、环保、健康、安全等（简称 QPC-EHS）方面持续不断地加以改善，更好地满足客户，提升企业竞争力。
- 树立标杆。以某项绩效最好的内外部组织为榜样，努力提高自己的经营管理水平。
- 授权给员工。强调一线员工也有持续改善的责任，信任并帮助其完成改善活动。

• 强调团队协作。鼓励多样性和创新，强调“1+1>2”的理念。

• 以事实作为决策依据。要警惕经验主义，多收集、分析数据，并依此做出决策。

• 灵活运用质量管理工具和方法。以科学的质量管理工具和方法作为企业内部以及客户和供应商的沟通语言。

• 延伸到供应商。稳定的品质、可靠的供应是制造高质量产品的必要保证。

• 贯彻“三个不”原则，即“不接收、不制造、不放过不合格的产品”。每位员工都是自己工作的检验员，要保证整个生产制造过程的最后一步传递到最终客户时达到质量标准。

（6）全员质量管理活动的实施——PDCA 循环。实践出真知，再有鼓动性的理念也需要通过实践来检验其效力，需要企业各级员工都要投身于对 QPC-EHS 等各个方面的持续改善活动中，最常用的改善活动形式称之为 PDCA 循环。

PDCA 循环是美国质量管理专家休哈特博士首先提出的，由戴明采纳、宣传，获得普及，所以又称戴明环。全面质量管理的思想基础和方法依据就是 PDCA 循环。

如图 1-43 所示，PDCA 循环的含义是将质量管理分为四个阶段，即计划（Plan）、执行（Do）、检查（Check）、处理（Act），对各项工作预先作出计划、计划实施、检查实施效果，再将改进后的方法标准化，然后不停顿地、周而复始地循环提升。这套工作方法普遍适用于企业经营管理的各项工作，并不仅限于生产制造和质量的改善。

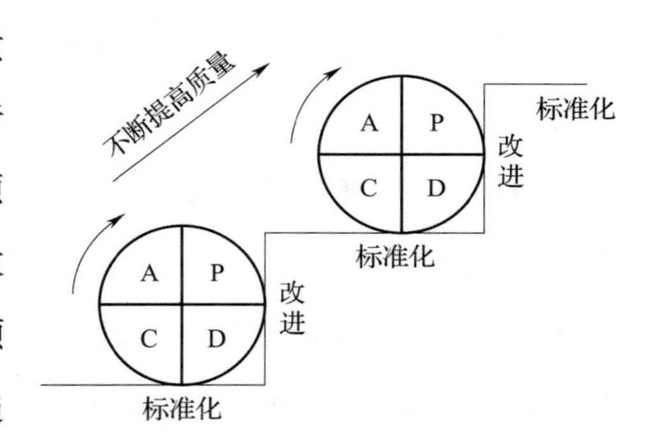

图 1-43　PDCA 循环

PDCA 循环可以概括为具体的八个步骤，又称 PDCA 八步法。

P 计划阶段：找出存在的问题，通过分析制定改进的目标，确定达到这些目标的具体措施和方法。

• 找出问题：分析现状，找出存在的问题，包括产品（服务）质量问题及管理中存在的问题，并设立改善目标，改善目标应符合 SMART 原则，即“明确（Specific）、可衡量（Measurable）、可达成（Attainable）、与业务目标相关（Relevant）及有时限

（Time bounded）”。

• 分析原因：分析产生问题的各种影响因素，尽可能地将这些因素都罗列出来。

• 确定主因：找出影响质量的主要因素。

• 制定措施：针对影响质量的主要因素制定措施，提出改进计划，并预计其效果，改善措施应采用“5W2H 法”，即“What：具体任务；Who：谁来做；Where：何处进行；When：何时完成；How to do：如何做；以及 How much：需要花费多少成本”。

D 执行阶段：按照制订的计划要求去做，以实现质量改进的目标。

• 执行计划：按既定的措施计划实施。

C 检查阶段：对照计划要求，检查、验证执行的效果，及时发现改进过程中的经验及问题。

• 检查效果：根据措施计划的要求，检查、验证实际执行的结果，看是否达到了预期的效果。

A 处理阶段：把成功的经验加以肯定，制定成标准、程序、制度（失败的教训也可纳入相应的标准、程序、制度），巩固成绩，克服缺点。

• 纳入标准：根据检查的结果进行总结，把成功的经验和失败的教训都纳入有关标准、规程、制度之中，巩固已经取得的成绩。

• 遗留问题：根据检查的结果提出这一循环尚未解决的问题，分析因质量改进造成的新问题，把它们转到下一次 PDCA 循环的第一步去。

（7）FMEA。FMEA（Failure Mode and Effect Analysis）指失效模式和影响分析，是在产品设计阶段和过程设计阶段，对构成产品的子系统、零件，对构成过程的各个工序逐一进行分析，找出所有潜在的失效模式，并分析其可能的后果，从而预先采取必要的措施，以提高产品的质量和可靠性的一种系统化的活动。

20 世纪 60 年代，随着美国国家宇航局（NASA）主导的阿波罗计划取得巨大成功，FMEA 在军工、汽车、电子等许多工程领域得到了广泛的应用。针对不同的应用领域，通常又被细分为系统 FMEA（SFMEA）、设计 FMEA（DFMEA）和工艺 FMEA（PFMEA）。

FMEA 注重事前预防而非事后补救，强调开发、量产前的潜在风险，是最重要的风险管控工具之一。对风险的评估往往非常主观，难以达成共识并有效分配项目资源，FMEA 给出了相对科学的风险管控办法。首先，FMEA 从三个等量的维度相对客观地评估风险的大小（或称优先级）：严重程度（S，Severity）、发生的频度（O，Occurrence）以及监控的难度（D，Detectability），每个维度的评分都是 1～10 分，用这 3 个评分的乘积代表风险优先数 RPN（Risk Priority Number），这样，风险最高的 RPN 为 1 000，几乎没有风险，RPN 则为 1。显然，风险高的应优先分派资源加以处理，而在资源有限的情况下可暂缓应对低风险项。

在实际应用中，人们发现单纯采用 RPN 数评估风险也有其局限性，比如 $S\times O\times D=10\times 2\times 5=100$ 和 $S\times O\times D=10\times 3\times 3=90$，后者 RPN 虽然较低，但逻辑上风险很可能更高，在资源有限的情况下到底应该优先处理哪一项？因此在新版 FMEA 中将 RPN 简化为了行动优先级 AP（Action Priority），并按照 $S\times O\times D$ 矩阵将 AP 划分为高优先级 H、中优先级 M、低优先级 L。

FMEA 在应用时，一般遵循以下方法：

• 定义范围，明确目标。比如需要设计的新系统、产品和工艺，或将对现有设计和工艺进行改进，或在新的应用中或新的环境下，对以前的设计和工艺的保留使用等。

• 组建 FMEA 团队。理想的 FMEA 团队应包括设计、生产、组装、质控、可靠性、服务、采购、测试以及供货方等所有有关方面的代表。

• 记录内容。FMEA 是一个过程，FMEA 文件应包括创建和每次更新的日期。

• 按照设计蓝图或流程图逐项进行分析。一般按照功能结构或流程步骤，逐项分析可能发生的失效模式，并列出其影响。对于每一种失效模式，应列出一种或多种可能导致失效的原因，以及当前采取的监控手段。

• 对失效可能带来损害的严重程度、事件发生的频率以及监控的难度进行评分。比如失效可能威胁使用者生命的，严重度显然应评为 10 分；事件每天都发生数次的或几乎肯定会发生，发生度应为 10 分；当前没有有效的监控手段，或仅靠目测或事后检查才有可能发现的，监测难度应定义为 10 分。据此，计算每一项风险的 RPN 值或 AP 优先级。

• 筛选出高 RPN 值或 AP 优先级的项目，制定预防措施或控制措施，指定负责人

及完成日期。

• 在措施实施后，允许有一个稳定时期，然后还应该对修订的事件发生的频率、严重程度和检测等级进行重新考虑和排序。

本章思考题

1. 某智能制造实训平台是由生产智能巡航检测小车的生产线简化而来，集成工业网络、控制系统、工业软件等，构成了一个小型的体现智能制造关键特征的智能生产系统。该系统包括智能仓储工站、加工工站、模块装配工站和视觉检测工站 4 个单元，并集成订单管理系统、MES 制造执行系统和 WMS 仓储管理系统等。平台模拟了智能巡航检测小车厂家接收个性化定制订单，按照订单进行生产计划与排产，并根据工艺流程进行生产，至订单完成的整个过程。

请画出上述智能生产系统的体系架构图，并说明系统各单元模块之间是如何进行互联互通的？

2. 如何将工业大数据、工业人工智能、边缘计算和云计算等智能赋能技术应用在上述智能生产系统中？请举例说明。

3. 某品牌鞋子的代工企业，订单直接由品牌厂家直接定制。请问该代工厂的 ERP、PLM 和 MES 各需要什么模块来支撑该厂鞋子的生产？

4. 从用户下订单到产品的生产整个流程的角度出发，各信息系统之间是如何协同工作的？

5. 精益生产的目标之一是经济地实现“少批量、多品种”生产，这显然与人们的“常识”相悖，在智能制造的环境下如何理解和实现这一目标？请举例说明。

6. 持续改善的方法和活动在生产制造、商业服务等方面都发挥着重要作用。随着智能化、精益生产的普及，持续改善活动在企业生产经营活动中的作用是否被削弱了？试举例说明你的观点。

第二章 工业互联网

工业互联网是新一代信息技术与工业系统全方位深度融合所形成的产业和应用生态，是工业智能化发展的关键信息基础设施。其本质是以机器、原材料、控制系统、信息系统、产品、人之间的网络互联为基础，对工业数据的全面感知、实时传输交换、快速计算处理和建模分析，实现智能控制、运营优化和生产组织方式的优化。[13]

- **职业功能：** 智能制造共性技术运用
- **工作内容：** 运用智能赋能技术
- **专业能力要求：** 能运用工业互联网智能赋能技术，解决智能制造相关单元模块的工程问题；能掌握网络安全基本要素，并按照网络安全规范进行安全操作
- **相关知识要求：** 工业互联网基本架构技术基础；常用网络设备的应用技术、数据库应用技术、服务器技术与应用

第一节 工业互联网概述

考核知识点及能力要求：

• 了解工业互联网的历史、机遇与价值，以及工业互联网出现的时代背景。

• 了解 IT（Information Technology 信息技术）、OT（Operation Technology 操作技术）网络与现在工业互联网的差别与联系。

• 了解传感器、网络、服务器、系统等基本概念。

• 了解测试床、利益相关者、安全等基本概念。

一、基本介绍

1. 工业互联网历史

2011 年与 2012 年，美国总统科技顾问委员会 PCAST 先后制定《保障美国在先进制造业的领导地位》《获取先进制造业国内竞争优势》两份报告，在报告中提到了“先进制造伙伴（AMP，Advanced Manufacturing Partnership）计划”。

2013 年 4 月的汉诺威工业博览会上，德国提出了自己的国家级工业革命战略规划——工业 4.0。工业 4.0 主要目的是提高德国工业的竞争力，巩固自己的领先优势，在新一轮工业革命中占领先机。这个项目得到了德国工程院、弗劳恩霍夫协会、西门子公司等德国学术界和产业界的全力支持。

2014 年，美国明确提出加强先进制造布局，以保障美国在未来的全球竞争力。而美国这场工业革命的排头兵，是通用电气公司（GE）。2012 年年末，通用电气公司就提出，产业设备应该和 IT 技术相融合。2013 年，通用电气公司正式提出了工业物联网革命的概念。这也是工业物联网第一次被正式提出来。通用电气公司的董事长兼 CEO 杰夫·伊梅尔特（Jeffrey R. Immelt）说："一个开放、全球化的网络，将会把人、数据和机器连接起来。" 2014 年，通用电气（GE）、AT&T、思科、IBM 和英特尔这五家巨头级的公司，在美国宣布成立工业互联网联盟——IIC（Industrial Internet Consorting）。该联盟直接面对德国、美国先后提出的第四次工业革命战略。

2014 年 12 月，中国工程院院长周济提出"中国制造 2025"。2015 年 3 月 5 日，国务院总理李克强在全国两会上作《政府工作报告》时正式提出"中国制造 2025"的宏大计划。2017 年，中国作为传统工业大国、亚洲制造业龙头、世界工厂，在工业制造业设备的数字化、网络化方面和真正的强国之间还有很大的差距。2017 年，中国企业设备数字化率只有 44.8%，即使是数字化设备，联网率也只有 39%，远低于欧美发达国家。中国还有大量的中小企业基础设施薄弱，设备落后陈旧，在财力和人才储备方面都不足以支撑自动化改造。有三个重要的目标节点：第一步，到 2025 年，迈入制造强国行列；第二步，到 2035 年，中国制造业整体达到世界制造强国阵营中等水平；第三步，到新中国成立一百年时，综合实力进入世界制造强国前列。通过中国制造 2025 战略的逐步推进，中国将会从工业大国变成工业强国。[14]

2. 工业互联网机遇

从目前工业互联网的产业生态来看，可以发现工业互联网对于传统企业的发展会带来三方面的机遇。第一，工业互联网进一步促进传统企业的资源整合能力。工业互联网的应用能够进一步打破企业内部以及行业之间的信息孤岛问题，进一步促进行业产业链的细化，同时能够通过云计算、大数据和人工智能等技术提升企业的资源整合能力。企业的发展离不开各种资源，随着云计算在传统行业的使用，大量的资源将随着云计算的发展而逐渐数据化，整合资源的成本将明显地下降。目前，不少国际企业已经在工业领域搭建起了自己的云平台，并以此来赋能传统行业。第二，工业互联网进一步提升生产效率。提升生产效率是工业互联网能够带来的最直接的一个变化，工业互联网主要通过三方面技术手段来促进工作效率的提升：其一是通过物联网技术来

提升工业生产过程的自动化程度；其二是通过云计算技术来扩展员工的岗位任务边界；其三是通过人工智能技术来降低岗位工作难度，从而提升员工的工作效率。第三，工业互联网进一步提升企业的可持续发展能力。在产业结构升级的过程中，传统行业的绿色发展和可持续发展是重要的诉求，而通过工业互联网的应用，能够在很大程度上实现资源的充分利用。从目前已有的工业互联网应用案例来看，工业互联网对于企业节能减排作用十分明显。工业互联网的发展不仅仅是科技企业的事情，工业互联网的发展也需要行业企业的参与。由于工业领域涉及的产业生态非常庞大，所以工业互联网的发展也必然会创造出一个庞大的价值领域。可以说，在工业互联网这个价值领域内，无论是科技公司还是传统企业都能够找到自己的位置，也都能够发挥出自己积极的作用。

3. 工业互联网价值

工业互联网助力原材料多环节协同。从原材料供应商的角度看，工业互联网使得生产企业与上游原材料供应商的透明连接成为可能，主导生产商可以借助工业互联网平台提供的供应链协同解决方案，实现从研发设计到原材料等多环节协同，例如生产商的产能、成品库存、原材料库存。原材料供应商根据生产商的原材料消耗情况，动态调整自己的产能和库存，从而实现整个供应链的库存最小化、资金快速流转、商品稳定供应的要求。

工业互联网提升供应链横向连接效率。从生产商的角度看，工业互联网平台提供的多种基于云计算的以提升自身研发设计、生产效率、质量管理等业务流程的工具，比如各种协同研发软件、ERP、PLM、MES 系统软件解决方案等，提升了供应链横向连接的效率。

工业互联网助力产业生态重构。从产业生态的重构角度看，随着整个工业体系的数据不断上云平台，大型工业互联网平台会沉淀巨量的工业数据，这些数据会成为整个工业互联网高效资源配置的基础，也成为人工智能应用和商业模式创新的基础。比如，未来基于工业互联网平台的资源，创业可能凭借某个创意，就能够快速和低成本地组织研发资源、生产资源、供应链资源等，实现企业的快速成长；再比如，装备制造企业可以凭借广泛应用的工业设备和其提供的数据，开发出针对这些设备的维护与分析 APP；或者是工业软件提供商通过云模式积累了大量的客户应用数据后，提供更进一步的数据挖掘与分析服务，创造新的商业模式。

4. 工业互联网条件

工业互联网可以从“网络”“数据”和“安全”三个维度来理解。其中，网络是基础，通过工业全系统的互联互通，可实现工业数据的无缝集成，而根据连接范围不同，网络又可分为工厂内网络和工厂外网络；数据是核心，通过对产品全周期数据的采集与分析，形成生产全流程的智能决策，实现机器弹性控制、运营管理优化、生产协同组织与商业模式创新；安全是保障，通过构建涵盖工业全系统的安全防护体系，有效防范网络攻击和数据泄露。工业互联网对工业支撑作用体现在三个方面：一是通过构建互联互通的网络基础设施，将分散化的物理生产单元相互连接，打破信息孤岛，促进生产系统内部各层级、生产系统与商业系统的集成整合，实现生产、供应链、产品等数据的无缝传输，构建数据优化闭环；二是基于物联网、大数据、云计算等先进的数据技术，能够对机器运行状态、生产经营状况、产业链协同和市场需求信息进行充分感知、复杂计算和深度分析，形成工业生产的智能化决策；三是通过企业对外的泛在互联网络，将企业与上下游企业、市场用户、售出产品紧密连接，形成协同化、定制化和服务化的生产组织模式和商业模式，提高生产资源配置效率。

二、技术基础

1. 工业互联网与 IT 技术

工业互联网联盟对工业互联网的定义如下：物联网、机器联网、计算机网络和人联网等为实现智能工业生产，结合高级数据分析来提升生产效率和商业价值的工业系统。

如图 2-1 所示，工业 IT 技术目前主要代表有 ERP（企业资源规划系统）、MES（制造执行系统）、SCADA（监控与数据获取）、PLC（可编程逻辑控制器）和传感器与反应器。它们结合各种先进制造的控制技术，辅助工业生产。[14]

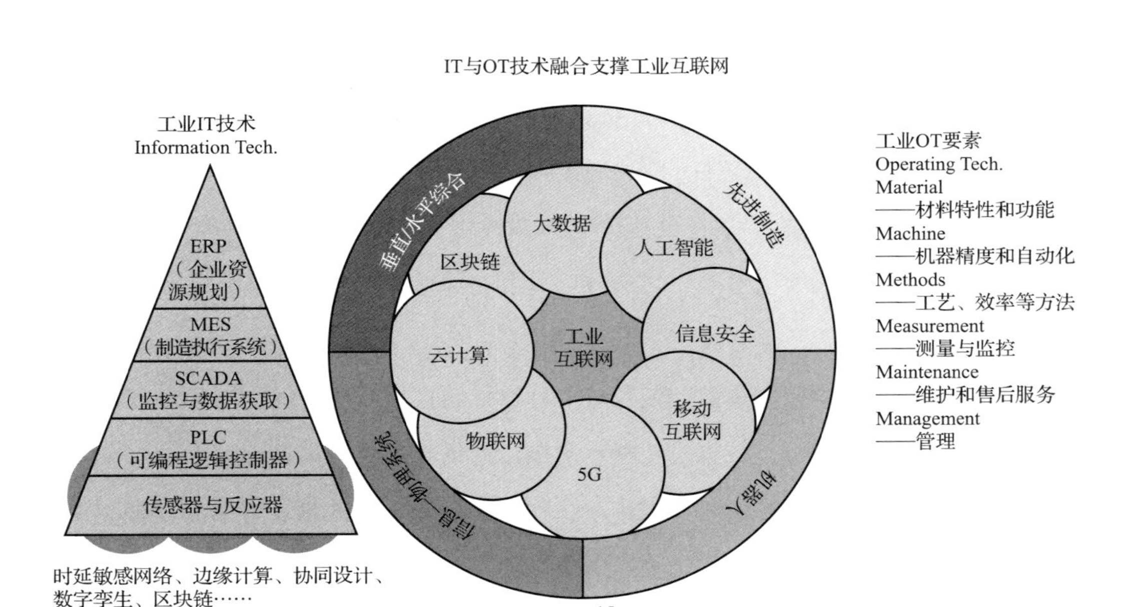

图 2-1　IT 与 OT 技术融合支撑工业互联网

2. 工业互联网与 OT 技术

如图 2-1 所示，工业 OT（Operating Technology）要素主要有材料特性与功能、机器精度与自动化、工艺、效率等操作方法、测量与监控、维护和售后服务以及管理等要素组成。

三、静态描述

1. 工业传感器

工业传感器几乎涵盖所有传感器类别，包括接近、位置、速度、水平、温度、力和压力，涉及工业过程控制、能源、航空、安全和安保、汽车、医疗和建筑自动化等领域。

2. 工业服务器

工业服务器是一种兼具服务器的应用特性和工控机适应性的计算机，由商用服务器和工业控制机演化而来。

其采用高性能架构，具有工控机的可靠性，能够应用于工业现场处理，用来搭建工业信息系统。一般包括一块高性能工业主板，搭载一至两个甚至四个高性能处理器，

ECC 内存，宽温硬盘，远程 IPMI 管理图像处理，视频采集，运动控制等模块。

它比工控机（工业应用计算机）具有更高的处理能力、传输速度和功能扩展能力及安全性、可靠性和可管理性，能够在网络操作系统的控制下将其软硬件资源提供给所支持的网络客户端共享，也能为客户端提供集中计算、数据库管理、网络通讯等服务。它能支持多个微型机（工控机）同时操作，对网络客户端请求提供服务的实体。

工业服务器可以应用在集散控制系统（DCS）站控层，用于过程层设备控制，主要应用于石油化工、火电、核电、建材、冶金、造纸、煤炭、水处理等领域；工业服务器也可以应用于视频监控系统监控中心，作为视频采集、处理、存储的设备，并应用于金融、交通、公安、电力、司法、公交、教育等领域；工业服务器作为高性能工控机适应于工业现场的高性能处理，可以作为机器视觉的处理机器等。

3. 工业网络

工业网络是指安装在工业生产环境中的一种全数字化、双向、多站的通信系统[15]，具体有以下三种类型。

（1）专用、封闭型工业网络。该网络是由各公司自行研制，往往是针对某一特定应用领域而设，工作效率也是最高。专用型工业网络有三个发展方向：走向封闭系统，以保证市场占有率；走向开放型，使它成为标准；设计专用的 Gateway 与开放型网络连接。

（2）开放型工业网络。除了一些较简单的标准无条件开放外，大部分标准是有条件开放，或仅对成员开放。生产商必须成为该组织的成员，产品需经过该组织的测试、认证，方可在该工业网络系统中使用。

（3）标准工业网络。符合国际标准 IEC61158、IEC62026、ISO11519 或欧洲标准 EN50170 的工业网络，都会遵循 ISO/OSI7 层参考模型。工业网络大都只使用物理层、数据链路层和应用层。一般工业网络的制定是根据现有的通信界面，或是自己设计通信 IC，然后再依据应用领域设定数据传输格式。例如，DeviceNet 的物理层与数据链路层是以 CANbus 为基础，再增加适用于一般 I/O 点应用的应用层规范。

目前 IEC61158 认可的八种工业现场总线标准分别是：Fieldbus Type1、Profibus、

ControlNet、P-NET、Foundation Fieldbus、SwiftNet、WorldFIP 和 Interbus。

网络技术的产生对工业控制来说有以下优点：安装布线方便；模块化；易于诊断；自我建构；企业化管理。虽然工业控制网络有这些优点，但实际上工业控制网络的进展却远不及商业网络，主要原因有两点。一是工业网络标准太多。各厂商从自身利益考虑会极力推行自己的网络标准。不同的网络协议针对特定的应用领域，具有各自的特点。新的协议还在不断产生，用户往往无所适从，担心一旦选用了一种协议后，会被某些厂商钳制。二是网络化所必须增加的成本对用户来讲往往是一项沉重的负担。所以，直到现在，具有网络接口的元件还很少，运动控制器也是如此。

四、其他概念

1. 测试床和试车

测试床（Testbed）是一个可控实验平台，用于对新兴技术的探索和研发，专注于技术推广。工业互联网测试床由行业用户和供应商共同搭建。国内外很多机构都推出了一系列的具有代表性的测试床，用于制造业工厂内网络的建设和升级改造，建成后的网络满足柔性制造、协同生产、个性化定制的业务需求。

比如某测试床的主要测试目标如下。

（1）基于 SDN 技术部署工厂有线无线网络。SDN 控制器北向对接 COSMO 平台的功能组件，南向对网络的 spine、leaf 节点进行管理，以此实现网络设备自动配置和业务快速部署，提升 IT 人员工作效率，减少人力投入。

（2）通过 SDN 控制器纳管产线部署的 TSN 交换机，构建 TSN 网络的流量模型。以此满足产线指令信息确定性、低时延的传输要求。

试车（Testdrive）是测试床的进一步推进，是解决方案的试点。工业互联网试车将已经生成的解决方案的蓝图在最终用户的特定使用里进行快速验证。经过几年以供应商为主的测试床的历史，国际工业互联网联盟已经将工作重点转向以最终用户为主的试车。

2. 利益相关者

利益相关者（Stakeholder）用于分析与某个项目利益相关的所有个人（和组织），

帮助在战略制定时分清重大利益相关者对于战略的影响。工业互联网通过万物互联把利益相关者自然地连接在一起，加深了它们之间的相关性。

利益相关者分析（Stakeholder Analysis）也用于分析项目管理过程中项目交付成果可能会影响的某人或组织，同时这些人或组织会作出相应行动来影响项目的推进。项目管理中利益相关者分析的目的就是找出这些人或组织，制定沟通策略，从而使其利于项目的推进。

五、现状和展望

工业互联网大部分还处于以“设备物联+分析”或“业务系统互联+分析”的初级应用阶段。未来，将向深层次演进，在物联和平台全互通的基础上实现复杂的分析和优化，从而不断推动企业管理流程、组织和商业模式的创新。

工业互联网的最终愿景是具备全社会资源承载与协同的能力，重组全产业主体和全局性要素，推动生产方式和组织架构变革。

工业互联网将推动从生产过程、企业管理到产业统筹和产品管理四个范畴的应用场景。首先，工业互联网平台最直接地能对生产过程进行优化，通过采集和汇聚设备运行、工艺参数、质量检测、物料配送和进度管理等生产现场数据，通过分析和反馈来实现制造工艺、生产流程、质量控制、设备维护和能耗管理等具体生产环节的优化。其次，从企业运营管理角度，借助工业互联网可打通生产现场、企业管理和供应链数据，提升决策效率以实现更精准和透明的企业管理，包括供应链优化、生产管控一体化、企业决策等场景。最后，跨企业的协同将有望实现，工业互联网可在制造企业与外部需求、创新资源、互补生产能力上全面对接，推动包括设计、制造、供应和服务等一整套环节协同优化。其具体场景包括协同制造、制造能力交易与个性定制等。

第二节　工业网络与通信技术

考核知识点及能力要求：

- 了解工业网络的组成及常用技术。
- 了解传感器技术。
- 熟悉现场总线（列举）。
- 熟悉无线技术和移动通信技术。
- 了解消费级技术（简单列举）。
- 了解工业中常见的网络设备。

一、传感器技术

1. 发展历程

传感技术大体可分 3 代。第 1 代是结构型传感器，它利用结构参量变化来感受和转化信号。例如，电阻应变式传感器是利用金属材料发生弹性形变时电阻的变化来转化电信号的。

第 2 代传感器是上世纪 70 年代开始发展起来的固体传感器，这种传感器由半导体、电介质、磁性材料等固体元件构成，是利用材料某些特性制成的。如利用热电效应、霍尔效应、光敏效应，分别制成热电偶传感器、霍尔传感器、光敏传感器等。

上世纪 70 年代后期，随着集成技术、分子合成技术、微电子技术及计算机技术的发展，出现集成传感器。集成传感器包括两种类型：传感器本身的集成化和传感器与后续电路的集成化。例如，电荷耦合器件（CCD），集成温度传感器 AD590，集成霍尔传感器 UGN3501 等。这类传感器具有成本低、可靠性高性能好、接口灵活等特点。集成传感器发展非常迅速，现已占传感器市场的 2/3 左右，它正向着低价格、多功能和系列化方向发展。

第 3 代传感器是上世纪 80 年代发展起来的智能传感器。所谓智能传感器是指其对外界信息具有一定检测、自诊断、数据处理以及自适应能力，是微型计算机技术与检测技术相结合的产物。上世纪 80 年代智能化测量主要以微处理器为核心，把传感器信号调节电路微计算机、存储器及接口集成到一块芯片上，使传感器具有一定的人工智能。上世纪 90 年代智能化测量技术有了进一步的提高，可以在传感器一级实现智能化，使其具有自诊断功能、记忆功能、多参量测量功能以及联网通信功能等。

2. 应用领域

传感器技术是实现测试与自动控制的重要环节。在测量系统中被作为一次仪表定位，其主要特征是能准确传递和检测出某一形态的信息，并将其转换成另一形态的信息。

具体而言，传感器是指那些对被测对象的某一确定的信息具有感受（或响应）与检测功能，并使之按照一定规律转换成与之对应的可输出信号的元器件或装置。如果没有传感器对被测的原始信息进行准确可靠的捕获和转换，一切准确的测试与控制都将无法实现。即使最现代化的电子计算机，没有准确的信息（或转换可靠的数据），也将无法充分发挥其应有的作用。

传感器种类及品种繁多，原理也各式各样。其中电阻应变式传感器是被广泛用于电子秤和各种新型机构的测力装置，其精度和范围度是根据需要来选定的，过高的精度要求对某种使用也无太大意义。过宽的范围度也会使测量精度降低，而且会造成成本过高及增加工艺上的困难。因此，应根据测量对象的要求，恰当地选择精度和范围度。但无论何种条件、场合使用的传感器，均要求其性能稳定、数据可靠、经久耐用。为此，在研究高精度传感器的同时，必须重视可靠性和稳定性的研究。包括传感器的研究、设计、试制、生产、检测与应用等诸项内容在内的传感器技术，已逐渐形成了

一门相对独立的专门学科。

一般情况下，由于传感器设置的场所并非理想，在温度、湿度、压力等效应的综合影响下，传感器零点漂移和灵敏度的变化，已成为使用中的严重问题。虽然人们在制作传感器过程中，采取了温度补偿及密封防潮的措施，但它与应变片、粘贴胶本身的高性能化、粘贴技术的精确度和熟练度、弹性体材料的选择及冷/热加工工艺的制定均有密切的关系，任何一方面都不能被忽视。同时，还须注意传感器的安装方法，支撑结构的设置，如何克服横向力等问题。

作为一种仪表的传感器通常由敏感元件与转换元件组成。转换元件通常是精密的电桥。例如，测力秤重用电阻应变式传感器主要由弹性体、应变片、粘贴胶及各种补偿电阻构成。其稳定性也必然是由这些元件的内、外因的综合作用所决定。

首先，是弹性元件。弹性元件一般是由优质合金钢材及有色金属铝、铍青铜等加工成型，弹性体稳定性主要受经各种处理后的金相组织及残余应力的影响。考虑到应力释放时的相互平衡关系及弹性体结构形式的约束，要想让残余应力释放，就要进行时效处理。在实际中若采用自然时效法，则释放缓慢、周期长，常常是不可取的。一般要消除弹性体表面残余应力的方法是：做真空回火处理和疲劳式脉动处理及共振。这样可大幅度地降低残余应力，在短时间内完成通常的长时间的自然时效，使组织性能更为稳定。

其次，是应变片和粘接胶。影响应变片稳定性的是箔材本身。制造应变片的电阻合金种类很多，其中以康铜合金使用最广，它有较好的稳定性，较高的疲劳寿命及较小的电阻温度系数，是理想的丝栅制造材料。此外，制造应变片过程中应消除不良影响造成的不稳定性。如丝栅与基底胶的粘接强度、应变片与弹性体间的粘贴强度、基底胶内应力的释放等等，都是不稳定因素。另外，应变片的粘贴也是非常关键的要素之一，它直接影响胶的粘接质量乃至测量精度，如果贴片不合格、技术不熟练，即使使用最好的应变片，也可能采集不到有效的信息数据。

二、现场总线

现场总线（Field bus）是近年来迅速发展起来的一种工业数据总线，它主要解决工业现场的智能化仪器仪表、控制器、执行机构等现场设备间的数字通信，以及这些现场控制设备和高级控制系统之间的信息传递问题。由于现场总线简单、可靠、经济实用，因而受到了许多标准团体和计算机厂商的高度重视。它是一种工业数据总线，是自动化领域中底层数据通信网络。

常用现场总线如下。

（1）过程现场总线（PROFIBUS）。作为一种快速总线，被广泛应用于分布式外围组件。

（2）控制和自动化技术的以太网（Ethernet for Control Automation Technology）。是一种用于工业自动化的实时以太网解决方案，其性能优越，使用简便。

三、无线技术

无线技术也分不同种类，通常以产生无线信号的方式来区分，目前主要分为调频无线技术、红外无线技术和蓝牙无线技术三种，其成本和特点也不尽相同。其广泛应用于音响、键鼠等各项内容，有很好的发展前景。

无线接入技术是指接入网的某一部分或全部采用无线传输媒质，向用户提供固定和移动接入服务的技术。其特点是覆盖范围广、扩容方便、可加密等。无线接入技术分为移动接入技术和固定无线接入技术。

移动接入技术主要是为移动用户和固定用户以及用户之间提供通信服务。具体实现方式有蜂窝移动通信系统、卫星通信系统、无线寻呼、集群调度。

固定无线接入（FWA）技术主要是为位置固定的用户或仅在小范围移动的用户提供通信业务。其连接的骨干网是 PSTN，FWA 是 PSTN 的无线延伸，目的是为用户提供透明的 PSTN 业务。

就天线接入技术而言可分为以下三类。

1. LMDS（Local Multipoint Distribute System，本地多点分配系统）技术

LMDS 是一种点对多点的宽带固定无线接入技术，主要使用无线 ATM 协议，并具有标准化的设备接口和网管协议，工作频段一般为 20～40 GHz，其利用大容量点对多点微波传输，提供双向语音、数据和视频图像业务。但由于工作受气候影响较大，抗

雨衰性能差，工作区域受到一定限制。

2. MMDS（Multichannel Multipoint Distribute System，多点多信道分配系统）技术

MMDS 是服务商向用户提供宽带数据和语音业务的一种固定无线接入方案。MMDS 工作频段集中在 2~5 GHz，3.5 GHz MMDS 频段具有良好的传播特性，传输距离可达 10 km。MMDS 频谱不受雨衰的影响，但可被建筑物衰减。

3. 无线局域网

一般来说，凡是采用无线传输媒质的计算机局域网都可称为无线局域网。这里的无线媒体可以是无线电波、红外线或激光。无线局域网的基础还是传统的有线局域网，是有线局域网的无线扩展和替换。它是在有线局域网的基础上通过无线 HUB、无线访问节点（AP）、无线网桥、无线网卡等设备使无线通信得以实现。

无线局域网的组网方式包括有中心和无中心两种模式。当采用有中心模式时，由接入点 AP 对无线信道进行集中式管理；当采用无中心的方式时，各移动终端分布式地随机访问信道。

无线局域网为移动终端提供一种访问广域网的方式，也可由多个移动终端自由组网，共享资源。它主要支持数据业务的传送，也可提供语音和图像业务的传送。

无线局域网的主要优点是投资少，移动终端可以动态、临时组网，支持移动终端的漫游。缺点是覆盖范围有限，带宽相对较小，且存在潜在的安全风险。

四、移动通信技术

第一代移动通信系统（1G）是在 20 世纪 80 年代初提出的，它完成于 20 世纪 90 年代初，如 NMT 和 AMPS，NMT 于 1981 年投入运营。第一代移动通信系统是基于模拟传输的，其特点是业务量小、质量差、安全性差、没有加密和速度低。1G 主要基于蜂窝结构组网，直接使用模拟语音调制技术，传输速率约 2.4 kbit/s。不同国家采用不同的工作系统。

第二代移动通信系统（2G）起源于 90 年代初期。欧洲电信标准协会在 1996 年提出了 GSM Phase 2+，目的在于扩展和改进 GSM Phase 1 及 Phase 2 中原定的业务和性能。它主要包括 CMAEL（客户化应用移动网络增强逻辑），S0（支持最佳路由）、立即计费，GSM 900/1 800 双频段工作等内容，也包含了与全速率完全兼容的增强型话音编解码技术，使得话音质量得到了质的改进；半速率编解码器可使 GSM 系统的容量提近一倍。

第三代移动通信系统（3G），也称 IMT 2000，其最基本的特征是智能信号处理技术，智能信号处理单元将成为基本功能模块，支持话音和多媒体数据通信，它可以提供前两代产品不能提供的各种宽带信息业务，例如高速数据、慢速图像与电视图像等。如 WCDMA 的传输速率在用户静止时最大为 2 Mbps，在用户高速移动是最大支持 144 Kbps，所占频带宽度 5 MHz 左右。

第四代移动通信系统（4G）是集 3G 与 WLAN 于一体并能够传输高质量视频图像以及图像传输质量与高清晰度电视不相上下的技术产品。4G 系统能够以 100 Mbps 的速度下载，比拨号上网快 2 000 倍，上传的速度也能达到 20 Mbps，并能够满足几乎所有用户对于无线服务的要求。而在用户最为关注的价格方面，4G 与固定宽带网络在价格方面不相上下，而且计费方式更加灵活机动，用户完全可以根据自身的需求确定所需的服务。此外，4G 可以在 DSL 和有线电视调制解调器没有覆盖的地方部署，然后再扩展到整个地区。很明显，4G 有着不可比拟的优越性。

第五代移动通信系统（5G）[16]，通俗讲就是第五代移动通信技术。与 4G、3G、2G 不同的是，5G 并不是独立的、全新的无线接入技术，而是对现有无线接入技术（包括 2G、3G、4G 和 WiFi）的技术演进，以及一些新增的补充性无线接入技术集成后解决方案的总称。从某种程度上讲，5G 将是一个真正意义上的融合网络。以融合和统一的标准，提供人与人、人与物以及物与物之间高速、安全和自由的联通。

五、消费级技术

1. 以太网

以太网是现实世界中最普遍的一种计算机网络。以太网有两类：第一类是经典以太网，第二类是交换式以太网。经典以太网是以太网的原始形式，运行速度从 3～10 Mbps 不等；而交换式以太网正是广泛应用的以太网，可在 100、1 000 和 10 000 Mbps 的高速率下运行，分别以快速以太网、千兆以太网和万兆以太网的形式呈现。

以太网的标准拓扑结构为总线型拓扑，但目前的快速以太网（100 BASE-T、1 000 BASE-T 标准）为了减少冲突，将能提高的网络速度和使用效率最大化，使用交换机来进行网络连接和组织。如此一来，以太网的拓扑结构就成了星型；但在逻辑上，以太网仍然使用总线型拓扑和 CSMA/CD（Carrier Sense Multiple Access/Collision Detection，即载波多重访问/碰撞侦测）的总线技术。

2. 消费级无线技术

消费级无线技术主要包括蓝牙、ZigBee、Lora、WiFi、3G、4G 和 5G 技术。

蓝牙（Bluetooth）的频率在 2.4 GHz，蓝牙在遮挡的情况下也是可以实现点对点的通信的。蓝牙以现在的 3.0 的版本理论速率能够达到 24 M。传输距离也能轻松达到几十米。主要应用于设备之间的短距离数据交换。在智能家居的应用当中，蓝牙可以作为我们的手机与各个智能家庭设备之间的联系方式，可以对家中的智能设备，如电饭煲、照明灯、空调、开关等进行指令控制。

WiFi（WIreless-FIdelity）常见的 WiFi 有：①802.11a，它的频率在 5.8 GHz 频段，最高的速率可以达到 54 Mbps；②802.11b，它的频率在 2.4 GHz 频段，最高的速率可以达到 11 Mbps；③802.11g，它的频率在 2.4 GHz 频段，最高的速率可以达到 54 Mbps 且与 802.11b 兼容（因为频率相同）。WiFi 的传输距离正常达到 100 M。

3G 网络下的下载速率能达到 1.4 Mbps~5 Mbps，上传速率为 64 Kbps~2.8 Mbps，这种非对称的传输特性更加符合我们手机用户在此环境下的使用状态。

4G 分为 TD-LTE（时分）和 FDD-LTE（频分）。正常理论值可以达到上传速度 50 M，下载速度可达 100 M。

5G 的性能目标是高数据速率、减少延迟、节省能源、降低成本、提高系统容量和大规模设备连接。Release-15 中的 5G 规范的第一阶段是为了适应早期的商业部署。

六、其他硬件

1. 网关

网关（Gateway）又称网间连接器、协议转换器。网关在网络层以上实现网络互连，是复杂的网络互联设备，仅用于两个高层协议不同的网络互联。网关既可以用于广域网互联，也可以用于局域网互联。网关是一种充当转换重任的计算机系统或设备。

2. RTU

远程终端单元（RTU，Remote Terminal Unit）是一种针对通信距离较长和恶劣工业现场环境而设计的具有模块化结构的、特殊的计算机测控单元。[17]

3. 交换机

交换机（Switch）意为“开关”，是一种用于电（光）信号转发的网络设备。它可以为接入交换机的任意两个网络节点提供独享的电信号通路。最常见的交换机是以太网交换机。其他常见的还有电话语音交换机、光纤交换机等。

第三节　工业互联网平台

考核知识点及能力要求：

- 了解工业互联网平台整体态势。
- 了解工业互联网平台整体架构。
- 熟悉商业视角的工业互联网平台。
- 熟悉使用视角的工业互联网平台。
- 熟悉功能视角的工业互联网平台。

一、整体态势[18]

工业互联网平台支持广泛的设备接入，借助大数据和云计算技术以及应用工厂技

术和机制，构建物联云服务能力，实现设备数据的云端运营。如图 2-2 所示，为工业互联网整体态势图。

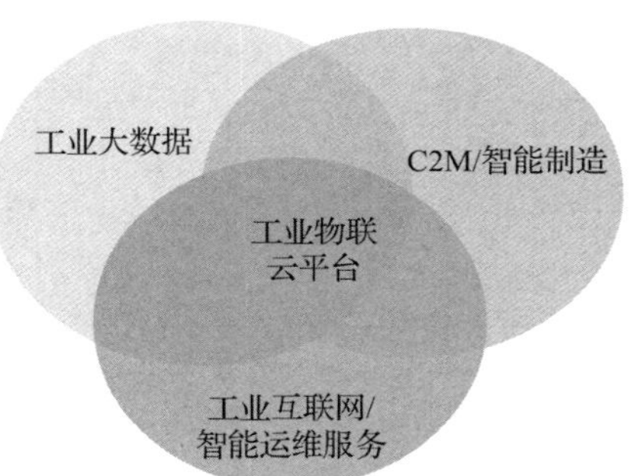

图 2-2　工业互联网整体态势图

工业互联网平台聚焦设备使用价值和产品创新，智联“机器、人和系统”，其基于通信开放平台，逐步打造应用 Marketplace，实现云端的工业智能设备运营生态，旨在为设备厂商/运营商提供安全可靠、成本低廉的工业 4.0/工业互联网云服务平台。

工业互联网平台能为每一台设备提供从设备接入、运行监控、设备资产管理、工业数据预知分析等一站式 SaaS 与 PaaS 服务与行业解决方案，让设备具备思考的能力。平台能有效地满足装备制造业、工业生产企业、设备租赁业及专业检修服务业等设备相关行业的需求，并利用互联网和移动技术把价值链上的不同组织“+”在一起，实现以设备为枢纽的互通互联。

二、参考架构

工业互联网的参考架构从商业视角、使用视角、功能视角和实现视角可以详细了解其组成、服务、功能和结构。商业视角表示从商业角度阐述了工业互联网平台的组成；使用视角表示从用户角度阐述了工业互联网平台的服务和应用；功能视角表示从平台功能角度阐述了工业互联网平台的功能；实现视角表示从技术实现角度阐述了工业互联网平台的技术结构（见图 2-3）。

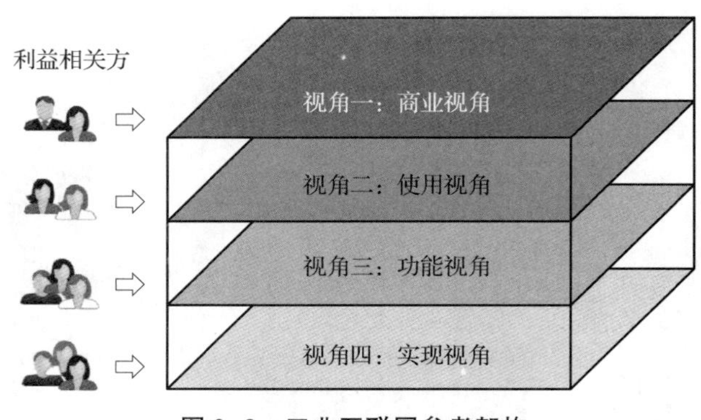

图 2-3　工业互联网参考架构

三、商业视角 [19]

如图 2-4 所示，商业视角中商业决策者通过关键性信息和商业价值做出决策，系统软件工程师根据用户的需求确定满足用户信息需求的开发。通过调用底层的硬件完成用户的需求。

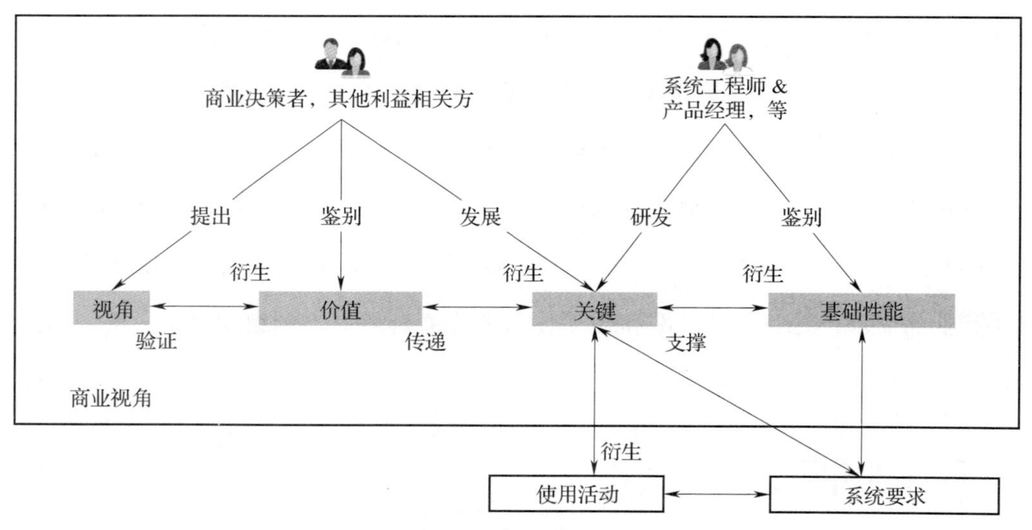

图 2-4　工业互联网商业视角

四、使用视角

如图 2-5 所示，使用视角中部门通过被分配的角色来获取对应的信息，系统根据角色的功能确定满足角色信息需求的权限。通过调用底层的硬件完成角色的功能需求。

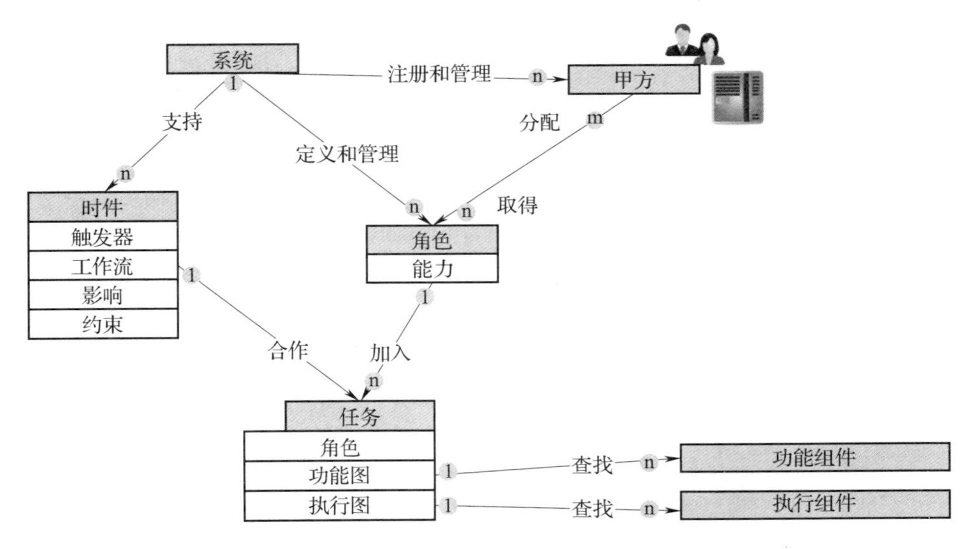

图 2-5 工业互联网使用视角

五、功能视角

用户通过调用不同层的软件，实现自身的信息获取，完成工业生产的相关任务。对于用户来说，平台本身是透明的。图 2-6 为工业互联网功能视角。

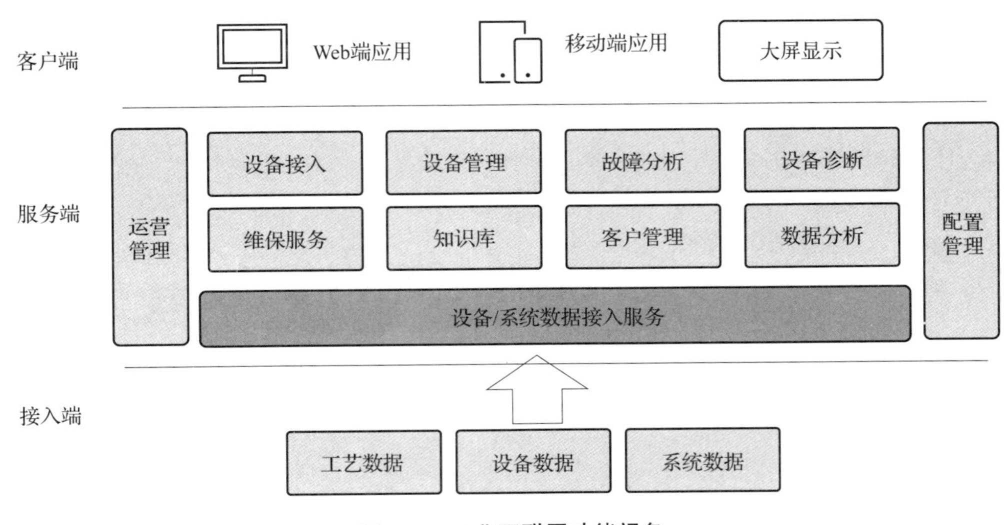

图 2-6 工业互联网功能视角

六、实现视角

如图 2-7 所示，工业互联网结合边缘级计算、平台级计算、企业级计算，实现工业计算，完成工业生产任务，降低成本和提高生产效率。

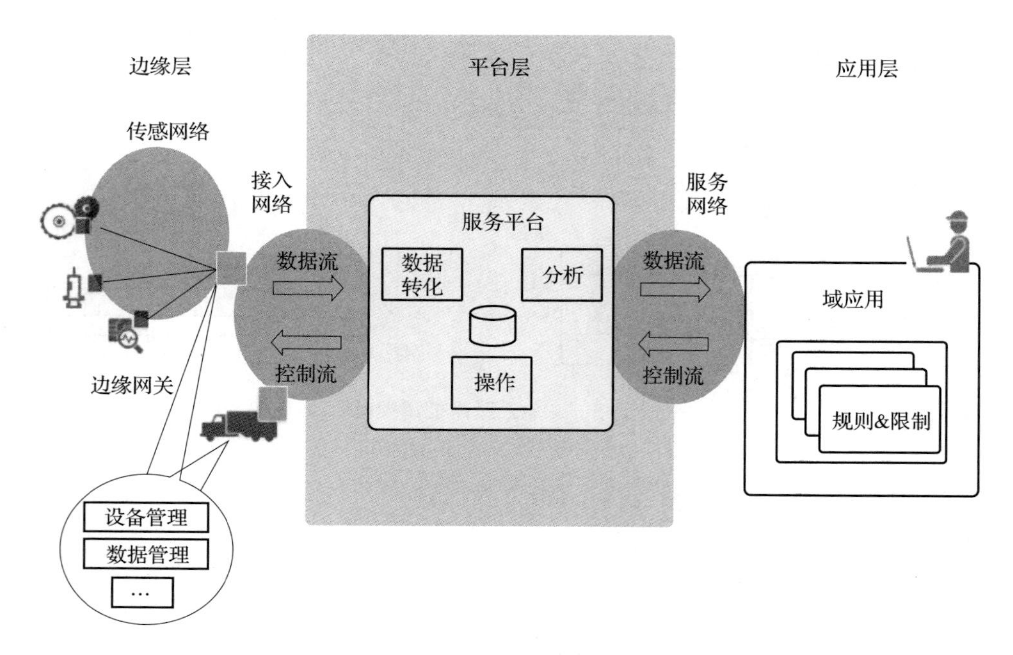

图 2-7　工业互联网实现视角

第四节　工业互联网安全

考核知识点及能力要求：

- 了解工业网络信息可靠性要素。

• 了解工业互联网安全的商业视角。
• 了解工业互联网安全的功能和应用视角。
• 能够对工业互联网平台进行配置与管理。

一、安全考虑

安全是工业互联网的保障，起到通过识别和抵御安全威胁，化解各种安全风险，增强设备、网络、控制、应用和数据的安全保障能力的作用。工业互联网安全的需求主要从工业和互联网两个方面出发：工业方面重点关注生产的可靠性、设备安全和控制安全，即在保证生产的同时维持控制协议稳定，智能设备安全运转。互联网方面重点关注 APP 应用的安全、网络的安全、数据的安全以及产品的服务安全。如图 2-8 所示，工业互联网安全体系框架主要包括：设备安全、网络安全、控制安全、应用安全和数据安全。

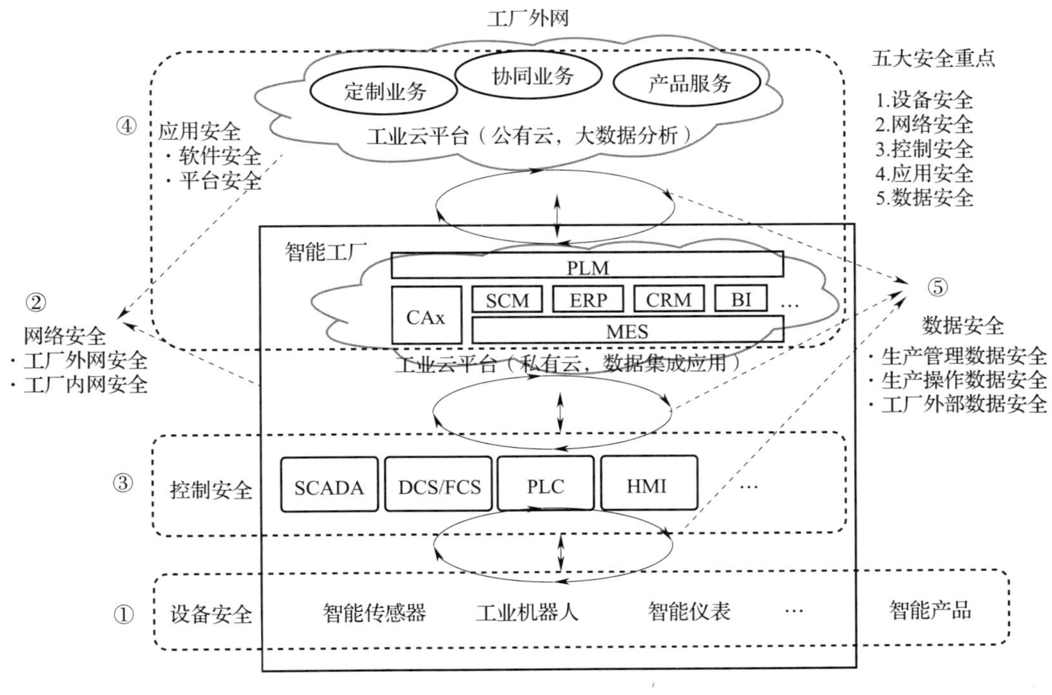

图 2-8　工业互联网安全体系

二、可靠性要素

工业互联网的平台中各种风险的分层级整体态势如图 2-9 所示。

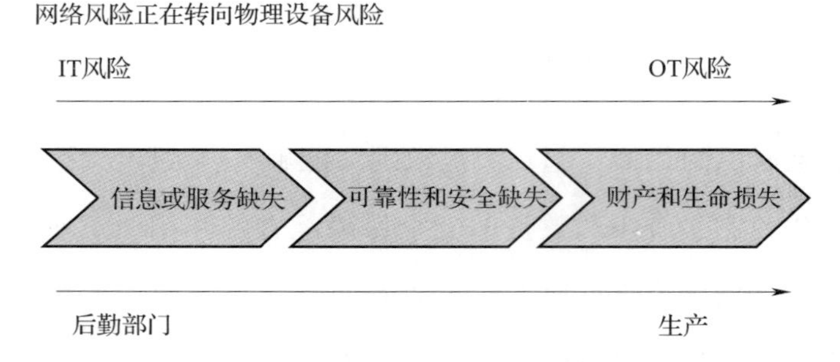

图 2-9　工业互联网整体态势图

IT 界的安全，通常是指信息安全，预防的对象是各种黑客网络进攻。OT 界的安全，多指生产安全，即防止生产事故人身危害等。在英文里，前者叫 security，后者叫 safety。

在工业互联网里，IT 和 OT 又有了交叉。信息安全的缺失会影响生产安全，信息安全的加强也需要生产安全的配合。IIC 的安全文档，不仅包含了这两点，还对此进一步做了拓展，换了个概念叫可靠性（trustworthy）。

安全问题总是重要又复杂的问题。它不可能是系统的一个独立模块，因为每个系统组件都可能是被攻击的对象，每个组件都需要专门的安全策略，还有全局的安全策略。只要有一个点被攻破，整个系统就被攻克。所以很多早期的工业系统都故意视而不见这个问题。美国“9·11 恐怖事件”发生后，工业自动化行业都做了深刻的反思，工业部门意识到控制网络传送的数据都没有采用加密手段（plain text）。

IIC 的安全文档全称为 Industrial Internet of Things Volume G4：Security Framework（工业物联网第四卷：安全框架），安全是文档的核心，但文档的组织方式却是以可靠性为主线。它把可靠性分为 5 个方面：Security（信息安全）、Safety（生产安全）、Reliability（可靠性）、Resilience（坚韧性）和 Privacy（隐私）。工业互联网的安全框架围绕这 5 个方面展开。

文档定义 Security 为系统被保护的状况，保护针对的是未授权的访问、改变或破

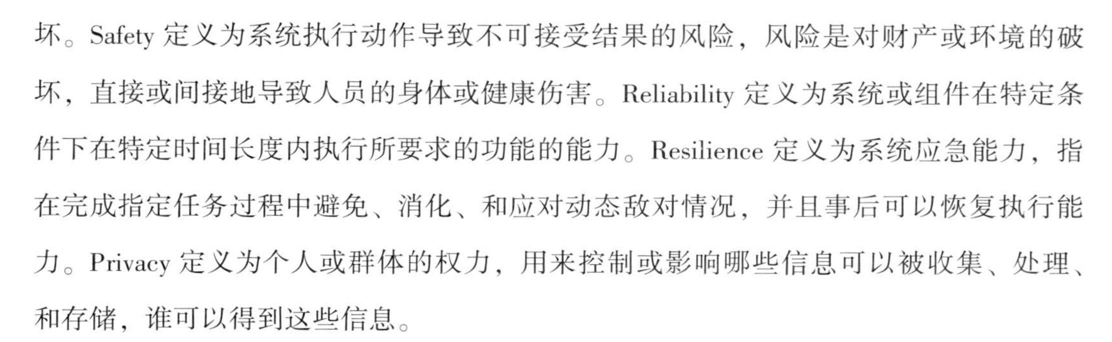

坏。Safety 定义为系统执行动作导致不可接受结果的风险，风险是对财产或环境的破坏，直接或间接地导致人员的身体或健康伤害。Reliability 定义为系统或组件在特定条件下在特定时间长度内执行所要求的功能的能力。Resilience 定义为系统应急能力，指在完成指定任务过程中避免、消化、和应对动态敌对情况，并且事后可以恢复执行能力。Privacy 定义为个人或群体的权力，用来控制或影响哪些信息可以被收集、处理、和存储，谁可以得到这些信息。

安全框架主要包括上述 5 个方面，系统安全员从硬件、软件、服务进行安全分析，结合对系统全生命周期保护、组件保护、接口保护、通信保护等要求，实现防止系统故障、环境干扰、恶意攻击和人为过失的目的。

三、工业互联网平台配置和管理

1. 管理域配置

主要功能是增加、删除、修改和查看管理域的信息。

2. 用户管理

主要是用来管理平台的公司内部员工和客户的管理域、基本信息和角色分配，以及用户访问系统的登录名称。

3. 角色管理

角色管理主要是针对平台用户的角色资源进行管理。主要包括两部分：权限设置和用户分配，其中权限设置包括：菜单控制、视图权限、设备控制权。

4. 设备控制

该功能主要是对当前选择的角色授权是否可以发送指令。

5. 全局配置

该功能主要提供系统共有属性的配置界面。

第五节　基于工业互联网与工业大数据的系统架构

考核知识点及能力要求：

- 了解工业互联网和大数据的关系。
- 了解工业互联网总体框架、业务视图、功能架构、设计实现、技术体系。
- 了解工业大数据的安全考虑。

一、总体介绍

工业互联网的基础是数据。数据的真实性是发展工业互联网的基础，而人为填表的数据是不确定的，通过物联网获取数据是工业大数据的关键，应确保数据的真实性和准确性。工业互联网是在此基础上，利用网络进行有效资源调配。

二、总体框架

如图 2-10 所示，工业互联网的架构主要包含网络、数据、安全三大要素。网络是基础，即通过物联网、互联网等技术实现工业全系统的互联互通，促进工业数据的充分流动和无缝集成；数据是核心，即通过工业数据全周期的感知、采集和集成应用，形成基于数据的系统性智能，实现机器弹性生产、运营管理优化、生产协同组织与商业模式创新，推动工业智能化发展；安全是保障，即通过构建涵盖工业全系统的安全防护体系，保障工业智能化的实现。

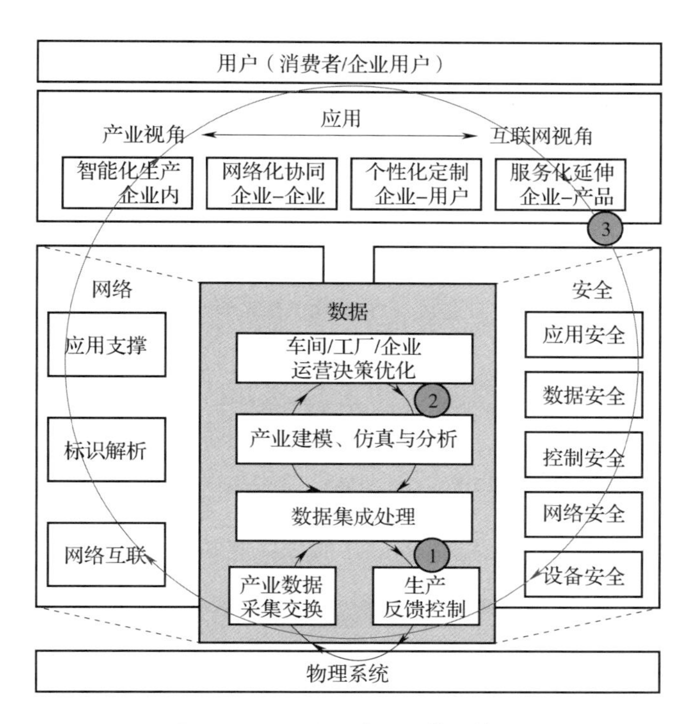

图 2–10 工业互联网总体架构图

三、业务视图

工业互联网企业业务可以从工业和互联网两个视角来看。从工业的视角来看，就是实现从工业生产到商业系统的智能化，由内及外、由车间到工厂到企业、到供应链上下游，实现机器与机器之间、机器与人之间，企业之间的智能交互与连接。从互联网的视角来看，是从终端消费者需求驱动的设计、采购、生产、销售、服务等一系列的生产组织和制造模式的智能化变革。通过工业互联网可以构建面向工业智能化的三大闭环：一是面向机器设备运行优化的闭环，二是面向生产运营优化的闭环，三是面向企业协同、用户交互、产品优化的闭环。[20]

四、功能架构

工业互联网是面向制造业数字化、网络化、智能化需求，构建基于海量数据采集、汇聚、分析的服务体系，支撑制造资源泛在连接、弹性供给、高效配置的工业云平台。

如图 2-11 功能架构图所示，数据采集层主要是做生产车间以及生产过程的数据采集，IaaS 主要指的是一些服务器的基础设施包括存储、网络、虚拟化。

工业 PaaS 层是核心，下半部分是工业 PaaS 层的通用部分，包含了数据存储、数据转发、数据服务、数据清洗，上半部分是工业 PaaS 层核心中的核心。在工业 PaaS 层要做微服务和模型，将大量技术原理、基础工艺经验形成算法和模型。对于工业 PaaS 层来说，最为核心的就是模型和算法。工业 APP 用来解决不同大型企业不同细分行业各种问题。

边缘层解决数据采集集成问题：一是需兼容各类协议，实现设备/软件的数据采集；二是统一数据格式，实现数据集成、互操作；三是边缘存储计算，实现数据预处理和实时分析。工业 PaaS 层解决工业数据处理和知识积累沉淀问题，形成开发环境，实现工业知识的封装和复用，工业大数据建模和分析形成智能，促进工业应用的创新开发。

应用层解决工业实践和创新问题，通过工业 SaaS 和 APP 等工业应用部署的方式实现设计、生产、管理等环节价值提升，借助开发社区等工业应用创新方式塑造良好的创新环境，推动基于平台的工业 APP 创新。

工业 APP 是关键，提供满足不同行业、不同场景的应用服务。工业 PaaS 是核心，构建一个可扩展的操作系统，为应用软件开发提供一个基础平台。IaaS 是支撑，使计算、存储网络资源池化。数据采集是基础，构建精准、实时、高效的数据采集体系。

五、设计实现

了解工业互联网生产系统，首先需要了解所涉及的工业生产系统架构，梳理架构中的全部生产设备，利用拓扑图的形式展示出层级关系。

• 建立工业设备信息模型。清楚工业生产系统里的全部设备后，需要梳理每个设备所要监测的数据点，包括连续量和开关量，并结合生产工艺流程，建立适用于当前生产系统的信息模型编码规则。

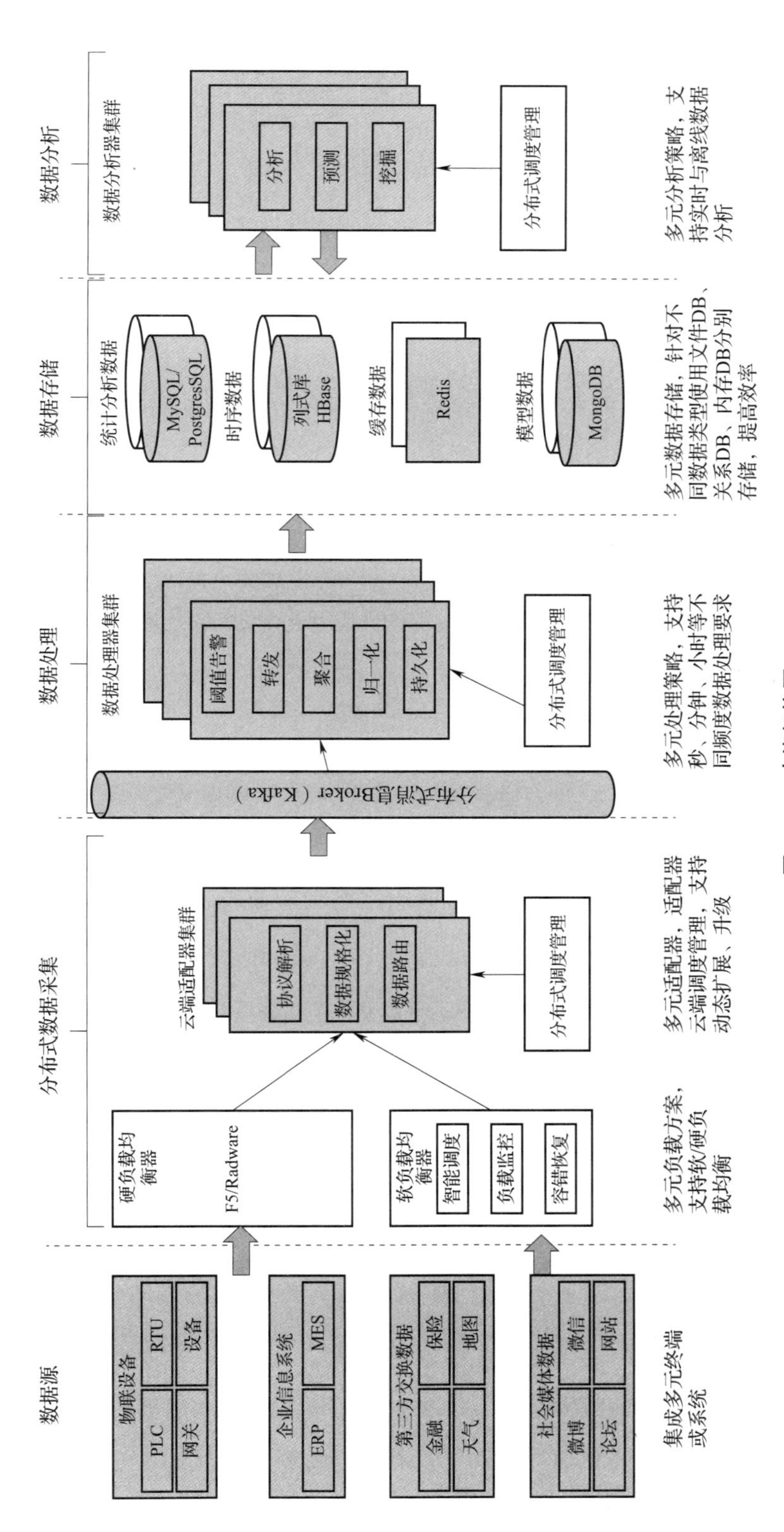
数据源
物联设备
PLC
RTU
网关
设备
企业信息系统
ERP
MES
第三方交换数据
金融
保险
天气
地图
社会媒体数据
微博
微信
论坛
网站
集成多元终端或系统
分布式数据采集
硬负载均衡器
F5/Radware
软负载均衡器
智能调度
负载监控
容错恢复
多元负载方案，支持软/硬负载均衡
云端适配器集群
协议解析
数据规格化
数据路由
分布式调度管理
多元适配器，适配器云端调度管理，支持动态扩展、升级
分布式消息Broker（Kafka）
数据处理
数据处理器集群
阈值告警
转发
聚合
归一化
持久化
分布式调度管理
多元处理策略，支持秒、分钟、小时等不同频度数据处理要求
数据存储
统计分析数据
MySQL/PostgresSQL
时序数据
列式库HBase
缓存数据
Redis
模型数据
MongoDB
多元数据存储，针对不同数据类型使用文件DB、关系DB、内存DB分别存储，提高效率
数据分析
数据分析器集群
分析
预测
挖掘
分布式调度管理
多元分析策略，支持实时与离线数据分析

图2-11 功能架构图

• 通信协议与网关。工业生产系统覆盖大量生产设备，每个生产设备支持的通信协议可能各不相同，所以需要通过网关将各种协议的数据汇总打包，上送到工业互联网平台。

• 数据解析与处理。工业互联网平台负责接收本地采集装置上送的数据，通过协议解析程序将数据存入平台数据库当中。在此过程中，需要对数据进行清洗，如丢弃无效数据。

• 数据可视化。设计平台汇总各类生产相关数据，如何进行可视化分析需要调研业务人员需求。第一，明确数据可视化目的，例如分析故障原因、能耗水平等；第二，梳理与可视化目的相关联的数据，统计是否需要进行数据汇总处理；第三，针对可视化数据类型，匹配合适的图表。

• 数据分析算法。当业务人员形成了固定的数据分析思路，算法工程师可将业务人员的数据分析思路固化成算法程序，通过程序调用数据自动得出分析结论，提升分析效率。

六、技术体系

工业互联网网络从技术通用与否分为通用网络和工业特定的网络，从网络地域范围分为局域网和广域网，从网络实施地区分为工厂内网和工厂外网，从层级结构上可以分为物理层、数据链路层、网络层、应用层等（如果按照 OSI 模型可分为七层），从使用的通信介质分为有线网和无线网。工业互联网网络体系很多技术标准采用通用的网络技术标准，但因为工业领域的特殊性，需要定义和开发工业网络标准及产品来支持，尤其是在 OT 层的网络，如图 2-12 所示。工业互联网有别于现在的互联网之处就是能实现人机交互和人机协同，因此需要把“OT 层（操作层）”和“IT 层”打通，与此相对应工厂内部网络主要分为 OT 层的网络和 IT 层的网络。工厂 OT 层网络主要是用于把现场的控制器（PLC、DCS、FCS 等）、传感器、伺服器、监控器等连接起来。主要实现技术分为现场总线和工业以太网。在工业以太网的物理层，目前有线传输大都采用 PON 和 EPON 技术，无线传输采用 WIA-PA、Wireless HART、ISA100. 11a、NB-IOT 等技术。为了解决工业场景对高可靠性、低时延的要求，工业以

太网在标准以太网基础上数据链路控制层进行了改进，因此出现了 EtherCAT、PROFI-NET、POWERLINK、CC-Link 等协议，但这些协议在易用性和互操作性方面存在不足，因此 IEEE802 工作委员会改进了 MAC 层协议，推出了 TSN（时间敏感网络）。工业互联网的 IT 层网络以及工厂外网还是采用通用的组网方式和技术。[21]

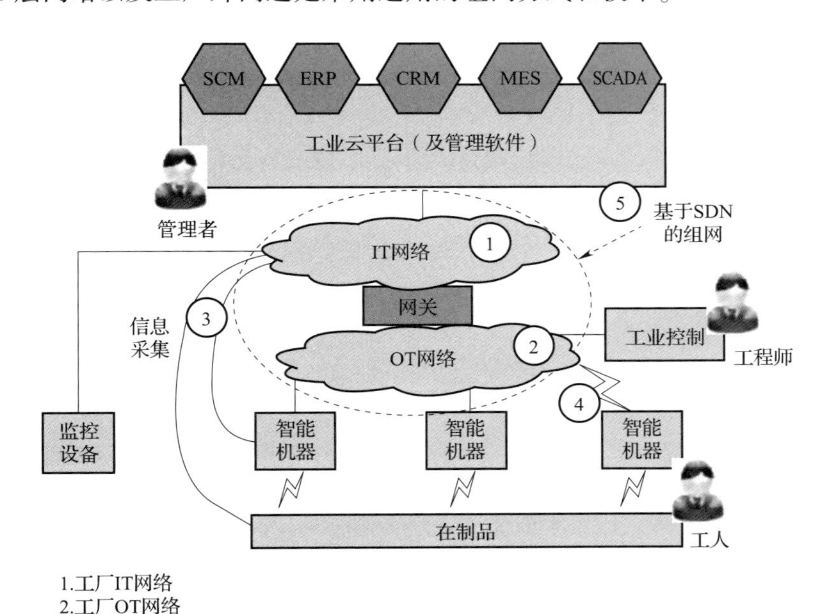

图 2-12　工业互联网技术体系

七、应用层级

工业互联网的应用场景主要依赖于工业应用，工业应用通过不同的层级的视角来展现其应用场景，第一层级是从应用层软件角度来阐述其应用场景，代表应用是预测性维护应用；第二层级是工业云平台角度；第三层级是从底层操作系统角度；第四层级是通过工业生态。

第一层级：预测性维护应用。预测性维护应用主要是提高设备的维修效率，降低突发事故。在这个层级，预测性维护的原型产品也开始进化，逐渐具备工业互联网的三个基本需求：提高维修和维护效率，优化运营。处于第一层级的公司很多，中国的知名装备制造企业也正沿着 GE 曾经走过的路，向工业互联网进军。

第二层级：工业服务物联网平台。工业服务物联网平台需要整合产业资源，提供系列化配套化服务。

第三层级：工业应用操作系统。简单来讲就是“工业安卓”，通过操作系统可以实现对多样化机器的控制，从而形成庞大的工业互联网生态圈。例如：GE 的 Predix 平台以及西门子的 MindSphere。

第四层级：工业大数据平台。工业大数据平台通过解构现有工业生态，运用强大的算法对大量的数据进行处理分析，从而形成新的生产业态。[22]

第六节　工业云

考核知识点及能力要求：

- 了解工业互联网上云概念。
- 了解设备远程服务云、智能生产云、工业知识图谱云。
- 能够采用仿真软件进行工业云平台的搭建。

一、工业互联网上云概述

工业互联网上云是指利用云计算技术对企业办公、生产、设计和研发等业务进行智能化、科学化的管理和部署，为实现智能生产运营奠定基础。其中典型代表有办公云、物联云和数字孪生。

1. 办公云

办公云是一种利用云计算技术对办公业务所需的软硬件设备进行智能化管理云，

实现企业应用软件统一部署与交付的新型办公模式。智慧办公支持PC、手机、平板电脑等多种终端设备的安全远程接入，能够增强办公环境的安全性、易用性和可扩展性，提高资源的协作和共享，全面提升管理效率，优化业务流程，降低运营成本。[22]

2. 物联云

物联云作为物联网应用的一种最新实现及交付模式，其特征在于将传统物联网中传感设备感知的信息和接受的指令连入互联网中，真正实现网络化，并通过云计算技术实现海量数据存储和运算。

3. 数字孪生

数字孪生是充分利用物理模型、传感器更新、运行历史等数据，集成多学科、多物理量、多尺度、多概率的仿真过程，在虚拟空间中完成映射，从而反映相对应的实体装备的全生命周期过程。数字孪生是一种超越现实的概念，可以被视为一个或多个重要的、彼此依赖的装备系统的数字映射系统。[23]

数字孪生是个普遍适应的理论技术体系，可以在众多领域应用，目前在产品设计、产品制造、医学分析、工程建设等领域应用较多。[24] 目前在国内应用最深入的是工程建设领域，关注度最高、研究最热的是智能制造领域。

二、设备远程服务云

具体指提供设备报修、巡检、保养的工业互联网云服务，为工业企业提供工厂设备智能管理、工业设备售后支撑及远程维修辅助等平台服务。透过云服务智能专家系统打通工厂与设备厂的数据共享，设备售后工程师与工厂电工的技能共享，提供工业设备智能维保服务。

三、智能生产云

以人工智能为核心打造全流程工业智能制造平台，覆盖生产、质量、设备、安全等关键环节，提高产线产能，实时智能生产运营。

四、工业知识图谱云

工业知识图谱主要包括知识构建能力、知识抽取能力、知识辅助能力。知识构建能力，是指工业场景中的本体设计。工业领域中做知识图谱需要先设计本体，定义一个场景，需要定义知识本体，以及业务本体；知识抽取能力，是通过机器学习、深度学习、算法引擎等技术手段来进行知识抽取；知识辅助能力，可以是智能搜索、辅助推荐等能力，一线作业人员、设备，包括辅助设备如何智能修复，辅助工作人员作业、检修、工厂盘点时解决具体问题。

图 2-13 是工业知识图谱构建方法与内容的示意图。

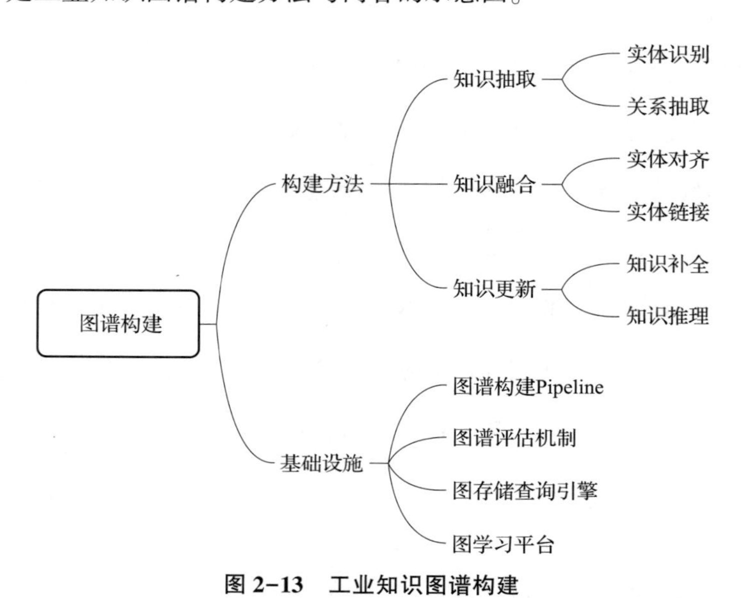

图 2-13　工业知识图谱构建

五、工业互联网云平台的搭建和使用

1. 案例讲解

（1）设备远程运维——广东某空调设备云监控平台。具体情况如下。

所属行业：装备制造（大型商用中央空调）。

企业规模：年产值 8 亿元以上。

项目概况：作为大型智能化设备，中央空调系统的安装实施和日常运维都较为复

杂。从出厂安装到调试过程，从故障发现到售后维修，每一个环节都对制造商和服务方提出了高质量、高标准的服务要求。

空调设备云监控平台包括采集水冷式冷水机组、风冷冷水热泵机组、水源热泵机组、热水机组、多联机、空气处理机组等多种类型设备的运行数据和故障信息，旨在帮助企业实时监控客户设备的运行工况，实现客户、服务部门和产品部门三方的售后服务业务连接，给客户带来更加及时高效的设备维保服务，提供 24 小时直通服务保障。

利用设备接入功能。空调设备云监控平台通过工业网关设备实现空调机组的远程数据接入与控制，并通过组态视图、分析视图呈现客户设备的监控场景，实现远程设备监控。图 2-14 为云平台使用案例——设备远程运维商。

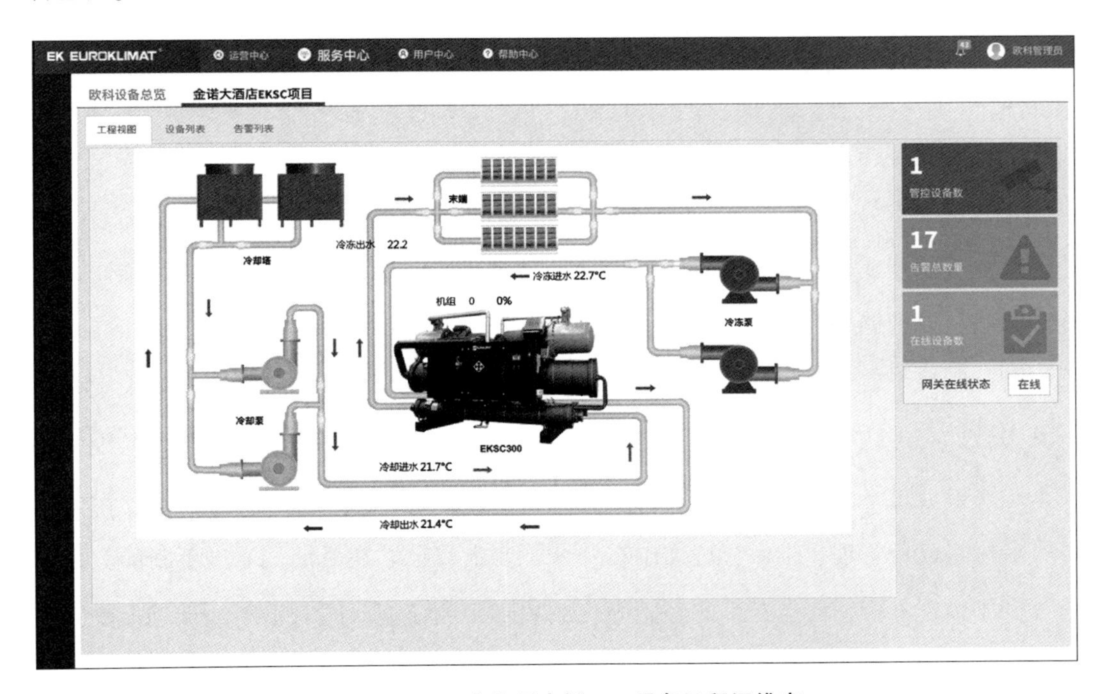

图 2-14 云平台使用案例——设备远程运维商

通过客户项目管理和巡检计划功能，空调设备云监控平台建立了客户项目管理体系与设备巡检服务流程。总部的服务经理、分公司服务经理以及服务人员均可以通过平台查看客户设备的运行状态和告警信息，设备的故障也会第一时间推送给服务部门，以便实现主动式运维服务。

项目收益：一是实现主动式运维，提高运维服务水平，欧科客户的设备状态都可以通过系统进行查询和监控，服务人员可以第一时间发现设备问题、通知客户进行维护、提高运维的水平和客户满意度；二是巡检服务标准化，提高服务效率，服务经理可以通过平台设置标杆项目的设备巡检计划预先安排人员进行检修，提高整体的服务效率；三是提供客户监控功能，实现产品服务增值，客户也可以通过云平台查看到设备的状态信息实时监控设备的状态，同时，在销售过程中可以对销售产生促进或实现业务增值。

（2）智能工厂——某钢铁龙头企业设备状态智能管控平台。具体情况如下。

所属行业：大型钢铁冶金企业。

企业规模：百亿企业。

项目概况：中国最具竞争力的钢铁企业，年产钢能力 2 000 万吨左右，赢利水平居世界领先地位，产品畅销国内外市场。但是钢铁行业作为重资产行业的代表，企业各类冶炼、冷热加工、液压传感、电子控制等设备的管理，维修，故障检测成为一个难题。一条轧钢线在非计划停机的时候，一天就能给企业带来数千万元的损失，更有甚者还会造成人员伤亡事故。

企业希望建成设备状态智能管控平台，全力支撑钢铁智能设备管理、智能制造的稳步推进，以智能化服务新模式，确保多基地生产的平稳高效运行。

智能管控平台通过传感器，控制系统，原有监测系统，离线监测设备等采集设备的状态数据和工艺数据。将数据清洗计算之后存到基于 Hadoop 的大数据平台。设备检测人员可以通过平台实现对设备的检测，提供检测报告。同时可以在平台构建设备服务平台。将设备管理、维保管理集中在一个平台上管控。在后期，通过不断的数据积累，利用数据分析，将老专家的经验固化成故障预测模型，同时不断地训练模型，让设备故障预测更加准确，从而减少设备非计划性停机。

项目收益：一是实现设备数据统一管理，实现多专业检测诊断数据的汇聚，为重点设备类别的状态综合诊断创造条件，打通现场控制系统、检测诊断系统与设备管理业务系统之间的数据获取通道，实现设备状态信息、工艺过程信息和业务管理信息的匹配；二是构建新型智能诊断服务模式，建成设备状态大数据中心的软硬件设施，开发一批面向典型设备（部件）类别的状态预警、故障诊断模型，形成基于远程监控平台的设备状态智能管控模式；三是打通设备全生命周期服务的各个环节，融合多设备、多状态、多

专业、多领域的数据，形成长产业服务链，并构建以大数据平台为载体，形成基于性能衰退分析的设备寿命预测技术和全生命周期服务能力。图 2-15 为智能工厂的展示图。

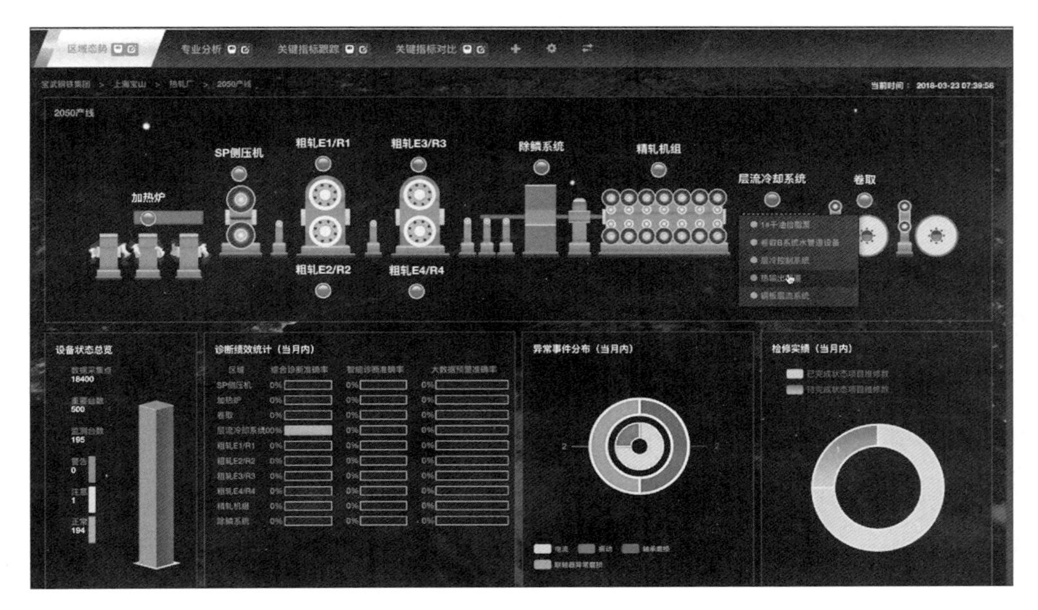

图 2-15　云平台使用案例——智能工厂

2. 实验：工业互联网云平台的搭建和使用

（1）实验目的。一是掌握工业云平台的搭建；二是学习掌握在现有工业云平台上搭建个性化的工业应用。

（2）实验平台/实验环境。一个基本的工业互联网平台需要有足够的运算资源和存储空间。一个典型的平台系统如 https://demo. proudsmart. com 包括以下硬件配置（三台虚拟服务器）和系统软件支持：

• JDK 版本：jdk-8u121-linux-x64。

• Web 服务器：CPU 8 核、内存 32 GB、高性能云磁盘 520 GB、带宽 100 Mbps 和操作系统 CentOS/7. 6 x86_64 （64 bit）。

• 信息收集服务器：CPU 4 核、内存 16 GB、高性能云磁盘 500 GB 和操作系统 CentOS/7. 6 x86_64 （64 bit）。

• 中间件：nginx-1. 12. 2、kong-0. 10. 3. el7、httpd. x86_64、apache-activemq-5. 13. 3、emqttd-centos6. 8-v2. 3. 11、zookeeper-3. 4. 14 和 redis-3. 2. 0。

• 数据服务器：CPU 4 核、内存 16 GB、高性能云磁盘 1520 GB 和操作系统 CentOS/6. 5 x86_64（64 bit）。

• 数据库：mongodb-2. 4. 12、postgresql-9. 6. 3、apache-cassandra-3. 11. 10 和 kairosdb-1. 2. 2-1。

平台的典型软件功能在后续小节展开描述。

（3）实验内容及主要步骤。第一部分，传输层连接与配置。讲解数据采集 Agent 程序，如何把 opc-server 上的数据通过 Agent 程序解析成云端可识别的格式，并且转化成 MQTT 协议。第二部分，物联网云平台基础配置。在云平台建立设备模板和接入网关，把 Agent 上的数据接入，并且为此建立告警和指令。第三部分，应用场景展示。创建应用场景，通过平台的设计器，建立可视化视图，能够展示工艺流程、设备状态等。

3. 工业互联网云平台的典型功能

（1）运营中心。运营中心主要包括业务流程、运营首页、设备管理、设备模板设备接入、设备信息五个功能：

• 业务流程。具体如图 2-16 所示。

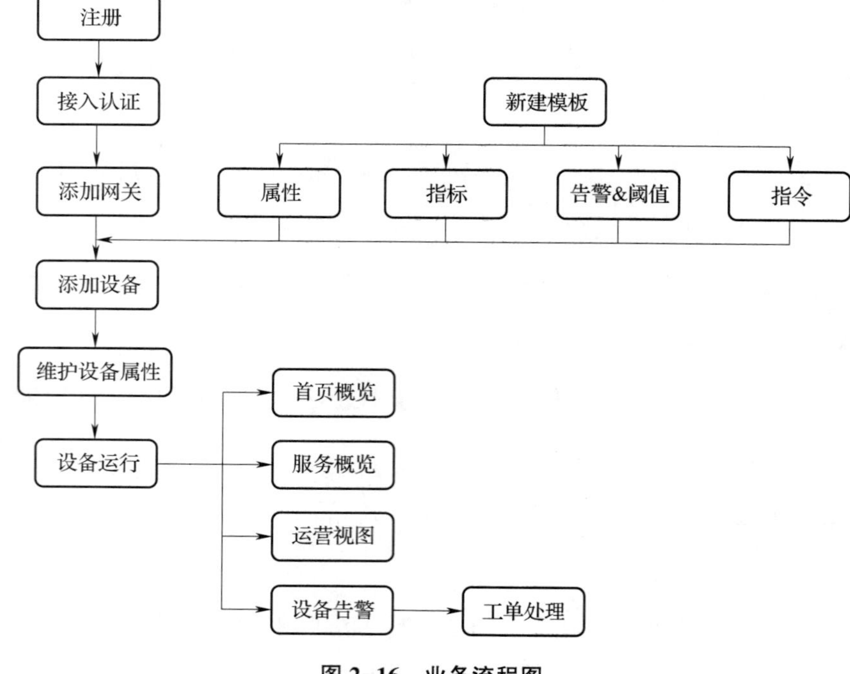

图 2-16　业务流程图

• 运营首页。为了方便企业用户能够直观快速地了解企业内设备的运营情况而设计的，用户可以根据自己的需要设计自己使用的首页，也可以引用行业专家为不同角色用户设计好的视图供用户使用。

运营首页作为企业运营概览仪表板，能综合查看企业的设备接入情况，设备的整体运行状态，以及设备的地理分布、客户信息、运维工单等的实时统计信息。

如图 2-17 所示运营首页，可展示以下信息。

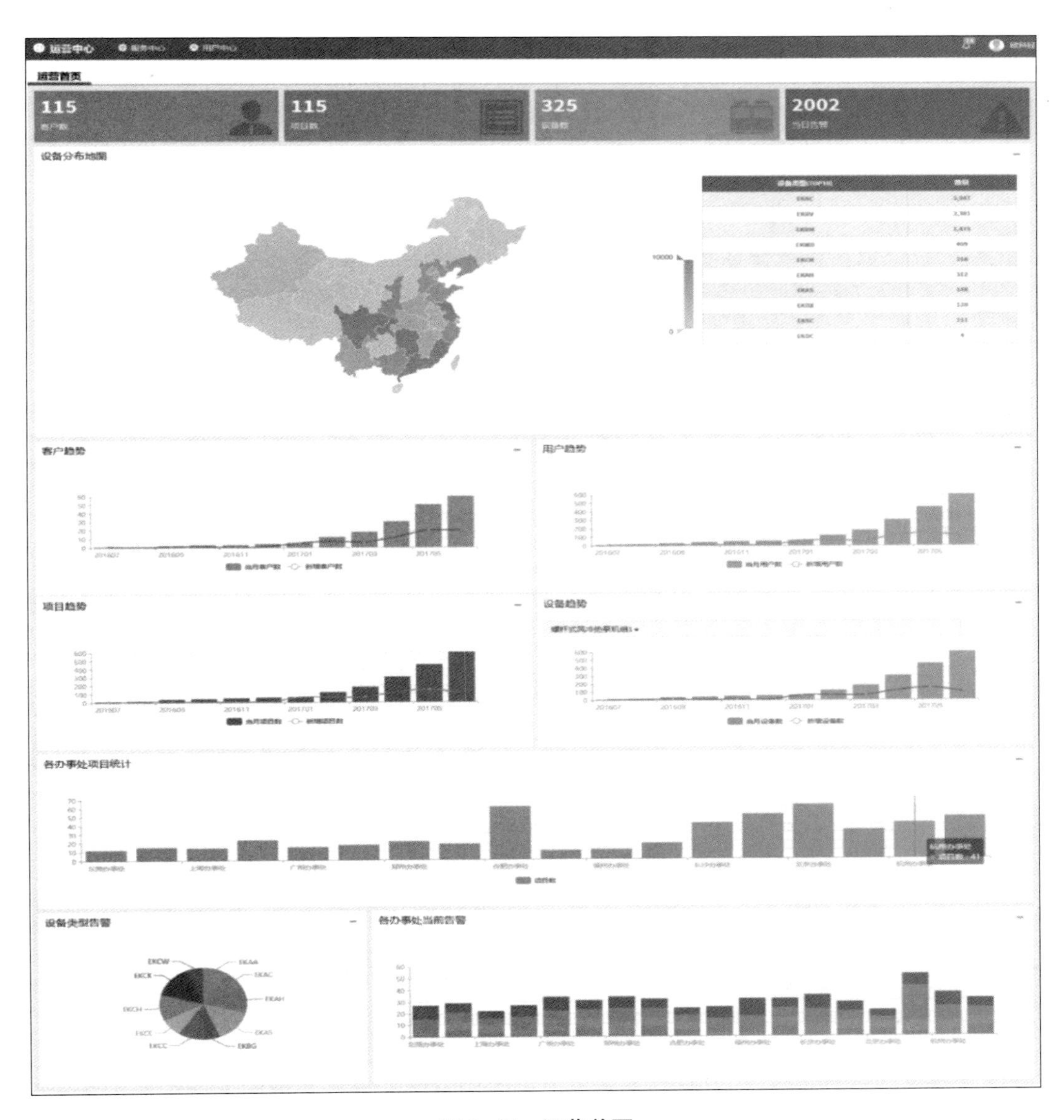

图 2-17　运营首页

第一栏：数据标签分别显示的内容有客户数、项目数、设备数、当日累计告警数。

第二栏：统计企业内不同地区分配的设备类型和数量的情况。

第三栏：按日期变化和增长的客户数量和用户数量变化趋势。

第四栏：按日期变化和增长的项目数量和设备数量，其中设备趋势可查看不同模板的变化。

第五栏：各办事处项目的统计。

第六栏：设备类型告警和各办事处当前告警。

• 设备管理。主要从设备模板定义到网关接入，设备接入的流程来维护设备。包括设备模板管理，网关接入、启用和注销和智能设备的添加、删除/注销、修改和启用，以及不同设备的分类查看。

• 设备模板。设备模板功能主要是用来维护设备模板信息（属性配置、数据配置、模板文档），如图 2-18 所示。

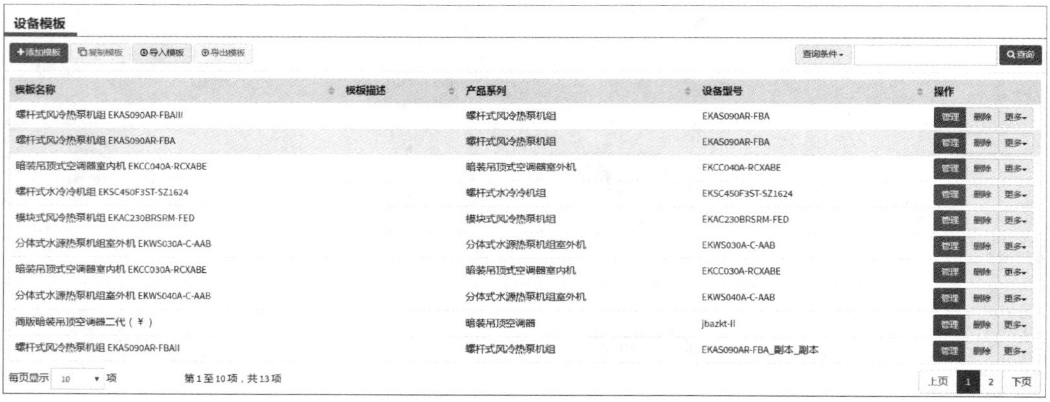

设备模板

+添加模板　复制模板　导入模板　导出模板　　查询条件　查询

模板名称	模板描述	产品系列	设备型号	操作
螺杆式风冷热泵机组 EKAS090AR-FBAIII		螺杆式风冷热泵机组	EKAS090AR-FBA	管理 删除 更多
螺杆式风冷热泵机组 EKAS090AR-FBA		螺杆式风冷热泵机组	EKAS090AR-FBA	管理 删除 更多
暗装吊顶式空调器室内机 EKCC040A-RCXABE		暗装吊顶式空调器室外机	EKCC040A-RCXABE	管理 删除 更多
螺杆式水冷冷机组 EKSC450F3ST-SZ1624		螺杆式水冷冷机组	EKSC450F3ST-SZ1624	管理 删除 更多
模块式风冷热泵机组 EKAC230BRSRM-FED		模块式风冷热泵机组	EKAC230BRSRM-FED	管理 删除 更多
分体式水源热泵机组室外机 EKWS030A-C-AAB		分体式水源热泵机组室外机	EKWS030A-C-AAB	管理 删除 更多
暗装吊顶式空调器室内机 EKCC030A-RCXABE		暗装吊顶式空调器室内机	EKCC030A-RCXABE	管理 删除 更多
分体式水源热泵机组室外机 EKWS040A-C-AAB		分体式水源热泵机组室外机	EKWS040A-C-AAB	管理 删除 更多
简版暗装吊顶空调器二代（¥）		暗装吊顶空调器	jbazkt-II	管理 删除 更多
螺杆式风冷热泵机组 EKAS090AR-FBAII		螺杆式风冷热泵机组	EKAS090AR-FBA_副本_副本	管理 删除 更多

每页显示 10 项　　第 1 至 10 项，共 13 项　　上页 1 2 下页

图 2-18　设备模板

添加一个设备模板可以通过导入模板、复制模板的方式快速增加模板，另外，系统设置了手动添加方式。

• 设备接入。设备接入主要功能是用来接入网关和传感器及其他智能设备，如图 2-19 所示。

• 设备信息。设备信息功能主要是根据不同的查询条件，快捷地找到对应的设备信息，并且可将查询结果导出成 Excel 文件，还可通过更多方面查看设备的仪表板、

图 2-19 设备接入

数据监测、告警规则、设备模板等。

（2）故障分析。主要包括以下三个方面：

• 设备告警。企业运营人员通过查看告警视图来对系统设备的告警状态进行实时监控，根据搜索功能查询设备的历史告警数据，用户也可根据情况将告警转成相关工单进行处理。

图 2-20 设备告警

图 2-20 是设备出现的告警信息实例，可以通过新建、修改和删除告警视图维护自己的查询器。

点击查询告警历史数据。可以根据不同的查询条件（管理域、设备模板、设备名

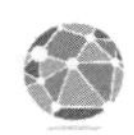

称、告警名称、产生告警的开始时间和结束时间、内容关键字、告警状态和告警级别）进行查询，如图 2-21 所示。

图 2-21　告警查询

• 测点查询。测点查询主要是查询设备上各个数据项的历史数据。可以根据查询条件如设备模板、所属域、客户、项目、设备、时间区间（时间选择范围为 30 天之内）和测点名称查询，且查询结果可导出。

“列表”以记录形式展示查询结果，如图 2-22 所示。

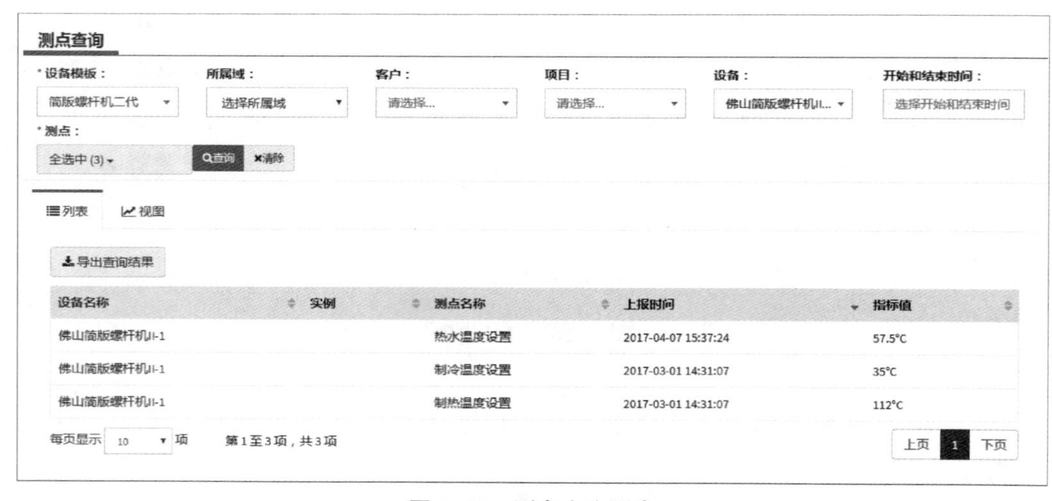

图 2-22　测点查询列表

“视图”以折线图方式展示查询结果，如图 2-23 所示。

图 2-23　测点查询视图

• 告警规则。告警规则分全局规则和实例规则两种。全局规则可定义某种模板设备在某个管理域下的阈值，实例规则只可定义具体的设备阈值。

点击“添加全局规则”或“添加实例规则”可以新建一条告警规则。

告警规则

+添加全局规则　+添加实例规则　▶启用告警　■停用告警　删除告警　查询条件　查询

规则名称	设备模板	作用范围	规则条件	告警类别	告警级别	启用	操作
严重	简版暗装吊顶空调器二代（¥）	简版暗装吊顶空调器二代$2	制热温度设置满足条件：compare(value,45.0)>=0 && compare(value,60.0)<0个	制热温太高	严重	✔	编辑 删除 更多
简版暗装吊顶空调器二代$2-排序温度有点高 告警	简版暗装吊顶空调器二代（¥）	简版暗装吊顶空调器二代$2	排气温度满足条件：compare(value,35.0)>0 && compare(value,38.0)<0°C	排气温度太高（009）	警告	✔	编辑 删除 更多
简版暗装吊顶空调器二代$2-排序温度太高 次要	简版暗装吊顶空调器二代（¥）	简版暗装吊顶空调器二代$2	排气温度满足条件：compare(value,38.0)>=0 && compare(value,40.0)<0°C	排气温度太高（009）	次要	✔	编辑 删除 更多
简版暗装吊顶空调器二代$2-排序温度太高 重要	简版暗装吊顶空调器二代（¥）	简版暗装吊顶空调器二代$2	吸气温度compare(value,40.0)>=0 && compare(value,45.0)<0°C	吸气温度高	重要	✔	编辑 删除 更多
简版暗装吊顶空调器二代$2-排序温度太高 严重	简版暗装吊顶空调器二代（¥）	简版暗装吊顶空调器二代$2	排气温度大于90°C	排气温度太高（009）	严重		编辑 删除 更多
简版暗装吊顶空调器二代排气温度太高	简版暗装吊顶空调器二代（¥）	简版暗装吊顶空调器二代¥001	排气温度大于90°C	排气温度太高（009）	重要		编辑 删除 更多

图 2-24　告警规则

告警规则添加成功后，可以为规则添加相应的告警通知。通知方式有短信、邮件和站内消息，用户可以自定义通知人员的类型和通知方式，如图 2–25 所示。

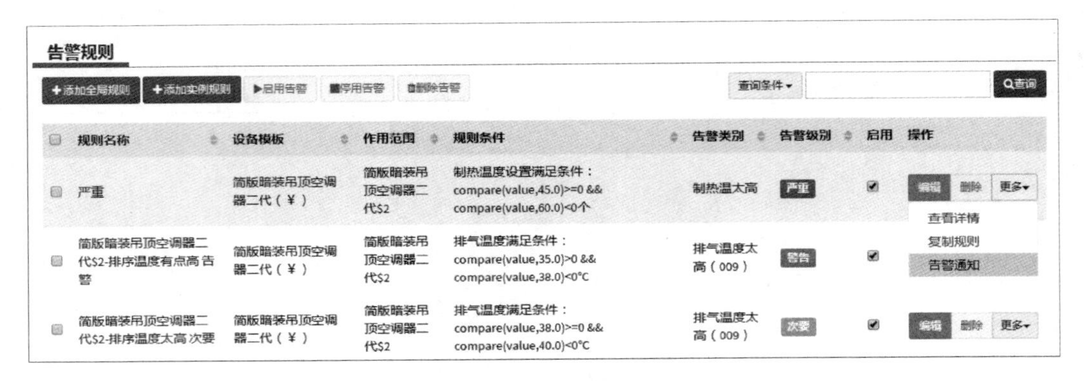

图 2–25　告警通知

第七节　工业互联网应用场景

考核知识点及能力要求：

- 了解智能化生产、设备后服务、区域性工业互联网。
- 了解供应链协同、工业互联网金融。
- 能够采用仿真软件供应链协同。

一、智能化生产

企业数字化是指整合数字营销+数字技术+大数据，其基于 SaaS 云平台，为企业建立多种形态的软件矩阵作为长期载体的数字资产。数字化企业具有自己的战略特点，

它们建立了一种企业模式，能够以新的方式创造出利润，建立新的、强大的价值理念。

二、设备售后服务

指的是设备售出后为设备使用方提供的后续设备维护服务。它主要包含以下内容：

• 处理设备故障并实时报修。服务人员实时收到消息，及时响应。

• 处理客户微信端的咨询、建议、投诉等。服务人员在后台系统第一时间收到提示，在线沟通，高效处理。

• 查询服务请求进度。客户微信端可实时查询服务请求进度，进度可视化。

• 支持自主服务。第三方交付多种服务模式，满足企业需求的多种服务形态。

• 支持多种服务类型的服务合同、服务计划。实现服务执行、客户评价、服务结算全周期闭环管理。

三、区域性工业互联网

围绕“标准→产品→工厂→企业→园区→供应链→消费”全体系进行架构设计，搭载了产融对接、案例展示、数据基础搭建等功能，是“工业制造+互联网”融合模式。服务平台对接政府创新管理模式、加大信息公开力度、推动知识产权保护。

四、供应链协同

供应链协同是供应链中各节点企业实现协同运作的活动。包括树立“共赢”思想，为实现共同目标而努力，建立公平公正的利益共享与风险分担的机制，在信任、承诺和弹性协议的基础上深入合作，搭建电子信息技术共享平台及时沟通，进行面向客户和协同运作的业务流程再造。

五、工业互联网金融

工业互联网金融（ITFIN）是指传统金融机构与互联网企业利用互联网技术和信息通信技术实现资金融通、支付、投资和信息中介服务的新型金融业务模式。

互联网金融专业是传统金融行业与互联网精神相结合的专业，培养跨学科、复合型、高端互联网金融人才，是信息技术、互联网思维、金融学和企业管理完美结合、金融与技术深度融合。

本章思考题

1. 工业互联网就是第四次工业革命吗？
2. 工业互联网和产业互联网是什么关系？
3. 工业互联网和 5G 是什么关系，5G 发展对工业互联网发展有什么影响？
4. 工业互联网与云计算、大数据、人工智能有什么关系？
5. 工业互联网未来技术架构发展方向是什么？

第三章 工业大数据

工业大数据是工业领域产品和服务全生命周期数据的总称，包括工业企业在研发设计、生产制造、经营管理、运维服务等环节中生成和使用的数据，以及工业互联网平台中的数据等。工业大数据作为从海量数据中挖掘新知识的核心技术，本质是通过促进数据自动流动来解决控制和业务问题，减少决策过程带来的不确定性，克服人工决策的失误，在智能化设计、智能化生产、网络协同制造、个性化定制等众多业务场景中都发挥着至关重要的作用。

随着互联网与工业融合创新、智能制造时代的到来，工业大数据日渐成为工业发展最宝贵的战略资源，是推动制造数字化、网络化、智能化发展的关键生产要素，将成为未来提升制造业生产力、竞争力、创新能力的关键要素，对实施智能制造战略具有十分重要的推动作用。

- **职业功能：** 智能制造共性技术运用
- **工作内容：** 运用智能赋能技术
- **专业能力要求：** 能运用工业大数据智能赋能技术，解决智能制造相关单元模块的工程问题
- **相关知识要求：** 工业大数据技术基础；数据采集、处理技术与应用；数据库应用技术、服务器技术与应用

第一节　工业大数据基本概念

考核知识点及能力要求：

- 了解工业大数据的发展历程，熟悉工业大数据特点，掌握工业大数据与大数据相比有哪些不同之处。
- 了解工业大数据的来源，熟悉不同数据来源下的工业大数据。
- 了解工业大数据处理流程，熟悉工业大数据生命周期各阶段的内涵及意义。
- 熟悉工业大数据在工业领域中的经典案例及其解决方案。
- 了解工业大数据在工业 4.0、智能制造中的定位。
- 了解工业大数据在工业 4.0 中的作用及其推动智能制造发展的作用。
- 了解工业大数据技术体系和标准体系。
- 熟悉工业大数据在各业务场景中的应用方案，了解典型的工业大数据应用流程。
- 掌握工业大数据基本概念是应用工业大数据的基础。

随着工业大数据不断地推动着智能制造的发展，熟悉工业大数据基础知识，了解工业大数据应用需求是智能制造工程技术人员必须掌握的能力。

一、工业大数据基础知识

1. 工业大数据特点

工业大数据[25]是指在工业领域中，围绕典型智能制造模式，从客户需求到销售、订单、计划、研发、设计、工艺、制造、采购、供应、库存、发货和交付、售后、服务、运维、报废或回收再制造等整个产品全生命周期各个环节所产生的各类数据及相关技术和应用的总称。工业大数据以产品数据为核心，极大延展了传统工业数据范围，同时还包括工业大数据相关技术和应用。

（1）工业大数据的4V特征[26]。工业大数据首先符合大数据的4V特征，即大规模（Volume）、速度快（Velocity）、类型杂（Variety）、低质量（Veracity）。

所谓“大规模”，就是指数据规模大，而且面临着大规模增长。我国大型的制造业企业，由人产生的数据规模一般在TB级或以下，但形成了高价值密度的核心业务数据。机器数据规模将可达PB级，是“大”数据的主要来源，但相对价值密度较低。随着智能制造和物联网技术的发展，产品制造阶段少人化、无人化程度越来越高，运维阶段产品运行状态监控度不断提升，未来人产生的数据规模的比重降低，机器产生的数据将呈指数级的增长。

所谓“速度快”，不仅是采集速度快，而且要求处理速度快。越来越多的工业信息化系统以外的机器数据被引入大数据系统，特别是针对传感器产生的海量时间序列数据，数据的写入速度达到了百万数据点/秒甚至千万数据点/秒。数据处理的速度体现在设备自动控制的实时性，更要体现在企业业务决策的实时性，也就是工业4.0所强调的基于“纵向、横向、端到端”信息集成的快速反应。

所谓“类型杂”，就是复杂性，主要是指各种类型的碎片化、多维度工程数据，包括设计制造阶段的概念设计、详细设计、制造工艺、包装运输等各类业务数据，以及服务保障阶段的运行状态、维修计划、服务评价等类型数据。甚至在同一环节，数据类型也是复杂多变的。例如在运载火箭研制阶段，将涉及气动力数据、气动力热数据、载荷与力学环境数据、弹道数据、控制数据、结构数据、总体实验数据等，其中包含结构化数据、非结构化文件、高维科学数据、实验过程的时间序列数据等多种数据类型。

所谓“低质量”，就是真实性（Veracity）。相对于分析结果的高可靠性要求，工业大数据的真实性和质量比较低。工业应用中因为技术可行性、实施成本等原因，很多关键的量没有被测量、没有被充分测量或者没有被精确测量（数值精度）。同时，

某些数据具有不可预测性，例如人的操作失误、天气、经济因素等，这些情况往往导致数据质量不高，是数据分析和利用最大的障碍，对数据进行预处理以提高数据质量也常常是耗时最多的工作。

（2）工业大数据的新特征[26]。工业大数据作为对工业相关要素的数字化描述，除了具备大数据的 4V 特征，相对于其他类型大数据，工业大数据还具有反映工业逻辑的新特征。这些特征可以归纳为多模态、强关联、高通量等特征。

“多模态”：工业大数据是工业系统在赛博空间的映像，必须反映工业系统的系统化特征及各方面要素。所以，数据记录必须追求完整，往往需要用超级复杂结构来反映系统要素，这就导致单体数据文件结构复杂。如三维产品模型文件不仅包含几何造型信息，还包含尺寸、工差、定位、物性等其他信息；同时，飞机、风机、机车等复杂产品的数据又涉及机械、电磁、流体、声学、热学等多学科、多专业内容。因此，工业大数据的复杂性不仅仅是数据格式的差异性，而是数据内生结构所呈现出“多模态”特征。

“强关联”：工业数据之间的关联并不是数据字段的关联，其本质是物理对象之间和过程的语义关联。包括：产品部件之间的关联关系，即零部件组成关系、零件借用、版本及其有效性关系；生产过程的数据关联，如跨工序大量工艺参数关联关系、生产过程与产品质量的关系、运行环境与设备状态的关系等；产品生命周期的设计、制造、服务等不同环节的数据之间的关联，如仿真过程与产品实际工况之间的联系；在产品生命周期的统一阶段所涉及不同学科不同专业的数据关联，如民用飞机预研过程中会涉及总体设计方案数据、总体需求数据、气动设计及气动力学分析数据、声学模型数据及声学分析数据、飞机结构设计数据、零部件及组装体强度分析数据、系统及零部件可靠性分析数据等。数据之间的“强关联”反映的就是工业的系统性及其复杂动态关系。

“高通量”：嵌入了传感器的智能互联产品已成为工业互联网时代的重要标志，用机器产生的数据来代替人所产生的数据，实现实时的感知。从工业大数据的组成体量上来看，物联网数据已成为工业大数据的主体。以风机装备为例，根据 IEC 61400—25 标准，持续运转风机的故障状态其数据采样频率为 50 Hz，单台风机每秒产生 225 K 字节传感器数据，按 2 万风机计算，如果全量采集每秒写入速率为 4.5 GB/s。具体来说，机器设备所产生的时序数据可以总结为以下几个特点：海量的设备与测点、数据采集频度高（产生速度快）、数据总吞吐量大、7 天 24 小时持续不断，并呈现出“高通量”的特征。

2. 工业大数据来源

从数据的来源看，工业大数据主要包括三类：企业运营管理相关的业务数据、制造过程数据、企业外部数据。

（1）企业运营管理相关的业务数据。这类数据来自企业信息化范畴，包括企业资源计划（ERP）、产品生命周期管理（PLM）、供应链管理（SCM）、客户关系管理（CRM）和能耗管理系统（EMS）等，此类数据是工业企业传统意义上的数据资产。

（2）制造过程数据。这类数据主要是指工业生产过程中，装备、物料及产品加工过程的工况状态参数、环境参数等生产情况数据，通过 MES 系统实时传递，目前在智能装备大量应用的情况下，此类数据量增长最快。

（3）企业外部数据。这类数据包括工业企业产品售出之后的使用、运营情况的数据，同时还包括大量客户名单、供应商名单、外部的互联网等数据。

3. 工业大数据周期[26]

（1）工业大数据处理流程。基于工业互联网的网络、数据与安全，工业大数据将构建面向工业智能化发展的三大优化闭环处理流程。一是面向机器设备运行优化的闭环，核心是基于对机器操作数据、生产环境数据的实时感知和边缘计算，实现机器设备的动态优化调整，构建智能机器和柔性产线；二是面向生产运营优化的闭环，核心是基于信息系统数据、制造执行系统数据、控制系统数据的集成处理和大数据建模分析，实现生产运营管理的动态优化调整，形成各种场景下的智能生产模式；三是面向企业协同、用户交互与产品服务优化的闭环，核心是基于供应链数据、用户需求数据、产品服务数据的综合集成与分析，实现企业资源组织和商业活动的创新，形成网络化协同、个性化定制、服务化延伸等新模式。

（2）工业大数据生命周期。工业大数据的处理过程符合大数据分析生命周期涉及多个不同阶段，工业大数据生命周期如图 3-1 所示。

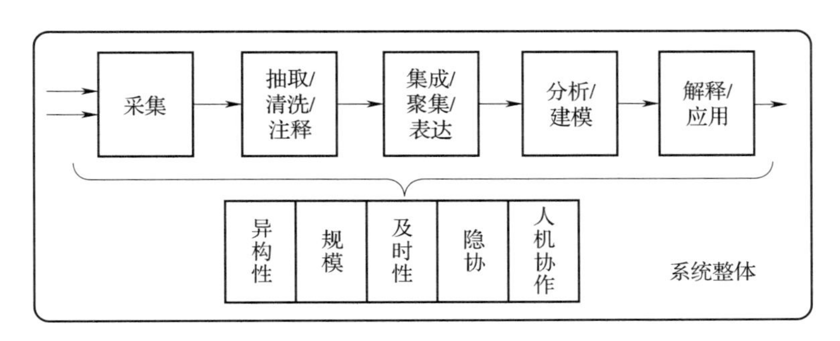

图 3-1　工业大数据生命周期

工业大数据生命周期的主要环节如图 3-1 的上半部分所示，图 3-1 的下半部分是大数据分析的需求，这些需求使得分析任务具有挑战性。

工业大数据数据采集阶段重点关注如何自动地生成正确的元数据以及其可追溯性。此阶段既要研究如何生成正确的元数据，又要支持进行数据溯源。

工业大数据抽取、清洗和注释阶段主要负责对工业数据集进行数据抽取、格式转换、数据清洗、语义标注等预处理工作，是数据工程的主要内容。

工业大数据集成、聚集与表达阶段主要关注数据源的“完整性”，克服“信息孤岛”，工业数据源通常是离散的和非同步的。对于飞机、船舶等具有复杂结构的工业产品，基于 BOM 进行全生命周期数据集成是被工业信息化实践所证明的行之有效的方法。对于化工、原材料等流程工业产品，则一般基于业务过程进行数据集成。

工业大数据建模和分析阶段必须结合专业知识，工业大数据应用强调分析结果的可靠性，以及分析结果能够用专业知识进行解释。工业大数据是超复杂结构数据，一个结果的产生，是多个因素共同作用的结果，必须借助专业知识，同时，工业过程非常复杂，现实中还可能存在很多矛盾的解释，因此，要利用大数据具有“混杂”性的特点，通过多种相对独立的角度来验证分析结果。

工业大数据解释与应用阶段要面对具体行业和具体领域，以最易懂的方式，向用户展示查询结果。这样做有助于分析结果的解释，易于和产品用户的协作，更重要的是推动工业大数据分析结果闭环应用到工业中的增值环节，以创造价值。

4. 案例——联想工业大数据平台 LEAP[27]

（1）案例背景与业务痛点。全球工业正面临深刻的变革，一方面工业企业日益关注小批量个性化生产，争夺快速增长的“用户定义制造”市场蓝海；另一方面，新技术的飞速发展以及在各个领域的快速渗透，使得工业企业的传统模式变革以及新型业务模式创新成为可能。为了实现工业转型升级，工业企业需要推动自身业务系统和流程的全面升级，在这个过程中需要解决如下挑战：

• 企业内多个异构系统间的数据无法有效整合，直接导致企业采购、生产、物流、销售等环节割裂，效率降低。

• 企业无法对生产设备进行实时数据采集和统一灵活控制。

• 随着海量新旧数据的不断积累沉淀，企业需要可靠的低成本方案提高数据存储和计算能力，实现对海量数据的高效管理。

• 企业智能化分析门槛高，难于整合分散在业务中碎片化领域知识。

• 在实现数据价值变现的同时，企业也必须构建基于硬件的大数据安全防护体系，保障数据资产和核心工业流程的安全。

只有通过构建企业级工业大数据平台，构建产业生态，实现多个工业软件的云化协同，才能为网络众包、协同设计、大规模个性化定制、精准供应链管理、全生命周期管理、电子商务等新模式下的企业生产经营带来价值链体系重塑。

（2）解决方案。联想工业大数据解决方案包含了大数据智能平台 LEAP AI、大数据计算平台 LEAP HD、物联网采集及边缘计算 LEAP EdgeServer、数据集成平台 LEAP DataHub、数据治理平台 LEAP DataGov 和可信计算引擎 LEAP Trusted 等产品线，包含了数据整合、计算引擎、数据分析算法和模型、数据治理、数据安全保护及行业解决方案等各个层次的服务。实施概况如下。

数据来源包括：

• 关键工业设备数据。该数据包括工业传感器、数控/模拟机床，工业机器人，产线检查设备，现场监控设备等工业终端数据。

• 工业系统数据。该数据包括 ERP、CRM、MES、SCM、PLM 等系统数据。

• 外部数据。该数据包括网络爬虫抓取的互联网数据、设备及网络获取的用户和社交数据、权威机构发布的产业数据等。

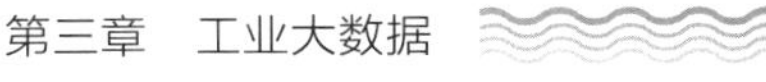

技术方案包括：

• LEAP 大数据平台整体架构。如图 3-2 所示，联想 LEAP 工业大数据方案包括三个功能层次：智能互联、智能汇聚和智能应用。

图 3-2　LEAP 大数据平台整体架构

智能互联。LEAP 大数据平台提供不同技术手段保证了企业内外部数据的高效联通，其完善的数据集成工具支持对多源异构数据的高效集成与处理，工业物联网采集及边缘计算能力能够实时采集企业设备数据及生产数据。

智能汇聚。基于 LEAP 大数据平台产品家族，联想构建了企业级数据湖解决方案，可以帮助制造企业高效融合 OT、IT 以及 DT 数据，打通制造企业内部的关键设备与工业系统中的数据孤岛，以私有云、公有云或混合云的方式实现企业内部的数据互通和与外部关联企业间的知识共享。

智能应用。根据不同制造业细分领域客户的应用需求，LEAP 提供了丰富的、可集成的行业应用集合，通过 LEAP 产品家族的行业算法库快速构建分析模型，提供制造流程中关键场景业务优化能力。

• 数据集成平台 LEAP DataHub。联想数据集成平台 LEAP DataHub 支持对多源异构数据的高效集成与处理。它支持批量、流式、网络爬取等多种数据采集方式，支持各类数据的 ETL（抽取、转换、加载）过程，支持多种任务调度方式，以满足不同的数据处理需求，并且能够根据企业的需求快速扩展。LEAP DataHub 覆盖 50 余种主流数据库/数据接口，能满足企业在复杂业务场景下的各类数据整合要求。同时，它提供全图形化的数据处理工具，通过拖拽方式设计各类 ETL 过程，简便易用。

• 工业物联网集成平台 LEAP EDGE。联想工业物联网集成平台 LEAP EDGE 帮助用户从物联网大数据分析中获取最大业务价值。它提供强大的多源异构的海量数据采集与整合能力，支持多种物联网设备和工控系统的采集方式，能够根据企业的需求方便地快速扩展，支持海量、多样的物联网数据的接入、集成与分发。同时 LEAP EDGE 具备实时的物联网大数据分析能力，能够通过实时采集、实时处理，相关的分析规则和分析算法，可以进行实时分析、实时预警。

• 大数据计算平台 LEAP HD。联想大数据计算平台 LEAP HD 是整个大数据存储处理和分析的核心基础平台。它基于 Hadoop/Spark 生态系统，引入了多种核心功能和组件，对复杂开源技术进行高度集成和性能优化。在分布式存储系统的基础上，建立了统一资源调度管理系统，深度优化大规模批处理、交互式查询计算、流式计算等多种计算引擎。LEAP HD 整体性能超群，具有海量数据实时处理能力，支持物联网实时业务分析，具有使用简便、运行高效、易于扩展、安全可靠等特点。

• 数据智能平台 LEAP AI。联想数据智能分析平台 LEAP Al 提供深度学习分布式框架、机器学习工具箱、预测库、优化库、知识库等建模工具，具备特征工程、数据建模以及机器算法学习库的功能，可以辅助用户发掘隐藏在数据背后的巨大商业价值，加快从数据到业务的价值实现。系统支持 50 多种分布式统计算法和机器学习算法，不仅提供传统数据挖掘算法，还提供了自然语言处理、文本分析、水军识别、信息传播等原创前沿机器学习组件。除此之外，联想对算法精度进行深度优化，优化后的性能比开源算法库提速 3~10 倍。

• 数据资产管理 LEAP DataGov。数据资产管理 LEAP DataGov 将数据对象作为一种全新的资产形态，围绕数据资产本身建立一个可靠可信的管理机制，提供数据标准管理、数据资产管理、元数据管理、数据质量管理、数据安全等功能，为数据管理人员、运维人员、业务人员和应用开发者提供全方位服务与支撑。

• 可信计算引擎 LEAP Trusted。联想可信计算引擎 LEAP Trusted 是联想基于自身

多年安全防护实践经验和对企业级复杂安全业务需求的充分了解所打造的安全可信产品。基础硬件平台采用基于 TPM/TCM 可信技术的硬件 Server，从硬件到 BIOS，再到 OS，再到大数据平台，进行逐级可信验证，确保整个平台的可信安全。同时提供可信接口，可以实现对第三方应用的可信验证。对数据进行整个生命周期的安全管理，包括数据的安全采集、数据的安全存储、数据的分析挖掘、数据资产管理以及运维服务等。实现全体系监控，提供用户日志、行为积累以及大数据平台的审计。

（3）实施效果与推广意义。一是联想设备销售激活分析：通过该大数据分析平台，联想集团完成了近 5 年生产、销售、物流和设备激活等数据存储和分析处理，实现了分地域、国家的设备销量的统计分析，生产和销售部门根据设备的区域销售情况及时合理调整生产和销售策略等重要功能，联想集团仅通过对印度地区的生产、物流和销售渠道的调整，便促进设备销量提升 18%，节省生产物流费用近千万美元；二是利用大数据，联想首次实现了 1~2 天完成一次产品质量迭代，远远优于基于传统方法一至几个月的迭代周期，每年可节省六百万美金的设备维修费用，新版本发布速度提升 6~10 倍，产品投诉率下降 63.6%。

在采用大数据解决方案之前，提升产品的质量最大的问题在于数据来源少，例如一个典型的质量优化流程，从用户发现缺陷，到最终技术人员解决缺陷并发布到用户设备上，往往需要一个月甚至几个月，大大降低了用户对产品的满意度。通过利用大数据技术，联想可以通过在全量移动设备上的数据跟踪，实时/非实时获得产品软硬件数据，捕获产品各类异常问题。

（4）案例亮点。联想工业大数据平台依托于联想软硬件一体化的优化能力，全球化的业务能力，通过深入优化开源和硬件创新，打造了一个开放的、可信的全球大数据和云计算的基础业务平台，并帮助中国骨干企业实现全面的大数据业务能力构建，实现了企业的管理和创新能力提升，具有很高的应用价值和行业示范效应。联想大数据平台涵盖大数据领域的多个核心技术，并构建了面向骨干企业的供应链优化、客户经营、产品优化、质量控制等诸多方面的全面大数据和云计算创新行业解决方案，有力地支持了产业转型升级和企业间数据合作。联想工业大数据解决方案通过在生产设备实时分析、多源异构管理系统整合、可信数据安全、领域知识场景化、自动流程管理等方面的自主技术创新，构建了覆盖全球的大规模工业大数据实时分析集群，并成为国内制造领域的最大工业大数据集群实践。

二、工业大数据应用需求

1. 工业大数据定位

（1）工业大数据在工业 4.0 中的定位。工业大数据是工业 4.0 的核心驱动，工业 4.0 的最终目的是提高企业的生产力、生产效率及生产的灵活性，但又受制于生产的复杂性和复杂生产带来的超高难度的管理，而工业大数据就是将复杂的东西规整化、简洁化、流程化，从而使生产效率得到极大的提升，因此，工业大数据是实现工业 4.0 的最佳工具，工业 4.0 也是工业大数据积累数据的动力源泉。

（2）工业大数据在智能制造中的定位。一方面，工业大数据是智能制造的基础元素，智能制造是工业大数据的载体和产生来源，其各环节信息化、自动化系统所产生的数据构成了工业大数据的主体。另一方面，智能制造又是工业大数据形成的数据产品最终的应用场景和目标。工业大数据描述了智能制造各生产阶段的真实情况，为人类读懂、分析和优化制造提供了宝贵的数据资源，是实现智能制造的智能来源。工业大数据、人工智能模型和机理模型的结合，可有效提升数据的利用价值，是实现更高阶的智能制造的关键技术之一。

2. 工业大数据作用

（1）工业大数据在工业 4.0 中的作用。工业 4.0 本质上是通过信息物理系统实现工厂的设备传感和控制层的数据与企业信息系统融合，使得工业大数据传到云计算数据中心进行存储、分析，形成决策并反过来指导生产。工业大数据的作用不仅局限于此，它可以渗透到制造业的各个环节发挥作用，如产品设计、原料采购、产品制造、仓储运输、订单处理、批发经营和终端零售。通过工业大数据的应用和发展，可从根本上改变或正在改变着传统的工业经济增长方式，实现由拼消耗、高污染、低效率的工业制造转向集约化、创新型、高质量的工业智造，推动社会生产方式由传统经验型向现代智慧型转变，极大地促进工业 4.0 的发展。

（2）工业大数据推动智能制造发展的作用。狭义的智能制造（Smart Factory）主

要针对制造业企业的生产过程。从工业 2.0、工业 3.0 到工业 4.0 的进阶过程中，首先关注提升系统的自动化水平，完善 MES、APS 等信息化系统的建设，面向对整个生产过程的流程优化实现提质增效；同时，整个生产体系的数字化水平得到极大提升，使得从生产设备、自动化系统、信息化系统中提取数据对人、机、料、法、环等生产过程关键要素进行定量刻画、分析成为可能。这既是从自动化、信息化走向智能化目标的过程，也是通过数字化、网络化最终实现智能化的现实路径。

智能化（Intelligent）描述了自动化与信息化之上的智能制造的愿景，通过对工业大数据的展现、分析和利用，可以更好地优化现有的生产体系；通过对产品生产过程工艺数据和质量数据的关联分析，实现控制与工艺调整优化建议，从而提升产品合格率；通过零配件仓储库存、订单计划与生产过程数据分析，实现更优的生产计划排程；通过对生产设备运行及使用数据的采集、分析和优化，实现设备远程点检及智能化告警、智能健康检测；通过对耗能数据的监测、比对与分析，找到管理节能漏洞、优化生产计划，实现能源的高效使用等。

更为广义的智能制造本质是数据驱动的创新生产模式，在产品市场需求获取、产品研发、生产制造、设备运行、市场服务直至报废回收的产品全生命周期过程中，甚至在产品本身的智能化方面，工业大数据都将发挥巨大的作用。例如，在产品的研发过程中，将产品的设计数据、仿真数据、实验数据进行整理，通过与产品使用过程中的各种实际工况数据的对比分析，可以有效提升仿真过程的准确性，减少产品的实验数量，缩短产品的研发周期。再如，在产品销售过程中，从源头的供应商服务、原材料供给，到排产协同制造，再到销售渠道和客户管理，工业大数据在供应链优化、渠道跟踪和规划、客户智能管理等各方面，均可以发挥全局优化的作用。在产品本身的智能化方面，通过产品本身传感数据、环境数据的采集、分析，可以更好地感知产品所处的复杂环境与工况，以提升产品效能、节省能耗、延长部件寿命等优化目标为导向，在保障安全性的前提下，实现在边缘侧对既定的控制策略提出优化建议或者直接进行一定范围内的调整。

3. 工业大数据体系

（1）工业大数据技术体系。围绕工业大数据的全生命周期，形成了工业大数据技术体系架构如图 3-3 所示。

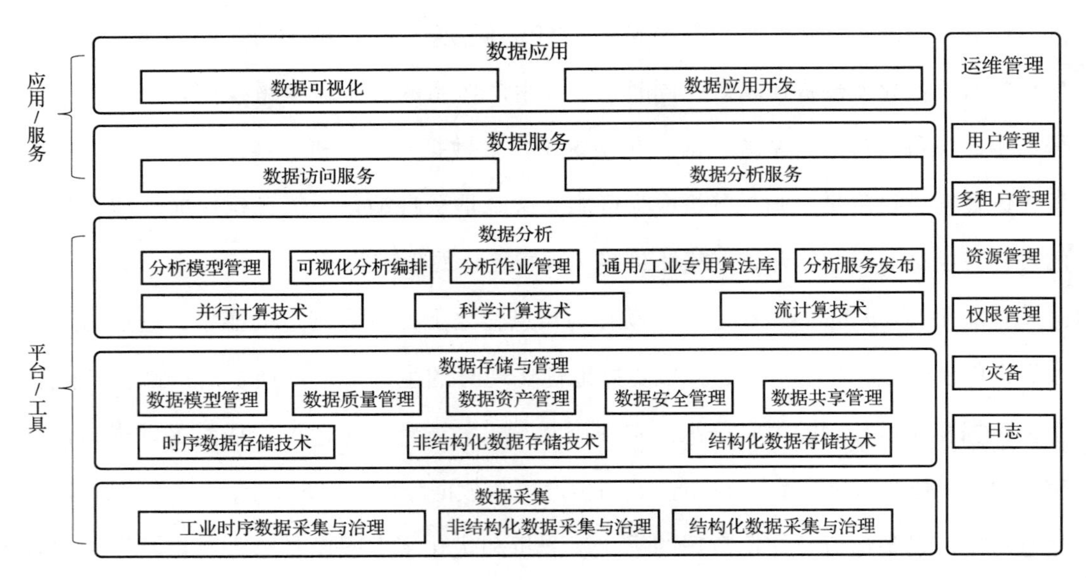

图 3-3　工业大数据技术体系架构

工业大数据技术体系架构从技术层级上具体划分如下：

• 数据采集层。包括时序数据采集与治理、结构化数据采集与治理和非结构化数据采集与实时处理。

• 数据存储与管理层。包括大数据存储技术和管理功能。

• 数据分析层。包括基础大数据计算技术和大数据分析服务功能，其中基础大数据计算技术包括并行计算技术、流计算技术和数据科学计算技术。大数据分析服务功能包括分析模型管理、可视化编排、分析作业管理、工业专用/通用算法库和分析服务发布。

• 数据服务层。是利用工业大数据技术对外提供服务的功能层。包括数据访问服务和数据分析服务。

• 数据应用层。主要面向工业大数据的应用技术，包括数据可视化技术和数据应用开发技术。

此外，运维管理层也是工业大数据技术体系参考架构的重要组成，贯穿从数据采集到最终服务应用的全环节，为整个体系提供管理支撑和安全保障。

（2）工业大数据标准体系。基于我国工业大数据技术、产业发展现状，以及已有工业大数据标准化基础，结合大数据在工业领域应用特点、典型应用场景以及未来发展趋势，形成工业大数据标准体系框架如图 3-4 所示。

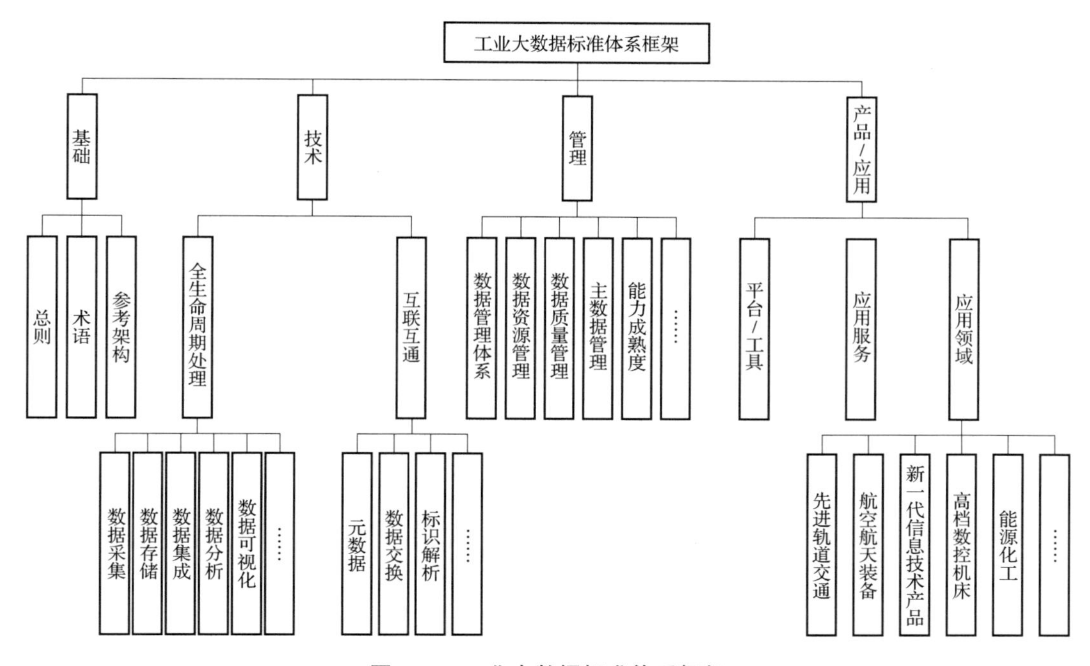

图 3-4　工业大数据标准体系框架

工业大数据标准体系主要包括基础标准、技术标准、管理标准、产品/应用标准四个部分：

• 基础标准。基础标准主要用于统一工业大数据相关概念，解决工业大数据基础共性关键问题，包括总则、术语和参考模型等。

• 技术标准。技术标准主要用于对工业大数据关键技术进行规范，包括全生命周期处理技术、互联互通技术两部分。

• 管理标准。管理标准主要对工业大数据在应用过程中的数据管理方法、流程、机制进行规范，包括工业大数据数据管理体系、数据资源管理、数据质量管理、主数据管理、能力成熟度等。

• 产品/应用标准。产品/应用标准主要针对工业大数据系统产品、工业大数据应用服务以及工业大数据在垂直领域应用中涉及的技术进行标准化规范，包括平台/工具、应用服务、应用领域三个部分。

4. 案例——工业大数据应用场景[26]

（1）创新研发设计模式，实现个性化定制。应用工业互联网和大数据技术，可有效促进产品研发设计的数字化、透明化和智能化。数字化可有效提升效率，透明化可提高管理水平，智能化可降低人的失误。通过对互联网上的用户反馈、评论信息进行收集、分析和挖掘，可挖掘用户深层次的个性化需求。通过建设和完善研发设计知识库，促进数字化图纸、标准零部件库等设计数据在企业内部的知识重用和创新协同，提升企业内部研发资源统筹管理和产业链协同设计能力。通过采集客户个性化需求数据、工业企业生产数据、外部环境数据等信息，建立个性化产品模型，将产品方案、物料清单、工艺方案通过制造执行系统快速传递给生产现场，进行设备调整，原材料准备，实现单件小批量的柔性化生产。

（2）建立先进生产体系，支撑智能化生产。生产过程的智能化是智能制造的重要组成部分。要推进生产过程的智能化，需要对设备、车间到工厂进行全面的数字化改造。以下四点应该特别引起重视。

一是“数据驱动”。定制化（小批量生产，个性化单件定制）带来的是对生产过程的高度柔性化的要求，而混线生产也成为未来工业生产的一个基本要求。于是，产品信息的数字化、生产过程的数字化成为一个必然的前提。为此，需要为产品相关的零部件与原材料在赛博空间中建立相对应的数字虚体映射，并根据订单与生产工艺信息，通过生产管理系统与供应链和物流系统衔接，驱动相应物料按照生产计划（自动的）流动，满足混料生产情况下物料流动的即时性与准确性要求，从而满足生产需要。

二是“虚实映射”。个性化或混线生产时，每个产品的加工方式可能是不一样的。这样，当加工过程中的物料按计划到达特定工位时，相应工序的加工工艺和参数（包括工艺要求，作业指导书，甚至三维图纸的信息等等）必须随着物料的到达即时准确地传递到相应的工位，以指导工人进行相应的操作。通过 CPS，生产管理系统将根据这些信息控制智能化的生产设备自动的进行加工。为此，必须实现数据的端到端集成，将用户需求与加工制造过程及其参数对应起来。同时，通过工业物联网自动采集生产过程和被加工物料的实时状态，反馈到赛博空间，驱使相关数字虚体的对应变化，实

现虚实世界的精准映射与变化。

三是“实时监控”。生产过程及设备状态必须受到严格的监控。当被加工的物料与生产过程中的设备信息在赛博空间实现精准映射的状态下，便可以实现生产过程或产品质量的实时监控。当发现生产过程中出现设备、质量等问题时，便可以及时地通过人或者系统的手段进行及时的处理。对于无人化、少人化车间，还可以通过网络化的智能系统做到远程监控或移动监控。要做到这一点，实现正生产过程全流程的纵向集成，便成为必要的前提条件。

四是“质量追溯”。从订单到生产计划，到产品设计数据，再到完整的供应链与生产过程，完整的数据将为生产质量的追溯提供必要的数据保证。信息化系统可以提供订单、供应链与生产计划的完整数据，工业物联网实现了设备、产品与质量数据的采集与存储。这些数据除了保证生产过程的顺利进行，也为未来生产过程的追溯与重现提供了数据基础。为了保证产品质量的持续改进，就要实现从订单到成品的端到端的系统完整信息集成，对生产过程中人、机、料、法、环等因素进行准确记录，并与具体订单及相关产品对应，这些是实现完整质量追溯的前提。而系统数据的整合与互联互通，以及不同系统之间数据的映射与匹配，则是实现这个目标的关键所在。

（3）基于全产业链大数据，实现网络化协同。工业互联网引发制造业产业链分工细化，参与企业需根据自身优劣势对业务进行重新取舍。基于工业大数据，驱动制造全生命周期从设计、制造到交付、服务、回收各个环节的智能化升级，推动制造全产业链智能协同，优化生产要素配置和资源利用，消除低效中间环节，整体提升制造业发展水平和世界竞争力。基于设计资源的社会化共享和参与，企业能够立足自身研发需求开展众创、众包等研发新模式，提升企业利用社会化创新和资金资源能力。基于统一的设计平台与制造资源信息平台，产业链上下游企业可以实现多站点协同、多任务并行，加速新产品协同研发过程。对产品供应链的大数据进行分析，将带来仓储、配送、销售效率的大幅提升和成本的大幅下降。

（4）监控产品运行状态和环境，实现服务化延伸。在工业互联网背景下，以大量行业、用户或业务数据为核心资源，以获取数据为主要竞争手段，以经营数据为核心业务，以各种数据资源的变现为盈利模式，可有力推动企业服务化转型。首先要对产品进行智能化升级，使产品具有感知自身位置、状态能力，并能通过通信配合智能服务，破除哑产品。企业通过监控实时工况数据与环境数据，基于历史数据进行整合分析，可实时提供设备健康状况评估、故障预警和诊断、维修决策等服务。通过金融、地理、环境等“跨界”数据与产业链数据的融合，可创造新的商业价值。例如，可通过大量用户数据和交易数据的获取与分析，识别用户需求，提供定制化的交易服务；建立信用体系，提供高效定制化的金融服务；优化物流体系，提供高效和低成本的加工配送服务；可通过与金融服务平台结合实现既有技术的产业化转化，实现新的技术创新模式和途径。

第二节　工业大数据采集与存储

考核知识点及能力要求：

- 了解工业大数据获取技术的分类及作用。
- 了解物联网技术的系统组成及结构，熟悉物联网关键技术。
- 了解标识的概念和体系架构，熟悉标识解析、标识管理等标识关键技术。
- 了解多传感器数据融合技术、iGPS 技术等其他感知技术。
- 熟悉物联网技术和标识技术在业务场景中的应用流程和实施方案。
- 了解数据清洗、转换、归约的概念和作用。
- 熟悉常见的数据清洗方法、数据转换方法及数据归约方法。
- 能够利用工业大数据处理技术对实际生产车间数据进行数据清洗、转换、归约等操作。

- 了解数据存储系统的发展历程及体系架构。
- 了解常见的关系型数据库和非关系型数据库的特点及其适用范围。
- 了解数据主题仓库的工作原理及特点，熟悉数据主题仓库的架构分层和建模典型方法。
- 能够采用数据库软件对工业大数据进行存储，熟悉软件的基本操作。
- 能够针对企业设计不同的主题域，建设数据主题仓库。

工业大数据采集与存储是工业控制和监控中的重要环节，是数据管理、分析和可视化的数据来源。随着信息技术的迅速发展和工业数据的日益丰富，熟悉工业大数据的获取技术，能够采用物联网技术、标识技术等对海量数据进行采集，熟悉工业大数据的处理技术及存储技术，能够对原始工业数据进行数据预处理及高效存储，是智能制造工程技术人员的必备技能。

一、工业大数据获取技术

1. 物联网技术

（1）物联网[28]的概念。物联网是通信网和互联网的网络延伸和应用拓展，是新一代信息技术的高度集成和综合运用，它利用感知技术与智能装置对物理世界进行感知识别，通过网络传输互联，进行计算、处理和知识挖掘，实现人与物、物与物的信息交互和无缝链接，以达到对物理世界实时控制、精确管理和科学决策的目的。

（2）物联网的系统组成和结构。从整体上讲，物联网可以分为属于硬件系统的感知层和网络层，以及属于软件系统的应用层三部分。它们的主要功能简述如下：

- 感知层。位于物联网体系架构的最底层，是实现物的世界连接和感知的基础。它是物联网的皮肤和五官。它通过先进的信息传感技术如二维码识读器、RFID 标签和终端、传感器、网络摄像头、GPS、读写器等来识别物体，采集信息。
- 网络层。位于物联网体系框架的中间部分，主要承担着信息处理和传输的功能。网络层是连接感知层和应用层的重要枢纽，它通过各种网络，将感知层采集到的实时信息高效、稳定地传递到应用层。该层的机构包括网络、网络管理中心、信息中心和智能处理中心等。网络层的主要技术包括 GPS、GPRS、WiFi、WSN 等。

• 应用层。位于物联网体系框架的最顶层，它是物联网技术发展的目的和动力。应用层的主要作用是把大规模信息进行组织、分析、决策，并且与适用行业相结合，实现对行业服务的智能化管理。

（3）物联网的关键技术。一是感知技术。感知技术也可以称为信息采集技术，它是实现物联网的基础。目前，信息采集主要采用电子标签和传感器等方式完成。在感知技术中，电子标签用于对采集的信息进行标准化标识，数据采集和设备控制通过射频识别读写器、二维码识读器等实现。二是网络通信技术。在物联网的机器到机器、人到机器和机器到人的信息传输中，有多种通信技术可供选择，主要分为有线（如 DSL、PON 等）和无线（如 CDMA、GPRS、WLAN 等）两大类技术，这些技术均已相对成熟。三是数据融合与智能技术。数据融合是指将多种数据或信息进行处理，组合出高效且符合用户需求的数据的过程。海量信息智能分析与控制是指依托先进的软件工程技术，对物联网的各种信息进行海量存储与快速处理，并将处理结果实时反馈给物联网的各种“控制”部件。智能技术是为了有效地达到某种预期的目的，利用知识分析后所采用的各种方法和手段。通过在物体中植入智能系统，可以使得物体具备一定的智能性，能够主动或被动地实现与用户的沟通，这也是物联网的关键技术之一。

2. 标识技术

（1）标识的概念[29]。标识用于在一定范围内唯一识别物联网中的物理和逻辑实体、资源、服务，使网络、应用能够基于其对目标对象进行控制和管理，以及进行相关信息的获取、处理、传送与交换。

（2）标识体系。基于识别目标、应用场景、技术特点等不同，标识可以分成对象标识、通信标识和应用标识三类。一套完整的物联网应用流程需由这三类标识共同配合完成。

结合物联网分层体系架构、标识分类、标识形态和配套分配管理要求，可总结规划标识体系如图 3-5 所示。

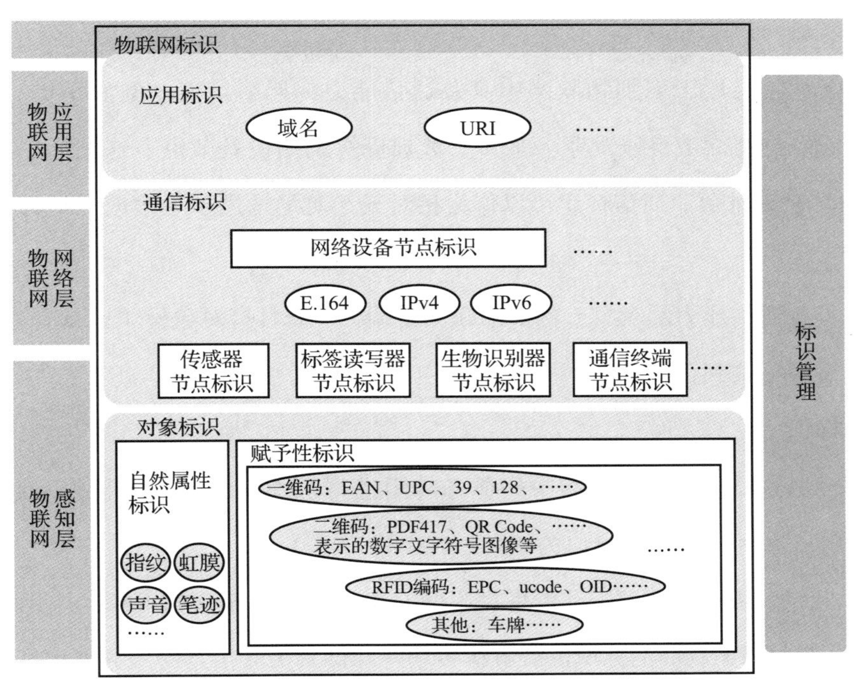

图 3-5　标识体系

对象标识

对象标识主要用于识别物联网中被感知的物理或逻辑对象，例如人、动物、茶杯、文章等。该类标识的应用场景通常为基于其进行相关对象信息的获取，或者对标识对象进行控制与管理，而不直接用于网络层通信或寻址。根据标识形式的不同，对象标识可进一步分为自然属性标识和赋予性标识两类：

- 自然属性标识：自然属性标识是指利用对象本身所具有的自然属性作为识别标识，包括生理特征（如指纹、虹膜等）和行为特征（如声音、笔迹等）。该类标识需利用生物识别技术，通过相应的识别设备对其进行读取。

- 赋予性标识：赋予性标识是指为了识别方便而人为分配的标识，通常由一系列数字、字符、符号或任何其他形式的数据按照一定编码规则组成。这类标识的形式可以是：以一维条码作为载体的 EAN 码、UPC 码；以二维码作为载体的数字、文字、符号，以 RFID 标签作为载体的 EPC、uCode、OID 等。

网络可通过多种方式获取赋予性标识，如通过标签阅读器读取存储于标签中的物体标识，通过摄像头捕获车牌等标识信息。

通信标识

通信标识主要用于识别物联网中具备通信能力的网络节点，例如手机、读写器、传感器等物联网终端节点以及业务平台、数据库等网络设备节点。这类标识的形式可以是号码、IP 地址等。通信标识可以作为相对或绝对地址用于通信或寻址，用于建立到通信节点连接。

对于具备通信能力的对象，例如物联网终端，可既具有对象标识也具有通信标识，但两者的应用场景和目的不同。

应用标识

应用标识主要用于对物联网中的业务应用进行识别，例如医疗服务、金融服务、农业应用等。在标识形式上可以为域名、URI 等。

（3）标识解析。标识解析是指将物联网对象标识映射至通信标识、应用标识的过程。例如，通过对某物品的标识进行解析可获得存储其关联信息的服务器地址。标识解析系统是在复杂网络环境中能够准确而高效地获取对象标识对应信息的重要支撑系统。

（4）标识管理。对于物联网中的各类标识，其相应的标识管理技术与机制必不可少。标识管理主要用于实现标识的申请与分配、注册与鉴权、生命周期管理、业务与使用、信息管理等，对于在一定范围内确保标识的唯一性、有效性和一致性具有重要意义。依据实时性要求的不同，标识管理可以分为离线管理和在线管理两类。标识的离线管理指对标识管理相关功能如标识的申请与分配、标识信息的存储等采用离线方式操作，为标识的使用提供前提和基础。标识的在线管理是指标识管理相关功能采用在线方式操作，并且通过与标识解析、标识应用的对接，操作结果可以实时反馈到标识使用相关环节。

3. 其他感知技术

（1）多传感器数据融合技术。多传感器数据融合是将同一对象不同位置的同类或不同类的多个传感器信息加以综合，消除传感器之间可能存在的冗余和矛盾的信息，降低其不确定性，以形成对对象相对完整一致的感知描述，从而提高智能系统规划、决策的快速性和正确性，降低决策风险。

经过融合处理后的多传感器系统能更精确、全面地反映对象的实时状态，与单一

传感器和简单的传感器集成系统相比，它具有以下几方面的优势。

一是信息的冗余性。采用多传感器可以获得对象信息的冗余表达。传感器一般都存在误差，这种冗余的信息可以减小误差，提高系统的精度。

二是信息的互补性。不同的传感器，尤其是不同种类的传感器，所获得的对象的信息不尽相同，这些信息来自不同侧面对对象的反应，多传感器融合系统在融合这些信息时就产生互补信息，因而对对象的描述更为全面。

三是系统的低成本性。在获得等量信息时，与单一传感器系统相比，多传感器信息融合系统可以节约传感器数量，大大降低系统的开发研究成本。

四是信息的实时性。单个传感器提供信息的速度是固定的，而在多传感器信息融合系统中，多传感器系统的运行，可以根据任务的要求，得到满足精度的快速输出。多传感器系统采取并行运行方式，可以提高信息获取的速度。

（2）iGPS 技术。iGPS 技术又称室内 GPS 技术，它是一种三维测量技术，其借鉴了 GPS 定位系统的三角测量原理，通过在空间建立三维坐标系，并采用红外激光定位的方法计算空间待测点的详细三维坐标值。iGPS 技术具有高精度、高可靠性和高效率等优点，主要用于解决大尺寸空间的测量与定位问题。

4. 案例——RFID 技术在物流仓储管理中的应用[30]

（1）采购环节。在采购环节中，企业可以通过 RFID 技术实现及时采购和快速反应采购。管理部门通过 RFID 技术能够实时地了解到整个供应链的供应状态，从而更好地把握库存信息、供应和生产需求信息等，及时对采购计划进行制订和管理，并及时生成有效的采购订单。通过应用 RFID 技术，可以在准确的时间购入准确的物资，不会造成库存的积压，又不会因为缺少物资影响生产计划，从而实现“简单购买”向“合理采购”转变，即在合适的时间，选择合适的产品，以合适的价格，按合适的质量，并通过合适的供应商获得。

企业以通过物联网技术集成的信息资源为前提，可以实现采购内部业务和外部运作的信息化，实现采购管理的无纸化，提高信息传递的速度，加快生产决策的反应速度，并且最终达到工作流的统一，即以采购单为源头，对从供应商确认订单、发货、到货、检验、入库等采购订单流转的各个环节进行准确的跟踪，并可进行多种采购流程选择，如订单直接入库，或经过到货质检环节后检验入库等，同时在整个过程中，可以实现对采购存货的计划状态、订单在途状态、到货待检状态等的监控和管理。通过对采购过程中资金流、物流和信息流的统一控制，以达到采购过程总成本和总效率的最优匹配。

（2）生产环节。传统企业物流系统的起点在入库或出库，但在基于 RFID 的物流系统中，所有的物资在生产过程中应该已经开始实现 RFID 标签。由于在一般的商品物流中，大部分的 RFID 标签都以不干胶标签的形式使用，只需要在物品包装上贴 RFID 标签就可以。

在企业物资生产环节中最重要的是 RFID 标签的信息录入，可分为 4 个步骤完成。

一是描述相对应的物品信息，包括生产部门、完成时间、生产各工序以及责任人、使用期限、使用目标部门、项目编号、安全级别等，RFID 标签全面的信息录入将成为过程追踪的有力支持。

二是在数据库中将物品的相关信息录入到相对应的 RFID 标签项中。

三是将物品与相对应的信息编辑整理，得到物品的原始信息和数据库，这是整个物流系统中的第一步，也是 RFID 开始介入的第一个环节，需要绝对保证这个环节中的信息和 RFID 标签的准确性与安全性。

四是完成信息录入后，使用阅读器进行信息确认，检查 RFID 标签相对应的信息是否和物品信息一致。同时进行数据录入，显示每一件物品的 RFID 标签信息录入的完成时间和经手人。为保证 RFID 标签的唯一性，可将相同产品的信息进行排序编码，方便相同物品的清查。

（3）入库环节。传统物流系统的入库要严格控制 3 个基本要素：经手人员、物品、记录。这个过程需要耗费大量的人力、时间，并且一般需要多层多次检查才能确保准确性。在 RFID 的入库系统中，通过 RFID 的信息交换系统，这 3 个环节能够得到高效、准确的控制。在 RFID 的入库系统中，通过在入库口通道处的阅读器（Reader），识别物品的 RFID 标签，并在数据库中找到相应物品的信息并自动输入到 RFID 的库存管理系统中。系统记录入库信息并进行核实，若合格则录入库存信息，如有错误则提示错误信息，发出警报信号，自动禁止入库。在 RFID 的库存信息系统中，通

过功能扩展，可直接指引叉车、堆垛机的设备上的射频终端，选择空货位并找出最佳途径，抵达空位。阅读器确认货物就位后，随即更新库存信息。物资入库完毕后，可以通过 RFID 系统打印机打印入库清单，责任人进行确认。

（4）库存管理环节。物品入库后还需要利用 RFID 系统进行库存检查和管理，这个环节包括通过阅读器对分类的物品进行定期的盘查，分析物品库存变化情况；物品出现移位时，通过阅读器自动采集货物的 RFID 标签，并在数据库中找到相对应的信息，并将信息自动录入库存管理系统中，记录物品的品名、数量、位置等信息，核查是否出现异常情况，在 RFID 系统的帮助下，大量减少传统库存管理中的人工工作量，实现物品安全、高效的库存管理。由于 RFID 实现数据录入的自动化，盘点时无须人工检查或扫描条码，可以减少大量的人力、物力，使盘点更加快速和准确。利用 RFID 技术进行库存控制，能够实时准确掌握库存信息，从中了解每种产品的需求模式及时进行补货，改变低效率的运作情况，同时提升库存管理能力，降低平均库存水平，通过动态实时的库存控制有效降低库存成本。

（5）出库管理环节。在 RFID 的出库系统管理中，管理系统按物品的出库订单要求，自动确定提货区及最优提货路径。经扫描货物和货位的 RFID 标签，确认出库物品，同时更新库存。当物品到达出库口通道时，阅读器将自动读取 RFID 标签，并在数据库中调出相对应的信息，与定单信息行对比，若正确即可出库，货物的库存量相应减除；若出现异常，仓储管理系统出现提示信息，方便工作人员进行处理。

（6）堆场管理环节。物品在出库到货物堆场后需要定期进行检查，而传统的检查办法耗费大量的人力和时间。在 RFID 系统的帮助下，堆场寻物的检查便捷很多。使用 UHF 的高频射频系统可对方圆 10 米内的 RFID 标签进行自动识别，RFID 系统的阅读器首先将同批物品的 RFID 标签进行识别，同时调出数据库相对应的标签信息；然后将这些信息与数据库的进行对比，查看堆场中的各类物品是否存在异常。

二、工业大数据处理技术

1. 数据清洗技术

（1）数据清洗的概念[31]。企业实际生产环境的数据一般是不完整的、有噪声的。

数据清理技术主要用于填充缺失的值、光滑噪声并识别离群点等。

（2）常用的数据清洗方法。如下。

缺失值

对于缺失值的处理方法[32]主要包括以下几种：

• 忽略元组。当缺少类标号时通常这样做（假设挖掘任务设计分类）。当每个属性缺失值的百分比变化很大时，它的性能特别差。如果忽略元组，则不能使用该元组的剩余属性值。

• 人工填写缺失值。该方法工作量大，并且当数据集很大、缺失很多值时该方法可能行不通。

• 使用一个全局填充缺失值。将缺失的属性值用同一个常量（Unknow 或 0）替换。

• 使用属性的中心值（如均值或中位数）填充缺失值。对于正常的（对称的）数据分布而言，可以使用均值，而倾斜数据分布应该使用中位数。

• 使用与给定元组属同一类的所有样本的属性均值或中位数。

• 使用最可靠的值填充缺失值。可以用回归、贝叶斯形式化方法的基于推理的工具或决策树归纳确定。

在实施方法一至方法六过程中，若数据有偏，可能填入的数据不准确。然而，方法六是最流行的策略，它使用已有数据的大部分信息来预测缺失值。

噪声数据

噪声（noise）是被测量变量的随机误差或方差值。我们可以使用基本的数据统计描述技术（例如盒图或者散点图）和数据可视化方法来识别可能代表噪声的离群点：

• 分箱（bining）。分箱方法通过考察数据的“近邻”（即周围的值）来光滑有序的数据值。

• 回归（regression）。可以用一个函数拟合数据来光滑数据，这种技术称为回归。

• 离群点分析（outlier analysis）。可以通过聚类来检测离群点，将类似的值组织成“群”或“簇”。落在簇集合之外的值被视为离群点。

2. 数据转换技术

（1）数据转换的概念。数据转换即对数据进行规范化处理，以便于后续的信息挖掘。

（2）常见的数据转换方法。常见的数据转换方法包括特征二值化、特征归一化、连续特征变换、定性特征编码等：

• 特征二值化。特征二值化的核心在于设定一个阈值，将特征与该阈值比较后，转换为 0 或 1（只考虑某个特征出现与否，不考虑出现次数、程度），它的目的是将连续数值细粒度的度量转化为粗粒度的度量。

• 特征归一化。特征归一化一般是将数据映射到指定的范围，用于去除不同维度数据的量纲以及量纲单位。常用的特征归一化方法主要有总和标准化、标准差标准化、极大值标准化和极差标准化。特征归一化适用于梯度下降法求解的模型，包括线性回归，逻辑回归，支持向量机、神经网络等模型，但并不适用于决策树模型。

• 连续特征变换。连续特征变换的常用方法有三种：基于多项式的数据变换、基于指数函数的数据变换、基于对数函数的数据变换。连续特征变换能够增加数据的非线性特征捕获能力，有效提高模型的复杂度。

• 定性特征编码——One-hot 编码。One-hot 编码又称为独热码，即一位代表一种状态，对于离散特征，有多少个状态就有多少个位，且只有该状态所在位为 1，其他位都为 0。

3. 数据归约技术

（1）数据归约的概念[33]。数据挖掘时往往数据量非常大，在少量数据上进行挖掘分析需要很长的时间，数据归约可以用来得到数据集的归约表示，它小得多，但仍然接近于保持原数据的完整性，并且结果与归约前结果相同或几乎相同。可以通过如聚集、删除冗余特征或聚类来降低数据的规模。这样，在归约后的数据集上挖掘将更有效，并产生相同（或几乎相同）的分析结果。数据归约按照归约对象不同可以分为特征归约、样本归约和特征值归约三种类型。

（2）常见的数据归约方法有三种。如下所示。

特征归约

特征归约是从原有的特征中删除不重要或不相关的特征，或者通过对特征进行重组来减少特征的个数。其原则是在保留甚至提高原有判别能力的同时减少特征向量的维度。特征归约算法的输入是一组特征，输出是它的一个子集。在领域知识缺乏的情况下进行特征归约时一般包括 3 个步骤：

• 搜索。在特征空间中搜索特征子集，每个子集称为一个状态，由选中的特征构成。

• 评估。输入一个状态，通过评估函数或预先设定的阀值输出一个评估值，搜索算法的目的是使评估值达到最优。

• 分类。使用最终的特征集完成最后的算法。

样本归约

样本都是已知的，通常数目很大，质量或高或低。样本归约就是从数据集中选出一个有代表性的样本的子集。子集大小的确定要考虑计算成本、存储要求、估计量的精度以及其他一些与算法和数据特性有关的因素。

初始数据集中最大和最关键的维度数就是样本的数目，也就是数据表中的记录数。数据挖掘处理的初始数据集描述了一个极大的总体，对数据的分析只基于样本的一个子集。获得数据的子集后，用它来提供整个数据集的一些信息，这个子集通常叫作估计量，它的质量依赖于所选子集中的元素。取样过程总会造成取样误差，取样误差对所有的方法和策略来讲都是固有的、不可避免的，当子集的规模变大时，取样误差一般会降低。一个完整的数据集在理论上是不存在取样误差的。与针对整个数据集的数据挖掘比较起来，样本归约具有以下一个或多个优点：减少成本、速度更快、范围更广，有时甚至能获得更高的精度。

特征值归约

特征值归约是特征值离散化技术，它将连续型特征的值离散化，使之成为少量的区间，每个区间映射到一个离散符号。这种技术的好处在于简化了数据描述，并易于理解数据和最终的挖掘结果。

特征值归约可以是有参的，也可以是无参的。有参方法使用一个模型来评估数据，

只需存放参数，而不需要存放实际数据。有参的特征值归约有以下 2 种：

• 回归。包括线性回归和多元回归。

• 对数线性模型。近似离散多维概率分布。

无参的特征值有以下 3 种：

• 直方图。采用分箱近似数据分布，其中 V-最优和 MaxDiff 直方图是最精确和最实用的。

• 聚类。将数据元组视为对象，将对象划分为群或聚类，使得在一个聚类中的对象“类似”而与其他聚类中的对象“不类似”，在数据归约时用数据的聚类代替实际数据。

• 选样。用数据的较小随机样本表示大的数据集，如简单选择 n 个样本（类似样本归约）、聚类选样和分层选样等。

4. 实验——数据预处理实验

（1）实验目的。如下。

熟悉 C++、python 或其他编程工具。

浏览拟被处理的数据，发现各维属性可能的噪声、缺失值、不一致性等，针对存在的问题拟出采用的数据清理、数据转换、数据归约的具体算法。

利用编程工具编写程序，实现数据清理、数据转换、数据归约等功能。

调试整个程序获得清洁的、一致的数据，选择适于全局优化的参数。

（2）实验原理。主要有以下 4 方面：

• 数据预处理[34]。工业大数据极易受噪音数据、遗漏数据和不一致性数据的侵扰，为提高数据质量进而提高挖掘结果的质量，产生了大量数据预处理技术。数据预处理有多种方法：数据清理、数据转换、数据归约等。这些数据处理技术在数据挖掘之前使用，大大提高了数据挖掘模式的质量，降低实际挖掘所需要的时间。

• 数据清理。数据清理通过填写缺失值，平滑噪音数据，识别、删除离群点并解决不一致来“清理”数据。

• 数据转换。数据转换通过特征二值化、特征归一化、连续特征变换、定性特征编码等方式将数据转换成适用于数据挖掘的形式。

• 数据归约。使用数据归约剔除冗余特征，减少特征维度。

（3）实验内容和步骤。如下。

实验内容：

• 用 C++或 python 编程工具编写程序，实现数据清理、数据转换、数据归约等功能，并在实验报告中写出主要的预处理过程和采用的方法。

• 产生清洁的、一致的、集成的数据。

• 在实验报告中写明各主要程序片段的功能和作用。

实验步骤：

• 仔细研究和审查数据，找出应当包含在你分析中的属性或维，发现数据中的一些错误、不寻常的值、和某些事务记录中的不一致性。

• 进行数据清理，对遗漏值、噪音数据、不一致的数据进行处理。

• 进行数据转换和数据归约，减少或避免结果数据中的数据冗余或不一致性。并将数据转换成适合挖掘的形式。

三、工业大数据存储技术

1. 存储体系架构

（1）存储系统的发展。随着互联网的高速发展和迅速普及，我们已经进入了一个信息爆炸型的时代，大数据处理的需求正在迅速增加，在科学、工业、商业等领域，信息处理量达到 TB 级甚至 PB 级已是正常现象。因此，寻求优秀的大数据处理模型对于处理数据密集型应用是非常重要的。

相对于传统的数据，工业大数据存在数据量大（Volume）、速度快（Velocity）、类型多（Variety）、难辨识（Veracity）和价值密度低（Value）等特性。数据量大仍可以靠扩展储存在一定程度上缓解，然而要求及时响应、数据多样性和数据不确定性是传统数据处理方法所不能解决的。为了应对这种工业大数据所带来的困难和挑战，诸多大型互联网公司近几年推出了各种类型的大数据处理系统。2004 年，Google 公司提出的 MapReduce 编程模型是面向大数据处理技术的具体实现，在学术界和工业界引起了很大反响。随后 Apache 基金会根据 MapReduce 模型开发出开源的大数据处理框架 Hadoop 在 Yahoo、IBM、百度等公司得到了大量的应用和快速的发展。然而，作为一

个新兴的技术，大数据处理技术在很多地方还存在着很多不足，如调用分布式的数据所造成的延迟、巨大的数据吞吐量与不相符的网络速率所造成的网络负载严重的问题等。因此，国内外诸多学者们一直在找寻较好的数据存储方法以加强大数据处理的综合能力。

（2）典型的存储体系架构[35]。传统集中式数据存储：传统工业数据的创造和使用多以企业为主，数据的种类较为单一，又多以结构化数据为主，数据的管理以数据库的形式存在；企业根据自身对数据需求的不同，制定适用于自身的数据库模式（schema），而后才产生数据；数据仅作为一种处理对象，并不能用来辅助解决其他问题；数据多是由企业自身来访问，因此集中式存储是比较合适的存储方式。分布式数据存储：即存储设备分布在不同的地理位置，数据就近存储，带宽上没有太大压力。可采用多套低端的小容量的存储设备分布部署，设备价格和维护成本较低。小容量设备分布部署，对机房环境要求也较低。分布式数据存储将数据分散在多个存储节点上，各个节点通过网络相连，对这些节点的资源进行统一的管理。这种设计对用户是透明的，系统为用户提供文件系统的访问接口，使之与传统的本地文件系统操作方式类似。这样的设计解决了传统的本地文件系统在文件大小、文件数量等方面的限制。

2. 数据库类型[36]

随着工业大数据的兴起，数据库可分为关系型数据库和非关系型数据库。关系型数据库是能处理结构化数据的数据库，非关系型数据库是能处理非结构化数据的数据库。

（1）关系型数据库。传统的SQL数据库是一种关系型数据库，采用的是SMP架构。SMP的全称是“对称多处理”（Symmetrical Multi-Processing）技术，是指在一台计算机上汇集了一组处理器（多个CPU），各CPU之间共享内存子系统以及总线结构。它是相对非对称多处理技术而言的、应用十分广泛的并行技术。在这种架构中，一台计算机不再由单个CPU组成，而同时由多个处理器运行操作系统的单一复本，并共享内存和一台计算机的其他资源。虽然同时使用多个CPU，但是从管理的角度来看，它们的表现就像一台单机一样。系统将任务队列对称地分布于多个CPU之上，从而极大地提高了整个系统的数据处理能力。所有的处理器都可以平等地访问内存、I/O和外部中断。在对称多处理系统中，系统资源被系统中所有 CPU 共享，工作负载能够均匀地分配到所有可用处理器之上。

然而，在面对大数据时，少数几个 CPU 显得力不从心。因此，大数据应用架构广泛采用了 MPP 架构。MPP（Massively Parallel Processing）是与 SMP 相对立的标准，意为大规模并行处理系统，这样的系统是由许多松耦合处理单元组成的，要注意的是这里指的是处理单元而不是处理器。每个单元内的 CPU 都有自己私有的资源，如总线、内存、硬盘等。在每个单元内都有操作系统和管理数据库的实例复本。这种结构最大的特点在于不共享资源。MPP 系统在决策支持和数据挖掘方面显示了优势。因此，在大数据生态圈中，为兼容现有的应用系统，传统的关系型数据库也向 MPP 架构进行了演化。代表数据库有 Greenplum、Aster Data、Vertica 等。

Greenplum 是一个与 ORACLE、DB2 一样面向对象的关系型数据库。我们通过标准的 SQL 可以对 Greenplum 中的数据进行访问存取。Greenplum 与其他普通的关系型数据库的本质区别是 Greenplum 是一个关系型数据库集群。它实际上是由数个独立的数据库服务组合成的逻辑数据库。与 RAC 不同，这种数据库集群采取的是 MPP 架构。如图 3-6 所示。

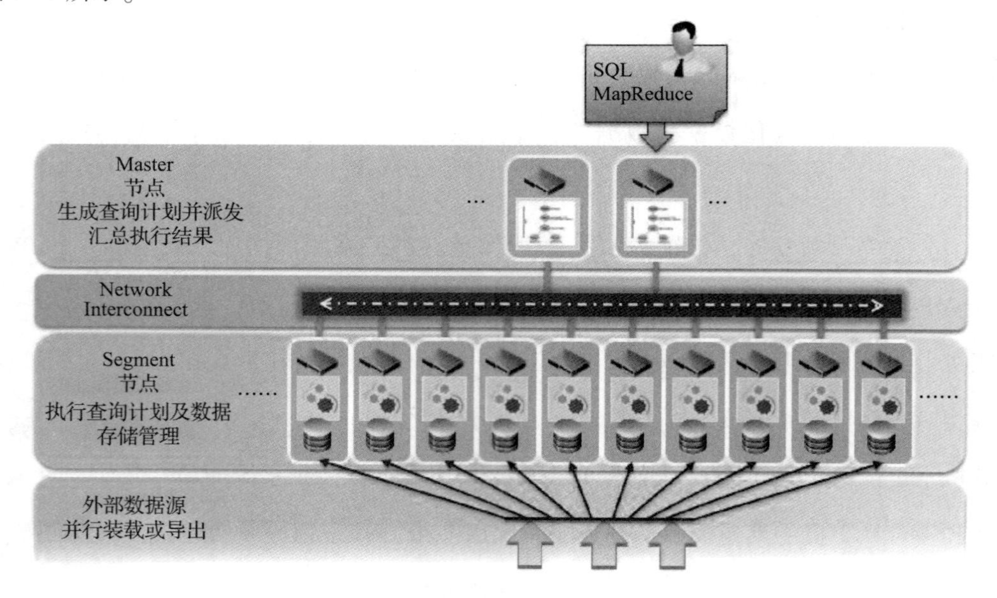

图 3-6　Greenplum 架构图

Greenplum 的组件分成三个部分：Master，Segment，以及 Master 与 Segment 之间的高效互联技术 Interconnect。其中，Master 和 Segment 本身就是独立的数据库 SERVER。不同之处在于，Master 只负责应用的连接，生成并拆分执行计划，把执行计划分配给 Segment 节点，以及返回最终结果给应用，它只存储一些数据库的元数据，不负责运算，因此不会成为系统性能的瓶颈。这也是 Greenplum 与传统 MPP 架构数据库的一个重要区别。Segment 节点存储用户的业务数据，并根据得到执行计划，负责处理业务数据。也就是用户关系表的数据会打散分布到每个 Segment 节点。当进行数据访问时，首先所有 Segment 并行处理与自己有关的数据，如果需要 Segment 可以通过进行 Interconnect 进行彼此的数据交互。Segment 节点越多，数据就会打得越散，处理速度就越快。因此与 SHARE ALL 数据库集群不同，通过增加 Segment 节点服务器的数量，Greenplum 的性能会呈线性增长。

（2）非关系型数据库。由于 HTML、XML、图片、音频、视频等不能用传统的行列格式的二维表来表示非结构化数据，无模式的存储模型——NoSQL 应运而生。NoSQL 具有以下优势：

- 易扩展。NoSQL 数据库种类繁多，但是一个共同的特点都是去掉关系数据库的关系型特性。数据之间无关系，这样就非常容易扩展。无形之间，在架构的层面上带来了可扩展的能力。

- 大数据量、高性能。NoSQL 数据库都具有非常高的读写性能，尤其在大数据量下，同样表现优秀。这得益于它的无关系性，数据库的结构简单。MySQL 一般使用的 Query Cache（查询缓存）是一种大粒度的 Cache，在针对 web2.0 的交互频繁的应用，Cache 性能不高。NoSQL 的 Cache 是记录级的，是一种细粒度的 Cache，所以在这个层面上来说 NoSQL 的性能就要高很多。

- 灵活的数据模型。NoSQL 无须事先为要存储的数据建立字段，随时可以存储自定义的数据格式。而在关系数据库里，增删字段是一件非常麻烦的事情。如果是非常大数据量的表，增加字段简直就是一个噩梦。这点在大数据量的 Web2.0 时代尤其明显。

- 高可用。NoSQL 在不太影响性能的情况下，就可以方便地实现高可用的架构。

比如 Cassandra 和 HBase 模型，通过复制模型也能实现高可用。

NoSQL 数据库可以大体上分为 4 个种类：键值数据库、列存储数据库、面向文档数据库以及图数据库。

键值（Key-Value）数据库

键值数据库就像在传统语言中使用的哈希表。可以通过 key 来添加、查询或者删除数据，鉴于使用主键访问，所以会获得不错的性能及扩展性。Key-Value 数据库是最简单、也是最方便使用的数据数据库，它支持简单的 key 对 value 的键值存储和提取。Key-Value 模型的一个大问题是它通常是由 HashTable 实现的，所以无法进行范围查询，所以有序 Key-Value 模型就出现了，有序 Key-Value 可以支持范围查询。

适用场景：储存用户信息，比如会话、配置文件、参数、购物车等等。这些信息一般都和 ID（键）挂钩，这种情景下键值数据库是个很好的选择。

不适用场景：通过值来查询，Key-Value 数据库中根本没有通过值查询的途径；需要储存数据之间的关系，在 Key-Value 数据库中不能通过两个或以上的键来关联数据；事务的支持，在 Key-Value 数据库中故障产生时不可以进行回滚。

列存储（Wide Column Store/Column-Family）数据库

列存储数据库将数据储存在列族（column family）中，一个列族存储经常被一起查询的相关数据。举个例子，如果我们有一个 Person 类，通常会一起查询他们的姓名和年龄而不是薪资。这种情况下，姓名和年龄就会被放入一个列族中，而薪资则在另一个列族中。列存储数据库能够支持结构化的数据，包括列、列簇、时间戳以及版本控制等元数据的存储，解决了 Key-Value 数据库中 Value 值是无结构的二进制码或纯字符串，只能在应用层去解析相应结构的问题。

适用的场景：日志，因为我们可以将数据储存在不同的列中，每个应用程序可以将信息写入自己的列族中；博客平台，我们储存每个信息到不同的列族中。

不适用的场景：如果我们需要 ACID 事务，Vassandra 就不支持 ACID 事务；原型设计，如果我们分析 Cassandra 的数据结构，我们就会发现结构是基于我们期望的数据查询方式而定。在模型设计之初，我们根本不可能去预测它的查询方式，而一旦查询方式改变，我们就必须重新设计列族。

面向文档（Document-Oriented）数据库

面向文档数据库会将数据以文档的形式储存。每个文档都是自包含的数据单元，是一系列数据项的集合。每个数据项都有一个名称与对应的值，值既可以是简单的数据类型，如字符串、数字和日期等；也可以是复杂的类型，如有序列表和关联对象。数据存储的最小单位是文档，同一个表中存储的文档属性可以是不同的，数据可以使用 XML、JSON 或者 JSONB 等多种形式存储。文档型存储相对列存储又有两个大的提升。一是其 Value 值支持复杂的结构定义，二是支持数据库索引的定义。全文索引模型与文档型存储的主要区别在于文档型存储的索引主要是按照字段名来组织的，而全文索引模型是按字段的具体值来组织的。

代表产品有 MongoDB、CouchDB、RavenDB 等。

用户有 SAP（MongoDB）、Codecademy（MongoDB）、Foursquare（MongoDB）、NBC News（RavenDB）等。

适用的场景：日志，企业环境下，每个应用程序都有不同的日志信息，而 Document-Oriented 数据库并没有固定的模式，所以可以使用它储存不同的信息；分析，鉴于 Document-Oriented 的弱模式结构，不改变模式下就可以储存不同的度量方法及添加新的度量。

不适用的场景：在不同的文档上添加事务。Document-Oriented 数据库并不支持文档间的事务，如果对这方面有需求则不应该选用这个解决方案。

图（Graph-Oriented）数据库

图数据库允许我们将数据以图的方式储存。实体会被作为顶点，而实体之间的关系则会被作为边。比如我们有三个实体，分别是 Steve Jobs、Apple 和 Next，则会有两个“Founded by”的边将 Apple 和 Next 连接到 Steve Jobs。图数据库也可以看作是从 Key-Value 数据库发展出来的一个分支，不同的是它的数据之间有着广泛的关联，并且这种模型支持一些图结构的算法。

其代表产品有 Neo4J、Infinite Graph、OrientDB 等。

用户包括 Adobe（Neo4J）、Cisco（Neo4J）、T-Mobile（Neo4J）等。

适用的场景：在一些关系性强的数据中；推荐引擎，如果我们将数据以图的形式表现，那么将会非常有益于推荐的制定。

不适用的场景：不适合的数据模型。图数据库的适用范围很小，因为很少有操作涉及整个图。

3. 数据主题仓库

（1）数据主题仓库的概念。数据主题仓库，简称数据仓库，是面向主题的、集成的、稳定的、随时刻变化的数据集合，它用以支持经营治理中的决策制定过程。

（2）数据主题仓库的特点。有以下 4 个特点：

• 面向主题。数据仓库中的数据是按照一定的主题域进行组织。主题是一个抽象的概念，是指用户使用数据仓库进行决策时所关心的重点方面，一个主题通常与多个操作型信息系统相关。而操作型数据库的数据组织面向事务处理任务，各个业务系统之间各自分离。

• 集成共享。由于源数据的分散独立、平台异构、标准不统一、模型差不大、冗余度高等状况，在将其提炼、抽取到数据仓库时要进行必要的转换与整合。如此集成后的数据，具有一致的结构和标准，才能为所有分析应用共享。

• 随时刻变化。除了可能有小部分的业务数据补录，数据仓库自身不产生源数据，而只需要对进入仓库的源数据进行加工和汇总。加载处理后的统一基础数据和汇总数据总是随时刻不断增量变化的。

• 不可更新。源自业务系统的数据都是已经发生的数据，除了个别分析应用可能需要对错误发生的业务数据进行日后的在应用层的纠错处理外，数据仓库基本不会更新和删除从源系统中传过来的细节数据。

（3）数据主题仓库架构。有两类基本的数据主题仓库架构：一类是 Inmon 提出的 CIF 架构（Corporate Information Factory，即企业信息工厂）；一类是 Kimball 提出的 MD 架构（Multi-dimensional Architecture，即多维体系结构）。

CIF 架构主要包括集成转换层（I&T）、操作数据存储（ODS）、数据仓库（EDW）、数据集市（DM）、探索仓库（EW）等部件。CIF 架构建设周期较长且初始设计复杂，但当建立起企业级数据模型并完成数据清洗整合工作，数据的完整性和一致性问题就能够得到全部解决，后续针对需求变化易于扩展，且成本较低。

MD 架构主要包括数据预备区（Staging Area）和数据集市。MD 架构是先着眼于某些部门级应用创建快速见效的数据集市，而后以逐步创建和合并数据集市的方式实现企业级数据仓库，如此启动成本较低且初始设计较简单，然而全局数据的一致性和稳定性需要通过对一致性维表的持续维护来保证，后续扩展的工作量和代价较大。

在实际的数据仓库项目解决方案中，往往是依照项目规模、实施目标、成本预算等在这两类差不多架构上进行取舍调整和变形。多数是采纳 CIF 架构；也有采纳 CIF 架构和 MD 架构相结合的方法，例如 IBM 提出的 CDW（Corporate Data Warehouse）确实是把 CIF 架构的 EDW 与 MD 架构的 DM 进行结合的解决方案。

典型的 CIF 数据仓库架构见图 3-7，大的层次上主要包括源数据层、ETL 层、数据服务层、数据展现层等部分。

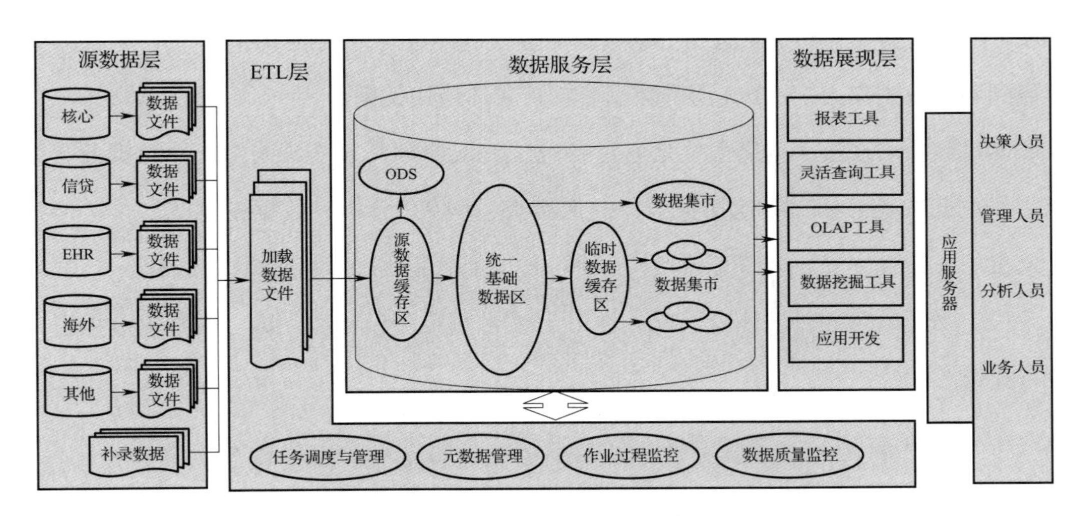

图 3-7　CIF 数据仓库架构

一是源数据层。源数据层是数据仓库的源头，包括采集反映企业经营状况的各类业务系统源数据、补录数据以及导入来自外部的数据。源数据能够采纳数据库直连方式由 ETL 抽取到数据服务层，但首选是先采集到接口数据文件，再传给 ETL 层。

二是 ETL 层。ETL 的主要设计任务是完成数据抽取、转换与加载。ETL 作为将整个数据仓库系统的数据处理过程串联起来的生命通道，还负责对整个过程中的批量任务进行调度、治理和监控。

三是数据服务层。数据服务层也可称数据仓库层，其中包含多个层次：

• 源数据缓存区。加载数据先进入源数据缓存区，在这一层（数据落地或不落地）通过进一步的清洗和转换之后进入全局统一基础数据区。加载过程中的临时表就属于这一层。

• ODS 区。ODS 区是可选层，其数据结构跟源数据结构一致，相当于业务数据的快照，保存相关于数据仓库比较实时的数据。ODS 层的数据存储周期一般不长，例如一周，一般不超过一月。如需长时刻保留，能够采纳单库同步处理或保留数据文件的方式实现。

• 全局统一基础数据区。即 CIF 架构的 EDW，存储面向主题的、集成共享的、历史的、不易变的全局视角企业数据。所有分析类系统使用的数据（除了可能有使用 ODS 数据的应用系统）都应通过本层提供，幸免出现数据孤岛。

• 汇总数据缓存和 DM 区。汇总数据在数据缓冲层（落地或不落地）完成加工后，存储到各个数据集市中，DM 层的数据直接被具体应用访问。

四是数据展现层。本层主要是通过各种工具或应用开发实现对 DM 中数据的目标应用。数据展现工具主要包括报表、灵活查询、OLAP 分析、数据挖掘等各类；应用开发更加灵活自主，还能够直接使用 EDW 中的通用基础数据和通用汇总数据。

（4）数据仓库设计。本文将从 ETL 设计和数据模型设计两个方面对数据仓库设计进行介绍。

ETL 设计

ETL 操纵着整个数据仓库的生命线，其设计直接关系着仓库内的元数据质量、仓库结构的稳健和流畅运行。主要包括基本 ETL 功能、作业调度、元数据治理及其他治理功能。

• 基本 ETL 功能。基本 ETL 功能可分为两个，其一是将各类业务数据通过清洗、转换、加载、加工等步骤送入 EDW；其二是将 EDW 中的数据加工转换到 DM 中去。这部分的分析设计工作至少要包括以下几个方面的内容：①确定数据抽取范围，包括数据源系统范围的确定和每个源系统内采集数据范围的确定；②制定数据接口文件格式、数据验证规范、错误数据处理方法和高性能加载方法，保证进入仓库数据的及时、正确、有效；③制定数据统一标准和转换合并规则，这项工作是进行数据标准化加工

处理的前提，是仓库数据得以集成共享的保证，需要结合数据模型设计；④梳理数据的加载、加工处理步骤和相互间的阻碍与依靠关系，保证数据依照依靠关系和时效需要、按照正确的次序各就各位，需要结合元数据设计；⑤数据量和各时期处理时刻估算、时刻窗口评估、并行等方法需满足时刻窗口需求。

• 作业调度。整个数据仓库的批量作业流程依靠 ETL 的正确调度。首先要梳理清晰每个作业的触发机制、每个步骤的容错处理机制，以及各作业间的阻碍与依靠关系，才能正确配置 ETL 的调度表。要注意作业粒度的划分（不宜过小或过大）、并行度的合适设置、中断重跑措施等，并考虑采纳动态调整作业优先级等方法以满足下游系统的时刻窗口。

• 元数据治理。元数据是数据仓库中用来定义和描述业务和应用数据、数据映射和演进关系、处理流程及任务依靠等几乎所有内容的描述数据，从而将数据仓库的各个角落和各个环节有机地串联在一起，不仅支持数据仓库各种功能实现，而且应该支持跟踪数据仓库的状况和变化，从而给数据仓库的生命运动提供一个整体概貌视图。

元数据设计应力求全面、细致，能够参考业界的一些数据仓库元数据标准，如 CWM（Common Warehouse Mode1）等。应注意所有元数据要统一标准、统一设计和治理，保证各层、各类元数据的衔接，避免出现数据断层。元数据设计适宜早做，关于一个复杂的数据仓库环境，事后维护比事先规划成本要大得多。

元数据的质量在很大程度上决定着数据仓库的健壮程度和可用程度。元数据设计应重点考虑描述清晰各层数据间的数据接口和转换关系，以直观的视图追踪哪些分析指标来自哪些业务数据，通过哪些处理步骤，支持数据血缘分析和阻碍分析，发挥对数据质量管控和系统运行监控的重要支持功能。随着业务系统和某些业务参数的变化，元数据也是不断进展变化的，要注意元数据的一致性和持续性维护。

• 其他治理功能。ETL 的护航作用除了依靠设计周密的元数据提供支持，还要设计开发相应的系统功能，如任务调度依靠关系查询、批任务完成情况查询、警告与错误查询、仓库数据使用状况、性能与资源状况查询、日志治理等。这些治理功能的设计应满足数据仓库日常运行的监管需要，能够逐步完善。

数据模型设计

数据仓库主要有关系和多维两种模型。关系模型灵活，支持各类群组用户任何形式的访问和数据重构需求，但在满足终端用户的访问性能方面不够理想；多维模型能够满足终端用户的直接访问，性能专门高，但灵活性不够。因此关系模型适合构造企业级基础数据模型，而多维模型适合构建范围有限的部门级应用数据模型。下面讲述EDW层的关系数据模型设计和DM层的多维数据模型设计：

• 关系数据模型设计。设计EDW关系数据模型的第一步是确定主题区域，将种类繁多的业务数据依照业务领域划分成几个高度概括的类别，例如银行业能够分为客户、产品、协议、交易、财务等主题。第二步是确定每个主题区域内的实体对象，及区域内对象和跨区域对象的关联关系，例如客户主题内能够包括客户信息、家庭信息、名称历史信息、地址历史信息等实体；产品主题内可包括产品特性信息、利率信息、产品与客户的关系等实体类型。

• 多维模型设计。多维模型也称OLAP模型，是为了满足用户从多角度、多层次进行数据查询和分析的需要而建立起来的基于度量（实际数据值）和维（描述数据的不同角度）的数据模型。在设计时应首先选择业务所需的度量指标，然后选择度量的维度和反映维度等级结构的层（粒度）。

维度建模有以下三种实现方法：ROLAP、MOLAP和HOLAP。ROLAP是利用关系数据库来存储多维数据和完成多维操作；MOLAP是基于多维数据库完成数据存储和分析操作（例如ORACLE的分析工作区Analytic Workspace，简称AW）；HOLAP是基于关系和多维的混合模型，即利用关系数据库来存储和处理细节数据，利用多维数据库来存储和处理聚合数据。

大部分情况下采纳ROLAP进行设计。ROLAP模型有星型和雪花两种结构，星型是基本结构。星型结构是采纳中间一个事实表和外围多个维度表来表达和存储多维数据，事实表用来存储度量值和维关键字，每个维使用一个表来存储维的层次结构，事实表和维表通过主外键关联成“星型结构”。关于层次复杂的维，能够将其进一步层次化而分成多个维表，星型结构就扩展为“雪花结构”。雪花结构有减少数据冗余等优点，但由于增加连接而导致性能下降等缘故，通常不推举。

4. 实验——数据仓库构建实验

实验目的：

- 理解数据库与数据仓库之间的区别与联系。
- 学习并掌握 Microsoft SQL Server 数据库的基础操作。
- 掌握数据仓库的工作原理与应用方法。
- 掌握数据仓库建立的基本方法及其相关工具的使用。

实验平台： Microsoft SQL Server 的 Analysis Services

实验内容： 利用 Microsoft SQL Server 的 Analysis Services 软件，按照规定的实验步骤完成实验项目，认真地记录实验中遇到的各种问题和解决方法与过程，通过进行新建数据源、创建数据源视图、建立多维数据集的事实表并设置度量值和维；创建维度并指定属性与层次等操作，实现数据仓库的创新。实验完成后，应根据实验情况写出实验报告。

实验步骤：

- 创建 Analysis Services 项目。打开 SQL Server Business Intelligence Development Studio，使用菜单项文件→新建→项目，新建 Analysis Services 项目，将名称修改为“工业大数据”，并选择项目保存位置，创建同名解决方案。使用菜单视图→解决方案资源管理，查看已经创建的解决方案。
- 创建数据源。在解决方案资源管理器中，选择订单分析项目下的数据源，右键选择“新建数据源”。按照数据源向导选择数据源。在选择如何连接数据源中，选择“基于现有连接或新连接创建数据源”，单击新建按钮，在打开的连接管理器窗口中，选择数据库服务名与数据库。在下一步账号选择中，选择“使用服务账号”。
- 创建数据源视图。在解决方案资源管理器中，选择订单分析项目下的数据源视图，右键，选择“新建数据源视图”。按数据源视图向导选择相应表。
- 创建多维数据集。在解决方案资源管理器中，选择订单分析项目下的多维数据集，右键，选择“新建多维数据集”。按向导选择相应的事实表、事实表的度量字段和维表，得到多维数据集结构。
- 创建维度、指定属性与层次。新建维度，比如创建时间维度表。新建度量值，编辑度量值的聚集/计算方式。选定某一维度，编辑维度，包括指定维度属性，设置维度属性关系，构建用户自定义层次等。在进入某一维度的维度结构视图后，可在“维度结构”项查看属性，自定义用户层次结构，在“属性关系”项查看与设置属性关系，在浏览器项目查看维度各层次维成员。

• 生成并部署所创建的数据仓库。选择菜单中的生成→生成“工业大数据”数据仓库→部署“工业大数据”数据仓库。

第三节　工业大数据管理与安全

考核知识点及能力要求：

• 了解工业大数据管理机制，熟悉数据质量和主数据的体系架构、管理流程和应用方案。

• 了解不同数据集成方法各自的优缺点及适用情况。

• 了解工业大数据管理需求，熟悉多源异构数据的管理技术、高通量数据的写入技术和强关联数据的集成技术。

• 能够针对工业大数据管理的应用案例开发数据管理系统。

• 了解工业大数据面临的安全风险。

• 熟悉数据安全的评价指标体系。

• 了解不同数据加密技术的特点。

• 能够对数据进行完整性验证。

• 了解数据的备份和还原方法。

工业大数据的管理与安全是工业大数据应用的保障。合理的数据更新机制是确保数据库实时性和有效性的基础，高效的数据集成方法是处理多源异构数据的前提。大数据在收集、存储和使用过程中面临着诸多安全风险，保证敏感数据不泄露，及时发现虚假数据，避免重要数据的缺失等，对保障制造业活动的顺利进行有着重要的意义。

一、工业大数据管理技术

1. 数据管理机制

（1）数据质量管理[37]。工业大数据的质量管理需要工业企业建立完善的工业大数据质量管理组织架构，明确数据权属、管理者、使用者；面对不同的工业大数据质量问题，制定质量问题的定义、等级、处理及复盘机制，制定规范的数据质量改善流程，形成面向多样化的工业大数据应用场景的数据质量管理闭环。具体包括：完善工业大数据质量管理组织架构；建立工业大数据质量问题的响应机；应用工业大数据质量管理工具。

（2）主数据管理。主数据是指满足跨部门业务协同需要的、反映核心业务实体状态属性的企业（组织机构）基础信息。

主数据管控体系

主数据管控体系主要由主数据管理制度、主数据管理组织、主数据管理流程、主数据管理评价等方面构成：

• 主数据管理制度规定了主数据管理工作的内容、程序、章程及方法，是主数据管理人员的行为规范和准则。包括《主数据管理办法》《主数据标准规范》《主数据提报指南》《主数据维护细则》等。

• 主数据管理组织。主要包括企业内各类主数据的管理组织架构、运营模式、角色与职责规划，通过组织体系规划建立明确的主数据管理机构和组织体系，落实各级部门的职责和可持续的主数据管理组织与人员。

• 主数据管理流程。是提升主数据质量的重要保障，通过梳理数据维护及管理需求，建立符合企业实际应用的主数据管理流程，保证主数据标准规范得到有效执行，实现主数据的持续性长效管理。

• 主数据管理评价。是用来评估及考核主数据相关责任人职责的履行情况及数据管控标准和数据政策的落实情况，通过建立定性或定量的主数据管控评价考核指标，加强企业对主数据管控相关责任、标准与政策执行的掌控能力。

主数据应用管理

基于主数据管控体系的建设，为保障实际工业数据管理需求的满足，还需加强对企业的主数据应用的管理。需求如下：

• 明确管理要求。制定主数据应用管理制度规范，对主数据的应用范围、应用规则、管理要求和考核标准作出明确规定，对主数据应用进行有效管理。

• 实施有效管理。加强宣讲和引导，将信息系统建设项目实施主数据专项评审，确保信息系统在主数据应用方面符合管理要求。在客户管理、订单管理、结算管理等集中控制点实施主数据核验，对业务环节涉及的主数据进行全面核查。

• 强化服务保障。依靠便捷、可靠的主数据服务为主数据应用提供保障，有条件的单位可将主数据服务深入到业务流程，从业务端发起请求，驱动主数据管理和服务，形成管理和应用的有机协同。

2. 数据集成方法

（1）数据集成的概念[38]。在企业中，由于开发时间或开发部门的不同，往往有多个异构的、在不同的软硬件平台上的信息系统同时运行，这些系统的数据源彼此独立、相互封闭，使得数据难以在系统之间交流、共享和融合，从而形成了“信息孤岛”。随着信息化应用的不断深入，企业内部、企业与外部信息交互的需求日益强烈，急切需要对已有的信息进行整合，联通“信息孤岛”，共享信息。数据集成是指将多个数据源中的数据结合起来并统一存储，建立数据仓库的过程即为数据集成。

（2）联邦数据库系统。联邦数据库系统由半自治数据库系统构成，相互之间分享数据，联邦各数据源之间相互提供访问接口。联邦数据库系统可以是集中数据库系统或分布式数据库系统及其他联邦式系统。这种模型又分为紧耦合和松耦合两种情况，紧耦合提供统一的访问模式，一般是静态的，在增加数据源上比较困难；而松耦合则不提供统一的接口，但可以通过统一的语言访问数据源，其中的核心是必须解决所有

数据源语义上的问题。

（3）中间件模式。中间件模式通过统一的全局数据模型来访问异构的数据库、遗留系统、Web资源等。中间件位于异构数据源系统（数据层）和应用程序（应用层）之间，向下协调各数据源系统，向上为访问集成数据的应用提供统一数据模式和数据访问的通用接口。各数据源的应用仍然处于各自的任务状态，中间件系统则主要集中为异构数据源提供一个高层次检索服务。

（4）数据仓库模式[39]。数据仓库模式是在企业管理和决策中面向主题、集成、与时间相关和不可修改的数据集合。其中，数据被归类为广义、功能上独立、没有重叠的主题。这几种方法一定程度上解决了应用间的数据共享和互通的问题，但也存在以下异同：联邦数据库系统主要面向多个数据库系统的集成，其中数据源有可能要映射到每一个数据模式，当集成的系统很大时，对实际开发将带来巨大的困难。数据仓库技术则在另外一个层面上表达数据之间的共享，它主要是为了针对企业某个应用领域提出的一种数据集成方法，即面向主题并为企业提供数据挖掘和决策支持的系统。

3. 应用场景构建方法

（1）需求分析。随着新一代信息技术和实体经济的深入融合，工业企业在生产制造过程中不断积累生产、研发、经营管理、运维等数据，累计数据体量巨大且种类繁多。但由于工业领域信息化建设相对落后，数据管理机制缺失、以及现场工况恶劣、缺乏过程控制机制、安全防护不到位等原因，导致工业领域数据管理水平普遍不足。针对工业大数据具有多源异构、高通量和强关联等特性，亟须研发多源异构数据的管理技术、高通量数据的写入技术和强关联数据的集成技术。

（2）工业大数据管理技术。一是多源异构数据的管理技术[40]。各种工业场景中存在大量多源异构数据，例如结构化业务数据、时序的设备监测数据、非结构化工程数据等。每一类型数据都需要高效的存储管理方法与异构的存储引擎，但现有大数据技术难以满足全部要求。从使用角度上，异构数据需要从数据模型和查询接口方面实现一体化的管理。因而需要针对多源异构工业大数据的一体化查询协同进行优化。

二是高通量数据的写入技术。在越来越多工业信息化系统以外的数据被引入大数据系统的情况下，针对传感器产生的海量时间序列数据，一个装备制造企业同时接入的设备数量可达数十万台，数据的写入吞吐达到了百万甚至千万数据点/秒。因此，针对数据写入面临的挑战，工业大数据平台需同时考虑面向查询优化的数据组织和索引结构，并在数据写入过程中进行辅助数据结构预计算，实现读写协同优化的高通量数据写入。

三是强关联数据的集成技术。工业大数据分析更关注数据源的“完整性”，而不仅仅是数据的规模[41]。由于“信息孤岛”的存在，这些数据源通常是离散和非同步的。工业大数据应用需要实现数据在物理信息、产业链以及跨界三个层次的融合。具体实现机制可以分为三个层面，逻辑层负责统一数据建模，定义数字与物理对象模型，完成底层数据模型到对象模型映射；概念层实现数据语义层面的融合，通过语义提取与语义关联，形成 RDF 形态的知识图谱，提供基于 SPARQL 查询接口；操作执行层负责异构数据管理引擎的查询协同优化，提供 SQL 以及 RESTAPI 形式的统一查询接口。

4. 案例——产品测试数据管理系统的开发与应用[42]

（1）系统简介。产品测试数据管理系统目前已经与安全型继电器接点电阻测试台、CXG 型自动过分相测试台、50 Hz 相敏轨道电路测试台、JYJXC-160/260 二启动继电器试验台、电缆测试台等相关测试工装连接，测试数据已经上传至该系统，并能对已上传的测试数据进行数据处理和可视化操作。数据采集、数据分析具有数据量大、精度高、处理复杂等特点，该系统平台采用 B/S 架构，系统的核心程序运行在连接网络的 Web 服务器上。拥有各种必要的软、硬件配置，配备专门的应用服务器和数据库服务器。系统运行时，用户应用浏览器登录测试数据管理系统，系统将根据用户登录的用户名判别该用户的权限。在权限许可的情况下，Oracle 数据库接收用户的访问请求，并建立 Oracle 数据库连接，从数据库中读取用户访问的数据，将其返回到用户，访问结果在浏览器上显示出来。

（2）应用架构。产品测试数据管理系统基于 Visual Studio 平台进行开发，系统设计采用数据访问层、业务逻辑层和用户交互层的三层应用架构，如图 3-8 所示。

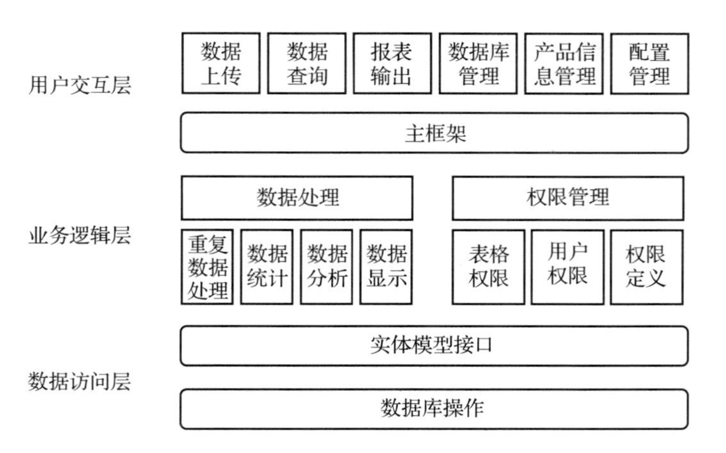

图 3-8　系统应用架构

数据访问层：负责对测试、用户信息等数据进行增、删、改、查操作，其中产品测试数据尽可进行增、查操作。将不同测试工装上传的测试数据根据数据协议解析，生成条码列名称和测试日期名称相同的数据，提供给业务逻辑层调用。

业务逻辑层：业务逻辑层是连接用户和产品测试数据的桥梁，该层接收用户对数据访问的请求，执行查询、统计、分析任务并从数据库提取数据，然后将查询到的数据反馈给用户，业务逻辑层主要执行系统的核心操作。

用户交互层：用户交互层向使用人员提供简单直观的人机交互界面。使用人员可以通过用户交互层下达各类操作命令，实时查询、统计、分析相关数据。

（3）系统工作流程。在测试设备开机时，自动启动数据上传软件，数据上传软件自动检测已设置的本地数据库表中是否有未上传的测试数据，发现未上传数据则立即上传至数据库服务器，数据库服务器收到数据后，首先进行查重处理，如发现重复数据则马上删除，如果不是重复数据则进行数据分析，分析结果会自动更新到统计表。用户登录系统后，数据统计页面即可看到最近一周产品的相应数据进入查询页面按照搜索条件查询测试数据，即可得到对应的数据记录，用户还可根据权限进行其他的操作。

二、工业大数据安全体系

1. 安全风险分析

（1）工业大数据安全风险的分类[43]。工业大数据流通阶段，包含了数据采集、数据传输、数据存储、数据分析挖掘、数据可视化应用等。这些阶段均存在数据泄露、数据干扰等信息安全威胁，因此工业大数据的信息安全也是采集、传输、存储、分析挖掘和可视化应用等多个环节信息的保密性、完整性和可用性，工业大数据信息安全风险分类符合一般的信息安全风险分类模式，包括数据感知信息安全风险、数据传输信息安全风险、数据存储信息安全风险、管理信息安全风险、应用信息安全风险、云计算和数据分析信息安全风险。

（2）数据安全性的评价方法[44]。数据安全测评主要是通过访谈、检查等方法对数据的完整性、保密性以及灾备能力三方面的保障措施做出有效性评估。

一是数据完整性测评方法。针对数据完整性保障能力的测评项应包含以下内容：有能力监测各种设备、操作系统、数据库系统或应用系统的各项数据在传输过程中是否遭到篡改，并在监测到数据完整性受损时进行数据恢复；有能力监测各种设备、操作系统、数据库系统或应用系统的各项数据在存储过程中是否遭到篡改，并在监测到数据完整性受损时进行数据恢复；有能力监测重要程序文件是否遭到篡改，并在监测到完整性受损时进行数据恢复；针对重要通信应准备专用通信协议且保证该协议具备足够安全性，以避免来自通用通信协议层的攻击使数据遭到篡改。

测评方法为访谈系统、网络、安全、数据库管理员，检查主机操作系统、网络设备操作系统、数据库管理系统、应用系统、设计/验收文档、相关证明性材料。

二是数据保密性测评方法。针对数据保密性保障能力的测评项应包含如下内容：各种设备、操作系统、数据库系统或应用系统的各项数据采用了加密或其他有效措施实现数据传输过程的保密性，使用了较高强度的密码机制，并对密钥进行了可靠保护和管理；各种设备、操作系统、数据库系统或应用系统的各项数据采用了加密或其他有效措施实现数据存储过程的保密性，使用了较高强度的密码机制，并对密钥进行了可靠保护和管理；当使用便携式和移动式设备时，应对设备中的敏感信息加密存储，使用了较高强度的密码机制，并对密钥进行了可靠保护和管理；针对重要通信应准备专用通信协议且保证该协议具备足够安全性，以避免来自通用通信协议层的攻击使数据泄露。

测评方法为访谈系统、网络、安全、数据库管理员，检查主机操作系统、网络设

备操作系统、数据库管理系统、应用系统、设计/验收文档、相关证明性材料。

三是数据灾备能力测评方法。针对数据灾备能力的测评项应包含以下内容：提供数据本地备份与恢复功能，完全数据的备份至少每天一次，备份介质场外存放；建立异地灾难备份中心，配备灾难恢复所需的通信线路、网络设备和数据处理设备，提供业务应用的实时无缝切换；提供异地实时备份功能，利用通信网络将数据实时备份至灾难备份中心；网络拓扑结构设计采用冗余技术，以避免存在网络单点故障；网络设备、通信线路和数据处理系统采用硬件冗余、软件配置等技术手段提供信息系统的高可用性。

测评方法为访谈系统、网络、安全、数据库管理员，检查主机操作系统、网络设备操作系统、数据库管理系统、应用系统、设计/验收文档、相关证明性材料。

2. 数据加密技术

（1）常见的数据加密技术[45]。随着数据库加密技术在国内市场的兴起，更多数据安全企业的涌入，市面上出现了几种代表性的数据库加密技术，包括前置代理及加密网关技术、应用层改造加密技术、基于文件级的加解密技术以及基于视图及触发器的后置代理技术。

（2）不同加密技术的适用范围及特点。主要分以下几种技术：

• 前置代理及加密网关技术。该方案的总体技术思路即在数据库之前增加安全代理服务，对数据库访问的用户都必须经过该安全代理服务，在此服务中实现如数据加解密、存取控制等安全策略。然后安全代理服务通过数据库的访问接口实现数据存储。安全代理服务存在于客户端应用与数据库存储引擎之间，负责完成数据的加解密工作，加密数据存储在安全代理服务中。

• 应用层改造加密技术。加密方案的主要技术原理是应用系统通过加密 API 对敏感数据进行加密，将加密数据存储到数据库的底层文件中；在进行数据检索时，将密文数据取回到客户端，再进行解密，应用系统自行管理密钥体系。

• 基于文件级的加解密技术。基于文件级的加解密技术是不与数据库自身原理融合，只是对数据存储的载体从操作系统或文件系统层面进行加解密的技术手段。

• 基于视图及触发器的后置代理技术。使用视图+触发器+扩展索引+外部调用的方式实现数据加密，同时保证应用完全透明。核心思想是充分利用数据库自身提供的应用定制扩展能力，分别使用其触发器扩展能力、索引扩展能力、自定义函数扩展能力以及视图等技术来满足数据存储加密，加密后数据检索，对应用无缝透明等核心需求。

3. 数据完整性技术

（1）数据完整性的基本知识。数据完整性[46]是指数据的精确性和可靠性。它是应防止数据库中存在不符合语义规定的数据和防止因错误信息的输入输出造成无效操作或错误信息而提出的。数据完整性分为四类：实体完整性、域完整性、参照完整性、用户自定义完整性。

（2）保证数据完整性的常见技术。数字签名技术，一种类似于写在纸上的、普通的物理签名，只不过数字签名使用了公钥加密领域的技术实现，数字签名属于鉴别数字信息的方法。一套数字签名通常定义两种互补的运算：一个运算用于签名，另一个运算用于验证签名。

通过使用数字签名技术，将摘要信息使用发送者的私钥加密，与原文一起发送给接收者。接收者只有用发送者的公钥才能解密被加密的摘要信息，然后用 HASH 函数对收到的原文产生一个摘要信息，与解密的摘要信息对比：如果对比结果相同，则说明收到的信息是完整的、在传输过程中没有被修改；否则，就说明信息被修改过，所以说数字签名能够验证信息的完整性。

4. 数据备份与还原

（1）数据备份方法。分以下几种：

• 完全备份。完全备份是指把所有需要备份的数据全部备份。完全备份可以备份整块硬盘、整个分区或某个具体的目录。

• 增量备份。增量备份是指先进行一次完全备份，服务器运行一段时间之后，比较当前系统和完全备份的备份数据之间的差异，只备份有差异的数据。

• 差异备份。差异备份也要先进行一次完全备份，但是和增量备份不同的是，每次差异备份都备份和原始的完全备份不同的数据。

（2）数据恢复方法。分以下两种方法：

• 分区。硬盘存放数据的基本单位为扇区，我们可以理解为一本书的一页。当我们装机或买来一个移动硬盘，第一步便是为了方便管理—分区。无论用何种分区工具，都会在硬盘的第一个扇区标注上硬盘的分区数量、每个分区的大小，起始位置等信息，术语称为主引导记录，也有人称为分区信息表。当主引导记录因为各种原因被破坏后，一些或全部分区自然就会丢失不见了，根据数据信息特征，可以重新推算计算分区大小及位置，手工标注到分区信息表，“丢失”的分区回来了。

• 文件分配表。文件分配表内记录着每一个文件的属性、大小、在数据区的位置。对所有文件的操作，都是根据文件分配表来进行的。文件分配表遭到破坏以后，系统无法定位到文件，虽然每个文件的真实内容还存放在数据区，但是系统仍然会认为文件已经不存在。我们的数据丢失了，要想直接去想要的章节，已经不可能了，要想得到想要的内容，只能凭记忆知道具体内容的大约页数，或每页寻找你要的内容。

5. 案例——汽车及零部件行业工业数据智能安全云平台[47]

（1）案例概述。某汽车集团目前已经建成涵盖汽车及零部件工业领域大数据存储管理与分析挖掘业务，可支持海量工业设备数据接入的大数据平台，实现了打通设计、制造、物流、售后、质量等各个领域的关键数据，并形成闭环产生服务价值。该汽车集团积极推进企业级系统集成，实现生产和经营的无缝集成和上下游企业间的信息共享，开展基于横向价值网络的协同创新，在企业间的设计协同、制造协同方面逐步由原来的纸质信息传递，转变为以三维设计模型为核心的电子文件交换，在带来便利的同时也带来了商业秘密泄露、图纸数据随意篡改、电子文件残留等数据安全威胁。本案例针对工业设计数据面临的威胁，在工业互联网体系架构的基础上，应用基于工业控制系统的防护手段，构建了一套汽车及零部件行业工业数据智能安全云平台，确保智能制造数据集中管控的同时实现安全可靠管理，有效保护核心资产、知识产权及其他相关数据。

（2）典型安全问题。长期以来，汽车工业数据面临着各种风险：企业对于核心数据保密意识不强、员工主动或被动泄密造成数据泄露、明文存储使得数据可以轻易被复制、越权访问带来数据篡改。

（3）解决方案。工业数据智能安全云平台是在工业互联网体系架构的基础上，应用了基于工业控制系统的防护手段，针对工业设计数据面临的威胁，通过阅后即焚、安全云盘、数字签名、透明加密等功能，构建了面向工业设计数据全生命周期安全管理的解决方案，确保汽车及零部件行业的智能制造数据集中管控的同时实现安全可靠管理。平台总体架构如图 3-9 所示。

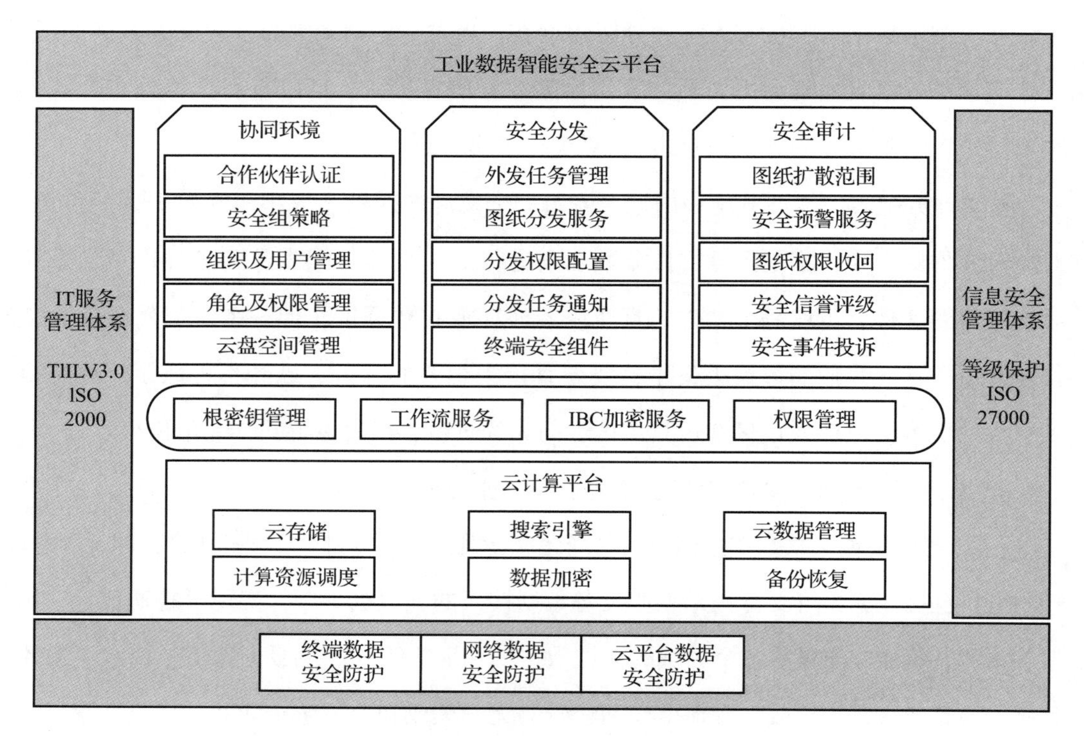

图 3-9　工业数据智能安全云平台总体架构

工业数据安全云平台使用“云+端+网”的一体化安全方案，并采用基于内容识别的数据加密、应用软件指纹识别、安全云存储等技术，通过终端数据智能安全防护、网络数据安全防护、云平台数据安全防护等三方面的数据防护作用，为汽车及零部件行业企业间的高效协同提供一个安全平台，帮助供应链上下游企业搭建工业数据安全云平台，建立智能安全分发通道，上下游图纸在安全平台中打开图纸均可正常使用及应用，但是非授权模式下脱离智能安全云环境的加密图纸无法正常使用，既保护了上游的知识产权又提升了下游渠道的工作效率。

（4）部署方案。通过电子文件外出使用安全管控系统的部署，实现对移动设备在外使用过程中的全程保护，有效杜绝外出人员主动和被动数据泄密。在企业外网署搭建一套安全管控系统，采用终端授权、文档云中心、在线预览编辑、落地加密存储、安全认证、脱机时效性、授信进程智能识别等功能技术，实现了外出移动设备的授权

使用、安全认证和电子文件的便捷高效、安全可用，如图 3-10 所示。

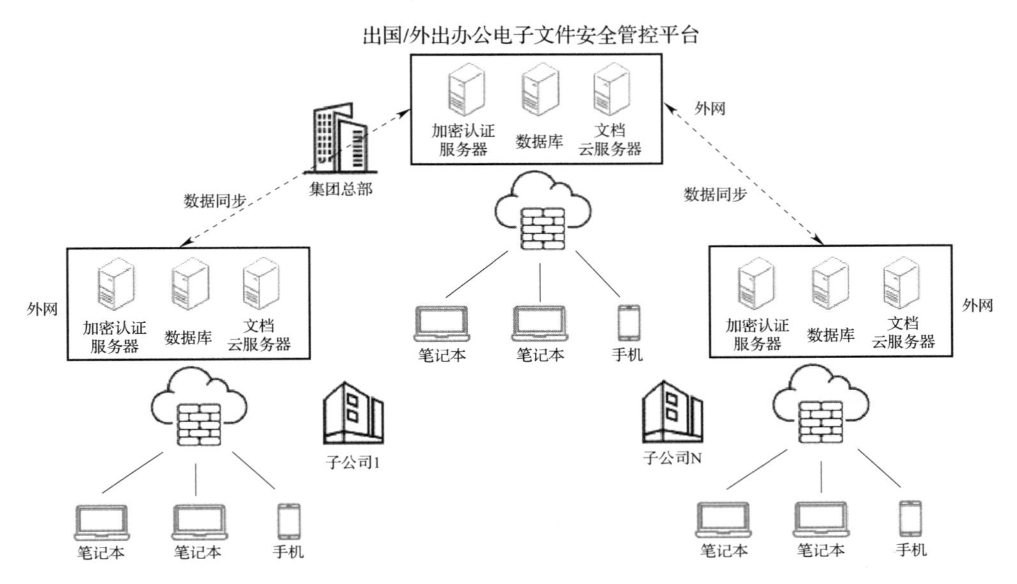

图 3-10　电子文件外出使用安全管控系统拓扑图

第四节　工业大数据计算与可视化

考核知识点及能力要求：

- 了解大数据计算模式演变历程。
- 熟悉主流计算框架。
- 熟悉主流计算平台。
- 能够针对实际业务场景应用工业大数据计算技术。
- 了解工业大数据分析技术的意义及基本知识，掌握常见的相关性分析方法、回归分析方法、分类分析方法、方差分析方法和时序分析方法。

- 了解工业大数据分析的基本流程。
- 能够针对某种类型的工业大数据选择并应用合适的数据分析方法。
- 了解工业大数据可视化技术的分类及特点。
- 了解基础数据模型。
- 熟悉并掌握常见数据可视化方法。
- 熟悉工业大数据可视化技术在工业场景中的应用方案。

工业大数据的计算与可视化技术是促进制造业快速发展的核心驱动力。计算技术的发展使利用大数据成为可能，了解大数据计算技术的演变历程，熟悉多种不同的大数据挖掘方法，是智能制造工程技术人员的必备技能。通过学习大数据分析及可视化技术，将大数据分析结果通过图形、图标等形式展示，为决策提供良好的数据支撑，提高决策效率和准确性。

一、工业大数据计算技术

1. 计算模式演变

（1）大数据计算基本原理及知识。大数据计算问题与经典算法形式上有所不同，粗略地说，大数据计算问题是依赖于一个外部信息源 Q 的计算。需要求解的问题可以分为目标任务型和内容认知型两类。

实际应用中，大数据的计算并不是将整个数据集 Q 作为算法的输入，在计算中只需要对 Q 进行局部访问。因此，这样的 Q 实际上是算法的外部信息源。一般而言，静态的大数据的计算依赖于一个庞大的数据集 Q。数据集可以是虚拟的，也可以是现实存在的；可以是当地的，也可以是异地。

（2）计算模式演变历程。计算机计算模式的演变是伴随着计算机发展的 3 个重要阶段（从主机到微机、再发展到以网络为中心）而发展的，经历了 3 种模式，即单主机计算、分布式客户/服务器计算、网络计算。它们一脉相承，一个代替一个成为计算机工业中主导的计算模式，并决定了计算机硬件体系、软件体系和应用的面貌。

2. 主流计算框架

（1）离线计算。离线计算就是在计算开始前已知所有输入数据，输入数据不会产生变化，且在解决一个问题后就要立即得出结果的前提下进行的计算。

（2）流式计算。在传统的数据处理流程中，总是先收集数据，然后将数据放到数据库中。当人们需要的时候，通过数据库对数据做查询，得到答案或进行相关的处理。这样看起来虽然非常合理，但是结果却非常的紧凑，尤其是对一些实时搜索应用环境下的某些具体问题，类似于 MapReduce 方式的离线处理并不能很好地解决问题。这就引出了一种新的数据计算结构——流计算方式。它可以很好地对大规模流动数据在不断变化的运动过程中实时地进行分析，捕捉到可能有用的信息，并把结果发送到下一计算节点。

（3）实时计算。实时计算一般都是针对海量数据进行的，一般要求为秒级。实时计算主要分为两块：数据的实时入库、数据的实时计算。实时计算 Flink 使用 Flink SQL，主打流式数据分析场景，目前在如下领域有使用场景如图 3-11 所示。

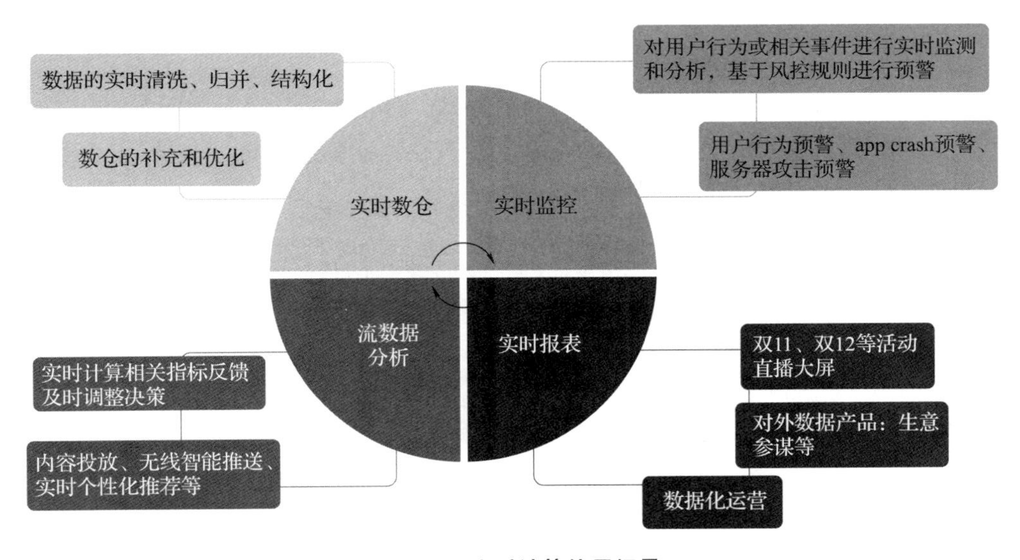

图 3-11　实时计算使用场景

（4）边缘计算。边缘计算，是指在靠近物或数据源头的一侧，采用网络、计算、存储、应用核心能力为一体的开放平台，就近提供最近端服务。其应用程序在边缘侧发起，产生更快的网络服务响应，满足行业在实时业务、应用智能、安全与隐私保护等方面的基本需求。边缘计算处于物理实体和工业连接之间，或处于物理实体的顶端。而云端计算，仍然可以访问边缘计算的历史数据。

3. 相关计算平台

MapReduce

MapReduce 是一种编程模型，用于大规模数据集（大于 1TB）的并行运算。概念“Map（映射）”和“Reduce（归约）”，和它们的主要思想，都是从函数式编程语言里借来的，还有从矢量编程语言里借来的特性。它极大地方便了编程人员在不会分布式并行编程的情况下，将自己的程序运行在分布式系统上。当前的软件实现是指定一个 map（映射）函数，用来把一组键值对映射成一组新的键值对，指定并发的 reduce（归约）函数，用来保证所有映射的键值对中的每一个共享相同的键组。

MapReduce 的执行流程如图 3-12 所示。流程从最上方的用户程序开始的，用户程序链接了 MapReduce 库，实现了最基本的 map 函数和 reduce 函数。图中执行的顺序已用数字标记。

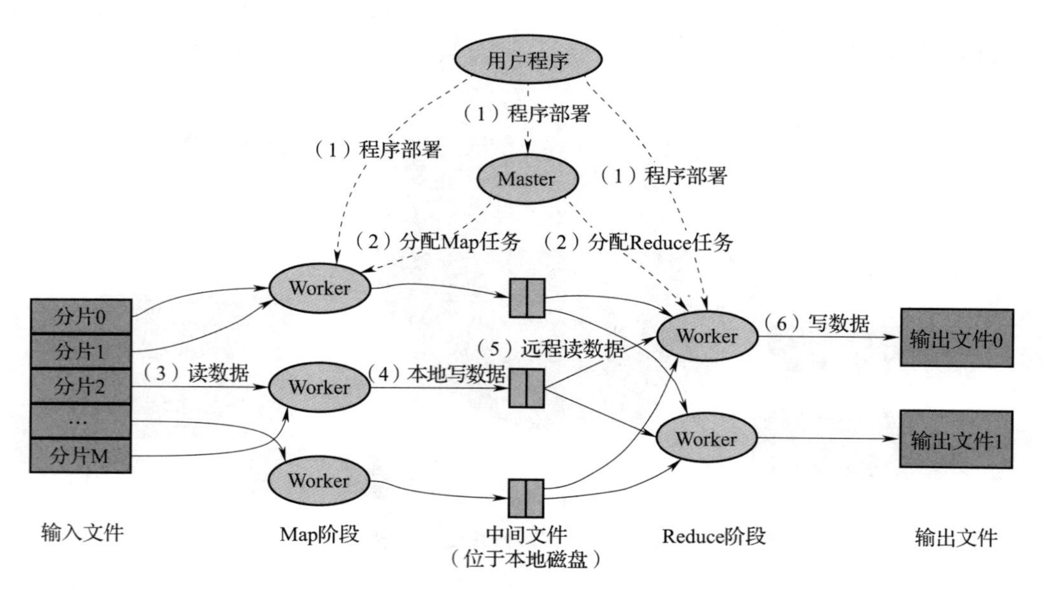

图 3-12　MapReduce 的执行流程图

MapReduce 库先把用户程序的输入文件划分为 M 份（M 为用户定义），每一份通

常有 16 MB 到 64 MB，如图 3-12 左方所示分成了 0～M 个分片；然后使用 fork（程序部署）将用户进程拷贝到集群内其他机器上。

用户程序的副本中有一个称为 master，其余称为 worker，master 是负责调度的，为空闲 worker 分配作业（Map 作业或者 Reduce 作业），worker 的数量也是可以由用户指定的。

被分配了 Map 作业的 worker，开始读取对应分片的输入数据，Map 作业数量是由 M 决定的，和分片一一对应；Map 作业从输入数据中抽取出键值对，每一个键值都作为参数传递给 map 函数，map 函数产生的中间键值对被缓存在内存中。

缓存的中间键值对会被定期写入本地磁盘，而且被分为几个区，区的数量是由用户定义的，每个区会对应一个 Reduce 任务；这些中间键值对的位置会被通报给 master，master 负责将信息转发给 Reduce worker。

master 通知分配了 Reduce 任务的 worker 所负责的分区在什么位置（肯定不止一个地方，每个 Map 作业产生的中间键值对都可能映射到所有 R 个不同分区），当 Reduce worker 把所有它负责的中间键值对都读过来后，先对它们进行排序，使得相同键的键值对聚集在一起。因为不同的键可能会映射到同一个分区，即同一个 Reduce 作业，所以排序是必须的。

Reduce worker 遍历排序后的中间键值对，对于每个唯一的键，都将键与关联的值传递给 reduce 函数，reduce 函数产生的输出会添加到这个分区的输出文件中。

当所有的 Map 和 Reduce 作业都完成了，master 唤醒正版的用户程序，map/reduce 函数调用返回用户程序的代码。

所有执行完毕后，MapReduce 输出放在了 R 个分区的输出文件中（分别对应一个 Reduce 作业）。用户通常并不需要合并这 R 个文件，而是将其作为输入交给另一个 Map Reduce 程序处理。整个过程中，输入数据是来自底层分布式文件系统（GFS）的，中间数据是放在本地文件系统的，最终输出数据是写入底层分布式文件系统（GFS）的。而且我们要注意 Map/Reduce 作业和 map/reduce 函数的区别：Map 作业处理一个输入数据的分片，可能需要调用多次 map 函数来处理每个输入键值对；Reduce 作业处理一个分区的中间键值对，其间要对每个不同的键调用一次 reduce 函数，Reduce 作业最终也对应一个输出文件。

Storm

Storm 是一个开源的分布式实时计算系统，可以简单、可靠地处理大量的数据流。Storm 有很多使用场景：实时分析，在线机器学习，持续计算，分布式 RPC，ETL 等等。Storm 支持水平扩展，具有高容错性，保证每个消息都会得到处理，而且处理速度很快（在一个小集群中，每个结点每秒可以处理数以百万计的消息）。Storm 的部署和运维都很便捷，而且更为重要的是，它可以使用任意编程语言来开发应用。它具有编程模型简单、可扩展、高可靠性、高容错性等特点。

Storm 本是由做平台的创业公司 BackType 开发，后来在 2011 年 7 月 BackType 被 Twitter 收购，Storm 得以保留，并于 2011 年 9 月开源在 GitHub 上。被收购后，Storm 也随之成为了 Twitter 内部的实时数据分析系统。2014 年 9 月，Storm 升级为 Apache 顶级项目。

Apache Storm 的基本原理如图 3-13 所示。

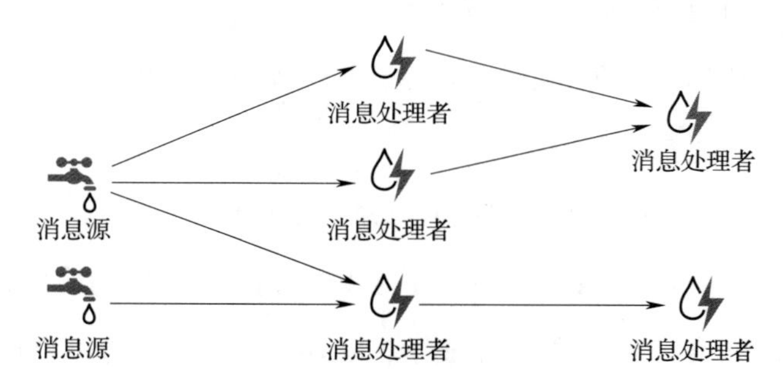

图 3-13　Apache Storm 基本原理图

Storm 为分布式实时计算提供了一组通用原语，可被用于“流处理”之中，实时处理消息并更新数据库。这是管理队列及工作者集群的另一种方式。Storm 也可被用于“连续计算”（continuous computation），对数据流做连续查询，在计算时就将结果以流的形式输出给用户。它还可被用于“分布式 RPC”，以并行的方式运行。Storm 可以方便地在一个计算机集群中编写与扩展复杂的实时计算，Storm 用于实时处理，就好比 Hadoop 用于批处理。Storm 可以保证每个消息都会得到处理，而且在一个小集群中，

它每秒可以处理数以百万计的消息。

Storm 是一个分布式的、可靠的、容错的数据流处理系统。它会把工作任务委托给不同类型的组件，每个组件负责处理一项简单特定的任务。Storm 集群的输入流由一个被称作 Spout（消息源）的组件管理，Spout 把数据传递给 Bolt（消息处理者）。Bolt 要么把数据保存到某种存储器，要么把数据传递给其他的 Bolt。可以想象一下，一个 Storm 集群就是在一连串的 Bolt 之间转换 Spout 传过来的数据。

Storm 将计算逻辑称为 Topology，其中 Spout 是 Topology 的数据源，这个数据源可能是文件系统的某个日志，也可能是 Message Queue 的某个消息队列，也有可能是数据库的某个表等等；Bolt 负责数据的护理。Bolt 有可能由另外两个 Bolt 的 join 而来。

而 Storm 最核心的抽象 Streaming 就是连接 Spout、Bolt 以及 Bolt 与 Bolt 之间的数据流。而数据流的组成单位就是 Tuple（元组），这个 Tuple 可能由多个 Fields（字段）构成，每个字段的含义都在 Bolt 的定义的时候制定。也就是说，对于一个 Bolt 来说，Tuple 的格式是定义好的。

Spark

Spark 是伯克利大数据实验室 Hadoop MapReduce 通用的并行计算框架，Spark 拥有 Hadoop MapReduce 所具有的优点。但不同于 MapReduce 的是，提交给 Spark 的任务中输出结果可以保存在内存中，从而不再需要读写 HDFS，因此 Spark 能更好地适用于数据挖掘与机器学习等需要迭代的 MapReduce 的算法。

Apache Spark 计算引擎专为内存优化，相比广泛使用的 Map/Reduce 框架消除了频繁的 I/O 磁盘访问。此外，Spark 引擎还采用了轻量级的调度框架和多线程计算模型，相比 Map/Reduce 中的进程模型具有极低的调度和启动开销，除带来更快的执行速度以外，更使得系统的平均修复时间（MTTR）极大地缩短。

Spark 特性如下：

• Spark 通过在数据处理过程中成本更低的洗牌（Shuffle）方式，将 MapReduce 提升到一个更高的层次。Spark 利用内存数据存储和接近实时的处理能力，比其他的大数据处理技术的性能要快很多倍。

• Spark 还支持大数据查询的延迟计算，这可以帮助优化大数据处理流程中的处理步骤。Spark 还提供高级的 API 以提升开发者的生产力，除此之外，还为大数据解决方案提供一致的体系架构模型。

- Spark 将中间结果保存在内存中而不是将其写入磁盘，当需要多次处理同一数据集时，这一点特别实用。Spark 的设计初衷就是一款既可以在内存中又可以在磁盘上工作的执行引擎。当内存中的数据不适用时，Spark 操作符就会执行外部操作。Spark 可以用于处理大于集群内存容量总和的数据集。
- Spark 会尝试在内存中存储尽可能多的数据，然后将其写入磁盘。它可以将某个数据集的一部分存入内存，剩余部分存入磁盘。开发者需要根据数据和用例评估对内存的需求。Spark 的性能优势得益于这种内存中的数据存储。
- 支持比 Map 和 Reduce 更多的函数。
- 优化任意操作算子图（operator graphs）。
- 可以帮助优化整体数据处理流程的大数据查询的延迟计算。

4. 案例——面向车间生产监控的边缘计算技术应用

随着物联网的高速发展，车间生产过程中底层的智能设备与传感器逐渐增多，使得该类设备产生海量数据，传统的以云计算为核心的集中式数据处理技术已不能高效处理这类设备所产生的数据，在车间生产过程的监控中，系统要求对生产过程状态实时进行数据分析、可视化与预警。由于生产过程节拍短、节奏快，监控系统对于数据分析与可视化的时效性要求高，因此传统的基于工业私有云的监控模式逐渐难以满足一些低时延要求的监控需求；车间生产数据在上传到工业云中心的过程中，许多隐私数据同样被上传，这些隐私数据不仅会占用带宽资源，而且会增加泄露企业隐私数据的风险，无法满足数据安全的要求。

随着万物互联技术的发展，使得云计算中心的部分应用程序迁移到网络边缘设备。边缘大数据时代下的边缘计算模型可以较好地解决传统云计算所产生的问题，在边缘计算模型中，网络边缘设备具有数据存储、轻量级数据计算的能力，其可对设备或系统的生产状态进行实时感知、分析与可视化，进而实现数据的本地处理，包括数据存储、处理、缓存，设备管理，隐私保护等，并将计算结果发送给云计算中心。边缘计算模型不仅可以加快数据传输的速度，而且可以降低数据泄露的风险，将成为车间生

产分析与监控的重要方式。

边缘式大数据处理时代的数据特征催生了边缘计算模型，然而边缘计算模型与云计算模型并不是非此即彼的关系，而是相辅相成的，二者的有机结合将为车间生产分析与监控提供较为完美的软硬件支撑平台[48]。面向车间生产过程监控的边缘计算参考模型如图 3-14 所示。

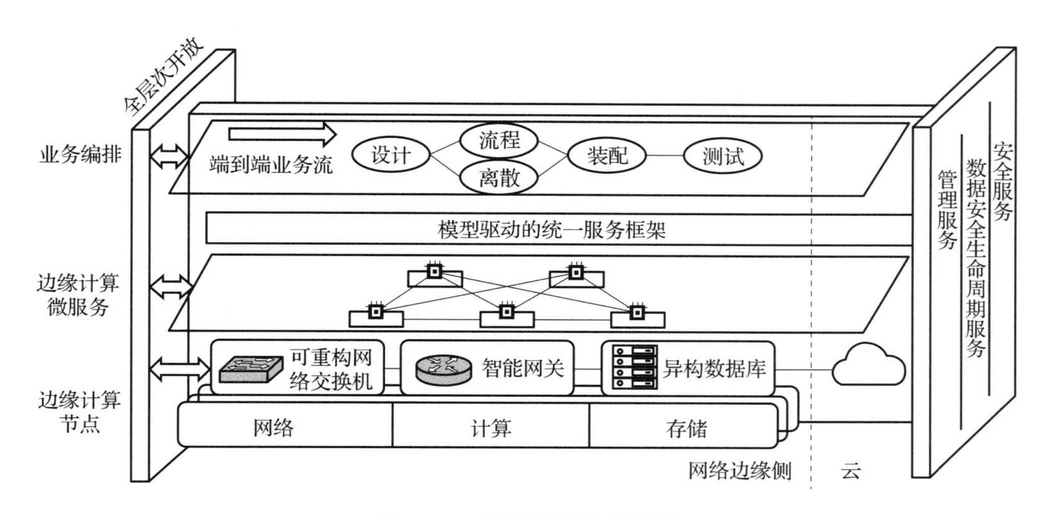

图 3-14　边缘计算参考模型

从横向层次来看，该架构具有如下特点。

（1）业务编排基于模型驱动的统一服务框架。通过制造全流程中产品设计、流程制造、离散加工、整体装配和测试等环节的业务关系构建业务矩阵，进而定义端到端的业务流，实现工业互联网中的业务流。

（2）边缘计算微服务实现架构极简化。边缘计算微服务专注于底层边缘节点优化分析，屏蔽底层生产组织结构的复杂性，实现基础设施部署运营自动化、可视化以及跨域资源调度，形成统一服务框架，支撑车间生产过程分析与可视化。

（3）边缘计算节点适配多种工业总线和工业以太网协议，兼容多种异构连接，从而实现向下对接传感器、智能设备，向上对接企业信息系统，最终实现数据的流通传输。

边缘计算参考架构在每层提供了模型化的开放接口，实现了架构的全层次开放；边缘计算参考架构通过纵向管理服务、数据全生命周期服务、安全服务，实现对公司协同设计管理系统、科研生产管理系统、试验数据管理系统、综合管理系统等上层应用系统的有效支撑。

二、工业大数据分析技术

1. 相关性分析方法

（1）相关性分析的概念。相关性分析是特征质量评价中非常重要的一环，合理的选取特征，找到与拟合目标相关性最强的特征，往往能够快速获得效果，达到事半功倍的效果。

（2）常见的相关性分析方法。有以下三种方法：

• 相关系数。统计学中有很多的相关系数，其中最常见的是皮尔逊相关系数。两个变量之间的皮尔逊相关系数定义为两个变量之间的协方差和标准差的商。皮尔逊相关系数的变化范围为-1 到 1；系数为 1 意味着所有的数据点都很好地落在一条直线上，且 Y 随着 X 的增加而增加；系数为-1 也意味着所有的数据点都落在直线上，但 Y 随着 X 的增加而减少；系数为 0 意味着两个变量之间没有线性关系。

• 信息增益[49]。机器学习中有一类最大熵模型，最大熵模型的推导出的结果往往会和通过别的角度推导出的结果吻合；其本质上就带有某种相似性，暗合了客观世界的自然规律。条件熵描述了在已知第二个随机变量 X 的值的前提下，随机变量 Y 的信息熵还有多少，随机变量 X 信息增益（Information Gain）的定义为系统的总熵减去 X 的条件熵。它的意义是：在其他条件不变的前提下，把特征 X 去掉，系统信息量的减少。显然，IG 越大，证明它蕴含的信息越丰富，这个特征也就越重要。

• 卡方检验。卡方检验是一种统计量的分布在零假设成立时近似服从卡方分布（x^2 分布）的假设检验。在没有其他的限定条件或说明时，卡方检验一般指代的是皮尔森卡方检验。

2. 回归分析方法

（1）回归分析的概念。回归算法是试图采用对误差的衡量来探索变量之间的关系的预测算法。在预测/决策领域，人们说的回归有时候是指一类问题，有时候是指一类算法。常见的回归算法包括：最小二乘法（ordinary least square），逻辑回归（logistic re-

gression），逐步式回归（stepwise regression），多元自适应回归样条（multivariate adaptive regression splines），以及本地散点平滑估计（locally estimated scatterplot smoothing）。

（2）常见的回归分析方法。有以下两种方法：

• 线性回归。线性回归就是拟合出一条直线最佳匹配所有的数据。一般使用“最小二乘法”来求解。“最小二乘法”的思想是：假设我们拟合出的直线代表数据的真实值，而观测到的数据代表拥有误差的值，为了尽可能减小误差的影响，需要求解一条直线使所有误差的平方和最小。最小二乘法将最优问题转化为求函数极值问题。在求函数极值的问题上，一般会采用令导数为 0 的方法。但这种做法并不适合计算机，可能求解不出来，也可能计算量太大。

• 逻辑回归。逻辑回归是一种与线性回归非常类似的算法，但是，从本质上讲，线性回归处理的问题类型与逻辑回归不一致。线性回归处理的是数值问题，也就是最后预测出的结果是数字，例如房价。而逻辑回归属于分类算法，也就是说，逻辑回归预测结果是离散的分类，例如判断这封邮件是否是垃圾邮件，以及用户是否会单击此广告等。

3. 分类分析方法

（1）分类分析的概念。在对数据集分类时，我们是知道这个数据集有多少种类的，比如对一批零件进行产品质量分类，我们会下意识地将其分为“合视频讲解格”与“不合格”产品。常用的分类方法包括单一的分类方法，如决策树、贝叶斯分类算法、人工神经网络、k-近邻方法、支持向量机和基于关联规则的分类等，以及用于组合单一分类方法的集成学习算法，如 Bagging（引导聚集算法）和 Boosting（提升方法）等。

（2）常见的分类分析方法。有以下七种方法：

• 决策树。决策树是用于分类和预测的主要技术之一，决策树学习是以实例为基础的归纳学习算法，它着眼于从一组无次序、无规则的实例中推理出以决策树表示的分类规则。构造决策树的目的是找出属性和类别间的关系，用它来预测将来未知类别记录的类别。它采用自顶向下的递归方式，在决策树的内部节点进行属性的比较，并根据不同属性值判断从该节点向下的分支，在决策树的叶节点得到结论。

• 贝叶斯分类算法。贝叶斯（Bayes）分类算法是一类利用概率统计知识进行分类的算法，如朴素贝叶斯（naive Bayes）算法。这些算法主要利用 Bayes 定理来预测一个未知类别的样本属于各个类别的可能性，选择其中可能性最大的一个类别作为该样本的最终类别。

• 人工神经网络。人工神经网络（artificial neural networks，ANN）是一种应用类似于大脑神经突触连接的结构进行信息处理的数学模型。在这种模型中，大量的节点（或称神经元、单元）之间相互连接构成网络，即“神经网络”，以达到处理信息的目的。神经网络通常需要进行训练，训练的过程就是网络进行学习的过程。训练改变了网络节点的连接权的值使其具有分类的功能，经过训练的网络就可用于对象的识别。

• k-近邻方法。k-近邻方法是一种基于实例的分类方法。该方法的原理就是找出与未知样本距离最近的 k 个训练样本，看这 k 个样本中多数属于哪一类，就把归为哪一类。k-近邻方法是一种懒惰学习方法，它存放样本，直到需要分类时才进行分类，如果样本集比较复杂，可能会导致很大的计算开销，因此无法应用到实时性很强的场合。

• 支持向量机。支持向量机是 Vapnik 根据统计学习理论提出的一种新的学习方法，它的最大特点是根据结构风险最小化准则，以最大化分类间隔构造最优分类超平面来提高学习机的泛化能力，较好地解决了非线性、高维数、局部极小点等问题。对于分类问题，支持向量机算法根据区域中的样本计算该区域的决策曲面，由此确定该区域中未知样本的类别。

• 基于关联规则的分类。关联分类方法挖掘形如 condset-C 的规则，其中 condset 是项（或属性-值对）的集合，而 C 是类标号，这种形式的规则称为类关联规则（CARS，class association rules）。关联分类方法一般由两步组成：第一步用关联规则挖掘算法从训练数据集中挖掘出所有满足指定支持度和置信度的类关联规则；第二步使用启发式方法从挖掘出的类关联规则中挑选出一组高质量的规则用于分类。

• 集成学习。集成学习是一种机器学习范式，它试图通过连续调用单个的学习算法，获得不同的基学习器，然后根据规则组合这些学习器来解决同一个问题，可以显著地提高学习系统的泛化能力。组合多个基学习器主要采用（加权）投票的方法，常

见的算法有装袋（bagging）、提升/推进（boosting）等。集成学习由于采用了投票平均的方法组合多个分类器，所以有可能减少单个分类器的误差，获得对问题空间模型更加准确的表示，从而提高分类器的分类准确度。

4. 方差分析方法

（1）方差分析的概念。方差分析，又称变异数分析，用于两个及两个以上样本均数差别的显著性检验。由于各种因素的影响，研究所得的数据呈现波动状。造成波动的原因可分成两类：一是不可控的随机因素，二是研究中施加的对结果形成影响的可控因素。

（2）常见的方差分析方法。单因素方差分析：用来研究一个控制变量的不同水平是否对观测变量产生了显著影响；多因素方差分析：分析用来研究两个及两个以上控制变量是否对观测变量产生显著影响。其中，多因素方差分析不仅能够分析多个因素对观测变量的独立影响，更能够分析多个控制因素的交互作用能否对观测变量的分布产生显著影响，进而最终找到利于观测变量的最优组合。

5. 时序分析方法

（1）时序分析的概念。按照时间的顺序把随机事件变化发展的过程记录下来就构成了一个时间序列。对时间序列进行观察、研究，找寻它变化发展的规律，预测它将来的走势就是时间序列分析。

（2）常见的时序分析方法。分以下四种方法：

• 趋势外推预测技术。依据过去已有大量数据的互相之间关联性整体趋势作用，一般会以相同或相类似的方式变化，当有新变量或新干扰项加入时，则将来的趋势会因此而改变。趋势外推预测技术有多种，如皮尔曲线模型以及季节性和线性/双指数趋势等预测模型。

• 回归预测技术。回归预测技术是以历史数据为基础，通过回归分析搭建预测数据和历史数据间桥梁，并设立回归方程式的一种计量经济学预测方法。当预测问题的因变量是单一确定和存在单/多个独立变量联系时，回归分析技术便囊括了多种解决变量的建模以及分析方法。

• 灰色预测技术。此技术主要针对存在不确定因素的变量数据，并对未来数据进行预测方法，它是一类应用在小样本数据的较为普遍的模型，能够辨别不同因素间的差异并进行相关性分析，寻找到各数据间的稳态变化趋势，有效避免了因概率统计学方法必须获取大量数据的不足。

• 时间序列预测技术。时间序列预测技术主要有两大类，即确定型时间序列预测方法和随机型时间序列预测方法。前者是依据历史数据的特征来预测将来数据的特征，是对过去数据的一种确定型的预测方法。后者将预测对象看成无规律的随机过程，通过构造数学模型来预测数据。此方法与回归预测技术方法的本质区别在于：型时间序列预测方法的自变量是无规律随机变量，而回归预测技术的自变量是可控制变量。目前时间序列预测技术有多种模型，如自回归模型（AR）、自回归移动平均模型（ARMA）以及基础模型的变异等。

三、工业大数据可视化技术

1. 主要组织类型

（1）科学可视化。科学可视化是数据可视化中的一个应用领域，主要关注空间数据与三维现象的可视化，包含气象学、生物学、物理学、农学等，重点在于对客观事物的体、面、光源等方面的逼真渲染。

（2）信息可视化。信息可视化是一个跨学科领域，旨在研究大规模非数值型信息资源的视觉呈现（如软件系统之中众多的文件或者一行行的程序代码）。通过利用图形图像方面的技术与方法，帮助人们理解和分析数据。

（3）可视化分析。可视化分析是一个多学科领域，是科学可视化与信息可视化领域发展的产物侧重于借助交互式的用户界面而进行的分析与推理。

2. 基础数据模型

（1）统计型数据。统计数据是统计工作活动过程中所取得的数字资料以及与之相联系的其他资料的总称，统计数据是对现象进行测量的结果。

（2）关系型数据。关系型数据是以关系数学模型来表示的数据，关系数学模型中以二维表的形式来描述数据。

（3）时空型数据。由于时空数据所在空间的空间实体和空间现象在时间、空间和

属性三个方面具有固有特征，并呈现出与语义、时空动态多维关联的复杂性，因此，需要研究时空大数据多维关联的形式化表达、关联关系动态建模、多尺度关联分析方法。时空大数据会提供快速、准确关联约束。

（4）文本型数据。文本型数据指的是 TXT 等文本型的数据，数值型数据 32 与数字文本 32 的区别：前者可进行算术计算，后者只表示字符“32”。

3. 实验——数据相关性分析实验

实验目的：

- 熟悉以相关性分析方法为代表的工业大数据分析技术原理。
- 提高 C++或 python 编程能力，实现数据相关性分析算法的编写。
- 深入理解各相关性分析方法特点及其适用的数据特点及场景。

实验原理：相关性分析包括方差、相关系数、互信息等多种方法，原理如下。

首先，协方差用来衡量两个变量的总体误差。如果两个变量的变化趋势一致，协方差就是正值，说明两个变量正相关。如果两个变量的变化趋势相反，协方差就是负值，说明两个变量负相关。如果两个变量相互独立，那么协方差就是 0，说明两个变量不相关。

其次，相关系数是反应变量之间关系密切程度的统计指标，相关系数的取值区间在 1 到−1 之间。1 表示两个变量完全线性相关，−1 表示两个变量完全负相关，0 表示两个变量不相关。数据越趋近于 0 表示相关关系越弱。

再次，互信息是信息论里一种有用的信息度量，两个随机变量的互信息是变量间相互依赖性的量度。不同于相关系数，互信息并不局限于实值随机变量，它决定着联合分布 p(X，Y) 和分解的边缘分布的乘积 p(X)p(Y) 的相似程度，互信息是度量两个事件集合间的相关性。

实验内容：用 C++或 python 等编程工具编写协方差、相关系数、互信息的程序代码，通过三种分析方法分别实现数据间的相关性分析，找出数据中的关键特征参数并对参数的有效性进行验证，最后，在实验报告中写出主要的分析过程、分析结果以及各主要程序片段的功能和作用。

实验步骤：以鸢尾花数据为对象（数据来源：http://archive. ics. uci. edu/ml/datasets/Iris)，仔细研究和审查数据，进行初步的数据预处理工作；根据协方差公式编写对应代码，进行特征与标签间的相关性分析，对特征的重要程度进行排序，筛选出前20%的重要特征；根据皮尔逊相关系数计算公式编写对应代码，同样进行特征与标签间的相关性分析，对特征的重要程度进行排序，筛选出前20%的重要特征；根据互信息计算公式编写对应代码，计算特征与标签间的相关性分析并对特征的重要程度进行排序，筛选出前20%的重要特征；分别以上述三种方法所提取出的重要特征作为基础，建立简单的人工神经网络模型并进行模型训练，对所筛选的特征进行有效性验证，得出在这三种相关性分析方法中针对该数据集最有效的数据相关性分析方法。

4. 常见可视化形式

（1）文本可视化。将互联网中广泛存在的文本信息用可视化的方式表示，能够更加生动地表达蕴含在文本中的语义特征，如逻辑结构、词频、动态演化规律等。文本可视化类型，除了包含常规的图表类，如柱状图、饼图、折线图等表现形式，在文本领域用得比较多的可视化类型主要有以下三种：基于文本内容的可视化，基于文本关系的可视化，基于多层面信息的可视化。

（2）网络可视化。网络可视化通常是展示数据在网络中的关联关系，一般用于描绘互相连接的实体，例如社交网络。腾讯微博、新浪微博等都是目前网络上较为出名的社交网站。社交网络图侧重于显示网络内部的实体关系，它将实体作为节点，一张社交网络图可以由无数的节点组成，并用边连接所有的节点。通过分析社交网络图可以直观地看出每个人或是每个组织的相互关系。

（3）空间信息可视化。空间信息可视化是指运用计算机图形图像处理技术，将复杂的科学现象和自然景观及一些抽象概念图形化的过程。空间信息可视化常用地图学、计算机图形图像技术，将地学信息输入、查询、分析、处理，采用图形、图像，结合图表、文字、报表，以可视化形式，实现交互处理和显示的理论、技术和方法。

5. 案例——工业大数据可视化在生产智能监控中的应用

当前，新一轮科技革命和产业变革与我国加快转变经济发展方式形成历史性交汇，国际产业分工格局正在重塑。航空领域是中国发展智能制造的重要领域，为了紧紧抓住这一重大历史机遇，位于上海浦东的C919高自动化部装车间中，全数字化的飞机制

造生产线已经建成。在飞机制造过程中，通过采集海量的制造数据，再将这些数据进行传输、存储、分析和可视化，如图3-15所示，将有助于飞机制造过程中的运行上优化，从而提升车间的智能化水平。

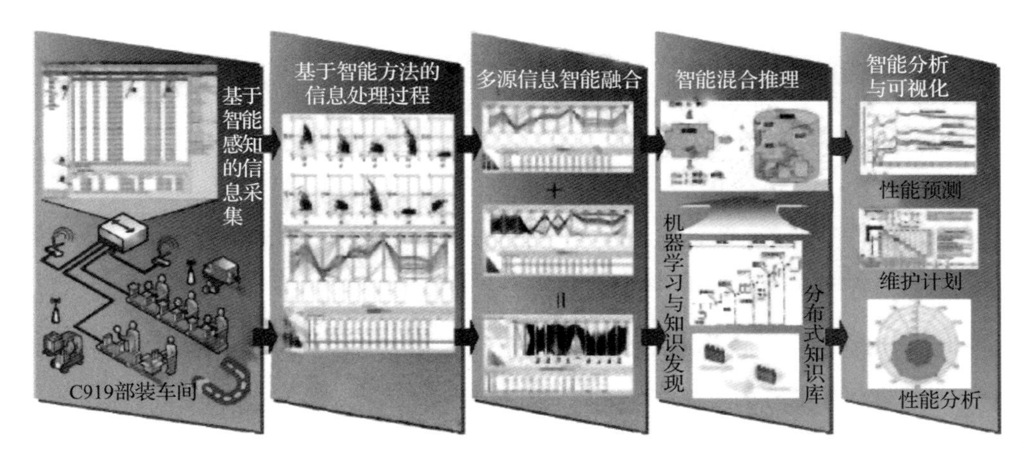

图3-15 智能车间运行优化路线图

在整个智能车间运行优化中，数据的采集、处理和可视化是其中的基石。本项目紧密围绕C919部装车间的智能设备、智能工位与智能产线，重点研究多种类设备、多数据来源、多数据结构耦合情况下的数据采集、存储和可视化技术，为C919部装车间的智能化打好坚实的数据基础。本项目研究的数据包括生产进程AO数据、设备实时状态数据、设备报警历史数据、产品质量数据、生产基础数据。围绕着C919部装车间，项目细分为自动化生产线数据采集及管理、机翼位姿监控、生产进程可视化监控三部分展开。

其中，生产线监控主要是在信息采集的基础上实现数据的集成和重构，并实现有效的管理，为生产现场可视化监控和设备管理提供实时的、可靠的数据基础。中国商飞公司共建设了平尾生产线、中央翼生产线、中机身生产线、机身对接及全机对接生产线四条生产线，围绕四条生产线的数据采集要求，针对不同的设备采用不同的数据采集方法。针对全机对接生产线的Simotion（西门子运动控制系统）和其他生产线的PLC（可编辑逻辑控制器）的特性，采用不同的OPC数据采集方式对PLC和Simotion分别进行数据采集，并在此基础上对工位生产进程设计可视化界面，全方位动态显示

实时生产状态及进程，如图 3-16 所示。

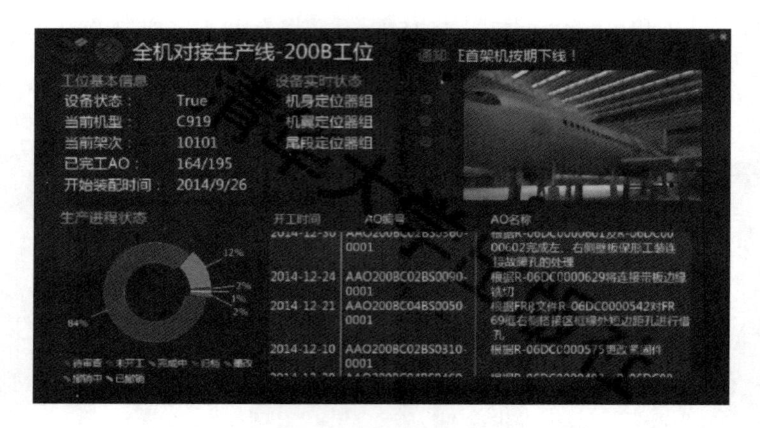

图 3-16　200B 工位生产进程可视化界面

本章思考题

1. 什么是工业大数据？具有哪些特征？与其他大数据的区别是什么？
2. 物联网技术的系统组成及结构是什么？各部分功能有哪些？
3. 常见的工业大数据处理技术有哪些？对应常用方法包括哪些？
4. 数据库类型及其对应含义是什么？
5. 数据主题仓库的四大特点是什么？
6. 什么是数据集成？
7. 工业大数据主流计算框架包括哪些？含义分别是什么？
8. 常见的工业大数据分析技术有哪些？

第四章
工业人工智能

工业人工智能是一门严谨的系统科学，它专注于开发、验证和部署各种不同的机器学习算法，以实现具备可持续性能的工业应用。工业人工智能是一种系统化的方法和规则，它为工业应用提供解决方案，并且将学术界研究人工智能的成果与工业应用连接起来的桥梁。工业人工智能旨在定义发展智能制造系统的需求、挑战、技术和方法的有序思维策略，从业者可依照此系统性指南制定工业人工智能发展与部署的策略。

工业人工智能目前在制造流程中主要完成三项工作：运行工况多元信息的感知和认知；工作运营层、生产层、运行层的协同决策；以企业综合生产指标优化为目标自动协同控制装备的控制系统。目前，有几个关键技术要解决：一是关键技术复杂的工业环境下运行工况多尺度，多元信息的智能感知和识别技术；二是复杂的工业环境下基于5G多元信息的快速可靠的传输技术；三是系统辨识与深度学习相结合的智能建模，动态仿真和可视化的技术；四是关键工艺参数和生产指标的预测和转化技术；五是人机合作的智能优化决策技术，特别是结果端、边、云协同实现智能算法的技术。攻克了这些技术，工业将发生革命性的改变。

- **职业功能：** 智能制造共性技术运用
- **工作内容：** 运用智能赋能技术
- **专业能力要求：** 能运用工业人工智能智能赋能技术，解决智能制造相关单元模块的工程问题
- **相关知识要求：** 工业人工智能技术基础；数据采集、处理技术与应用

第一节　工业智能基础

考核知识点及能力要求：

- 了解智能、人工智能、工业智能的定义。
- 了解人工智能的发展沿革和发展路径。
- 了解弱人工智能、强人工智能和超人工智能的含义。
- 了解符号智能、连接智能和行动智能的含义。
- 了解商业智能和工业智能的区别和联系。

掌握人工智能的基本概念是应用工业人工智能的基础。随着人工智能不断地推动着工业人工智能制造的进步，熟悉人工智能的基础知识、了解工业人工智能应用需求是智能制造工程技术人员必须掌握的能力。

一、工业人工智能的定义

工业人工智能也称工业 AI，在业界也称工业智能。本章将采用工业智能这个简称，特此说明。

智能：智能是知识和智力的总和，智能是指事物在网络、大数据和物联网等技术的支持下，所具有的能满足人的各种需求的属性[50]。

人工智能：即 Artificial Intelligence，缩写为 AI。它是研究、开发用于模拟、延伸和扩展人的智能的理论、方法、技术及应用系统的一门新的技术科学，它生产出一种新的能以人类智能相似的方式做出反应的智能机器[50]。

工业智能：工业智能是人工智能技术与工业融合发展形成的，贯穿于设计、生产、管理、服务等工业领域各环节，可实现模仿或超越人类感知、分析、决策等能力的技术、方法、产品及应用系统[51]。

二、人工智能的发展沿革、发展路径

总体来看，从人工智能概念诞生至今，历经了三个发展阶段和六个发展。

1. 发展阶段

人工智能的发展阶段有 3 个，参见图 4-1。

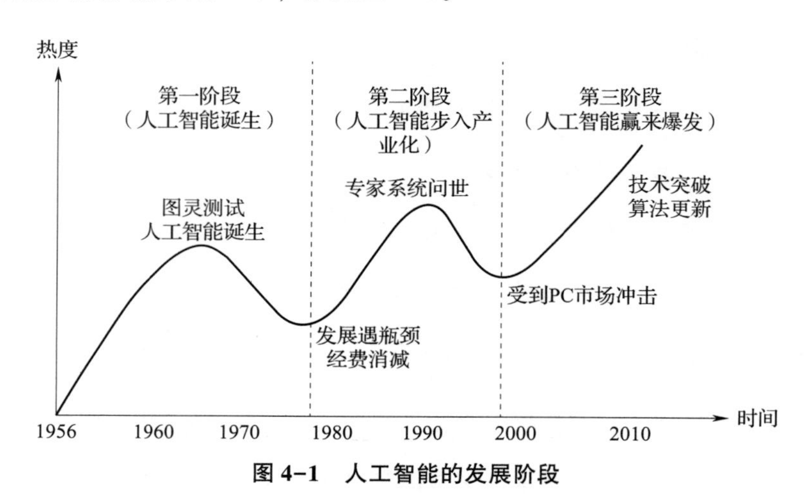

图 4-1　人工智能的发展阶段

萌芽阶段：基于规则的专家系统时代

20 世纪 80 年代，规则型专家系统逐渐成熟，其通过归纳已有知识形成规则、解决问题，并成功应用于工业企业管控系统中，如美国车间调度专家系统 ISIS、日本新日铁 FAIN 专家系统等，实质上就是领域专家知识的固化和程序化执行[50]。

渗透阶段：基于统计的传统机器学习时代

20 世纪 90 年代至 21 世纪初被称为基于统计的传统机器学习时代。产生了统计学派、机器学习和神经网络等概念。

发展阶段：基于复杂计算的深度学习时代

21 世纪初至今为基于复杂计算的深度学习时代。这个时期，人工智能技术的发展

逐渐到可以解决实际问题并完全超越人类的程度。典型代表有：基于数据驱动的优化与决策、深度视觉质量检测；有助于解决行业性、全局性问题的工业知识图谱；人机协作等智能工业机器人广泛应用[50]。

2. 发展历程

人工智能的发展历程有 6 个重要时间节点，如图 4-2 所示。

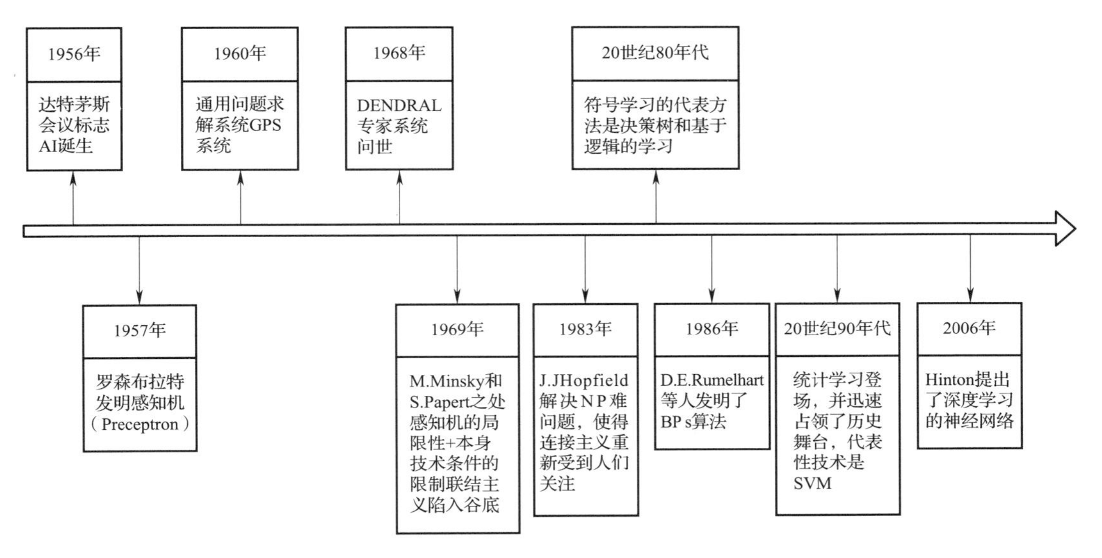

图 4-2　人工智能的发展路径

起步发展期：1956 年至 20 世纪 60 年代早期

人工智能的概念首次被提出后，一批突破性的成果在这个阶段陆续涌现，如机器定理证明、跳棋程序、通用问题、求解程序、LISTP 表处理语言等。该阶段的重要特征之一就是重视求解问题的途径和方法，而忽略了知识重要性[51]。

反思发展期：20 世纪 60 年代至 70 年代早期

专家系统出现使人工智能研究出现新高潮。DENDRAL 化学质谱分析系统、MYCIN 疾病诊断和治疗系统、PROSPECTIOR 探矿系统、Hearsay-Ⅱ语音处理系统等专家系统的研究和开发，将人工智能引向了实用化。

应用发展期：20 世纪 70 年代初至 80 年代中期

第五代计算机的研制使人工智能得到极大发展，虽然此计划最终失败，但它确实推动了当时人工智能的研究热潮[53]。

低迷发展期：20 世纪 80 年代中至 90 年代中期

1987 年，神经网络国际会议召开，各国在神经网络方面的投资逐渐增加，神经网络蓬勃发展起来。

稳步发展期：20 世纪 90 年代中至 2010 年

90 年代，人工智能出现新的研究高潮。由于网络技术的发展，人工智能不仅研究基于网络环境下的分布式人工智能，而且研究多个智能主体的多目标问题求解。

蓬勃发展期：2011 年至今

随着信息技术的发展，以深度神经网络为代表的人工智能技术飞速发展，图像分类、人机对弈、语音识别、无人驾驶等技术实现了从“不能用、不好用”到“可以用”的技术突破。

三、人工智能的分类

事实上，人工智能的概念很宽，种类也很多，按照智能程度、实现途径、应用领域可划分为以下几种。

1. 按智能程度划分

（1）弱人工智能（ANI，Artificial Narrow Intelligence）。弱人工智能指的是专注于解决特定领域问题的人工智能。我们看到的所有人工智能算法和应用都归于该领域，如 AlphaGo、Siri、FaceID 等[54]。

（2）强人工智能（AGI，Artificial General Intelligence）。强人工智能观点认为有可能制造出真正能推理和解决问题的智能机器，并且这样的机器将被认为是有知觉的，有自我意识的。

（3）超人工智能（ASI，Artificial Super Intelligence）。超人工智能会像人类一样可以通过各种采集器、网络进行学习，进行多次升级迭代。其智能水平会完全超越人类。

2. 按智能实现途径划分

（1）符号智能。符号主义（Symbolicism）原理主要为物理符号系统（即符号操作系统）假设和有限合理性原理。

（2）连接智能。连接主义（Connectionism）原理为神经网络和神经网络间的连接

机制与学习算法，是一种利用大量数学模型来对人类认知进行研究的方法，它们通常以高度互联、类似于神经元的处理单元的形式存在。

（3）行动智能。行为主义（Actionism）原理为控制论及感知-动作型控制系统。

3. 按应用领域划分

（1）商业智能。商业智能（Business Intelligence，BI）又称商业智慧或商务智能，指用现代数据仓库技术、线上分析处理技术、数据挖掘和数据展现技术进行数据分析以实现商业价值。商业智能是一套完整的解决方案，对企业中现有的数据进行有效整合后快速准确地提供报表并提出决策依据，帮助企业做出有效的业务经营决策。

（2）工业智能。工业智能（Industrial Intelligence）本质是通用人工智能技术与工业场景、机理、知识结合，实现设计模式创新、生产智能决策、资源优化配置等创新应用，以适应变幻不定的工业环境，并完成多样化的工业任务。

第二节　工业智能的技术体系与技术要素

考核知识点及能力要求：

• 了解工业智能的支撑技术，包括几何与动力学仿真技术、可视化技术和数字孪生技术。

• 了解工业智能的使能技术，包括工业大数据技术和工业互联网技术。

• 了解工业智能的算法技术，包括搜索技术、推理技术、规划技术和学习技术。

• 熟悉工业智能的基本模型，包括线性判别模型、人工神经网络、朴素贝叶斯模型、决策树模型、KNN 算法、SVM 算法和 logistic 回归模型。

• 熟悉机器学习中的监督学习、无监督学习、强化学习方法。

• 熟悉生产过程监控场景知识图谱和数控机床健康状态监测场景知识图谱。

• 掌握工业智能模型构建的基本流程，包括问题需求分析、数据采集、数据清洗与特征选择、训练模型与调优、模型诊断、模型融合、上线部署。

• 掌握工业智能模型算法应用，包括分类算法应用、回归算法应用、聚类算法应用、强化学习算法应用。

工业智能的技术体系与技术要素是工业人工智能的重要方法和模型，采用工业智能典型算法如机器学习和知识图谱等技术，对海量工业数据进行数据挖掘和分析，是智能制造工程技术人员的必备技能。

一、工业智能的技术体系

工业智能的技术体系是指解决工业领域不确定性问题的智能化方法所需的技术类别的总体，通常包括支撑技术、使能技术、算法技术三大类。

1. 支撑技术

工业智能的支撑技术是指人工智能技术的解决工业领域问题所需的基础性技术。这里仅列出工业智能领域当今较为关注的与仿真和可视化相关的技术。

（1）几何与动力学仿真技术。多体动力学仿真是以计算机辅助的方法对多体系统进行数字化模拟的技术。

（2）可视化技术。可视化（Visualization）是利用计算机图形学和图像处理技术，将数据转换成图形或图像在屏幕上显示出来，并进行交互处理的理论、方法和技术[56]。

（3）数字孪生技术。数字孪生是充分利用物理模型、传感器更新、运行历史等数据，集成多学科、多物理量、多尺度、多概率的仿真过程，在虚拟空间中完成映射，从而反映相对应的实体装备的全生命周期过程[57]。

2. 使能技术

工业智能的使能技术是指为实现工业领域智能化的共性技术。

（1）工业大数据技术（详见工业大数据）。工业大数据是指在工业领域中，围绕典型智能制造模式，从客户需求到销售、订单、计划、研发、设计、工艺、制造、采购、供应、库存、发货和交付、售后服务、运维、报废或回收再制造等整个产品全生命周期各个环节所产生的各类数据及相关技术和应用的总称[58]。

工业大数据技术是挖掘和展现工业大数据价值的一系列技术与方法，包含数据规划、采集、预处理、存储、分析挖掘、可视化和智能控制等，其本质目标就是从复杂的数据集中发现新的模式与知识，挖掘得到有价值的新信息，从而促进制造型企业创新产品、提升经营水平和生产运作效率以及拓展新型商业模式。

大数据是制造业提高核心能力、整合产业链和实现从要素驱动向创新驱动转型的有力手段。从企业战略管理的视角可看出，大数据及相关技术与企业战略之间的三种主要关系如下（参见图 4-3）。

①大数据与企业战略能力。大数据可以用于提升企业的运行效率。

②大数据与价值链。大数据及相关技术可以帮助企业扁平化运行、加快信息在产品生产制造过程中的流动。

③大数据与制造模式。大数据可用于帮助制造模式的改变，形成新的商业模式如自动化生产、个性化制造、网络化协调及服务化转型等。

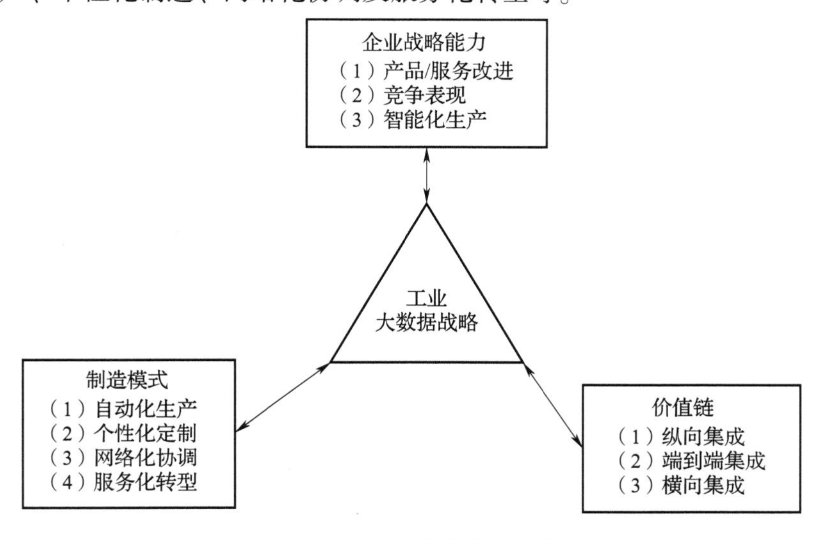

图 4-3 工业大数据战略作用

（2）工业互联网技术。工业互联网（Industrial Internet）的本质和核心是通过工业互联网平台把设备、生产线、工厂、供应商、产品和客户紧密地连接融合起来，帮助制造业拉长产业链，形成跨设备、跨系统、跨厂区、跨地区的互联互通，从而提高效率，推动整个制造服务体系智能化。

工业互联网的精髓包括以下三方面。

①智能机器。其用新方法通过先进的传感器、控制器和软件应用程序连接现实世界中的机器、设备、团队和网络。

②高级分析。其使用基于物理的分析预测算法、自动化和材料科学、电气工程及其他关键学科的专业知识来理解机器与大型系统的运作方式。

③工作人员。建立员工之间的实时连接，连接各种工作场所的人员，以支持更智能的设计、操作、维护以及高质量的服务与安全保障[60]。

工业互联网通过智能机器间的连接并最终将人机连接，结合软件和大数据分析，重构全球工业、激发生产力，让世界更美好、更快速、更安全、更清洁且更经济[61]。

3. 算法技术

工业智能的算法技术是指对数据（时序数据、图像/视频、知识图谱）进行搜索、推理等实现分类表征、关联关系表征、特征挖掘等数学模型技术。

（1）搜索技术。搜索算法是利用计算机的高性能来穷举一个问题解空间的部分或所有的可能情况，从而求解的一种方法。在搜索前，根据条件降低搜索规模；根据问题的约束条件进行剪枝；利用搜索过程中的中间解，避免重复计算这几种方法进行优化[62]。

（2）推理技术。智能程序所使用的知识方法和策略应较少地依赖于知识的具体内容。因此，通常的程序系统中都采用推理机制与知识相分离的典型体系结构。这种结构通过模拟人类思维的一般规律来使用知识[63]。

（3）规划技术。规划算法包括机器人运动规划、离散空间规划等，能够将来自人类任务的高层次技术要求转换成如何移动机器人的低层次描述。

（4）学习技术。学习技术是人工智能的核心，是使计算机具有智能的根本途径，专门用于研究计算机怎样模拟或实现人类的学习行为，以获取新的知识或技能，重新

组织已有的知识结构使之不断改善自身的性能[64]。

二、工业智能技术要素

这部分介绍了工业智能的基本模型和工业智能的两种典型算法。

1. 工业智能的基本模型

工业智能模型中有许多种不同方法可以用来解决分类和回归问题。然而，每种模型都源自于不同的算法，在不同的数据集上的表现也各不相同。在此基础上，应对每种模型的算法模式进行简要总结，以帮助读者找到适合特定问题的解决方法。

（1）线性判别分析[74]。线性判别分析是一种经典的线性学习方法，其思想如下：给定训练集，设法将样本投影到一条直线上，使得同类样本的投影点尽可能接近，而异类样本的尽可能远；在对新样本进行分类时，将其投影到同样的直线上，再根据投影点的位置来确定新样本的类别。

（2）人工神经网络[65]。人工神经网络（ANN，Artificial Neural Network）从信息处理角度对人脑神经元网络进行抽象，按不同的连接方式组成不同的网络。神经网络是一种运算模型，由大量的节点（或称神经元）之间相互连接构成。每个节点代表一种特定的输出函数，称为激励函数（activation function）。每两个节点间的连接都代表一个对于通过该连接信号的加权值，称之为权重，这相当于人工神经网络的记忆。网络的输出则依网络的连接方式、权重值和激励函数的不同而不同。

（3）朴素贝叶斯模型[66]。朴素贝叶斯法是基于贝叶斯定理与特征条件独立假设的分类方法。最为广泛的两种分类模型是决策树模型（Decision Tree Model）和朴素贝叶斯模型（NBM，Naive Bayesian Model）。两者相比，朴素贝叶斯分类器（Naive Bayes Classifier或NBC）源于古典数学理论，有坚实的数学基础和稳定的分类效率。同时，贝叶斯模型算法比较简单，对缺失数据不太敏感，所需估计的参数很少。理论上，贝叶斯模型假设属性之间相互独立，与其他分类方法相比具有最小的误差率。但这个假设在实际中往往是不成立的，这在一定程度上影响了贝叶斯模型的分类效果。

朴素贝叶斯模型的优点是：在小规模数据集上表现良好，适合多分类任务，适合增量式训练；缺点是：对输入数据的表达形式敏感。

（4）决策树模型[66]。决策树是一种能帮助决策者进行序列决策分析的有效工具，其方法是将问题中有关策略、自然状态、概率及收益值等通过线条和图形用类似于树状的形式表示出来。决策树模型通常以最大收益期望值或最低期望成本作为决策准则，通过图解方式求解在不同条件下各类方案的效益值，然后通过比较做出决策。

决策树模型的优点是：视觉上非常直观，而且容易解释；对数据的结构和分布不作任何假设；挖掘变量间的相互作用。缺点是：深层的决策树从视觉上和内容上都比较难理解；决策树容易因过分微调于样本数据而失去稳定性和抗震荡性；对样本量的需求比较大。

（5）KNN 算法[67]。KNN 即最近邻算法，核心思想是如果一个样本在其特征空间中，有 k 个最相邻的样本，其中大多数属于某一个类别，则该样本也属于这个类别，并具有这个类别上样本的特性。

该方法在确定分类决策上只依据最邻近的一个或者几个样本的类别来决定待分样本所属的类别。由于 KNN 方法主要靠周围有限的邻近的样本，而不是靠判别类域的方法来确定所属类别的，因此对于类域的交叉或重叠较多的待分样本集来说，KNN 方法较其他方法更为适合。

KNN 算法的优点为：简单，无须训练；理论成熟，在分类和回归问题中均适用；可用于非线性分类。缺点为：计算量大；样本不平衡问题；需要大量的内存；可理解性差，无法给出像决策树那样的规则。

（6）SVM 算法[68]。支持向量机（SVM，Support Vector Machine）是一类按监督学习方式对数据进行二元分类的广义线性分类器，其决策边界是对学习样本求解的最大边距超平面。

SVM 算法的优点是：可用于线性和非线性分类，也可以用于回归；低泛化误差；容易解释；计算复杂度较低。缺点是：对参数和核函数的选择比较敏感；原始的 SVM 只比较擅长处理二分类问题。

（7）logistic 回归模型[69]。logistic 回归模型是一种广义的线性回归分析模型，常用于数据挖掘、疾病自动诊断、经济预测等领域。Logistic 回归模型的适用条件如下。

①因变量为二分类的分类变量或某事件的发生率，并且是数值型变量。需要注意

其不适用于重复计数现象指标。

②残差和因变量都要服从二项分布。略。

③自变量和 Logistic 概率是线性关系。略。

④各观测对象间相互独立。略。

logistic 回归模型的优点是：实现简单，计算量非常小，速度很快，存储资源低。缺点是：容易欠拟合，准确度不太高；能处理二分类问题（在此基础上衍生出来的 softmax 可以用于多分类），且必须线性可分。

2. 工业智能典型算法——机器学习简介

机器学习是一门从数据中研究算法的多领域交叉学科，研究计算机如何模拟或实现人类的学习行为，根据已有的数据或以往的经验进行算法选择、构建模型，预测新数据，并重新组织已有的知识结构，使之不断改进自身的性能。它是工业智能在工业领域应用的主流技术，是人工智能在工业场景应用最广最深的技术[70]。

机器学习技术根据其学习特性可分为三种模式：监督学习、无监督学习和强化学习。这是机器学习最基础的分类，其他的学习算法都是在基于这三种模式演变组合而来的[71]。

（1）监督学习。监督学习是根据已有的数据集，分析输入和输出结果之间的关系，根据这种关系训练得到一个最优的模型，即在监督学习中的训练数据是有标签的。监督学习的目的就是通过许多有标签的样本，学习从输入到输出的映射关系，并且输出的正确值已经提供，可对新的数据做出预测。监督学习问题一般分为分类和回归两大问题，这两者之间的区别在于分类问题需要预测的值是一个离散值，而回归问题需要预测的值是连续值。

监督学习是训练神经网络和决策树的常见技术，这两种技术高度依赖事先确定的分类系统给出的信息。常见的监督学习算法归纳见下表。

表 4-1　　监督学习算法

算法	类型	简介
朴素贝叶斯	分类	贝叶斯分类法通过预测一个给定的元组属于一个特定类的概率，来进行分类。
决策树	分类	决策树通过训练数据构建决策树，对未知的数据进行分类。

续表

算法	类型	简介
SVM	分类	支持向量机把分类问题转化为寻找分类平面的问题，并通过最大化分类边界点距离分类平面的距离来实现分类。
逻辑回归	分类	逻辑回归是用于处理因变量为分类变量的回归问题。
线性回归	回归	线性回归期望使用一个超平面拟合数据集。
回归树	回归	回归树（决策树的一种）通过将数据集重复分割为不同的分支而实现分层学习，分割的标准是最大化每一次分离的信息增益。
K 邻近	分类+回归	通过搜索 K 个最相似的实例（邻居）的整个训练集并总结那些 K 个实例的输出变量，对新数据点进行预测。
Adaboosting	分类+回归	从训练数据中学习一系列的弱分类器或基本分类器，然后将这些弱分类器组合成一个强分类器。
神经网络	分类+回归	从信息处理角度对人脑神经元网络进行抽象，建立某种简单模型，按不同的连接方式组成不同的网络。

（2）无监督学习[72]。无监督学习是指数据的输出结果未知，但可以通过聚类的方式从数据中提取一个特殊的结构来发现输入数据中的规律，无监督学习的训练数据没有相关的标签。无监督学习算法的目标是以某种方式组织数据，然后找出数据中存在的内在结构。它的目标不是告诉计算机怎么做，而是让计算机自己去学习怎样做事情。

无监督学习的方法分为两大类。

①基于概率密度函数估计的直接方法。指设法找到各类别在特征空间的分布参数，再进行分类。

②基于样本间相似性度量的简洁聚类方法。设法定出不同类别的核心或初始内核，然后依据样本与核心之间的相似性度量，将样本聚集成不同的类别。

有监督学习方法和无监督学习方法有以下不同点。

①有监督学习方法必须要有训练集与测试集，而无监督学习没有训练集。

②有监督学习的训练样本集必须由带标签的样本组成。无监督学习方法只有要分析的数据集的本身，预先没有什么标签。

③无监督学习方法在寻找数据集中的规律性。这种规律性并不一定要达到划分数据集的目的，比有监督学习方法的用途要广。

（3）强化学习。强化学习用于描述和解决智能体在与环境的交互过程中通过学习

策略以达成回报最大化或实现特定目标的问题[73]。

3. 工业智能典型算法——知识图谱简介

知识图谱是一种结构化语义知识库，用于以符号形式描述物理世界中的概念及其相互关系，其基本组成单位是“实体—关系—实体”三元组，实体间又通过关系互相连接，构成网状结构图谱[74]。图4-4是数控车床故障分析知识图谱，其中圆圈表示实体，实体间有箭头的连线表示关系。该图将数控车床故障分析的知识间的相互关系用图的方式可视化地呈现出来。

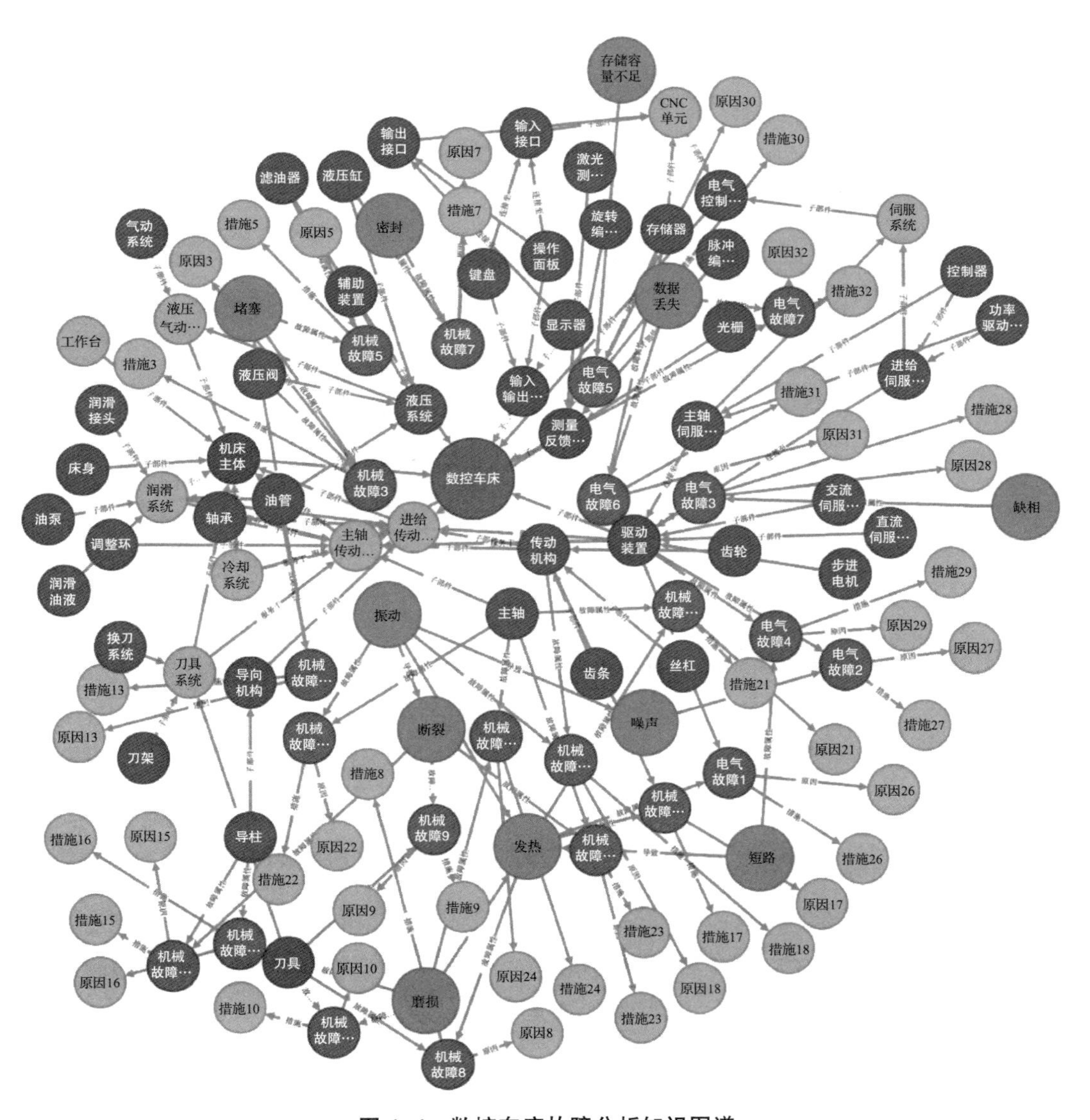

图4-4　数控车床故障分析知识图谱

知识图谱技术已经在搜索引擎、智能问答等互联网领域发挥了重要作用，同时也已经在多个领域如金融、电商、医疗等应用。在工业领域的应用近年才刚刚开始，下面简要介绍几个案例。

（1）生产过程监控场景知识图谱。基于知识图谱的过程监控系统的结构与流程如图 4-5 所示。与传统过程监控相比，基于知识图谱的过程监控主要有以下几种转变：①工艺变量与控制单元变量关联定义：基于知识图谱的过程监控系统使用图结构定义工艺变量、控制变量之间的关联关系；②异常搜索方式：基于知识图谱的过程监控可以依据知识图谱中定义的传感器之间的依赖关系，快速搜索定位异常工艺参数变量的所处位置；③控制粒度：基于知识图谱的过程监控可以精细化描述控制变量对工艺参数的影响，降低可控粒度，提高控制精度。

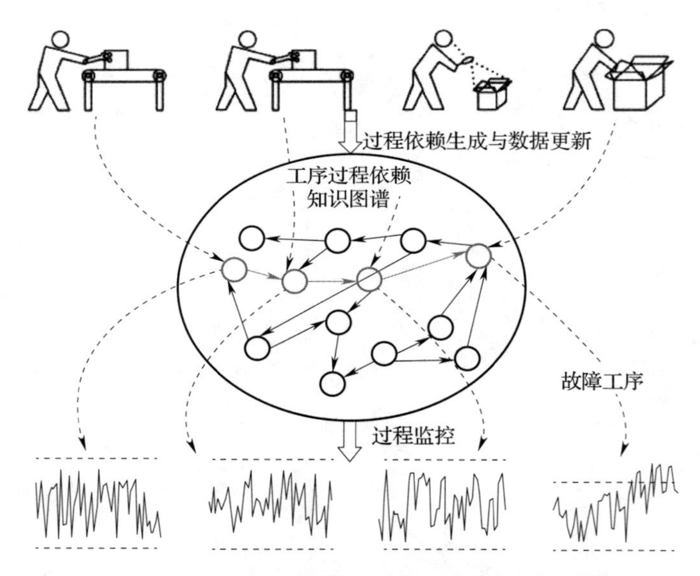

图 4-5　基于知识图谱的过程监控系统的结构与流程

（2）数控机床健康状态监测场景知识图谱。数控机床健康状态监测通常采用机床结构固有特性模态参数作为状态监测指标，基于知识图谱的机床监测状态监测方法如图 4-6 所示。通过知识图谱有效的关联机床结构上布置的不同传感器采集的响应数据，通过集成 OMA 模态参数辨识算法，实现工作条件下机床结构模态参数的自动辨识。然后，以固有频率特征的余弦相似度作为健康状态监测指标，实现机床长期状态监测。

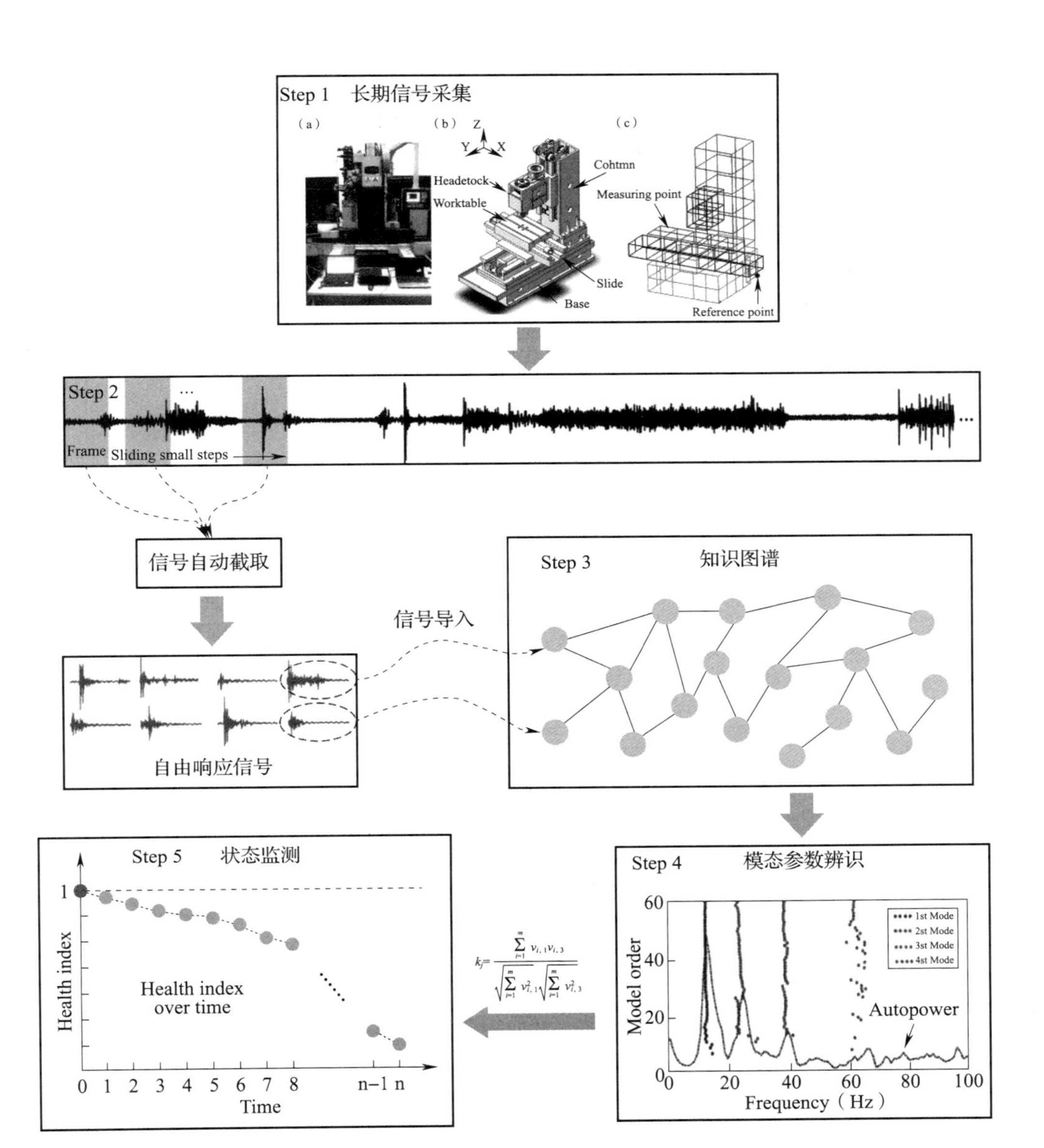

图 4-6　基于知识图谱的机床监测状态监测方法

三、工业智能模型构建流程及应用简介

包括工业智能模型构建的基本流程和工业智能模型算法应用的简介。

1. 工业智能模型构建的基本流程

当面对一个工业应用场景，在充分理解其解决问题需求后，一般工业智能模型构建的基本步骤如下（参见图 4-7）。

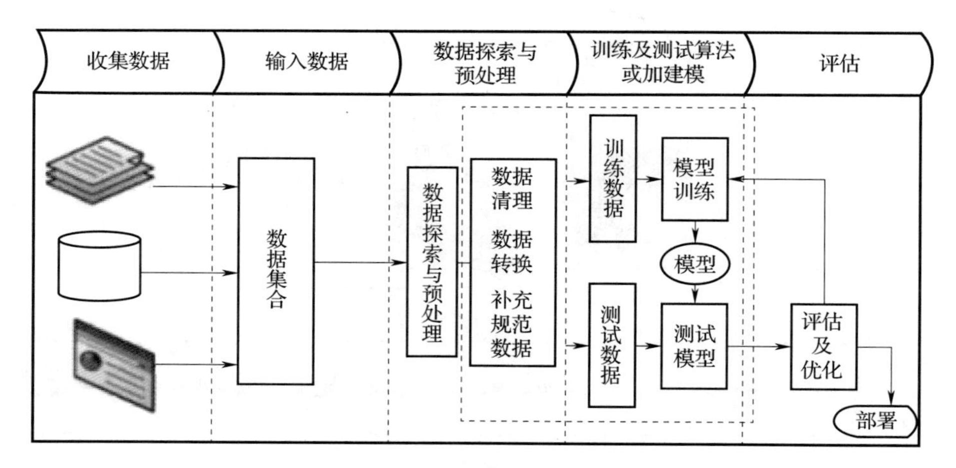

图 4-7　工业智能模型构建的基本步骤

（1）问题需求分析。问题需求分析是分析需求目标是属于工业智能的哪类问题。是分类问题？还是回归问题、聚类问题、优化问题？在确定问题类型后，就可以设计解决方案，并按解决方案实施。下面以机器学习方法解决上述问题为例，对工业智能模型构建的流程进行简要介绍。

（2）数据采集。首先根据领域知识和问题需求，决定采集数据的类型，包括时序数据（温度、振动、电流、电压等）、图像数据（视频、照片等），再根据需求选择传感器和数据数据采集点。数据是训练机器学习算法形成智能模型的输入，其数据的质量将直接影响模型质量，因此要求采集的数据除了要求有足够的规模外，数据的精确标记、数据多样性（即应用场景中的各类情况和状态的数据尽可能覆盖到）也是对数据采集的基本要求。

（3）数据清洗与特征选择。数据清洗是对数据进行重新审查和校验的过程，目的在于删除重复信息、纠正存在的错误，并提供数据一致性。特征选择是指从已有的 M 个特征中选择 N 个特征使得系统的特定指标最优化，是从原始特征中选择出一些最有效特征以降低数据集维度的过程[75]。

（4）训练模型与调优。现在很多算法都已经能够封装供人使用。但是真正需要考验水平的却还是如何调整这些算法的（超）参数，使得模型结果变得更加优良。这就需要我们对算法的基本原理有深入的理解，从而发现问题的根本要点，提出良好的调优方案。

（5）模型诊断。过拟合、欠拟合判断是模型诊断中重要的一步。过拟合的基本调

优思路是增加数据量，降低模型复杂度。欠拟合则是提高特征数量和质量，增加模型复杂度[76]。常见的诊断方法有交叉验证、绘制学习曲线等。诊断后的模型要进行调优，调优后的新模型须要再次诊断，这是一个反复迭代不断逼近的复杂过程，需要不断地尝试，进而最终达到最优状态。

（6）模型融合。模型融合后通常都能在一定程度上提升效果，而且效果很好。工程上提升算法准确度的主要方法是分别在模型特征清洗和预处理、不同的采样模式与模型融合上下功夫[77]。

（7）上线部署。模型在线上运行的效果直接决定模型的成败，不仅包括其准确程度、误差等，还包括其运行的速度（时间复杂度）、资源消耗程度（空间复杂度）、稳定性是否可接受。

2. 工业智能模型算法应用简介

（1）分类算法应用。在工业领域中有很多问题都可归结为分类任务。例如，制造过程中的故障监测和故障预测就是属于分类问题。一般制造过程中的故障少则几十种，多则上千种，如何根据相关的现象因素（即数据表达），通过机器学习算法，从足够的数据中学习各种故障特征？当学习训练完成后就得到了针对这种场景的故障分类模型，然后部署到工业现场，通过实时采集的数据，就可实现对故障监测和预测。对产品标识字符（含手写体字符）识别，及产品表面缺陷的检测等都是分类任务[78]。

（2）回归算法应用。回归分析是确定两种及以上变量间定量关系的方法，机器学习中的回归任务主要是对于连续值的预测[79]。例如，加工刀具磨损量的定量预测、设备健康管理中的寿命预测等。对 AGV 小车或移动机器人导航规划，可输入 AGV 小车或移动机器人上传感器数据，输出车轮转动的角度，使其前进时不会撞到障碍物或者偏离车道。

（3）聚类算法应用。聚类算法属于无监督学习，即仅需要采集的工况数据，不需要对所采集的工况数据进行标记（做标签），通过工况数据采用聚类算法进行学习训练，发现工况数据中特征分布的规律[80]。例如，滚动轴承是工业领域广泛采用的基础件，由于长期连续在不同工况下工作，其失效形式有很多类，如内外圈、保持架、钢珠都可能产生诸如疲劳剥落、磨损、烧伤等失效形式。对上述失效形式可采用聚类算法对其进行的在线识别。

（4）强化学习算法应用。强化学习算法主要用于优化任务。强化学习最成功的用是 AlphaGo 围棋上的应用，在工业领域有很多问题可归结为优化问题，如制造参数优化、制造工艺优化等。它与算法不同的是，它不需要大量工况数据，是一种试错优化的模式。典型应用有加工工艺参数的优化，例如在机械加工中新零件加工参数选择中、第一步是由有经验的工程师推荐、或根据刀具供应商推荐，通常这类推荐是一个范围；第二步是通过试加工优化得到最终的加工参数。强化学习算法可实现上述两步，可将试加工的参数大大减少，甚至完全取代。

第三节　工业智能的应用场景及面临问题

考核知识点及能力要求：

• 熟悉工业智能的离散制造工业场景和流程制造工业场景。

• 熟悉制造过程中的设计研发应用场景、生产过程应用场景、运营管理应用场景、制造服务应用场景。

• 了解工业智能应用面临的问题，包括实时性问题、泛化性问题、不可解释性问题。

熟悉制造工艺组织方式和制造过程主要环节的工业场景，掌握制造过程主要环节的工业场景，了解工业智能应用面临的问题，对保障制造过程的顺利进行有着重要的意义。

一、工业智能应用场景

工业领域的制造场景繁多。按产品类型和制造工艺组织方式上看，可分为流程制

造和离散制造；按制造类型上看，可以分为大批量制造和单件小批量制造；按制造过程的环节看，可分为设计、生产、管理和服务四大环节。

近年来，在上述工业场景中的各层级各环节，工业智能已基本都有渗透，其细分应用场景可达到数十种。工业智能主要是为不同类型的造行业在质量检测、供应链管理、现场监控、生产性服务等共性问题提供了面向其中复杂场景的解决方案。下面将从上述三个维度简要介绍工业智能的应用场景。

1. 制造工艺组织方式的工业场景

（1）工业智能的离散制造工业场景。离散制造是指生产的产品是由多个零件经过一系列并不连续的工序的生产而成的制造组织模式。典型的离散制造分布在机械制造、电子电器、航空航天、汽车船舶等行业[81]。

离散制造的产业链条较长，其制造组织模式由上下游配套的生产链、供应链形成生态体系。其中，生产环节是其重点，目前该环节自动化程度较高，按照订单需求进行设计生产，并提供后续服务，已经形成以市场为导向的成熟生产模式。然而由于市场变化、产品质量要求提高、交期越来越短等市场预期压力，导致其从产品研发设计、生产到服务全流程出现了众多新问题，这些问题采用传统方法解决的效果往往不理想或难以解决，而工业智能将是解决上述问题的新技术。下面简要介绍一下在设计、生产和服务场景的工业智能应用模式。

在研发设计场景，面对产品零部件数量多且来源复杂、质量管控严的情况，设计过程集成不高，数据往往是孤岛，人工重复性工作量大，开销高，效率低。目前的设计方式存在巨大缺陷，其对设计工具和系统的智能化程度有迫切需求。工业智能在产品设计中可通过机器学习、知识图谱、数字孪生等技术，提高产品研发仿真效率。例如，ANSYS 依托 MSE 专家，将机器学习用于材料分析，其相比于反复试验效果更好、改进更快、成本更低。华中科技大学在某小型零件机加工生产线的设计中，应用数字孪生技术进行虚拟调试，不仅大大缩短了设计周期，在后续的装配测试和系统联调中也大幅度减少了试错成本。

在制造生产场景，行业定制化程度越来越高，生产环节影响因素极多，对零件制造精度、效率以及质量在线检测等要求越来越高。部件和整机装配调试环节复杂度较高，对制造控制智能化、生产过程柔性化、质量和故障监控实时化等工业智能技术需求快速升高。在产品质量检测中，工业智能的机器视觉等技术可增强对生产质量的实时精准管控。

在制造服务场景，运维服务对反应性维护、预防性维护、预测性维护的快速性、精准性有了更高的要求，在当今物联网（IOT）+5G 高速发展的时代，远程运维已是发展大趋势，运维服务在走向高端化、智能化的过程中迫切需要工业智能支撑。在预测性维护场景中，可通过机器学习、专家系统等技术，实现装备异常提前诊断和维护，降低维修成本。

（2）工业智能的流程制造工业场景。流程制造是指生产的产品不间断地通过生产设备及一系列的加工装置，使原材料进行化学或物理变化，最终得到产品的制造组织模式[82]。

下面简要介绍一下安全环保管理、生产运营优化等场景的工业智能应用模式。

安全监控、能耗管理、排放控制一直是流程行业安环管理的重点，近年来企业面临较大安全环保政策压力越来越大，因此对采用工业智能技术解决上述问题的积极性也较高。在安全监控场景中，通过智能监控、图像识别等技术，来排查安全隐患，保证生产安全。

流程制造的产线设备价值量高，生产工艺耦合度高，采用传统方法提升生产效率、优化运营过程的难度大越来越大，急需在进一步提升全流程数字化基础上，应用工业智能技术解决上述问题。目前在工艺优化、设备监测、物流管理等场景的应用已取得初步成效。在工艺优化场景中，通过建立对生产流程数据实时采集，并采用工业智能技术，实时预测各工序完成状况，以期优化工业提高效率。例如，在某粘合剂制造公司，利用已有传感器和少量新增传感器对生产过程中每道工序的相关数据进行分析，实时预测各工序达标状况，据此实时调度优化生产过程，实现了热熔胶产线生产效率提升 15%、产品不良率下降 20%的良好效果。在设备监测场景中，通过数据采集、机器学习等手段，监测设备运行状态，实现预测性维护。例如，FeroLabs 利用机器学习处理监测传感器数据，实现了实时预测设备异常并实施预测性维护，每年可节省数百万美元的运维成本。在物流管理场景中，通过自动识别、智能控制等技术，实现全自

动智能仓库和物料流转，保证生产稳定运行。例如，宝钢建立无人仓库，通过 AI 自动识别入库板坯号，并通过激光扫描成像、测距、防摇、二维码生成等实现智能化仓储。

2. 制造过程主要环节的工业场景

制造过程主要环节主要有设计、生产、管理和服务四个环节，随着人们对个性化需求日益提高，对产品设计研发、生产过程、运营管理和制造服务的要求越来越高，因此，在制造全过程也需要工业智能技术为制造各环节赋能，解决许多复杂且不确定的问题。

（1）设计研发应用场景。在产品设计研发场景中，无论是结构设计还是软件设计，完全依靠设计工程师经验进行设计研发。然而，由于个性化和快速交付的高要求，通过积累经验应对产品的复杂性和许多参数不确定性，让设计工程师往往有点力不从心。近年来工业智能技术为设计工程师解决上述问题提供了帮助。其在解决个性化需求所带来的众多参数、众多方案的多维度评估选优问题方面取得了较好的效果。例如，UTC 联合技术研究中心依靠知识图谱解决多因素产品研发问题，将产品分解为不同的功能块，构建设计方案库，然后利用深度学习的复杂计算能力对其进行指标分析和方案评估，通过学习确定最佳设计方案。设计出的换热器重量减轻 20%，传热效率提高 80%，设计周期加快 9 倍，如图 4–8 所示。

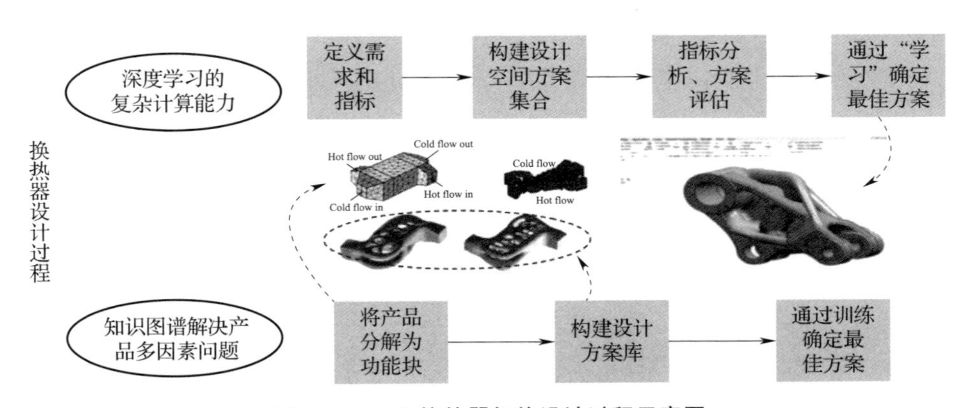

图 4–8 UTC 换热器智能设计过程示意图

在解决设计研发效率需求方面，除了上述方法外，数字孪生技术也将发挥较大作用。例如，华中科技大学数字孪生技术研发小组在设计一条小型零件柔性生产线时，应用数字孪生技术实现虚拟调试。初步设计和控制程序（PLC）完成后，对其建立数字孪生模型，使用 PLC 程序对其进行数字驱动的虚拟调试。调试在实际生产给定时序下的产线设计方案的正确性（包括在时序控制下的干涉检验）和 PLC 程序的正确性，不仅可提前发现设计中的缺陷，还减少了机电联调发现问题修改设计方案所带来的成本和时间消耗，提高了研发效率。

（2）生产过程应用场景。在产品生产过程场景中，排程管理、生产过程工艺优化、设备/产线自适应控制、预防性/预测性维护、质量检测/追溯、能耗管理等都有工业智能技术应用案例，并取得了很好的效果。

在排程管理场景中，借助人工智能数据分析能力，可辅助生产计划流程的制定和进一步优化。例如，GE 在航空发动机制造过程中，使用智能算法优化生产线设计方案，同时通过智能控制技术保障产线稳定运行，提高生产效率。

工艺优化场景中，基于深度学习相关算法和机器人部署应用，可实现特定工艺环节的优化和增效。例如，三菱重工与 FANUC 合作，面向机身钢板打孔、铆接等工序，依托人工智能计算精密、高速加工的最佳条件。

在设备的自适应控制中，设备可应用工业智能技术全面提升对环境和变工况的适应能力。举例来说，武汉重型机床厂与华中科技大学共同研发的七轴五联动螺旋桨加工中心，采用智能自适应控制技术，实现了对大型复杂曲面铸造毛坯件的恒负荷加工，即通过实时识别加工负荷，自动调整加工参数，保持负荷保持在给定范围内。不仅可避免由于毛坯加工余量剧烈变化导致负荷陡增给造成设备损坏，而且还可在加工余量变小或空切时，提高加工速度提高加工效率。

在设备预测性维护场景中，设备的主要部件往往价值昂贵，一旦出现故障，不仅影响生产，而且维修成本高。因此，预测性维护是工业智能技术应用的重要场景。例如，皋风电场采用了武汉智能装备院的预测性维护方案，对风场的 32 套风电设备进行实时的在线监测和状态评估，建立有效的预测和报警机制，合理安排设备的维修和备件计划，实现对设备全生命周期管理。

在产品质量检测场景中，基于机器视觉等智能手段，可打造在线智能检测的模式，助力产品良率提升。例如，中国商飞通过图像识别进行缺陷智能识别及判断，减少人为因素误差，打造检测评价的自动化、智能化模式。

在能耗管理场景中，可应用深度学习的关联性分析能力，以能耗和其他指标为约束，优化生产过程中多个生产参数，实现有效降低能耗。例如，攀钢、东华水泥等企业借助阿里云工业大脑的深度学习技术识别生产制造过程中的关键因子，找出最优参数组合，有效降低了能耗。

（3）运营管理应用场景。在运营管理场景中，知识图谱技术是最近导入到工业领域中，主要用于企业的运营中辅助决策，其主要思路是将企业管理规范、管理经验以及其他影响因素的相互关系，按知识图谱构建规范建立图谱，然后应用图深度学习技术，实现决策的优化推荐。例如，华为通过汇集学术论文、在线百科、开源知识库、气象信息、媒体信息、产品知识、物流知识、采购知识、制造知识、交通信息、贸易信息等信息资源，构建华为供应链知识图谱，并通过企业语义网（关系网）实现供应链风险管理与零部件选型[83]，如图 4-9 所示。

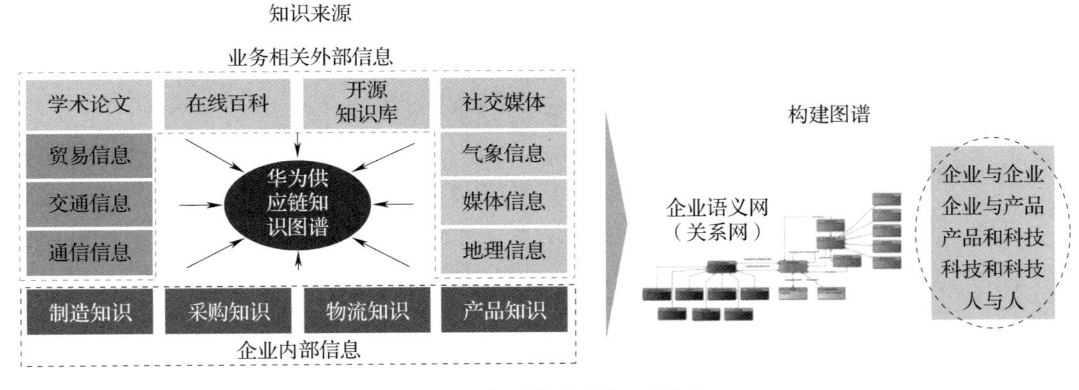

图 4-9　华为供应链知识图谱

（4）制造服务应用场景。在制造服务场景中，产品定制中的客户服务能力提升、产品运维中的故障预测/远程运维、生产/非生产服务等制造服务，也都是工业智能技术当今很热门的应用场景。目前典型的制造服务是预测性维护。例如，在水处理过程中，智能供水设备的核心组成部件之一是立式水泵。但立式水泵其轴系较长，横向刚度较差，工作过程中易出现振动，而振动是影响其健康寿命的重要指标，因此为了保证智能供水系统的稳定工作，就需对其系统中的水泵进行实时监测。例如，WPG 采用了武汉智能装备院的预测性维护系统（如图 4-10 所示），对泵体轴承、泵叶平衡等关键部件建立设备监测模型，对其运行工况进行在线监测，并结合连续运行过程数据、工况趋势数据等，对系统实时状态进行分析和诊断，评判机组的健康和安全状态评估，还建立了有效的预测和报警机制，保证设备长期安全高效工作。该系统在应用过程中收到了良好的效果。

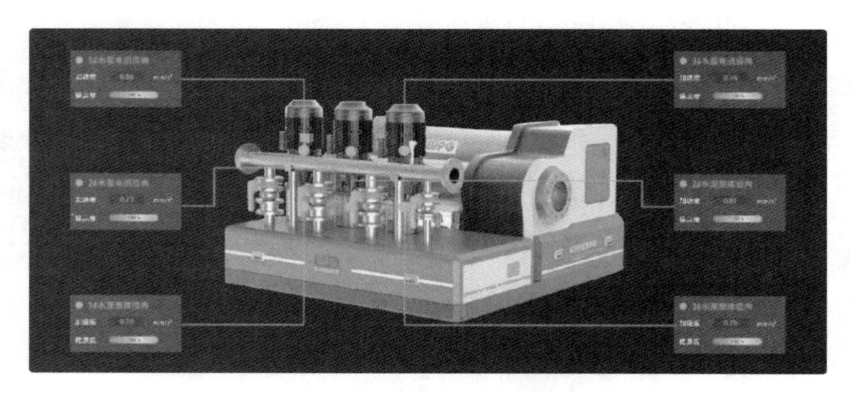

图 4-10　水处理系统预测性维护系统监视界面

二、工业智能应用面临的问题

1. 实时性问题

目前通用计算架构与芯片尚无法满足工业实时性所带来的计算要求，在设备实时控制中，中低端设备的控制周期是微秒级，高端设备甚至要求 200～500 纳秒级，当前 AI 完全无法达到。

因此，为满足工业实时性要求，高能效低成本的特定域架构芯片及面向工业领域开发的专用端侧框架有望成为市场上布局工业智能芯片、框架的主要趋势。

2. 泛化性问题

泛化性是指在规定的时间内、条件或场景下能有效地实现规定功能的能力，即工业生产中的可靠性问题。目前主流神经网络对新数据泛化性较差，所以其目前主要应用于产品缺陷质量检测、设备预测性维护等低危、辅助和以最终表现为评价标准的工业场景，需要针对工业场景定制的深度学习算法，使其在高危等场景中的可靠性得到保障。

3. 不可解释性问题

目前，对神经网络为代表的“联结主义”尚没有明确的语义解释。虽然神经网络在股票波动预测、用户需求预测、自动驾驶等复杂问题上表现良好，但“几乎所有的深度学习突破性的本质上来说都只是些曲线拟合罢了”。

总体来看，当前工业智能的应用以点状场景居多、普及范围有限、还存在许多无法解决的问题，仍处在发展的初级阶段。

第四节　工业智能开发技术

考核知识点及能力要求：

- 掌握高级编程语言 Python 的语法规则和基本操作。
- 了解高级编程语言 JAVA、C/C++、JavaScript、R 语言的用途。
- 熟悉主流开源工具/框架 TensorFlow、PyTouch。
- 了解主流开源工具/框架 Caffe、MindSpore、Graph-Learn。

掌握 Python 等高级编程语言的用法，熟悉 TensorFlow、PyTouch 等主流开源工具/框架，能够从大量的制造数据中，通过算法搜索隐藏于其中信息，挖掘数据中隐藏的信息，进而提取有价值的知识，从而提高决策效率和准确性。

一、高级编程语言

1. Python

Python 是一种高级、通用、跨平台的编程语言。Python 诞生于 20 世纪 80 年代末，由荷兰的吉多·范罗苏姆设计。作为 ABC 语言的继承者，Python 于 1991 年首次被发布。Python 强调代码的可读性和简洁的语法，尤其是使用空格缩进划分代码块。相比于 C 或 Java，Python 让开发者能够用更少的代码表达想法，旨在帮助程序员为项目编写清晰、有逻辑的代码[84]。

Python 的应用十分广泛，例如网站运维、第三方数据爬取、大数据分析等等。它之所以能广泛应用，首先和开源有关，其次是其具有“胶水”的性质，Python 能与常用的绝大多数编程语言进行结合，比如 C++、Java、Javascript、Ruby 等[85]。

Python 编程具有以下特点。

（1）简单易学。Python 具有伪代码的本质，能让使用者专注于解决问题而不是语言本身，并且它语法简单，易于学习。Python 在学习周期上要小于其他一系列当前主流编程语言，并且能够达到同样的功能。

（2）高层语言。Python 语言编写的时候，软件会自动管理和处理一些内存一类的底层细节，帮助开发者节省大量管理内存的时间。

（3）免费开源。Python 是 FLOSS（自由/开放源码软件）之一。所有的 Pyhton 使用者都可以自由地使用、拷贝和阅读源代码并进行修改。这吸引大量的编程者来使用、创造、修改 Python 的代码，并使其更加完善、优秀。

（4）可移植性。由于 Python 开源的特点，Python 已经被移植到许多平台上，因此程序无须经过修改就能在多个平台上运行。

（5）解释性。与 C、C++等编译语言不同，Python 的代码不是经过编译，而是通过将源代码逐条转换成目标代码同时逐条运行目标代码的过程运行。

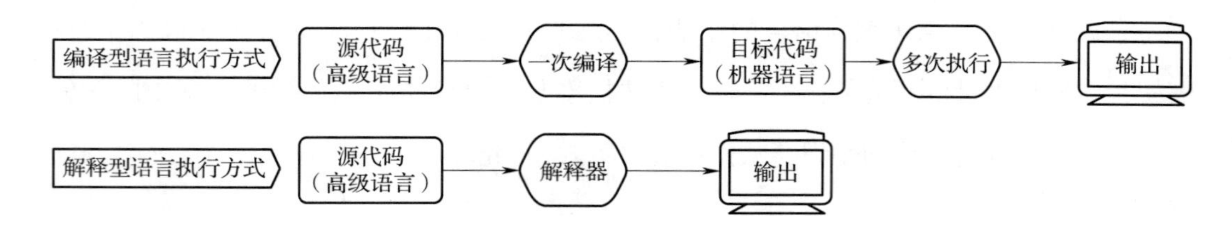

（6）面向对象。Python 既支持面向过程的编程，也支持面向对象的编程。而 Python 3.x 的解释器内部全部采用面向对象方式，程序是由数据和功能组合而成的对象构建起来的。

（7）可扩展性。Python 程序中可以使用部分 C 或 C+中进行处理过的程序。

（8）丰富的库。Python 拥有庞大的标准库，可以帮助处理包括正则表达式、文档生成、网页、密码系统等操作。除了标准库意外，还有许多其他高质量的库。

（9）规范的代码。Python 通过语法规定程序编写时需要强制缩进，使代码更加美观和具有可读性。

2. JAVA 和相关语言

Java 是一门面向对象编程语言，广泛应用于企业级 Web 应用开发和移动应用开发。Java 编程语言的风格十分接近 C++语言。它继承了 C++语言面向对象技术的核心，舍弃了容易引起错误的指针、运算符重载和多重继承特性，增加了垃圾回收器功能。Sun 微系统公司的詹姆斯·高斯林等人于 20 世纪 90 年代初开发 Java 语言的雏形，最初被命名为 Oak。随着互联网的发展，Sun 微系统公司改造了 Oak，于 1995 年 5 月以 Java 的名称正式发布[86]。

3. C/C++

C 是一种通用的编程语言，广泛用于系统软件与应用软件的开发。在 C 的基础上，1983 年贝尔实验室又推出了 C++，它进一步扩充和完善了 C 语言，成为一种面向对象的程序设计语言[87]。

C 语言具有高效、功能丰富、表达力强和可移植性较高等特点。目前，可以作为系统设计语言，也可以作为应用程序设计语言，其编写不依赖计算机硬件的应用程序。

4. JavaScript

JavaScript 是一门是基于 ECMAScript 标准的高级程序设计语言，是简化的函数式编程语言和面向对象编程语言混合的产物，最初被用于提升网页功能和动态交互性，可以实现嵌入动态文本于 HTML 页面、对浏览器事件作出响应、读写 HTML 元素、在数据被提交到服务器之前验证数据、检测访客的浏览器信息、控制 cookies，包括创建和修改等功能。JavaScript 主要由 ECMAScript、文档对象模型、浏览器对象模型组成，ECMAScript 实现 JavaScript 语言语法描述，文档对象模型（DOM）是用于处理网页内容方法的接口，浏览器对象模型（BOM）实现与浏览器的交互[88]。

5. R 语言

R 语言是一种自由软件编程语言，主要用于统计分析、绘图、数据挖掘。

R 的源代码可自由下载使用，亦有已编译的可执行文件版本可以下载，可在多种平台下运行。R 主要是以命令行操作，同时有人开发了图形用户界面，其中 RStudio 是最为广泛使用的集成开发环境。R 内置多种统计学及数字分析功能。R 的功能可以由用户撰写的包（Packages）增强[89]。

二、开源工具/框架

1. TensorFlow

TensorFlow 是一个基于数据流编程的符号数学系统，表示张量从流图的一端流动到另一端的计算过程，也可以看成是将复杂的数据结构传输到人工智能神经网络中进行分析和处理的系统，它被广泛应用于各类机器学习算法的编程实现。TensorFlow 由谷歌人工智能团队谷歌大脑开发和维护，拥有包括 TensorFlow Hub、TensorFlow Lite 在内的多个项目以及各类应用程序接口，其前身是谷歌的神经网络算法库 DistBelief。TensorFlow 拥有多层级结构，可部署于各类服务器、PC 终端和网页并支持 GPU 和 TPU 高性能数值计算，被广泛应用于谷歌内部的产品开发和各领域的科学研究[90]，使用张量流表示的计算可以在很少或没有变化的情况下在各种异构系统上执行，从手机和平板电脑等移动设备到数百台机器和数千个计算设备的大规模分布式系统。该系统快速、灵活，可用于表达各种算法，包括深度神经网络模型的训练和推理算法，并已用于研究将机器学习系统部署到计算机科学和其他领域等十多个领域的研究。例如 google 的多个应用（包括 Gmail、搜索、翻译等）都使用 TensorFlow。

（1）TensorFlow 的基本概念与工作原理[91]。TensorFlow 名字是 Tensor（张量）与 Flow（流）的结合。Tensor（张量）在 TensorFlow 里被用来表示一个 N 维数组，Flow（流）代表了基于数据流图（Data flow graphs）的计算，以下是流程图中各个部分的概念：

• 图（Graph）：TensorFlow 使用图来表示计算任务，描述计算过程。

• 张量（Tensor）：张量表示数据。每一个 Tensor 是某一种类型的多维数组。其中零阶张量表示标量。值得注意的一点是，张量在 TensorFlow 中并不保存结果，而是保

存如何得到计算结果的计算过程，它只负责对计算结果引用。

• 操作（Op）：图中的节点称为操作，一个或者多个张量通过 Op 进行计算。Op 也可以表示输入的起点和输出的终点。

• 边（Edge）：图中的边有两种作用。一是表示数据的依赖关系，用实线表示节点之间有张量的流动；二是表示数据的控制关系，用虚线表示，用来控制操作的正常运行，确保操作顺序。用虚线连起来的节点并没有张量的流动，但是源节点必须在目的节点执行前完成执行。

• 会话（Session）：会话负责分配工作。一张图必须通过会话来传递给如 CPU 或者 GPU 之类的运算设备进行计算。会话可以通过增加节点和边的方法来扩展原有的计算图。

• 变量（Variable）：张量并不储存计算结果，计算图每执行一次后，张量就会失效。变量的作用是储存张量的句柄，这些句柄可以继续执行操作，并可以通过变量来修改张量。在机器学习训练中，用变量来储存模型的参数，并将这些参数指向张量。

（2）TensorFlow 系统架构。认识事物，存在一个从整体到细节的过程。所以，在最开始，从系统架构入手对 TensorFlow 有一个整体的认识。

如图 4-11 所示，TensorFlow 整个系统架构由前端和后端两个子系统构成，它们之间以 CAPI 作为衔接。

在系统运行时，前端和后端各自负责不同的任务：前端系统提供给使用各种语言的开发人员编程接口，主要负责计算图谱的构建工作：而相对地，后端系统则是提供了系统运行的环境支持，主要负责计算图谱的执行工作。从图中可以看出，Tensorelow 的系统设计有着十分优秀的分层架构，对于后端子系统的设计与实现，它可以被进一步地被分解如下。

①运行时环境。主要提供了本地运行时模式和分布式运行时模式，且两种模式间共用了大部分的设计与实现。

②内核方法。由各个操作的内核实现方法组成。系统运行时，各种操作的具体数学运算都是由内核来完成。

③网络层。主要对分布式设备间进行数据交换提供网络支持，系统支持 gRPC 谷歌远程调用协议和 RDMA 通信协议。

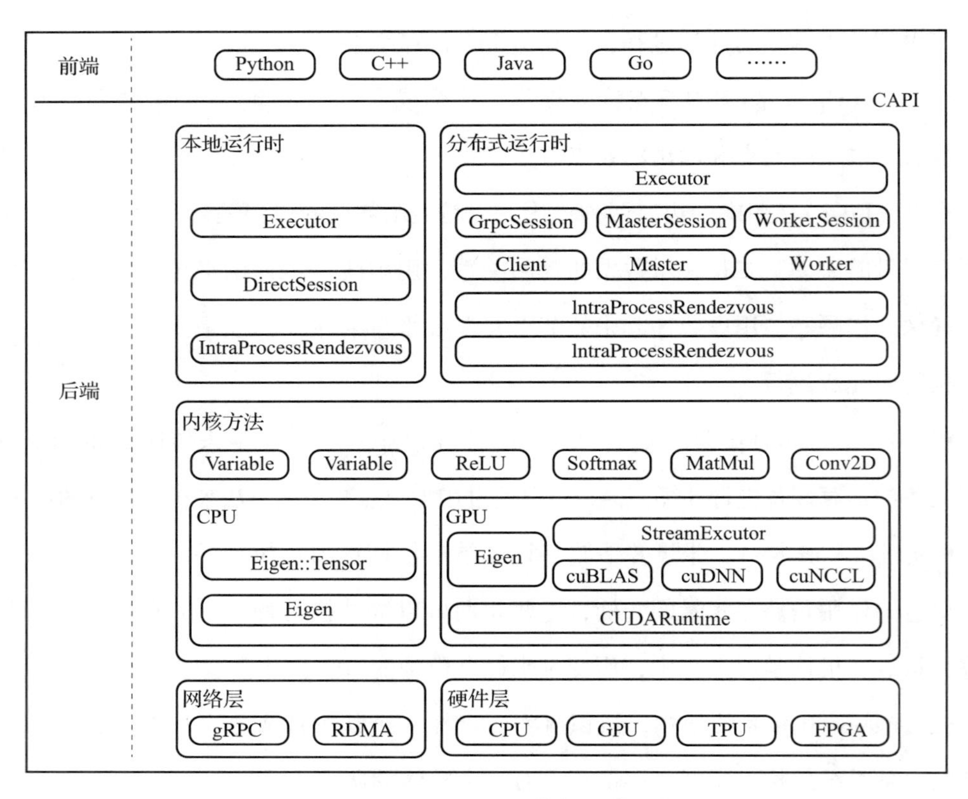

图 4-11　TensorFlow 整个系统架构

④硬件层。计算硬件时各种操作执行的主要依赖，TensorFlow 系统支持 CPU、GPU、TPU 等多种异构计算硬件类型。

TensorFlow 的核心在于数据流图，如果从这个方面来看待整个系统，那么 TensorFlow 的整个执行过程就是在完成计算图谱的建立、分配和运行几个步骤，具体的流程如下所述。

①建立计算图谱。仅仅定义计算图谱，不做其他多余操作。

②分配计算图谱。将计算图谱中的各个节点按某种具体规则分配到分布式集群中各个计算设备上。

③运行计算图谱。按照计算图谱中操作节点的拓扑顺序，依次启动每个操作的内核进行运算。

另外，TensorFlow 系统在运行过程中，有四个角色尤为重要，它们分别是客户端（Client）、主管节点（Master）、工作节点（Worker）和内核（Kemel）它们在系统中

完成着不同的工作，协同起来维持着 TensorFlow 的运行。

2. PyTouch

PyTorch 是一个 Python 库，有助于构建深度学习项目。它强调灵活性，允许用 Python 表达深度学习模型，具有可接近性和易用性，自从发布以来它已经发展成为应用广泛的深度学习工具之一。PyTorch 简单且具有易用性，被许多研究人员和实践者学习、使用、扩展和调试。PyTorch 提供了一个核心数据结构——张量。张量可以加速数学运算，PyTorch 有用于分布式培训的包、用于高效数据加载的工人进程表和广泛的公共深度学习函数库。PyTorch 的一个设计驱动是可表达性，允许开发人员实现复杂的模型，而不会被库强加过多的复杂性。PyTorch 在研究中得到了广泛的应用，它已经配备了高性能的 C++运行时，用户可以利用它来部署模型进行推理，而不依赖于 Python，这样保持了 PyTorch 的大部分灵活性，而无须支付 Python 运行时的开销[92]。

3. Keras

Keras 是一个由 Python 编写的开源人工神经网络库，可以作为 TensorFlow、Microsoft-CNTK 和 Theano 的高阶应用程序接口，进行深度学习模型的设计、调试、评估、应用和可视化[93]。Keras 在代码结构上由面向对象方法编写，完全模块化并具有可扩展性，它切实考虑用户体验和使用难度，试图简化复杂算法的实现。Keras 支持现代人工智能领域的主流算法，包括前馈结构和递归结构的神经网络，也可以通过封装参与构建统计学习模型。在硬件和开发环境方面，Keras 支持多操作系统下的多 GPU 并行计算，可以根据后台设置转化为 TensorFlow、Microsoft-CNTK 等系统下的组件。

4. Caffe

Caffe 是一个兼具表达性、速度和思维模块化的深度学习框架，其内核是用 C++编写的，但 Caffe 有 Python 和 Matlab 相关接口。其支持 CNN、RCNN、LSTM 和全连接神经网络设计，还支持基于 GPU 和 CPU 的加速计算内核库[94]。

5. MindSpore

MindSpore 是华为技术有限公司推出的新一代深度学习框架是一款支持端、边、云独立/协同的统一训练和推理框架[95]。华为希望通过这款完整的软件堆栈帮助开发者实现一次开发，应用在所有设备上平滑迁移的能力。

6. Graph-Learn

Graph-Learn（GL）是由阿里内部团队研发、面向图神经网络的开源框架。GL 面向工业场景而设计，为当下主流 GNN 算法提供了基础运行框架。GL 遵循轻便易用的原则，充分保留内部子模块的扩展性，并兼容开源生态。

第五节　典型应用案例

考核知识点及能力要求：

- 掌握异常状态监测类案例，包括丝攻状态的实时识别、冲床模具爆模实时监控、轴承失效在线辨识、薄壁件铣削变形在线监测与补偿、大批量生产产线刀具磨损状态预测。
- 掌握质量监测类案例，包括高光加工质量异常预测、基于正样本建模的电机换向器表面缺陷二分类检测方法。
- 掌握过程参数优化类案例，包括流程生产过程效率优化。

异常状态监测类案例、质量监测类案例和过程参数优化类案例是人工智能算法在工业制造中的重要应用，熟悉采用多种人工智能方法结合的案例，是智能制造工程技术人员的必备技能。

一、异常状态监测类案例

1. 丝攻状态的实时识别

（1）应用场景描述。螺纹加工中，丝攻会出现磨损、丝攻牙上粘铁屑、丝攻牙微

破损、甚至丝攻断裂等问题，这将严重影响在制零件加工质量，期望能实时识别上述问题，以便第一时间发现问题，减少加工中的质量问题。

（2）解决方案。基于机器学习的丝攻故障的实时识别技术，其思路如图 4-12 所示。

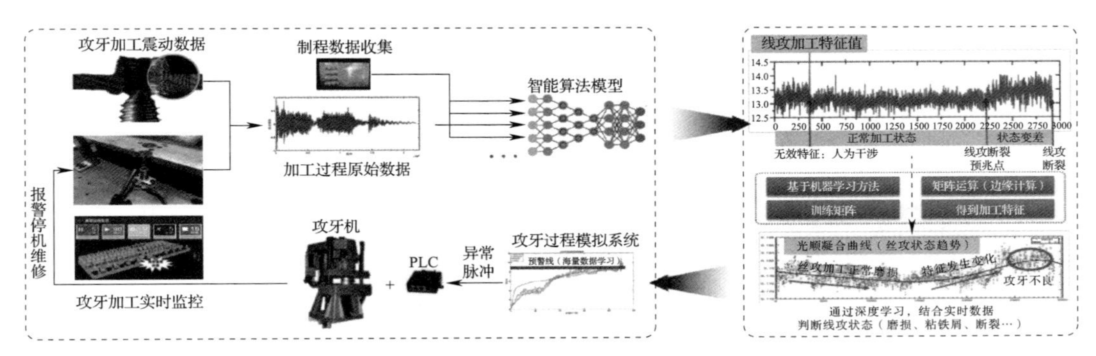

图 4-12 丝攻状态实时识别技术框架

（3）实施效果。如图 4-13 所示。

- 质量得到提升，如图 4-13（a）所示，改善前为 98.7%，改善后为 99.5%。
- 效率得到提升，如图 4-13（b）所示，改善前为 12 小时，改善后为 2 小时。
- 成本得到降低，如图 4-13（c）所示，改善前为 13.5 当量成本，改善后为 2.7 当量成本。
- 人员相应减少，如图 4-13（d）所示，改善前为 3 人，改善后为 1 小时。

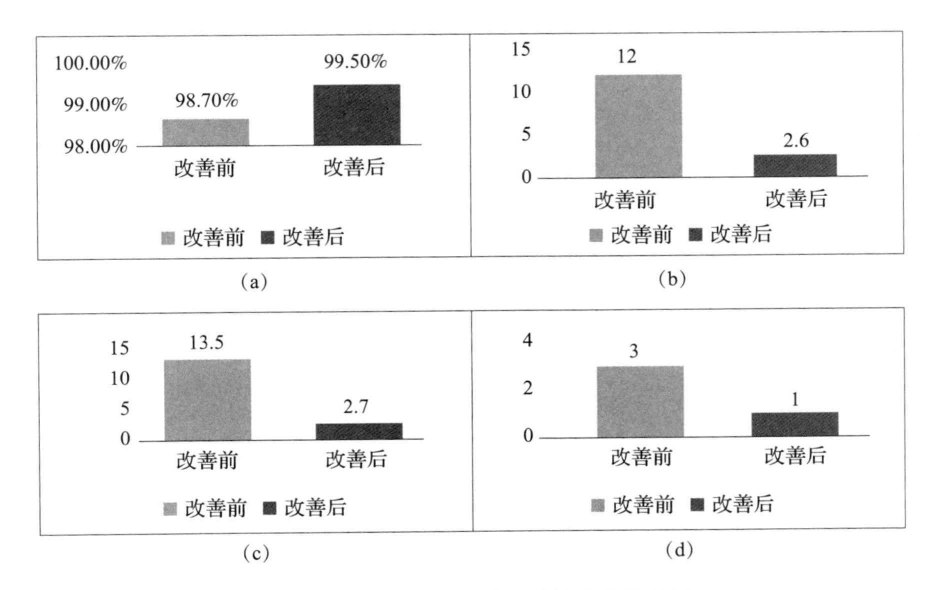

图 4-13 丝攻状态实时识别技术实施效果

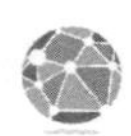

2. 冲床模具爆模实时监控

（1）应用场景描述。在冲床冲制过程中，由于模具中可能会粘连工件上碎屑或工件上的破碎物掉入模具中，在随后的冲制过程中将会发生爆模故障，爆模后不仅模具损坏，而且上新模导致产线停产，其经济损失巨大，某企业的每次的损失高达 10 万~20 万元。

（2）解决方案。基于机器学习的爆模实时预警技术，通过采集数据+边缘机器学习计算，实现接触异物预警，控制上模及时停住。其思路如图 4-14 所示。

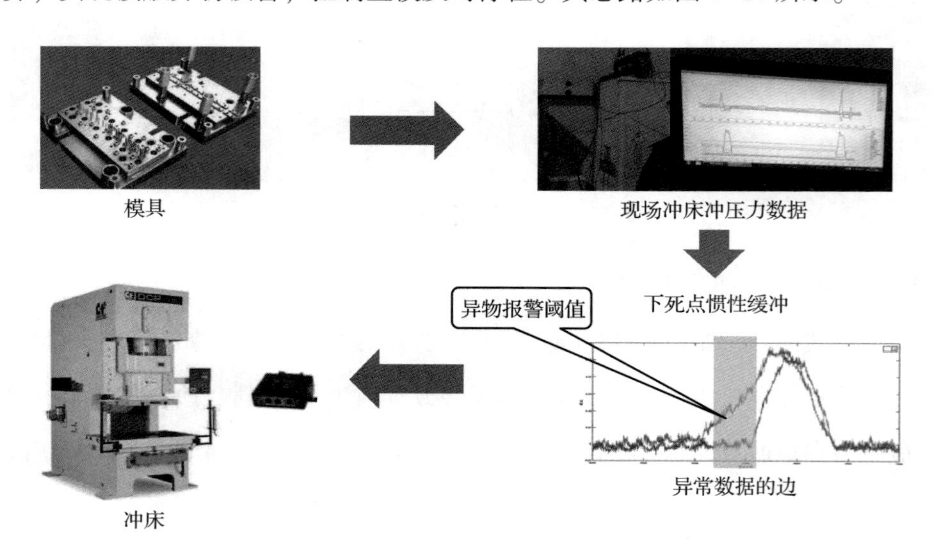

图 4-14　冲床模具爆模实时监控技术框架

（3）实施效果。实现了模具中异物实时预警，及时控制上下模合模，有效避免了爆模故障的发生，减少了模具损坏和停机的经济损失。另外，此方法优势在于可不改变冲床结构，不限工件，适用各类冲压设备。

3. 轴承失效在线辨识

（1）应用场景描述。在制造行业中，轴承是生产装备中的基础件，使用广泛，但轴承故障也是生产装备故障的主要原因之一，因此轴承失效故障的在线实时辨识是当今生产装备故障实时诊断的关键之一。

（2）解决方案。基于聚类学习的轴承失效在线辨识，在不同转速和载荷下，测量 10 种轴承故障（内/外圈、滚珠等）可获得 1.2 万个样本数据；将数据样本自功率谱，进行降维处理，获得特征向量，经过聚类学习对故障进行辨识。其技术框架如图 4-15 所示。

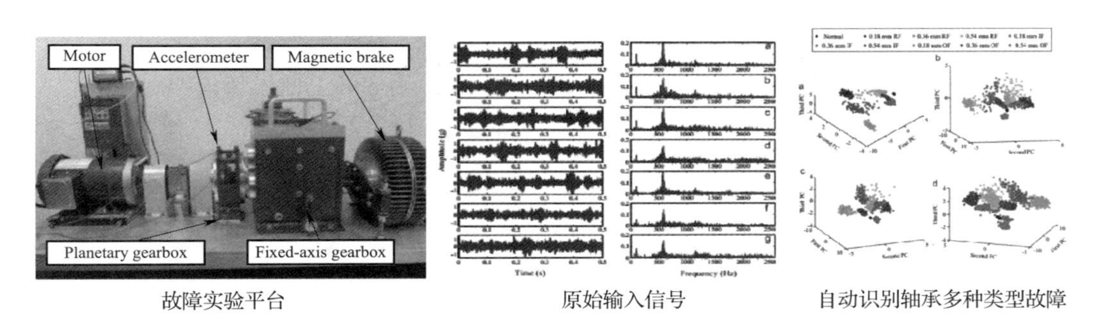

故障实验平台　　原始输入信号　　自动识别轴承多种类型故障

图 4-15　轴承失效在线辨识技术框架

（3）实施效果。故障辨识准确度高达 99.68%，而传统人工提取特征方法准确度仅为 1.35%。

4. 薄壁件铣削变形在线监测与补偿

（1）应用场景描述。在航空航天行业中，有着大量的薄壁加工程序，薄壁加工中工件的不规则变形和加工过程的振动，会对加工件表面质量造成严重影响，始终是薄壁加工质量控制的难题。

（2）解决方案。基于稀疏学习方法，实时预测、补偿和控制薄板加工过程中的形变。其技术框架如图 4-16 所示。

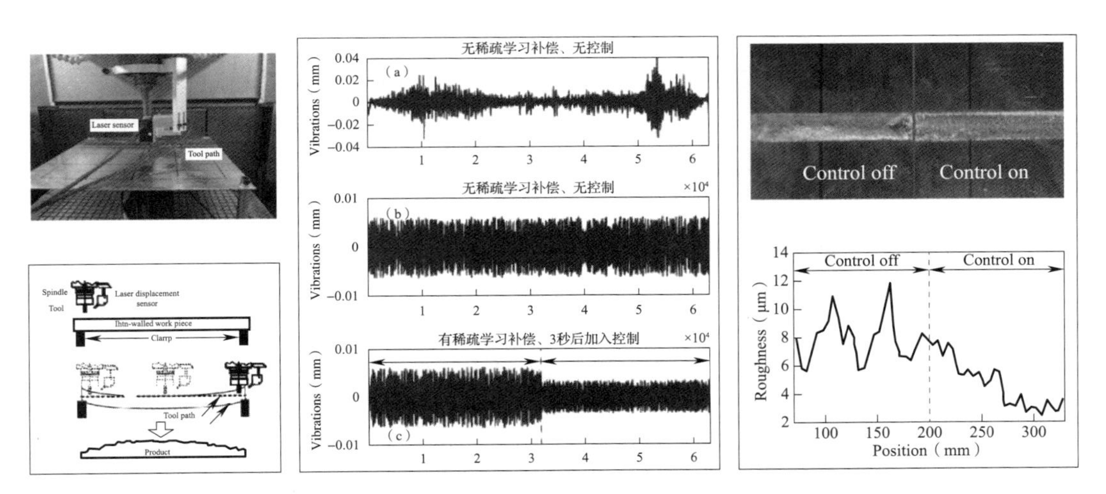

图 4-16　薄壁件铣削变形在线监测与补偿技术框架

（3）实施效果。在无补偿和无控制的情况下（参见上图中间上小图），最大振幅接近 0.04 mm；当开通基于稀疏补偿后（参见上图中间中小图），其振幅仅为 0.005 mm 左右，且振幅均匀；当开通基于稀疏补偿且对振幅实施控制后（参见上图中间下小图），当开始加工 3 秒后，其振幅将为 0.003 mm 左右，且振幅均匀。此案例说明通过补偿和控制不仅抑制了振动和振幅波动，而且显著降低了加工表面粗糙度。

5. 大批量生产产线刀具磨损状态预测

（1）应用场景描述。在制造行业批量生产中，刀具消耗量是主要成本之一，也是批量生产成本控制的关键。例如，某 3C 加工配套企业，数千台数控机床，铣削手机壳机床的刀具消耗量 5 000 把刀/台年，而在此工序中刀具寿命为 400~600 个工件/刀具，刀具寿命分散度较大，企业期待通过实时预测刀具磨损状态、实时补偿、优化工艺，提高刀具使用寿命。

（2）解决方案。基于深度学习方法，实现实时预测刀具磨损状态、实时补偿。其方案是：首先，进行数据采集与关联标注（工况信号/工件质量/刀具状态），构建训练集和测试集；其次，是使用训练数据集，采用并联学习模型学习实现特征提取；再次，是构建监督学习算法和损失函数，以特征为输入、标签为监督，迭代更新模型参数，直至精度达到要求；最后，用测试数据集，测试模型效果及泛化性能。其技术框架如图 4-18 所示。

（3）实施效果。用工件加工质量表征刀具综合磨损阶段状态，提高了模型预测的泛化能力和预测准确性，在实际场景中的验证的准确度高于 93%。

二、质量监测类案例

1. 高光加工质量异常预测

（1）应用场景描述。在 3C 零件加工生产中，有些加工缺陷只能在后续某些工序完成后才显现，例如，手机机壳的高光加工示意图参见图 4-18，在高光部位铣削加工后，在后续经过阳极氧化后，有时会显现出高光部位发雾、暗线等缺陷，找出导致这些缺陷原因相关联因素是企业的需求。

（2）解决方案。基于 c-cluster 工业数据聚类算法，可解决缺陷标签数据样本少的问题，通过决策图可选定聚类中心，提高其聚类的准确性。其技术框架如图 4-19 所示。

具体步骤：

• 步骤 1：根据任务特点，提取原始工业信号的特征。

• 步骤 2：根据应用场景，选择特征距离计算方法并计算特征距离。

• 步骤 3：人工选区聚类中心，并绘制决策图。

• 步骤 4：将待分类计算上述特征，并根据决策图实现样本分类（聚类）。

（3）实施效果。通过连续采集 47 天加工数据，训练聚类模型，实现对相关缺陷的有效聚类，其效果如图 4–20 所示。

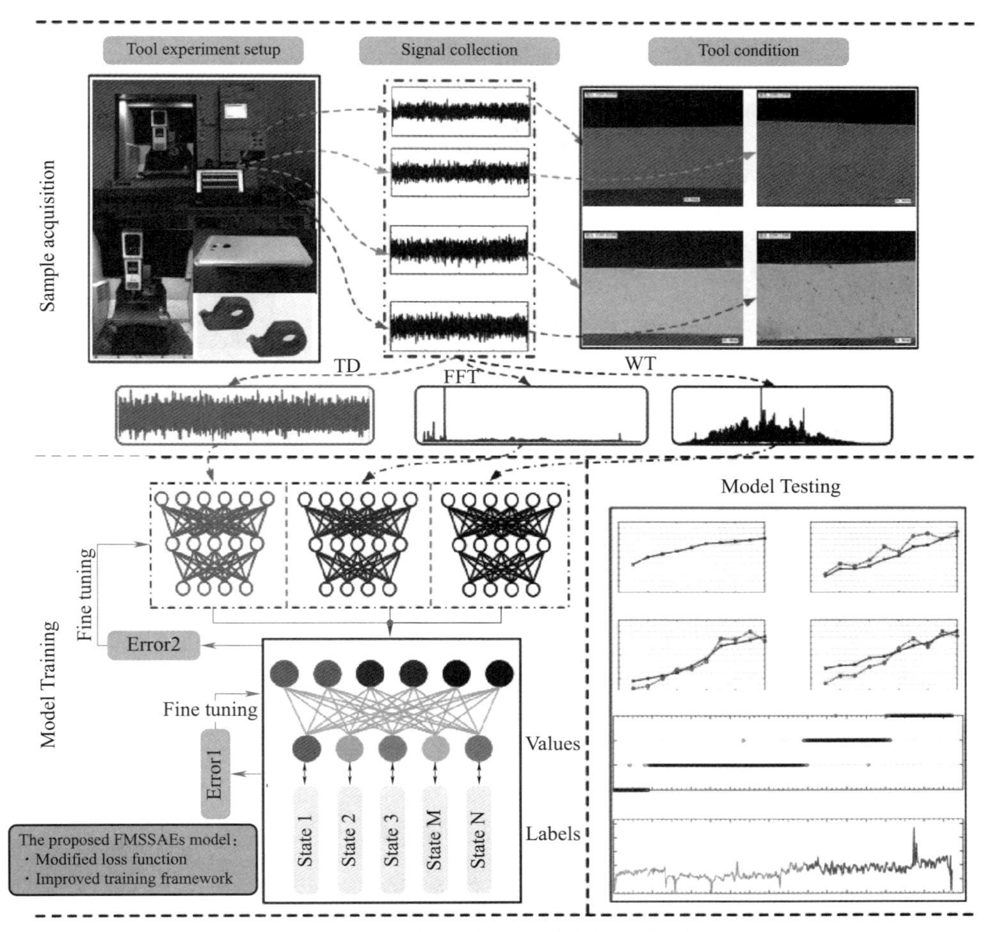

图 4–17　刀具磨损状态在线监测技术框架

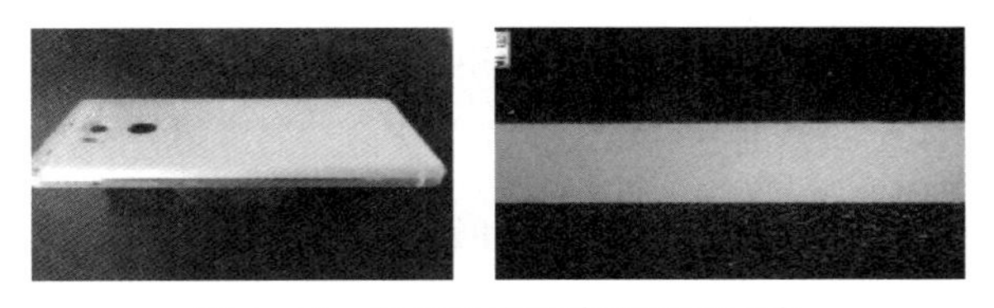

图 4–18　手机机壳的高光加工示意

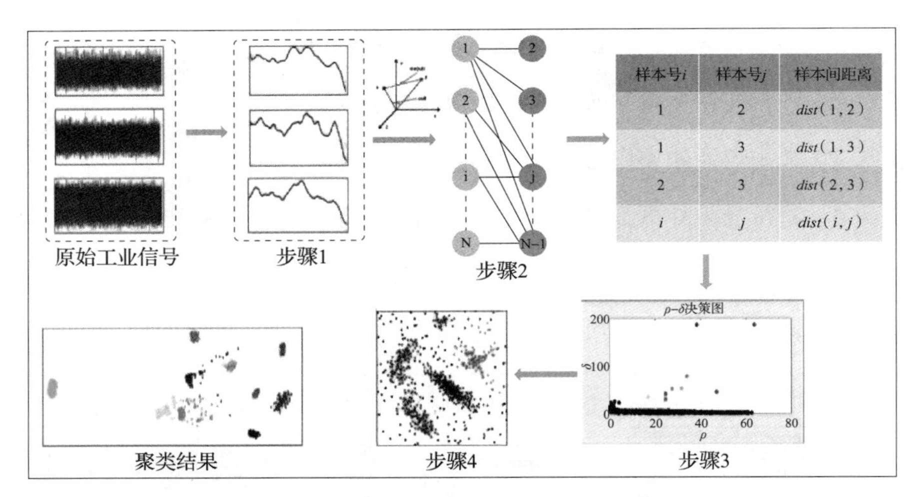

图 4-19　高光加工缺陷预测技术框架

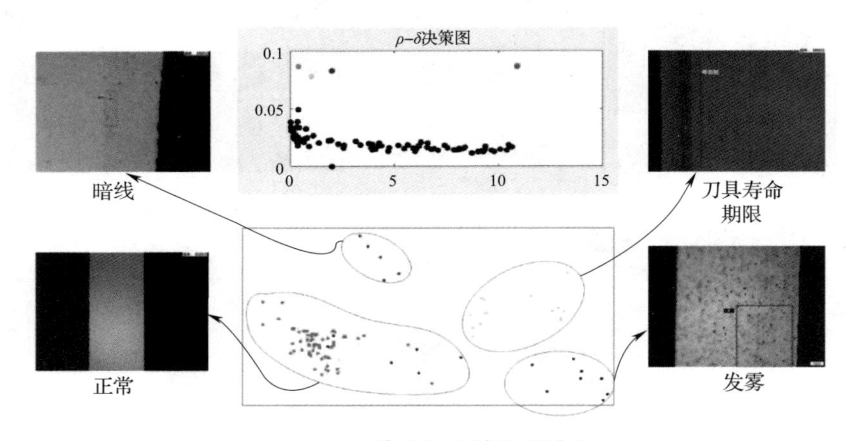

图 4-20　高光加工缺陷预效果

2. 基于正样本建模的电机换向器表面缺陷二分类检测方法

（1）应用场景描述。加工件表面缺陷是质量在线监测的重要工作，由于生产节拍的约束，往往对在线识别的效率要求较高。例如，电机换向器的表面缺陷种类繁多，接近上百种，如何在几秒节拍下高效识别工件表面缺陷，是现在很多智能化生产线的需求。然而，在实际生产过程中正样本（合格品）数量远远大于负样本（缺陷样本）数量，而采用机器学习方法的前提是需要大量的负样本，但准备负样本的不仅成本高昂，而且样本的多样性也难以保证。

（2）解决方案。基于正样本建模，可利用大量的正样本标签。实现二分类检测，其技术框架如图 4-21 所示。

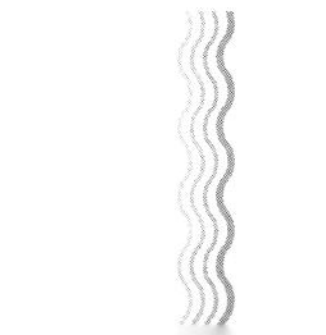

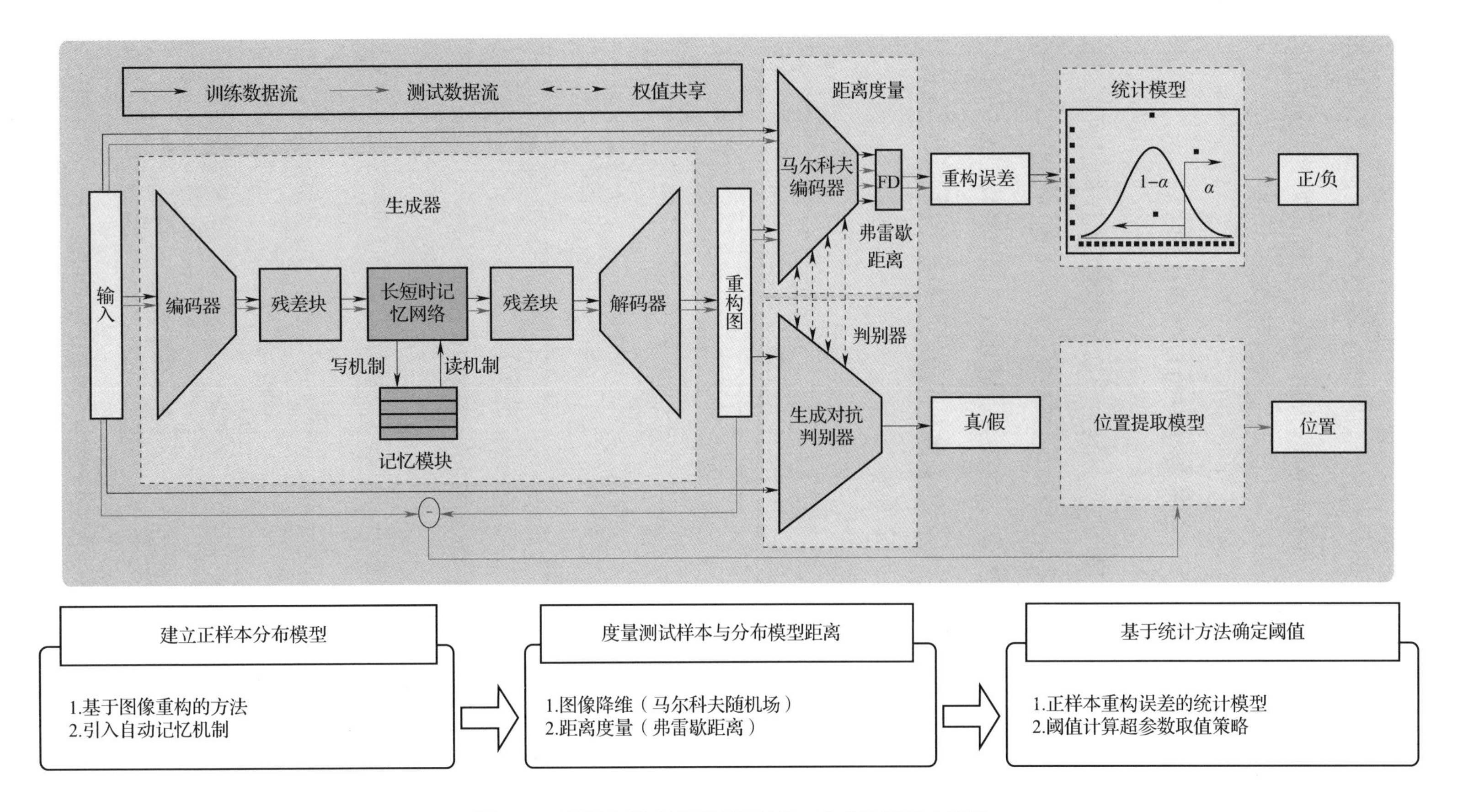

图4–21　基于正样本建模表面缺陷二分类检测技术框架

（3）实施效果。本方法训练时仅需正样本和少量正/负标签，十分契合工业数据不平衡的特点。其实现了二分类，并定位异常位置，满足产线检测需求，其算法能够满足工业检测实时性的要求，具有较高的实用价值。本验证案例的缺陷召回率高于0.98。

三、过程参数优化类案例——流程生产过程效率优化

（1）应用场景描述。在流程行业中，其生产过程中每道工序的时间是经过分析实验得到的，一旦形成工艺文件所有生产节拍都是固定的，考虑到由于生产过程中环境因素（如温度、原料成分等的波动），往往会以牺牲效率而选择较为保守的工艺参数。为了在保证质量的前提下提升生产效率，企业希望实时监测每道工序产品达到要求的实际时间进行工序切换，如图4-22所示。

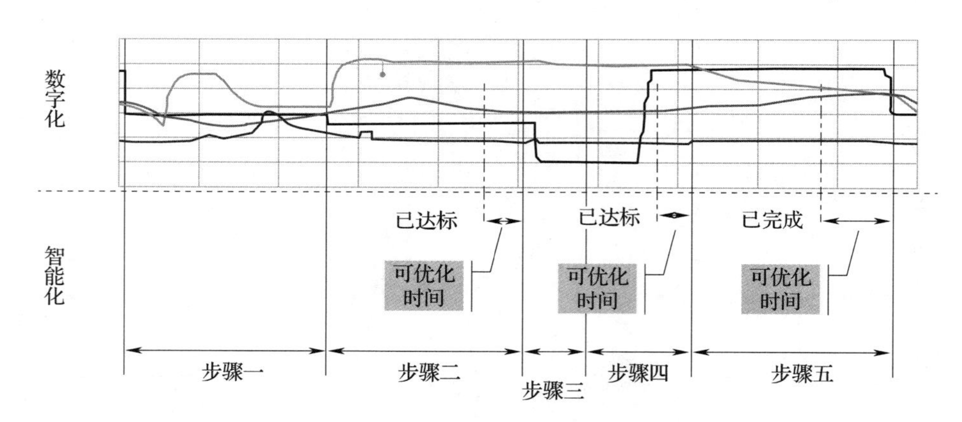

图4-22　流程生产过程效率优化思路

（2）解决方案。基于机器学习的流程生产过程工序达标实时监测，其技术框架如图4-23所示。

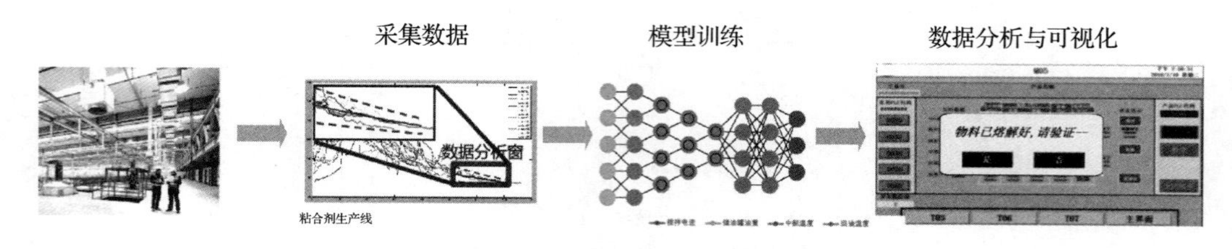

图4-23　流程生产过程效率优化技术框架

（3）实施效果。在某黏合剂生产厂实施热熔胶产线效率优化，推动生产效率提高15%，产品不良率降低了20%。

第六节　综合实验平台——大数据与机器学习线上实验室简介

考核知识点及能力要求：

- 了解大数据与机器学习实验室简介、资源配置。
- 掌握大数据与机器学习线上认知实验课程。
- 掌握基础方法认知实验课程。
- 熟悉工业场景认知实验课程。

掌握基础方法认知实验课程，熟悉工业场景认知实验课程，有助于了解高级编程语言 Python 等基本方法、主要函数库及其使用方法；有助于熟悉主流框架 TensorFlow、Pytouch 等编程环境及其使用方法。线上实验是智能制造工程技术人员将理论知识转化为实际运用的重要环节。

一、大数据与机器学习实验室概述

1. 典型实验场景（参见图 4-24）

（1）预测性维护。进行状态监测和故障诊断，制订预测性维修计划。

（2）智能检测。在生产过程中机器视觉代替人工质量、安全、完整性等检测工作。

（3）定制化解决方案。为企业交付数据采集与传输、数据存储与管理、数据分析与挖掘算法定制、模型部署与边缘计算全流程解决方案。

图 4-24　大数据与机器学习线上实验室方案

2. 实验室架构简介

实验室分为时序数据算法开发中心（预测性维护）、图像数据算法开发中心（智能检测）和云服务中心三部分。

（1）时序数据算法开发中心（预测性维护）。以机床为研究对象，研究刀具状态监测算法、颤振检测算法、知识图谱机床动力学表征算法等，处理并积累数据和案例。

（2）图像数据算法开发中心（智能检测）。以工业图像为研究对象，研究可控图像扩充算法、图像质量优化、异常区域检测等算法，处理并积累数据和案例。

（3）云服务中心。提供数据采集与传输、数据管理、模型部署、开发环境的基础设施。

3. 实验课程定制化流程

实验课程定制化流程，如图 4-25 所示。

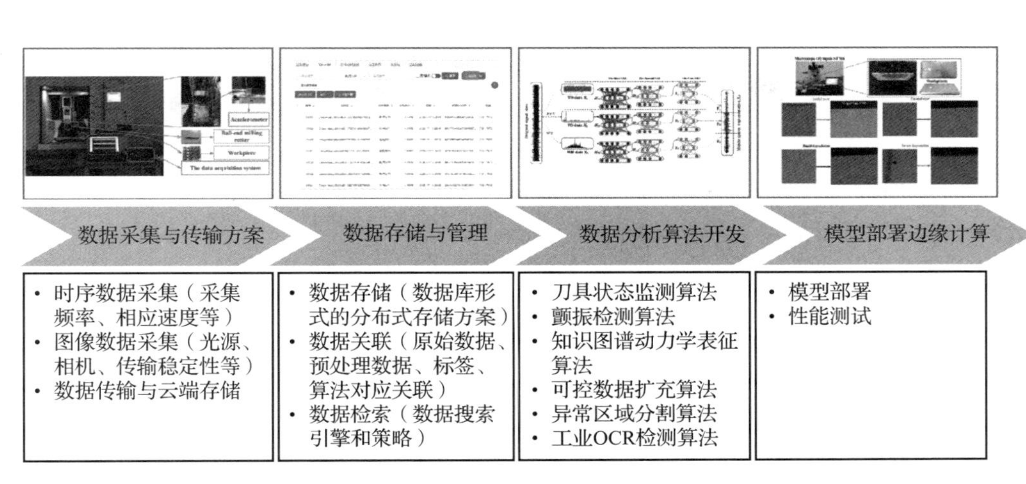

图 4-25　实验课程定制化流程框架

二、大数据与机器学习实验室资源配置

1. 数据资源

实验室共有工业图像数据 11 万多张，其中自有工业图像数据 10 万多张，公开工业图像数据 1 万多张；工业时序数据超过 5 100 G，其中自有工业时序数据超过 5 000 G，公开工业数据超过 100 G。详见图 4-26。

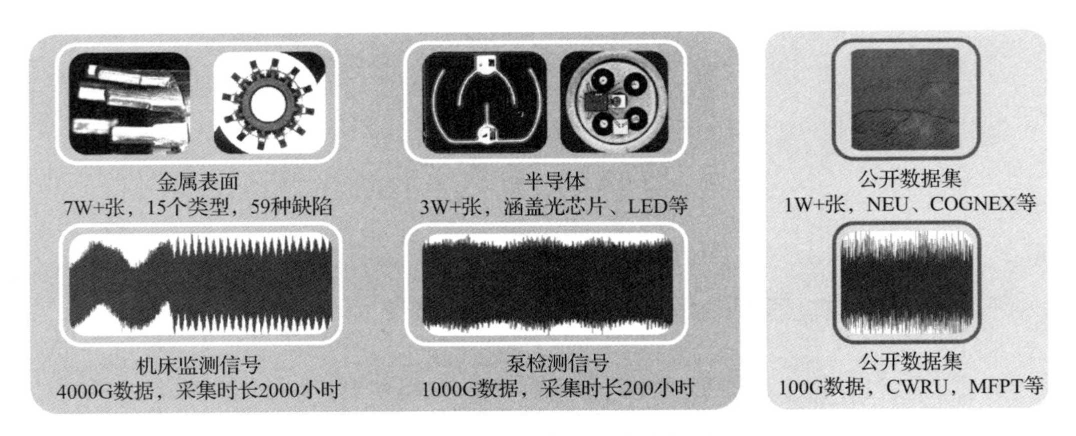

图 4-26　实验室数据资源分类图

2. 算法资源

实验室共有预训练模型 100 多个，工业场景的自有算法 10 多个，常用算作 150 多个。详见图 4-27。

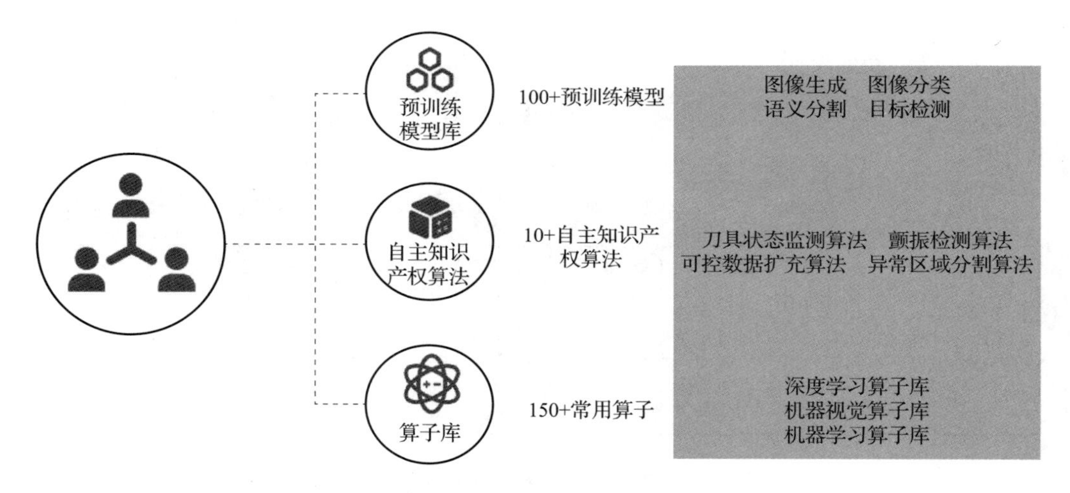

图 4-27　实验室数据算法分类图

3. 云服务资源

实验室云服务有制造数据接口、可视化云桌面、协同云文档以及高性能计算（HPC）等。详见图 4-28。

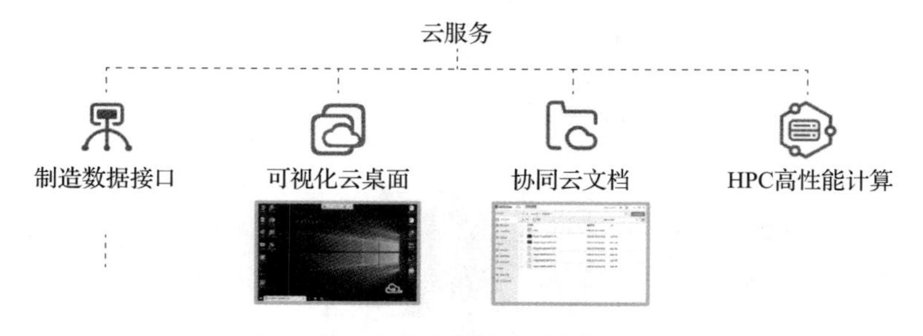

图 4-28　实验室云服务资源分类图

三、大数据与机器学习线上认知实验课程

1. 基础方法认知实验课程

实验 1：工业 AI 高级编程语言及框架认识性实验

实验目的：了解 Python 等相关工业 AI 变编程语言的编程环境、基本方法、主要函数库及其使用方法。

实验平台：云博视。

实验主要步骤：

• 登录云博视 YouBox 平台，在自己的云桌面上安装 Python。打开云博视常用软件库，选择 Python 安装。

• 设置环境变量。以 win7 系统为例：①点击计算机—右键—属性；②在左栏找到“高级系统设置”；③点击“环境变量”；④在系统变量中，找到 Path，双击；⑤在字符串的末尾，加一个分号，然后再输入安装 Python 的路径，如图所示；⑥点击确定，直到设置完成；⑦打开命令行，输入 Python，未输出异常即为配置成功。

• 安装库。Python 3. 7 的标准库（包）（内置模块）安装方式：打开 cmd 命令窗口，通过命令 pip install 包名进行第三库安装，如 pip install numpy。此方法简单快捷。Python 的第三方库或模块有很多（详见《大数据与机器学习线上认知实验指导书》）。

• 创建 TensorFlow 环境。检查 TensorFlow 环境添加，使用命令进行安装 TensorFlow：pip install→upgrade→ignore-installed TensorFlow，等待安装即可。

TensorFlow 既可以支持 CPU，也可以支持 CPU+GPU（详见《大数据与机器学习线上认知实验指导书》）。

实验 2：工业 AI 算法开源工具/框架认识性实验 1

实验目的：了解国际主流框架 Python、TensorFlow 等工业 AI 算法开源工具/框架的编程环境、基本方法、主要函数库及其使用方法。

实验平台：云博视。

实验主要步骤：

• 登录云博视 YouBox 平台。在 Anaconda 环境中自定义 AI 开发环境或直接调用现有开发环境（以 Pytorch 为例）。

• 打开《Pytorch 中文文档》。查询基础理论（自动求导机制、CUDA 语义等）和库函数（torch. nn、torchvision 等）的使用方法。

• 搭建 Pytorch 示例模型（MNIST 图片分类）。载入 MNIST 数据、搭建 CNN 模型、选择优化器、损失函数、训练并测试模型。

• 导出模型。在 C++环境中加载部署 TorchScript 模型。

• 评估部署模型的检测能力和检测效率。以此获得准确率、检测速度等指标。

实验 3：工业 AI 算法开源工具/框架认识性实验 2

实验目的：了解国内主要框架 MindSpore、Graph-Learn 等工业 AI 算法开源工具/框架的编程环境、基本方法、主要函数库及其使用方法。

实验平台：云博视。

实验主要步骤：

• 登录云博视 YouBox 平台。自定义 AI 开发环境或调用已有开发环境（以 Graph-Learn 为例）。

• 创建简单图。声明 Graph 对象，创建图节点、边等。

• 调用 Graph-Learn 框架的 GCN、GAT、GraphSage、DeepWalk、TransE 等算法。设置参数，并尝试扩展实现其他的图学习模型。

• 基于 Graph-Learn 和 TensorFlow 开发有监督 GraphSAGE 模型。进行数据准备、图构建、图采样等操作。

• 进行算法训练。根据预测效果进行模型参数的调整。

实验 4：数据采集——时序数据采集系统虚拟构建体验性实验

实验目的：体验时序数据采集系统构建基本步骤。具体为：时序信号类型可视化认知、对应采集传感器仿真认知、传感器虚拟标定步骤实操、传感器虚拟部署体验、基于虚拟场景的时序信号采集系统构建方法和步骤。

实验平台：云博视。

实验主要步骤：

• 登录云博视 YouBox 平台。在 PDPS 软件中加载虚拟产线模型。

• 打 PDPS《帮助文档》。查询虚拟传感器部署、标定和参数设置方法，在虚拟产线上部署位置传感器、速度传感器并设定传感器参数。

• 设计虚拟数据采集系统界面。包括第 2 步所布置的虚拟传感器控制、信号显示、数据保存等功能。

• 启动虚拟产线。部署前面所构建的数据采集系统并运行仿真。

• 调整产线生产节拍参数。重新仿真，对比前后虚拟数据采集系统所采集信号。

实验5：数据采集——图像数据采集系统虚拟构建体验性实验

实验目的：体验图像数据采集系统构建基本步骤。具体为：图像信号采集系统（相机、镜头、光源）部件类型可视化认知、图像信号采集系统虚拟标定步骤实操、基于虚拟场景的图像信号采集系统构建方法和步骤。

实验平台：云博视。

实验主要步骤：

• 登录云博视 Youbox 平台。加载虚拟产线平台，打开帮助文档，查询图像数据采集系统各部件（相机、镜头、光源）功能及适用环境。

• 选型及参数配置根据实验对象（工件）特性及工况对图像数据采集系统中各部件进行选型及参数配置。

• 选择标定方案。根据第二步中各部件的选型，设计标定板。

• 在平台中加载标定板。运行标定模块，计算标定结果，并根据标定结果调整相机位姿。

• 运行图像采集系统。拍图保存，验证图像数据采集系统设计方案可行性。

实验6：机器学习——监督学习典型算法体验性实验

实验目的：体验监督学习算法建立的基本步骤。具体为：有标签数据集（数据标签、训练集、测试集）构建方法和步骤、算法基函数/损失函数/迭代计算方法选择、测试过程及所得函数的评价等。

实验平台：云博视。

实验主要步骤：

• 登录云博视 YouBox 平台。访问制造数据接口，根据数据集索引检索并将有标签数据集下载到 YouBox 本地账户，根据需要读取数据及标签并进行存储。

• 在 YouBox 本地端调用云博视算法库中预置的数据预处理算法对备份的数据进行数据预处理。包括数据清洗、数据归一化、缺失值处理、异常值处理等并将预处理之后的数据进行存储。

• 特调用平台预置特征提取算法库，进行提取并选择特征。按照一定的比例划分训练集、验证集、测试集。

• 调用平台提供的 AI 计算环境中，加载模型环境依赖。根据 Tutorial 设计并调用相应模型设置调整超参数并训练模型。

• 加载预置模型结果可视化与评估算子。评估模型性能和效率，重复步骤 3 至步骤 5，寻求满足需求的模型。

实验 7：机器学习——无监督学习典型算法体验性实验

实验目的：体验无监督学习算法建立的基本步骤。具体为：无标签数据集（训练集和测试集）构建方法和步骤、聚类函数选择及训练步骤等。

实验平台：云博视。

实验主要步骤：

• 登录云博视 YouBox 平台。访问制造数据接口，检索并下载无标签数据集。

• 调用云博视算法库中预置的数据预处理算法。进行数据预处理（快速傅里叶变换、包络提取、归一化）以及数据清洗与数据降噪等操作。

• 调用平台预置特征提取算法库。进行提取并选择特征，按照一定的比例划分训练集、验证集、测试集。

• 调用平台提供的 AI 计算环境中。加载模型环境依赖，根据实验需求和相应的 Tutorial 选择聚类（K-means、DBSCAN、GMM）、降维（PCA、ICA、SVD、tSNE）等进行训练。

• 加载预置模型结果可视化与评估算子。评估模型的聚类效果和检测效率，重复步骤 3 至步骤 5，寻求满足需求的模型。

实验 8：机器学习——强化学习典型算法体验性实验

实验目的：体验强化学习算法建立的基本步骤。具体为：环境对象/智能体函数案例选择、奖励函数选择，建立一种“试错”学习方式以实现工业场景运行参数的优化。

实验平台：云博视。

实验主要步骤：

• 登录云博视 YouBox 平台。在 PyCharm 中加载机器人强化学习开源环境 OpenAI Gym Robotic/Gym-Gazebo2/Gym-Ignition。

• 打开《强化学习开源机器人环境说明文档》。查询各项环境参数的设置方法，通过编写代码修改环境参数，在环境中构建一个机器人抓取—摆放任务。

• 加载强化学习算法（以 DQN 为例）。打开算法说明文档，编写/修改代码，构建强化学习智能体、奖励函数。

• 进行算法训练。在不同的训练次数后观察机器人完成抓取—摆放任务的成功率。

• 优化奖励函数、智能体参数。重新训练，提高算法收敛速度。

2. 工业场景认知实验课程

实验 1：性能劣化场景（有监督学习）——刀具磨损预测算法构建认知实验

实验目的：了解基于聚类学习刀具磨损预测算法构建过程。理解应用场景、数据集（训练集和测试集）准备、基本算法的选择、损失函数选择、训练方法选择、训练过程调参，训练模型的测试和迭代。

实验平台：云博视。

实验主要步骤：

• 登录云博视 YouBox 平台。访问制造数据接口，在 Youbox 本地端下载刀具磨损算法与图像数据，根据工业现场的工业实际标准划分刀具磨损阶段，并对数据进行标定。

• 调用云博视算法库中预置的数据预处理算法。进行数据清洗与数据降噪，刀具寿命趋势数据分析。

• 调用平台预置特征提取算法库。进行多维特征提取与特征融合，特征降维，根据加工工艺参数划分训练集与测试集，比例为 7∶3。

• 在平台提供的 AI 计算环境中、在平台预置的有监督模型库中进行模型选择与损失函数选择。统一模型输入与特征输入的维度。

• 在平台计算环境中进行模型训练。并在测试集上进行刀具寿命预测。

• 加载步骤 3 中预先划分处理好的测试数据。用变工况数据进行 finetune，并测试模型应用于其他工况刀具磨损预测效果。

实验 2：性能劣化场景（无监督学习）——轴承失效辨识算法构建认知实验

实验目的：了解基于深度学习轴承失效模式辨识构建过程。理解轴承失效模式、数据集（训练集和测试集）准备、聚类算法的选择、训练方法选择、训练过程调参，训练模型的测试和迭代。

实验平台：云博视。

实验主要步骤：

• 登录云博视 YouBox 平台。访问制造数据接口，在 YouBox 本地端下载轴承数据集，在本地端进行数据清洗与标定，数据预处理、数据滤波、数据降噪、求取包络并存储。

• 调用云博视 YouBox 算法库中预置的机械信号分析算法。进行数据特征分析，轴承故障特征频率分析。

• 调用 YouBox 平台预置特征提取算法库。选取多维输入模型特征，进行特征构造与特征融合。

• 调用云博视 YouBox 算法库中预置的数据预处理算法。进行数据归一化方法选择、数据特征增强方法选择，对已有的轴承样本进行训练集测试集划分。

• 在平台提供的 AI 计算环境中，进行深度网络模型选择。模型结构的构建与超参数寻优并训练。

• 加载训练模型对进行测试数据验证。迭代步骤 4 至步骤 5 进行模型的优化。

实验 3：质量监测（时序信号）——工件质量关联性分析认知实验

实验目的：本实验属于机器视觉方法认知，通过给定场景工件可能的因素，根据相应因素选择数据采集模式，构建数据集（训练集和测试集）方法、聚类算法的选择、训练方法选择、训练过程调参，训练模型的测试和迭代。

实验平台：云博视。

实验主要步骤：

• 登录云博视 YouBox 平台。通过制造数据接口加载对应的数据集、建立标签与数据的对应关系。

• 通过 YouBox 平台访问制造数据接口，读取三坐标测量仪的加工尺寸精度数据集、明确数据与工件质量对应关系。定量分析刀具磨损与工件质量之间的关联性关系，确立刀具磨损与工件质量之间的间接预测关系。

• 调用 YouBox 平台预置特征提取算法库。进行特征提取，实现时域、频域、小波域的信号特征提取。

• 在平台提供的 AI 计算环境中，调用特征融合模型进行特征融合。融合并联学习网络中提取的特征，并进行更深层次的特征提取。

• 在平台提供的 AI 计算环境中，根据算法说明文档构建并训练刀具磨损定量预测网络。通过定量预测刀具磨损以及步骤 2 中刀具磨损与工件质量间的间接预测关系进行工件质量的间接预测表征。

• 加载预置模型结果可视化与评估算子。验证所训练的刀具磨损间接模型对测试的工件质量数据之间的预测效果，并进行评估，进行超参数优化迭代步骤 4 至步骤 6 以获得较好的模型。

实验 4：质量监测（图像信号）——工件表面缺陷二分类检测方法认知实验

实验目的：本实验是采用在实际生产过程中合格品（正样本）数量和少量正/负标签实现二分类检测，本实验通过体验分析给定场景工件缺陷在线监测需求，采用基于正样本，选择并构建数据集（训练集和测试集）、训练方法选择、训练过程调参，训练模型的测试和迭代，并了解算法的准确率和召回率等概念。

实验平台：云博视。

实验主要步骤：

• 登录云博视平台中制造数据接口。检索并下载二分类检测数据，将合格品（正样本）按照 8∶2 的比例划分训练集测试集，有缺陷工件（负样本）划分为测试集。

• 在云博视平台提供的 AI 计算环境中，调用二分类检测模型。其中包含重构生成模块、异常值计算模块、基于统计学的阈值确定模块、异常区域划分模块。

• 设定学习率，选择优化器。设计损失函数和模型优选策略。

• 根据实际算力和数据规模。确定模型迭代次数等参数，完成训练。

• 测试并评估模型。绘制 ROC 图、计算 AUC 值；计算准确率、召回率；分析算法检测效率（fps）。

实验 5：异常实时监测——模具爆模实时监控认知实验

实验目的：本认知实验以模具爆模实时监控为例，体验分析导致模具爆模产生的因素，了解机器学习爆模实时预警技术、相关数据采集、构建数据集、训练方法选择、训练过程调参，训练模型的测试和迭代。

实验平台：云博视。

实验主要步骤：登录云博视 YouBox 平台，在 Pycharm 中加载算法，加载模具加工数据集；以 3∶1∶1 的比例将数据集划分为训练集、测试集和验证集；加载 BP 算法模型，查询《BP 算法说明文档》，设定算法参数；训练模型，并在验证集上验证算法预测的准确性；加载 LSTM 算法模型，查询《LSTM 算法说明文档》，设定算法参数；训练模型，并在验证集上验证算法预测的准确性，与 BP 模型进行对比。

实验 6：工艺参数优化——流程生产效率认知实验

实验目的：本实验将以流程生产为例，体验分析给定场景影响生产效率的因素，根据相应因素选择数据采集模式，构建数据集方法、机器学习算法选择、训练方法选择、训练过程调参，训练模型的测试和迭代。

实验平台：云博视。

实验主要步骤：

• 登录云博视 YouBox 平台。在 Plant Simulation 软件中加载虚拟产线模型，查询《虚拟产线说明手册》，设定产线控制参数。

• 打 Plant Simulation《帮助文档》。查询虚拟传感器部署、标定和参数设置方法，选定需要监测的生产控制环节，布置虚拟位置传感器、速度传感器。

• 打开 Plant Simulation《帮助文档》。查询软件内嵌遗传算法使用方法，调整算法参数，优化产线控制的参数。

• 通过表格随机生成 1 000 组产线关键控制参数。以批处理方式进行仿真，通过虚拟传感器采集相应数据，生成数据集。

• 打开 Pycharm 软件，加载 PSO 算法。查询《PSO 算法说明文档》，设定算法参数，加载数据集，进行参数优化。

• 对比 Plant Simulation 内嵌遗传算法与云博视算法库中的 PSO 算法优化的参数结果。在 Plant Simulation 软件虚拟产线模型上进行验证。

本章思考题

1. 人工智能发展有哪几个阶段组成？简述每个阶段的重要成果与代表性人物。
2. 与传统人工智能相比，工业人工智能有哪些特点？
3. 概述机器学习及其分类？
4. 监督学习和无监督学习的区别和联系？
5. 试述工业智能模型构建的基本流程。
6. 举例说明工业智能有哪些应用场景？
7. 目前工业智能应用面临哪些问题？
8. 常用工业智能开发编程语言有哪些？各有什么特点？
9. 常用工业智能开源框架有哪些？各有什么特点？
10. 结合自己的专业，谈谈工业智能可以解决哪些问题？

第五章
产品与工厂的建模与仿真

建模与仿真技术是人类认识世界、改造世界，并进行科学研究、生产制造等活动的一种重要的科学化、技术化手段。它在当今高度信息化、集成化、网络化和智能化的时代，已被广泛应用于各行各业，包括智能制造、金融分析、气象预测、车间调度、能源管理等方面。

建模与仿真技术是建模技术与仿真技术的复合名词。建模是仿真的基础，建模是为了能够进行仿真；仿真是建模的延续，是进行研究和分析对象的技术手段。在智能制造中，建模与仿真技术是一项关键技术。其中，建模技术是针对制造中的载体（如机床、AGV 小车等）、制造过程和被加工对象，甚至是智能车间、智能调度过程中一切需要研究的对象，应用数学和计算机等知识，对研究对象的一种近似表达。而仿真技术则是在建模完成后，应用计算机图形学等计算机知识，对模型进行图像化、数值化和程序化表达。

- **职业功能：** 智能制造共性技术运用
- **工作内容：** 选择和使用工业软件及仿真技术
- **专业能力要求：** 能运用工业软件、建模与仿真技术，进行智能制造单元模块的数字化产品设计与开发；能运用工业软件和仿真技术进行智能制造单元模块的产品工艺设计与制造
- **相关知识要求：** 建模与仿真技术应用方法；CAD/CAE/CAM 等工业软件使用方法

第一节　建模与仿真概论

考核知识点及能力要求：

- 了解仿真相关概念。
- 了解仿真在制造领域的典型应用。
- 初步了解数字孪生概念及其应用。

一、仿真的基本概念

1. 什么是仿真

在牛津词典中对仿真（simulation）的基本解释是模仿（imitation）。从专业的角度看，仿真是指为了解决一个复杂系统所面临的问题，对其进行模型搭建，在此基础上，将不同的实验方案（即可能的问题解决方案）输入模型并加以运行，并对模型输出结果进行收集和分析，最终给出对此问题的解决建议。得益于现代计算机技术的高度发展，我们对仿真的定义特指基于计算机的仿真，更进一步是特指基于专业计算机仿真软件的仿真，即通过在专业计算机仿真软件里搭建并运行仿真模型，以实现对复杂系统问题的分析和改善。

从以上对仿真的解释可以看出，仿真的对象是系统，仿真的基础是模型，仿真从本质上讲是一种实验方法，而不是解析方法。也就是说我们可以通过不断地进行“如果……那么会发生……”这样口令的尝试和观察，以寻求系统问题更好的解决方案。

2. 为什么需要使用仿真方法

关于仿真的必要性，可以从两个方面加以理解。

（1）作为一种实验方法，仿真具有省时高效的优势。在求解对象问题时，我们无法基于真实的对象系统开展实验，因为这样会干扰对象系统现有的正常运作，即便可以在真实的对象系统上做实验，收集相应的实验结果往往会耗时很长且效率极低。例如，如果我们在一个真实的生产线上尝试一种新的生产流程，并希望观察到产线据此所表现出来的新的年产量，则需要进行长达一年的实验，这是一个极不现实的实验。如果使用仿真方法进行实验，那么我们可以很容易地突破前面所提到的这两个限制，既不会干扰现有真实系统的正常运作，也可以省时高效地进行实验方案的结果收集和分析。尤其是当需要对一个新系统的规划方案进行可行性验证时，由于真实的对象系统根本不存在，仿真似乎成了唯一可选的实验方法。

（2）现代系统所呈现出的动态随机性和复杂性特点，决定了仅靠单纯使用现有的数学模型及其解析方法，无法将对象问题系统表征得全面而清晰。因为数学模型需要满足各种严格的约束条件，且数学表达方式本身抽象，很难被客户理解，因此在实际应用中存在一定的局限性。而使用现代计算机专业仿真软件，可以直观地搭建复杂随机系统的模型，并且可以针对不同的实验目的，对模型进行灵活方便的修改，让客户对模型的理解也更为容易和直观。

由于仿真方法在分析和求解现代复杂系统时所具有的省时高效、不干扰不依赖真实系统、可以灵活直观地完成建模等优势，使得它在实际中的应用十分广泛。

二、仿真模型分类

模型搭建是对系统的抽象和表达，是仿真的基础，按照不同的角度可以将仿真模型进行如下分类。

1. 静态仿真模型和动态仿真模型

一个静态仿真模型是对一个系统在某一特定时刻的表达，或是对一个静态系统的表达。例如，蒙特卡洛仿真模型就属于典型的静态仿真模型。如果一个仿真模型表达的是一个系统随着时间推移所发生的各种活动及状态的变化，那么这个仿真模型就是

一个动态仿真模型。

2. 确定性仿真模型和随机仿真模型

如果一个仿真模型不包含任何的概率性（即随机）要素，那么它就是一个确定性仿真模型。例如，一个描述复杂化学反应的微分方程就属于确定型模型。在确定性模型中，一旦往模型中输入的变量或逻辑是确定的，那么模型的输出结果就是确定的。然而在现代社会许多系统中，或多或少都包含一些随机要素，在建模时也不能忽略这些随机要素，所以搭建的相应模型为随机仿真模型。例如，我们对绝大多数的排队系统或库存系统所搭建的模型就属于随机模型，这意味着模型的输出结果本身就是随机不确定的，因此通常需要对这个输出结果的真实值进行估计。

3. 连续仿真模型和离散仿真模型

仿真的对象系统通常可以分为离散系统和连续系统两大类，如图 5-1 所示。离散系统意味着系统的状态只在一系列的离散时间点上发生变化，而如果一个系统的状态随着时间推移在连续变化，那么这个系统被称为连续系统。当然在实际中，很少有系统是完全离散或完全连续的，通常只要是某一类型的变化占主导地位，则将系统划分成对应的类别。使用类似的角度，我们可以将仿真模型划分为离散仿真模型和连续仿真模型两类。值得注意的是，对于离散系统不一定建立的就是离散仿真模型，反之亦然，这主要取决于对系统进行仿真研究的目的。例如，在对高速公路上的交通流进行建模时，如果单个车辆的特征和移动非常重要，那么应该建立离散仿真模型；如果可以将车辆看成是“总体”，就可以用微分方程来表达交通流，即建立了一个连续仿真模型。

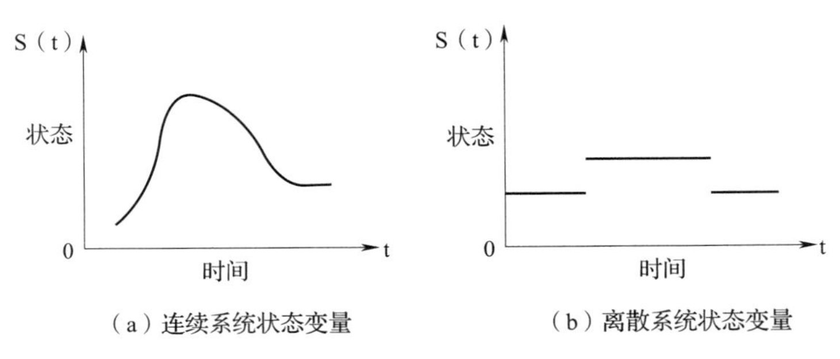

图 5-1　连续系统与离散系统[96]

三、仿真在制造领域的应用

仿真作为一种分析、评价和改进系统的技术手段，可以在不干扰现实系统正常运作的情况下，通过有效建模，更真实地反映系统的结构和性能特征，并快速再现系统的动态运行过程，被广泛应用于制造、军事、管理、物流、交通运输等领域，成为系统方案论证、规划设计、参数和性能改进研究的有效工具。仿真在制造领域中的应用主要包括产品（即制造加工的对象）和制造系统本身。

1. 仿真在产品设计和开发中的应用

传统的产品设计和开发遵循设计、制造、装配、样机试验的串行开发模式，由于简单的计算分析难以准确预测产品的实际性能，通常需要通过样机试制和试验结果来确定设计方案的优劣，因此产品开发过程复杂、周期长。采用仿真技术，可以在计算机上完成产品的概念设计、初步设计以及细节设计等各阶段任务，并以数字样机代替实体样机进行实验，提高产品设计开发的效率和一次成功率，缩短设计周期，显著降低产品开发成本。例如，美国波音公司借助于仿真技术，在计算机环境中完成其777型飞机的设计全过程，并取消风洞试验和上天试飞等传统物理试验环节，使其开发周期从原先的9~10周年缩短至4.5年。而在汽车制造行业中，通过用基于计算机的撞车仿真试验替代实际撞车试验，可以减少实际碰撞试验等次数，从而极大降低汽车的开发成本[96]。仿真在产品设计和开发过程中的具体应用还包括以下几点。

一是对所设计的产品进行计算机模型搭建，以此分析产品造型、结构及物理特性是否满意。

二是仿真分析产品各零部件的运动学、静力学、动力学以及可靠性等性能。

三是对产品对结构配置及参数进行仿真分析和调整，以实现产品总体性能的改进和优化。

四是对产品的加工和装配工艺进行仿真分析，以评价加工和装配工艺的可行性以及加工成本。

2. 仿真在制造系统中的应用

制造系统是一类典型的离散事件系统，其表现出系统规模大、结构复杂以及动态

随机性等特点。无论是对于新制造系统设计方案的可行性验证和评估，还是对现有制造系统运行性能的提升和改进研究，仿真能够把制造资源、产品工艺路线、库存和管理等信息结合起来，以制造系统动态运作过程的直观“再现”代替以往数学方法的抽象描述，为实现前述目标提供一种比较理想的分析手段和工具。

对新制造系统设计方案进行仿真验证和评估的内容通常包括[97]：

• 在新车间中制造的产品类型和数量能否满足客户要求？

• 新车间的制造效率和投资回报率是否合理？

• 制造系统中的主要加工设备是否得到了充分利用？设备之间的加工任务负载是否比较平衡？

• 物料配送是否能够和制造车间的生产速度和产量变化相适应？

• 新车间的整体布局是否合理？能否满足生产调度的要求？

• 在制造系统某些环节发生故障时，是否仍能维持一定程度的制造能力？

对现有制造系统运行性能进行提升和改进时，可以使用仿真寻求以下问题的答案：

• 如何优化制造车间中物料流转用托盘的数量，以缓解出现托盘挤压和堵塞车间通道的现象？

• 如何协调制造总装线上各工序的生产节奏，以减少在制品的数量？

• 制造过程中的瓶颈环节在哪里？如何消除瓶颈环节以降低在制品库存，并缩短产品的生产周期？

• 如何优化产品加工设备的调用规则，提高产品的生产效率？

制造系统的核心物理载体是工厂，因此在本章第四小节中，将聚焦于工厂的建模和仿真的介绍。

四、数字孪生

前面提到过仿真技术是以模型为基础，通过脱离实际物理对象系统而在相应模型上做实验，可以帮助我们快速高效地寻求物理对象系统的问题解决方案。一方面这是仿真技术的优势；另一方面受限于计算机发展水平，搭建仿真模型需要进行一定程度的简化（合理的简化以确保模型仍然有效为前提）。这个简化既包括模型广度的简化

（把与仿真目标无关的对象内容排除在模型之外），又包括模型深度的简化（把不影响仿真目标实现的对象细节属性排除在模型之外）。这种一定程度上的简化虽然仍确保模型是有效的，但在制造系统迈向智能化的今天，迫切需要实现对制造系统从最底层的单个智能设备到最高层的智能产线的高效集成仿真，即需要一种“智能仿真”技术。随着云计算、人工智能、大数据分析等技术在近年来的迅猛发展，已使得这种“高保真”实时仿真技术的实现成为可能，我们称之为数字孪生。

1. 数字孪生的概念

数字孪生的概念由美国密歇根大学 Grieves 迈克尔·格里夫教授提出，主要包括物理实体（又称本体）、虚拟实体（又称孪生体或孪生模型）以及两者之间的双向数据连接。实现数字孪生离不开模型搭建、数据实时传输和处理技术，以及将带有三维数字模型的信息扩展到整个生命周期中的影像技术，并最终实现虚拟与物理数据同步和一致。它不仅仅是让虚拟世界做现在我们已经做到的事情，还能发现潜在问题、激发创新思维、不断追求优化进步。数字孪生是一种集成多物理量、多尺度的仿真过程，在虚拟空间中可完成映射并反映相对应的实体装备的全生命周期过程，具有实时同步、忠实映射高保真特性，能够实现物理世界与信息世界交互与融合。

其与传统仿真模拟的区别可以用一个字“动”来表示。数字孪生依据本体物理设计模型和传感器反馈的数据以及本体运行历史数据，随着本体实时状态和外界环境条件复现到“孪生体”，虚拟环境下的孪生体作出相应改动。

数字孪生技术的概念从其诞生开始，就围绕着全生命周期、数字化、实时性、虚实融合、真实映射等关键词展开讨论。其中，全生命周期指数字孪生可以贯穿产品包括设计、开发、制造、服务、维护甚至报废回收的整个周期，它不仅帮助企业把产品更好地造出来，还包括帮助用户更好地使用产品；实时是指本体和孪生体之间可以建立全面的实时联系，两者并不是独立的，映射关系也具备一定的实时性；双向是指本体和孪生体之间的数据流动可以是双向的，本体可以向孪生体输出数据，孪生体也可以向本体反馈信息，企业可以根据孪生体反馈的信息对本体采取进一步的行动和干预。

2. 数字孪生模型

数字孪生模型指的是以数字化方式在虚拟空间呈现物理对象，即以数字化方式为物理对象创建虚拟模型，模拟其在现实环境中的行为特征，它是一个应用于整个产品生命周期的包括数据、模型及分析工具的集成系统。对于制造企业来说，它能够整合生产中的制造流程，实现从基础材料、产品设计、工艺规划、生产计划、制造执行到使用维护的全过程数字化。通过集成设计和生产，它可帮助企业实现全流程可视化、规划细节、规避问题、闭合环路、优化整个系统[3]。

利用数字孪生技术可对航空航天飞行器进行健康维护与保障。实现过程是：先在虚拟空间中构建真实飞行器各零部件的模型，并通过在真实飞行器上布置各类传感器，采集飞行器各类数据，实现模型状态与真实状态完全同步。这样在飞行器每次飞行后，可根据飞行器结构的现有情况和过往载荷，及时分析与评估飞行器是否需要维修，能否承受下次的任务载荷等。数字孪生模型的概念模型见图 5-2，包括三个部分[3]：真实世界的物理产品；虚拟世界的虚拟产品；连接虚拟和真实空间的数据和信息。

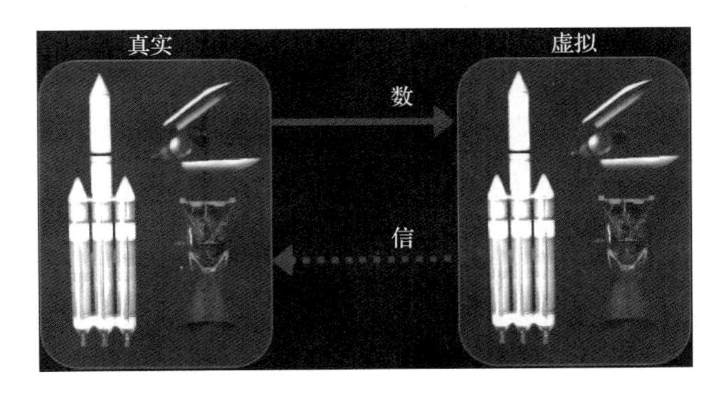

图 5-2　数字孪生模型的概念模型

然而，数字孪生模型更加强调了物理世界和虚拟世界的连接作用，从而做到虚拟世界和真实世界的统一，实现生产和设计之间的闭环。如图 5-3 所示，可通过 3D 模型连接物理产品与虚拟产品，而不只是在屏幕上进行显示。3D 模型中还包括从物理产品获得的实际尺寸，这些信息可以与虚拟产品重合并将不同点高亮，以便于人们观察、对比。

图 5-3　可进行虚拟产品与物理产品对比的 3D 模型

“工四 100 术语”对数字孪生模型的定义是：数字孪生模型是充分利用物理模型、传感器更新、运行历史等数据，集成多学科、多物理量、多尺度、多概率的仿真过程，在虚拟空间中完成映射，从而反映相对应的实体装备的全生命周期过程。数字孪生模型是一种超越现实的概念，可以被视为一个或多个重要的、彼此依赖的装备系统的数字映射系统。以飞行器为例，数字孪生模型可以包含机身、推进系统、能量存储系统、生命支持系统、航电系统以及热保护系统等。它将物理世界的参数重新反馈到数字世界，从而可以完成仿真验证和动态调整。数字孪生有时候也用来指对一个工厂的厂房及生产线，在其没有建造起来之前，就完成相应的数字化模型，从而在虚拟的赛博空间中对工厂进行仿真和模拟，并将真实参数传给实际的工厂建设。而在工房和生产线建成之后，在日常的运维中两者可以继续进行信息交互。因此，数字孪生模型更加强调模型在产品全生命周期使用过程中虚拟产品与物理产品之间的反馈、交互。

3. 数字孪生的典型应用

（1）产品数字孪生[98]。在产品的设计阶段，利用数字孪生可以提高设计的准确性，并验证产品在真实环境中的性能。这个阶段的数字孪生的关键能力包含：①数字模型设计，即使用 CAD 工具开发出满足技术规格的产品虚拟原型，精确地记录产品的各种物理参数，以可视化的方式展示出来，并通过一系列验证手段来检验设计的精准程度；②模拟和仿真，通过一系列可重复、可变参数、可加速的仿真实验，来验证产

品在不同外部环境下的性能和表现，在设计阶段就可验证产品的适应性。

产品数字孪生将在需求驱动下，建立基于模型的系统工程产品研发模式，实现“需求定义-系统仿真-功能设计-逻辑设计-物理设计-设计仿真-实物试验”全过程闭环管理，其细化领域包含如下几个方面：

• 产品系统定义：包括产品需求定义、系统级架构建模与验证、功能设计、逻辑定义、可靠性、设计五性（包含可靠性、维修性、安全性、测试性及保障性）分析、失效模式和影响分析（FMEA，Failure Mode and Effect Analysis）等。

• 结构设计仿真：包括机械系统的设计和验证。包含机械结构模型建立、多专业学科仿真分析（涵盖机械系统的强度、应力、疲劳、振动、噪声、散热、运动、灰尘以及湿度等方面的分析）、多学科联合仿真（包括流固耦合、热电耦合，磁热耦合以及磁热结构耦合等）以及半实物仿真等。

• 3D 创成式设计：创成式设计（Generative Design）是根据一些起始参数通过迭代并调整来找到一个（优化）模型。拓扑优化（Topology Optimization）是对给定的模型进行分析，常见的是根据边界条件进行有限元分析，然后对模型变形或删减来进行优化，是一个人机交互、自我创新的过程。根据输入者的设计意图，通过“创成式”系统，生成潜在的可行性设计方案的几何模型，然后对其进行综合对比，筛选出设计方案推送给设计者进行最后的决策。

• 电子电气设计与仿真：包括电子电气系统的架构设计和验证、电气连接设计和验证、电缆和线束设计和验证等。相关仿真包括电子电气系统的信号完整性、传输损耗、电磁干扰、耐久性、PCB 散热等方面的分析。

• 软件设计、调试与管理：包括软件系统的设计、编码、管理、测试等，同时支撑软件系统全过程的管理与 Bug 闭环管理。

• 产品设计全过程管理：包括系统工程全流程的管理和协同，设计数据和流程、设计仿真和过程、各种 MCAD/ECAD/软件设计工具和仿真工具的整合应用与管理。

（2）生产数字孪生。在产品的制造阶段，生产数字孪生的主要目的是确保产品可以被高效、高质量和低成本地生产，它所要设计、仿真和验证的对象主要是制造系统，包括制造工艺、制造设备、制造车间、管理控制系统等。利用数字孪生可以加快产品导入的时间，提高产品设计的质量，降低产品的生产成本和提高产品的交付速度。产品生产阶段的数字孪生是一个高度协同的过程，通过数字化手段构建起来的虚拟生产线，将产品本身的数字孪生同生产设备、生产过程等其他形态的数字孪生高度集成起来，具体实现如下功能：

• 工艺过程定义（BOP，Bill of Process）：将产品信息、工艺过程信息、工厂/产线信息和制造资源信息通过结构化模式组织管理，达到产品制造过程的精细化管理，基于产品工艺过程模型信息进行虚拟仿真验证，同时为制造系统提供排产准确输入。

• 虚拟制造（VM，Virtual Manufacturing）评估-人机/机器人仿真：基于一个虚拟的制造环境来验证和评价装配制造过程和装配制造方法，通过产品 3D 模型和生产车间现场模型，具备机械加工车间的数控加工仿真、装配工位级人机仿真、机器人仿真等提前虚拟评估。

• 虚拟制造评估——产线调试：数字化工厂柔性自动化生产线建设投资大、周期长，自动化控制逻辑复杂，现场调试工作量大。按照生产线建设的规律，发现问题越早，整改成本越低，因此有必要在生产线正式生产、安装、调试之前，在虚拟的环境中对生产线进行模拟调试，解决生产线的规划、干涉、PLC 的逻辑控制等问题，在综合加工设备、物流设备、智能工装及控制系统等各种因素中全面评估生产线的可行性。生产周期长、更改成本高的机械结构部分采用在虚拟环境中进行展示和模拟；易于构建和修改的控制部分则采用由 PLC 搭建的物理控制系统实现，由实物 PLC 控制系统生成控制信号，虚拟环境中的机械结构作为受控对象，模拟整个生产线的动作过程，从而发现机械结构和控制系统的问题，在物理样机建造前予以解决。

• 虚拟制造评估——生产过程仿真：在产品生产之前，就可以通过虚拟生产的方式来模拟在不同产品、不同参数、不同外部条件下的生产过程，实现对产能、效率以及可能出现的生产瓶颈等问题的提前预判，加速新产品导入的过程；将生产阶段的各种要素，如原材料、设备、工艺配方和工序要求，通过数字化的手段集成在一个紧密协作的生产过程中，并根据既定的规则，自动地完成在不同条件组合下的操作，实现自动化的生产过程；同时记录生产过程中的各类数据，为后续的分析和

优化提供依据。

• 关键指标监控和过程能力评估：通过采集生产线上的各种生产设备的实时运行数据，实现全部生产过程的可视化监控，并且通过经验或者机器学习建立关键设备参数、检验指标的监控策略，对出现违背策略的异常情况进行及时处理和调整，实现稳定并不断优化的生产过程。

（3）设备数字孪生[98]。设备作为工厂的资产，在运行过程中将运行信息实时传送到云端，以进行设备运行优化、可预测性维护与保养，并通过设备运行信息对产品设计、工艺和制造迭代优化。

第二节　数字化产品设计与分析

考核知识点及能力要求：

• 了解数字化产品设计与分析相关概念。

• 熟悉数字化产品设计中的造型技术。

• 掌握基于 NX 平台的数字化设计与分析技术。

一、数字化产品设计发展历程

数字化设计是以新产品设计为目标，以计算机软硬件技术为基础，以数字化信息为手段，支持产品建模、分析、性能预测、优化以及设计文档生成的相关技术。任何以计算机图形学为理论基础、支持产品设计的计算机软硬件系统都可以归结为产品数字化产品设计技术的范畴。数字化设计技术包括计算机图形学、计算机辅助设计、计算机辅助工程分析以及逆向工程等[99]。

数字化产品设计的主要任务包括：①利用计算机完成产品的概念化设计、几何造型、数字化装配、生成工程图及相关设计文档；②利用计算机完成产品拓扑结构、形状尺寸、材料材质、颜色配置等的分析与优化，实现最佳的产品设计效果；③利用计算机完成产品性能的数字化仿真。

数字化产品设计技术深刻地影响着传统制造业企业中的产品设计、制造和生产组织模式，已成为加快产品更新换代、提高产品市场竞争力、推进企业技术进步的关键技术。数字化产品开发技术的应用水平也成为衡量一个国家工业化和信息化水平的重要指标。

自从 1946 年第一台电子数字计算机诞生以来，数字计算机逐渐成为工程、结构和产品设计的重要辅助工具。随着计算机硬件技术、计算机软件技术和计算机图形学的发展，数字化产品设计技术得到了长足的发展。几十年来，数字化产品设计技术大致经历了 20 世纪 60 年代的起步阶段、20 世纪 80 年代的推广应用阶段、20 世纪 90 年代以来的集成应用阶段和新世纪以来的智能应用阶段。

二、基于产品的数字化产品设计

传统的设计过程是由设计者凭借计算器和绘图工具在图板上完成的。这种人工处理方式不仅显得烦琐、复杂，而且难以胜任精确计算，那些现代设计方法的应用，如有限元分析、动态分析、优化设计和可靠性设计等，由于数值计算工作量太大，若要依靠人工进行就更是难以想象。数字化产品设计技术是利用计算机辅助人来进行设计，将设计者的知识、经验、创造性、判断和逻辑思维能力与计算机的存贮、高速运算和逻辑分析能力结合起来，有效地提高设计的效率和质量。数字化产品设计过程如图 5-4 所示。它利用数据库对所设计的产品的有关数据资料、图表、曲线进行检索，对有关数据和公式进行计算，并通过图形显示，利用人机交互方式在显示屏幕上实时对设计方案进行修改、综合分析、审定和评价，最后输出设计图形和有关设计资料[100]。

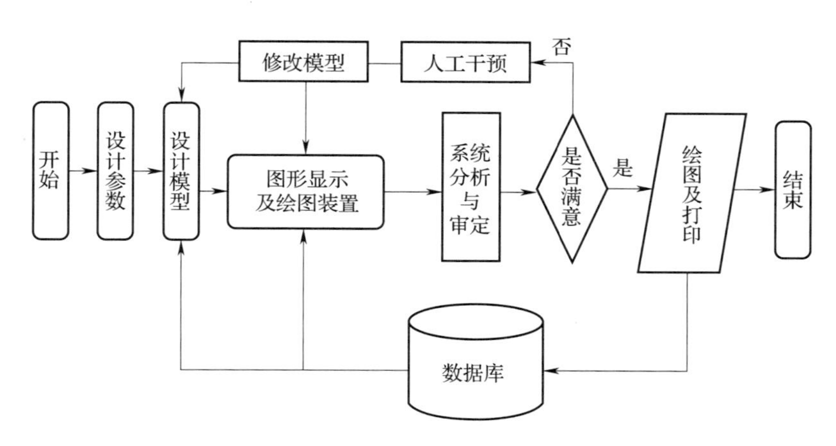

图 5-4　数字化产品设计过程

随着计算机技术的发展，目前，数字化产品设计的概念已超出了一般设计的范围，它已可理解为如下的表达：数字化产品设计是在计算机系统硬件、软件的支持下，研究对象描述、系统分析、产品设计、仿真、优化和图形处理的理论和工程方法，它是涉及整个设计过程的一门学科。

1. 数字化产品设计系统的基本功能

数字化产品设计系统的主要功能如下。

（1）交互式图形显示与几何模型的构造。交互式图形输入、生成、显示、修改、输出是数字化产品设计最突出的特点和最重要的功能，它极大地改变了设计工作的环境和方式。设计人员可以在终端前用图形输入板、光笔等图形输入设备在屏幕上以自己最熟悉的图形方式表达设计思想。图形库中存贮着常用的基本图形元素和标准图形，可供设计者调用，构造所需要的复杂图形。另外，许多辅助作图功能，如自动或半自动地标注尺寸和公差、分层作图等等，也给交互作图带来极大的便利。丰富的图形编辑功能允许设计者随意地插入、删除、移动、拼装图形、进行旋转、剪裁、缩小、放大、消除隐线和隐面等图形变换。彩色、阴影、浓淡、动画等特殊的图像显示技巧，可使计算机图形比图纸更加逼真、形象、易于理解。

利用交互式图形的功能，设计者能够用数字化产品设计软件系统进行汽车、机床、模具等各种产品的设计，而且能够设计汽车外形和模具模腔的几何形状。数字化产品设计软件系统还能对图形进行兼容性检查，如发现零件部件之间、刀具和夹具是否发生“碰撞”。

（2）工程计算分析和优化及对设计的模拟、验证。工程分析、计算是数字化产品设计系统不可缺少的功能。数字化产品设计系统应按照具体设计要求配有各种计算的应用程序，用于应力、位移、自振频率、动力响应、临界载荷、温度场分布等结构性能的计算，并较多地采用有限元方法。数字化产品设计系统中的有限元分析能与其他应用软件通过数据传递连接起来。特别是有限元方法中数据前、后处理的自动化和图形化，可以将使产品的模型构造，从几何信息到有限元网络等计算数据的转换，再到计算结果的提取、编辑、整理、转换以及最终的图形输出等设计阶段全部贯穿起来，形成一个完整的数字化产品设计系统。这将是数字化产品设计软件发展的必然趋势。

数字化产品设计系统对设计方案的优化，是指利用计算机的高速计算能力，在合理的时间内进行多个设计方案的构思、分析、评价，从中选择最优方案；同时，可通过数学规划法等比较成熟的算法，用计算机自动进行最优化设计。然后，由设计者根据经验进行分析、判断，以人机交互方式寻求较好的设计方案。

随着计算机技术和计算力学等学科的发展，利用计算机还可对设计进行验证、模拟试验和仿真，从而缩短新产品的开发周期，节省投资。

（3）计算机自动绘图与辅助文档编辑。利用计算机绘图，辅助编制各种材料表、设备表、明细表等技术文件，编辑各种规格说明书，使用操作说明等文档资料，是数字化产品设计系统的重要内容。它使得工程技术人员从这些繁琐的手工作业中解放出来，提高了工作效率，同时保证了图纸、文件的高质量，有利于实现设计图纸、文件规范化和简化了图纸文件的存档和修改工作。

（4）工程数据库和图形库的管理与共享。工程设计中的信息量是非常大的，且涉及多种专业。数字化产品设计系统利用数据技术，统一管理工程数据和图形，为各个专业设计提供共享数据的用户模式和它们之间的接口，并支持多用户协调作业、各自独立地完成对设计信息的存取、处理、转换，实现预定的设计目标。这些都是以统一的工程数据库、图形库为基础的。

应该强调的是，在数字化产品设计系统中，人仍是起主导作用的，计算机只是辅

助人进行设计。近年来，专家系统和人工智能技术开始在数字化产品设计领域内得到应用，计算机将逐步模仿人类的智能进行设计活动，即智能化数字化产品设计系统，这将是数字化产品设计技术发展的重要方向。

2. 数字化产品设计系统的硬件和软件

数字化产品设计硬件系统，主要应用计算机及其所属的外围设备。一个典型的数字化产品设计系统的典型硬件结构组成如图 5-5 所示，它由计算机、图形终端、绘图机、打印机以及交互装置等部分组成。

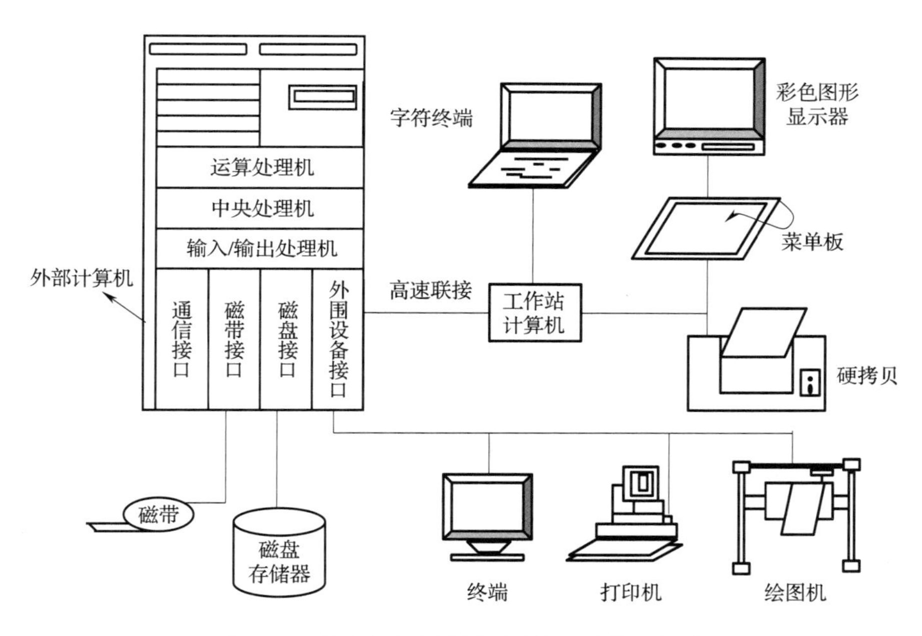

图 5-5　数字化产品设计系统的硬件结构组成

进行数字化产品设计，如按其功能来选择系统配置的话，主要应该从分析计算机和数据处理的工作量以及人机交互功能两方面来加以比较分析，并取舍。目前，随着微电子技术的发展，机器日趋小型化、微型化，数字化产品设计系统的构成形式也各具特色，从而满足了多层次开发的需要。典型的数字化产品设计系统的硬件配置和构成形式有：大型主机系统（main frame system）、独立型系统（turnkey system）、超级微机组成的工作站系统（stand alone system）和基于网络的个人电脑系统（network-based PC system）。

数字化产品设计软件系统可以分为操作系统、支撑软件和应用软件三个层次，如图 5-6 所示。操作系统和支撑软件形成了数字化产品设计软件系统的开发环境，用户在这开发环境下移植或自行开发所需要的应用软件，完成具体设计工作。

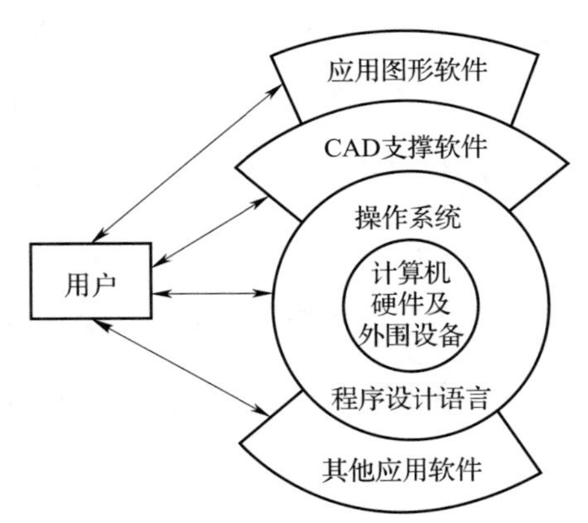

图 5-6　数字化产品设计软件

（1）操作系统。操作系统负责对计算机硬、软件资源进行分配、控制、调度和回收，使之协调一致并高效地完成各种类型的任务。任何程序都要在特定的操作系统支持下运行，因此在评价计算机系统时，重点考虑的问题之一是其操作系统的情况。作为操作系统通常应满足操作通讯、多道应用程序、多重任务及多用户窗口、局部网络、数据库、图形输入/出、自然语言接口等要求。

当前国外比较通用、国内引进具有代表性的操作系统主要有 DOS/WINDOWS、VMS、MVS 和 UNIX。DOS/WINDOWS 主要用于微型计算机。VMS 是 VAX 系列计算机的操作系统。MVS 是 IBM 公司大、中型计算机用的操作系统。UNIX 目前主要用于小型机、工作站，是一种很有应用前途的操作系统。

（2）数字化产品设计系统支撑软件。数字化产品设计系统支撑软件（又称核心软件）是由专业数字化产品设计软件系统研制单位提供给用户的软件产品，它是一个配套系统。上世纪 70 年代中期，出现了一批能进行图形处理、面向机械工程应用的立体造型系统，这些系统初步实现了在计算机内生成三维实体模型、零件图、NC 刀具轨迹等功能，并成功地替代了原设计及制造领域的许多传统的手工劳动，显示了它们的强大生命力。

上世纪 80 年代初，由于初步解决了图形输入手段及数据库管理系统，从而使这些系统具有通用性和实用性。目前，支撑软件研制技术正朝着两个方向发展：一个是使该系统与数字化产品设计硬件系统相对独立开来，最终形成一个泛机型的系统；另一个是致力于提高立体造型的几何处理能力，扩大其应用范围，提高系统的可靠性，增强用户的界面等。

因此，数字化产品设计系统支撑软件的主要组成部分有：对图形进行实时显示和

处理的图形处理系统，图形及数据管理系统，对工程结构和机械零部件强度、振动等计算分析的有限元分析系统等。

（3）应用软件。应用软件是在数字化产品设计系统所提供的硬件、支撑软件资源的基础上，为特定设计目的（二次）开发的程序系统。应用软件所包括的内容有三大部分。

一是设计计算软件。进行数字化产品设计工作，常需进行各种数值计算，如有限元法、有限差分法、解微分方程、线性代数方程等。为了达到理想结果，有时还需做优化工作。完成上述工作的程序就组成了应用软件的程序库。

二是应用图形软件。数字化产品设计系统的最终输出大多是以图形的形式。绘图处理软件包仅能提供一些最基本的绘图编辑功能等，而应用图形软件就是利用绘图处理软件包提供的一些基本功能，结合设计对象的特点开发的专用程序系统。它提高了绘图的效率和精度。图形库和参数化自动绘图程序是典型的应用图形软件。

三是数据库的建立和应用。一项工程设计涉及许多标准、规范数据。因此在数据库管理系统的支持下，用户应建立满足特定设计目标的数据库，并开发相应的应用软件对建立的数据库进行操作，及时准确地提供设计各个阶段所需的数据。

3. 数字化产品设计系统的造型技术

数字化产品设计技术的核心之一是图形处理。正在发展中的计算机图形学，就是研究如何将人们设想的几何图形转化为计算机信息，并利用这些信息在屏幕上再现，同时更好地支持图形交互操作，创造人机之间的友好界面。

在计算机中所处理的图形实际上可以是：工程图、设计图、照片和图片以及用数学分析表达式所确定的图形。就构成图形的要素而言，它不仅包含有点、线、面、体等几何要素，而且还有明暗、灰度、色彩等非几何要素。

为了在计算机中表示一个图形，目前采用两种基本方法：点阵法，即用点阵来表示图形，构成这个点阵的那些点都具有一定的灰度或色彩；参数法，即在计算机中记录该图形的形状参数与属性参数，其中形状参数可以是描述其形状的方程的系数、线段的起点及终点等等，属性参数则包括灰度、色彩、线型等非几何属性。我们把参数法描述的图形简称为图形，而把用点阵法描述的图形叫做图像。

作为研制交互式计算机图形处理系统基础的图形学，主要研究计算机图形处理的数学原理、基本技巧和算法，其具体内容是：图形的输入输出，即研究如何把要处理的图形输入到计算机内进行屏幕显示等各种处理，或通过绘图机、打印机等输出图形；图形的变换，这里主要指几何形状的变换及透视投影和窗口切换；图形的组合分解和运算，即用简单图形组成复杂图形和把复杂图形分解为简单图形以及图形之间逻辑和、交、差等的运算。

几何造型是研究几何图形元素之间连接关系的拓扑学，它是 CAPP、有限元分析、几何仿真等技术的重要基础，也是实现数字化产品设计与数字化产品制造集成的必要手段。其实质就是用计算机系统来描述、处理和输出三维形体。在数字化产品设计系统中，三维实体造型技术是一项核心技术。几何造型的方法主要有：线框模型、曲面模型、实体模型和特征造型。下面对这些造型模型的表示模式、数据结构和主要技术特点作一简单介绍。

（1）线框模型。线框模型是用一系列空间直线、圆弧和点组合而成，用来描述产品轮廓外形的一种造型方法。如图 5-7 所示的阶梯式立体模型，它就可看作由 V1，V2，…，V12 等 12 个顶点和 W1，W2，…，W18 等 18 条棱线所构成的线框组成。线框模型的数据结构是两张表结构：一张是立体的顶点表，另一张是立体的棱边表，每条边由两个顶点构成。

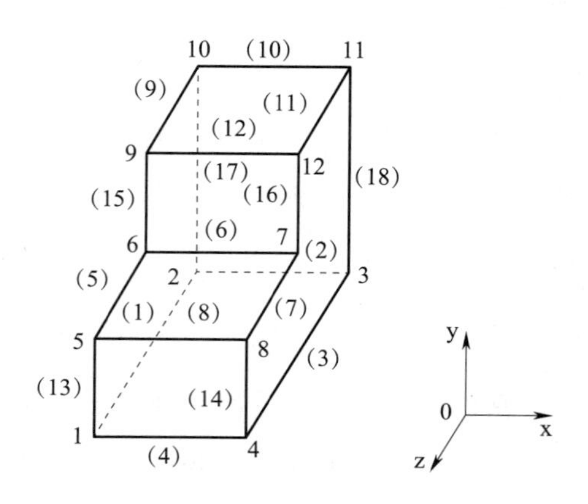

顶点表

编号	x	y	z
1	0	0	6
2	0	0	0
3	3	0	0
4	3	0	6
5	0	3	6
6	0	3	2
7	3	3	2
8	3	3	6
9	0	5	2
10	0	5	0
11	3	5	0
12	3	5	2

棱边表

1	1	2
2	2	3
3	3	4
4	4	1
5	5	6
6	6	7
7	7	8
8	5	8
9	9	10
10	10	11
11	11	12
12	9	12
⋮	⋮	⋮
18	3	11

图 5-7　线框模型及其数据结构

这种线框模型的特点是：结构简单，数据存储量小，生成模型比较容易；容易生

成三视图、透视图；当零件形状复杂时，线框很多，图形难以辨认，会产生多义性；难以计算物体的几何特性（如重量、重心和惯性矩等）。

在实际工程中，有些物体如平面立体仅用线框模型表示也就足够了，但像球体或圆锥体等，线框模型就难以充分表示。从数字化产品设计/数字化产品制造的功能来考虑，采用线框模型作为物体的信息来传输也会有许多不足，因此，它只是早期数字化产品设计的使用模式。

（2）曲面模型。曲面模型是在线框模型的线框之间又定义了面的一种造型方法。图 5-8 表示了立方体的曲面模型。在该模型中定义了八个顶点 1，2，…，8，还定义了各由四个顶点所围成的面。它的数据结构除了要有前面的顶点表、棱边表外，还应具有反映该立体各个表面的信息，表中应反映棱线有序连接的附加指针，所以它是一种链表结构。

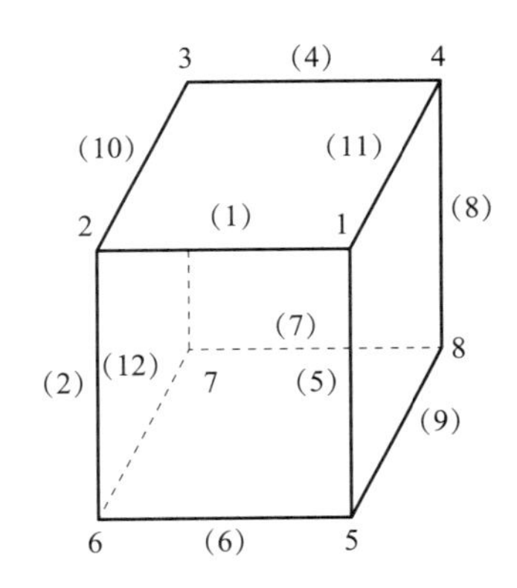

面表

1	1	5	6	2
2	3	4	8	7
3	1	10	4	11
4	9	7	12	6
5	8	9	5	11
6	2	12	3	10

棱边表

1	1	2
2	2	6
3	3	7
4	3	4
5	5	1
6	6	5
7	7	8
8	8	4
⋮	⋮	⋮
12	6	7

顶点表

X1	Y1	Z1
X2	Y2	Z2
X3	Y3	Z3
X4	Y4	Z4
X5	Y5	Z5
X6	Y6	Z6
X7	Y7	Z7
X8	Y8	Z8

图 5-8　曲面模型及其数据结构

这类模型的优点是：有可能生成剖面图并进行消隐处理，可以获得 NC 加工所需的信息。不足之处是：形体的实心部分究竟在边界的哪一侧还不明确。

（3）实体模型。实体模型是由具有一定体积的基本体素适当组合而成的。它能完整地描述物体的几何特征，具有确定性。目前，实体模型在计算机内部常用的表示模式有如下三种。

一是边界表示模式。将一个形体按其边界拆成一些有界的、称为“面”的子集来表示，而每个面又可通过它的棱边和顶点来表示。图 5-9 是一个四棱锥边界表示的例子，图中把形体的边界拆成一些不相互覆盖的三角形，这种表示可看作是以体、面、边、顶点为节点的一张有向图，其中的一些节点是面、线的方程及点的坐标，它们之间的连线表示面、线、点之间的邻接拓扑关系。这是一种大多数实体造型系统采用的模式。其优点是易于施行变型操作，缺点是实体的定义不易改变。

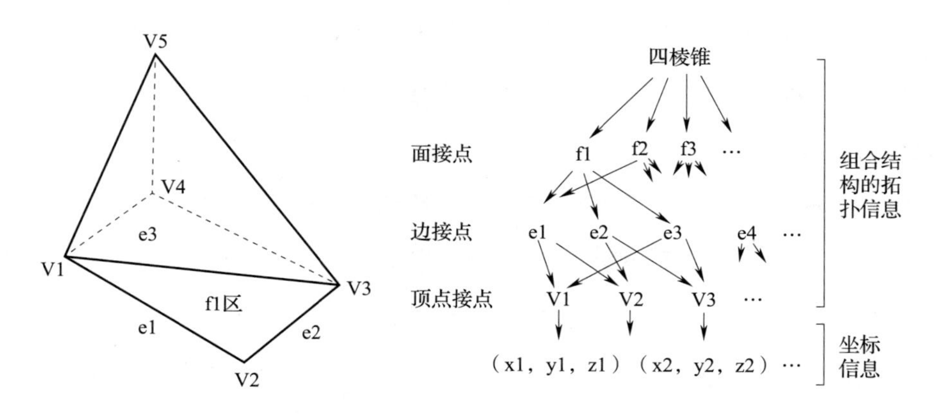

图 5-9　四棱锥边界表示方法

二是构造实体几何树表示模式。该模式可看作是一棵有序的二叉树，树的内部节点通过体素集合运算及位置变换逐步合成。一般的机械零件，其造型系统所具有的基本体素只需有长方体、圆柱体和棱柱、圆锥和棱锥、球和环、几种曲面体就够了。这种表示方式体素数量少、容易改变所定义的立体，还便于计算物体的体积、表面积、重量、重心和惯性矩，它是三维有限元分析最主要的表示手段。

图 5-10 是对同一 L 型立体用上述两种模式的比较，其中图（b）表示立体的二叉树数据结构，叶结点是三个体素实体，内部结点是实体的集合运算，根结点即为 L 型立体本身；图（c）表示 L 型立体将其边界拆成几个相互不覆盖的有界面的过程。各面由边、点组成，它们之间再通过邻接拓扑关系反映在数据结构中，最后表示成一个 L 形立体。

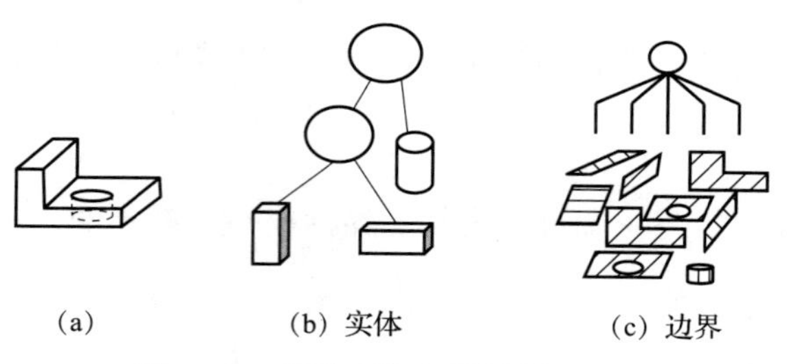

（a）　（b）实体　（c）边界

图 5-10　构造实体几何树表示方法

三是扫刮表示模式。这种模式是以某一形面或实体在空间运动中所扫刮出的轨迹来表示实体的。图 5-11 表示扫刮造型的原理。图（a）表示平移扫括，平面上有一个二维集合 A，还有一根垂直于 A 平面并有一个端点在其上的线段 B。S 是 A 沿着轴 B 并平行于 xy 平面扫刮出来的形体。显然 S 可用 A 和 B 来表示，因为 B 的表示是简单的，这样就把表示三维形体 S 的问题简化为表示二维集合 A 的问题。图（b）表示旋转扫刮，它是用一个二维的集合 A，经旋转扫刮而成。

许多几何造型系统用平移扫刮来生成平板型零件，用旋转扫刮来生成回转体零件，两种扫刮变换形式都是用边界表示来作为输入手段的。

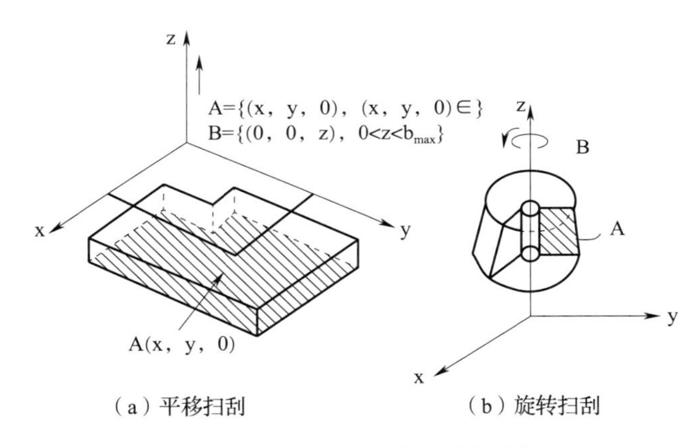

（a）平移扫刮　（b）旋转扫刮

图 5-11　用平移和旋转扫刮造型方法

（4）特征造型。随着数字化产品设计/数字化产品制造/计算机辅助工程一体化集成技术的发展，传统的几何造型技术越来越显示出不足，主要表现在以下三个方面。

一是数据库尚不完备。几何建模系统仅用来定义几何形体，而难以将有关零件的粗糙度、公差、材料等工艺信息同步地存入数据库。

二是在表达零件的数据结构的抽象层次上，只能支持低层次的几何、拓扑信息（如点、边、面或含有立体基和布尔算子的二叉树），而没有工程含义（如定位基准、公差、粗糙度等信息）。

三是设计环境欠佳。在使用几何建模系统构造零件时，难以进行创造性设计，同时对设计修改也不方便。

因此，传统的几何造型将导致产品在设计和制造中信息处理中断，人为干预量大，最终使数字化产品设计/数字化产品制造/计算机辅助工程一体化难以实现。

为了满足计算机集成制造技术发展的需要，人们一直在研究更完整描述几何体的实体造型技术。这种技术对几何形体的定义不仅限于名义形状的描述，还应包括规定的公差、表面处理以及其他制造等信息和类似的几何处理。这种包含制造等信息的造型方法称为**特征造型**（feature modeling）。

特征造型是将特征作为产品描述的基本单元，并将产品描述成特征的集合。如图 5-12 所示，加工孔和凸台时，其几何体素都是圆柱体，但加工处理不一样，因此，在特征造型中，用不同的形状特征来加以描述，如孔、凸台等。对于每一个特征，通常又用若干属性来描述，以说明形成特征的制造工序类别及特征的形状、长、宽、直径、角度等以满足生产要求。属性还可以包括一些子属性（又称基元），以进一步说明和定义属性，同时还需要定义特征的层次、特征之间的关系以及特征相对于初始形状或毛坯的位置，以确定加工方法和工序余量等。下面对特征造型的基本概念作一简单介绍。

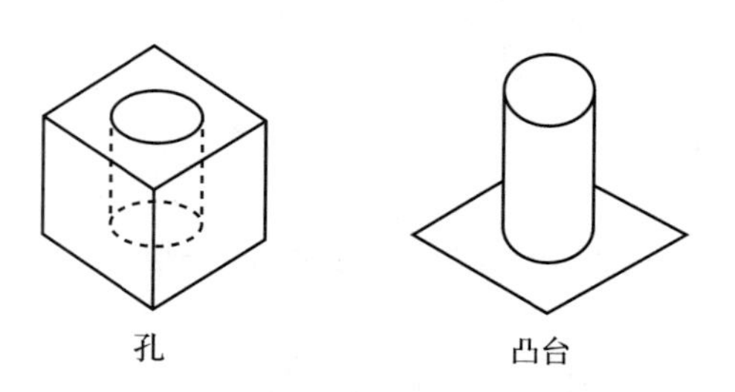

图 5-12　孔和凸台（圆柱体）

特征的概念。特征是具有属性，与设计、制造活动有关，并含有工程意义的基本几何实体或信息的集合。即特征具有包括几何形状、精度、材料、技术特征和管理等属性，同时特征是与设计活动和制造方法有关的几何实体，因而是面向设计和制造的，而且特征含有工程意义的信息，即特征反映了设计者和制造者的意图。

特征的抽象和分类。不同的应用领域和不同的工厂，特征的抽象和分类方法有所不同。通过分析机械产品大量的零件图纸信息和加工工艺信息，可将构成零件的特征分为五大类：管理特征，是与零件管理有关的信息集合，包括标题栏信息（如零件名、图号、设计者、设计日期等），零件材料，未注粗糙度等信息；技术特征，是描述零件

的性能和技术要求的信息集合；材料热处理特征，是与零件材料和热处理有关的信息集合，如材料性能、热处理方式、硬度值等；精度特征，是描述零件几何形状、尺寸的许可变动量的信息集合，包括公差（尺寸公差和形位公差）和表面粗糙度；形状特征，是与描述零件几何形状、尺寸相关的信息集合，包括功能形状、加工工艺形状、装配辅助形状。图 5-13 所示为形状特征的详细分类，它根据形状特征在构造零件中所起的作用不同，可分为主形状特征（简称主特征）和辅助形状特征（简称辅特征）两类。

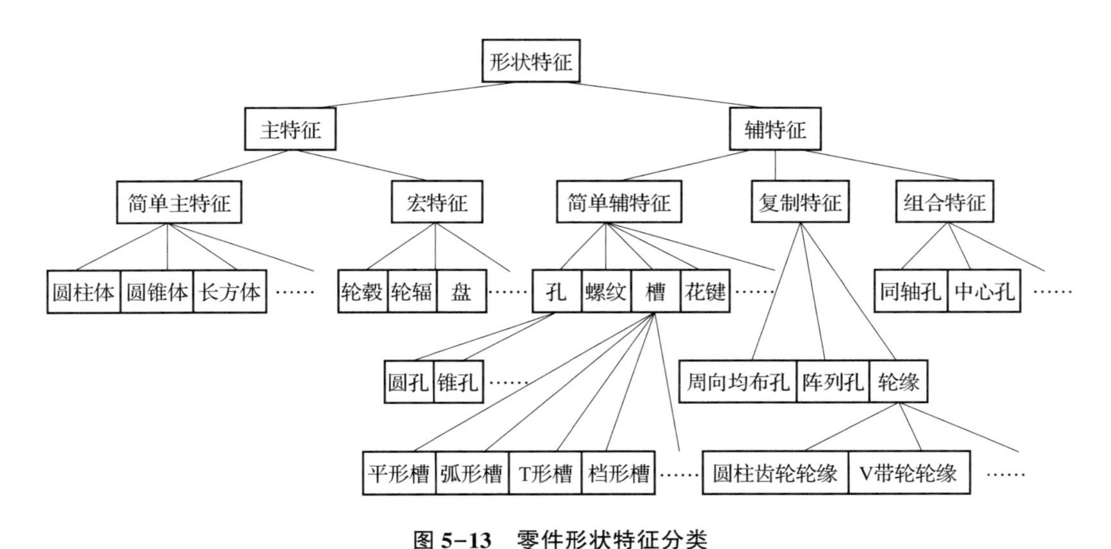

图 5-13　零件形状特征分类

主特征用来构造零件的基本几何形体。根据其特征形状的复杂程度又分为简单主特征和宏特征两类：①简单主特征，主要指圆柱体、圆锥体、成形体、长方体、圆球等简单的基本几何形体；②宏特征，指具有相对固定的结构形状和加工方法的形状特征，其几何形状比较复杂，而又不便于进一步细分为其他形状特征的组合。如盘类零件、轮类零件的轮辐和轮毂等，基本上都是由主特征及附加在其上的辅特征（如孔、槽等）构成一个宏特征。利用宏特征的定义可以简化建模过程，避免各个表面特征的分别描述，并且能反映出零件的整体结构、设计功能和制造工艺。

辅特征是依附于主特征之上的几何形状特征，是对主特征的局部修饰，反映了零件几何形状的细微结构。辅特征依附于主特征，也可依附于另一辅特征。根据辅特征的特点，将其进一步分为简单辅特征、组合特征和复制特征：①简单辅特征，指倒角、退刀槽、螺纹、花键、V 形槽、T 形槽、U 形槽等单一特征，它们可以附加在主特征上，也可以附加在辅特征上，从而形成不同的几何形体（若将螺纹特征附加在主特征外圆柱体上，则可形成外圆柱螺纹；若将其附加在内圆柱面上，则形成内圆柱螺纹）同理，花键也相应可形成外花键和内花键，因此无须逐一描述内螺纹、外螺纹、内花键和外花键等形状特征，避免了由特征的重复定义而造成特征库数据的冗余现象；②组合特征，指由一些简单辅特征组合而成的特征，如中心孔、同轴孔等；③复制特征，指由一些同类型辅特征按一定的规律在空间的不同位置上复制而成的形状特征，如周向均布孔、矩形阵列孔、油沟密封槽、轮缘（如齿圈、V 带轮槽等）。

除上述 5 类特征外，针对箱体类零件提出方位面特征，即零件各表面的方位信息的集合，如方位标识、方位面外法线与各坐标平面的夹角等。另外，工艺特征模型中提出尺寸链特征，即反映轴向尺寸链信息的集合，以及装配特征，即零部件装配有关的信息集合，如零部件的配合关系、装配关系等。

特征的联系。为了方便描述特征之间的联系，提出特征类、特征实例的概念。特征类是关于特征类型的描述，是所有相同信息性质或属性的特征概括。特征实例是对特征属性赋值后的一个特定特征，是特征类的一个成员。特征类之间、特征实例之间、特征类与特征实例之间有如下的联系。

一是继承联系。继承联系构成特征之间的层次联系，位于层次上级的叫超类特征，位于层次下级的叫亚类特征。亚类特征可继承超类特征的属性和方法，这种继承联系称为 AKO（A-Kind-of）联系，如特征与形状特征之间的联系。另一种继承联系是特征类与该类特征实例之间的联系，这种联系称为 INS（Instance）联系，如某一具体的圆柱体是圆柱体特征类的一个实例，它们之间反映了 INS 联系。

二是邻接联系。反映形状特征之间的相互位置关系，用 CONT（Connect-To）表示。构成邻接联系的形状特征之间的邻接的状态可共享，例如，一根阶梯轴，每相邻两个轴段之间的关系就是邻接联系，其中每个邻接面的状态可共享。

三是从属联系。描述形状特征之间的依从或附属关系，用 IST（Is-Subordinate-To）表示，从属的形状特征依赖于被从属的形状特征而存在，如倒角附属于圆柱体。

四是引用联系。描述特征类之间作为关联属性而相互引用的联系，用 REF（Reference）表示。引用联系主要存在于形状特征对精度特征、材料特征的引用。

图 5-14 表示了基于特征的零件信息模型的总体结构，它表示零件信息模型的分层结构，即零件层、特征层和几何层等三个层次。零件层主要反映零件的总体信息，是关于零件子模型的索引指针或地址；特征层是一系列的特征子模型及其相互关系；几何层反映零件的点、线、面的几何/拓扑信息。分析这个模型结构可以知道，零件的几何/拓扑信息是整个模型的基础，同时也是零件图绘制、有限元分析等应用系统关心的对象。而特征层则是零件模型的核心，特征层中各种特征子模型之间的相互联系反映了特征间的语义关系，使特征成为构造零件的基本单元具有高层次的工程含义，该模型可以方便地提供高层次的产品信息，从而支持面向制造的应用系统（如 CAPP、NC 编程、加工过程仿真等）对产品数据的需求。

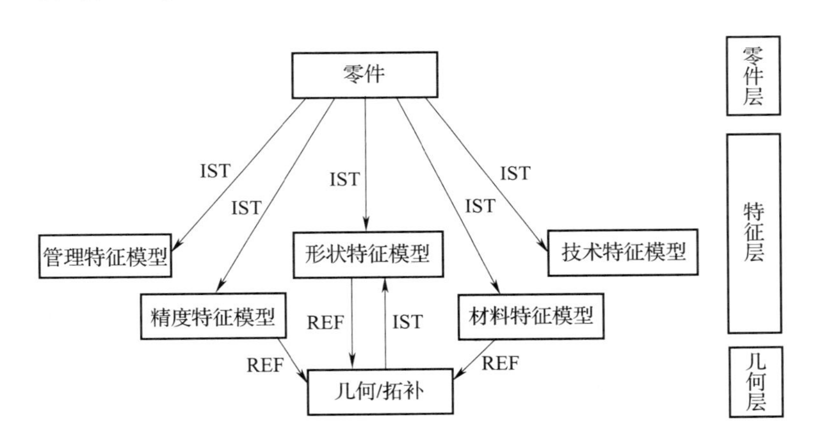

图 5-14　基于特征的零件信息模型的总体结构

4. 基于模型的产品数字化设计（MBD）[101]

基于模型的产品数字化设计（MBD）技术是波音公司推行的新一代产品定义方法，美国机械工程师协会 ASME 在此基础上把它发展成国际标准 ASME Y14.41-2003，欧洲在借鉴美国标准基础上也制定了相应的 MBD 标准 ISO 16792-2006。MBD 其核心思想是：全三维基于特征的表述方法，基于三维主模型的过程驱动，融入知识工程和产品标准规范等。它用一个集成的三维实体模型来完整地表达产品定义信息，将制造信息和设计信息（三维尺寸标注及各种制造信息和产品结构信息）共同定义到产品

的三维数字化模型中，从而取消二维工程图纸，保证设计和制造流程中数据的唯一性。

MBD 技术不是简单地在三维模型上进行三维标注，它不仅描述设计几何信息而且定义了三维产品制造信息和非几何的管理信息（产品结构、产品与制造信息 PMI、BOM 等），它通过一系列规范的方法更好地表达设计思想，具有更强的表现力，同时打破了设计制造的壁垒，其设计、制造特征能够方便地被计算机和工程人员解读，而不是像传统的定义方法只能被工程人员解读，这就有效地解决了设计/制造一体化的问题。

MBD 模型的建立，不仅仅是设计部门的任务，工艺、检验等部门都要参与到设计的过程中，最终形成 MBD 模型并用于指导工艺制造与检验。MBD 技术融入知识工程、过程模拟和产品标准规范等，将抽象、分散的知识集中在易于管理的三维模型中，设计、制造过程能有效地进行知识积累和技术创新，将成为企业知识固化和优化的最佳载体。

MBD 模型定义的挑战主要包括以下几方面。

（1）MBD 模型数据的完整表现。如图 5-15 所示，MBD 模型数据包括设计模型、注释、属性。其中，注释是不需要进行查询等操作即可见的各种尺寸、公差、文本、符号等；而属性则是为了完整地定义产品模型所需的尺寸、公差、文本等，这些内容图形上是不可见的，但可通过查询模型获取。为了在模型三维空间很好地表达 MBD 模型数据，需要有效的工具来进行描述，并按照一定的标准规范组织和管理这些数据，以便于 MBD 模型数据的应用。

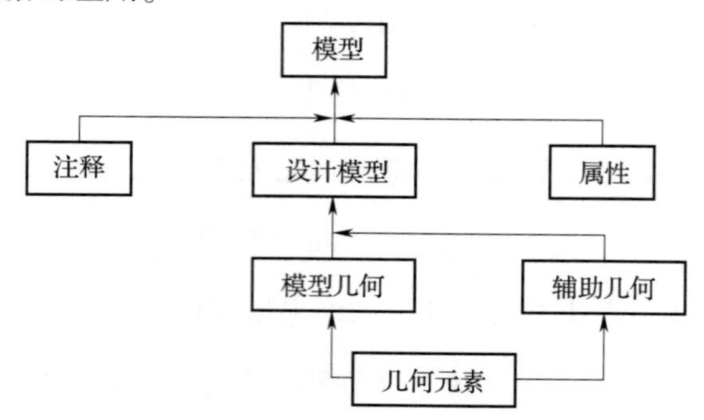

图 5-15　MBD 模型数据

（2）面向制造的设计。由于 MBD 模型是设计制造过程中的唯一依据，需要确保 MBD 模型数据的正确性。MBD 模型数据的正确性反映在两个方面：一是 MBD 模型反映了产品的物理和功能需求，即客户需求的满足；二是可制造性，即创建的 MBD 模型能满足制造应用的需求，该 MBD 模型在后续的应用中可直接应用。

（3）数字化协同设计与工艺制造的协同。MBD 的重要特点之一是设计信息和工艺信息的融合和一体化，这就需要在产品设计和工艺设计之间进行及时的交流和沟通，构建协同的环境及相应的机制。

（4）MBD 模型的共享。如图 5-16 所示，通过 MBD 模型一次定义，进行多次多点的应用，从而实现数据重用的最大化。

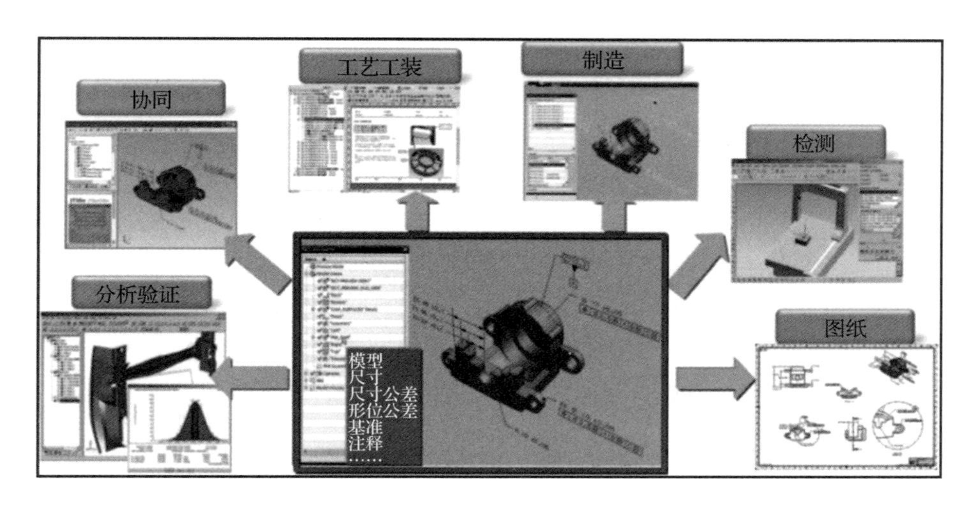

图 5-16 MBD 模型的共享

三、基于产品的数字化产品分析

如图 5-17 所示，传统的产品设计工程师仅仅从事产品的结构设计，产品的性能分析工作由专门的产品性能分析工程师完成。随着计算机数字化技术的发展，传统的产品设计工程师也越来越多地参与进产品的性能分析中。现代的产品设计工程师，不仅要进行产品的结构设计，还要具有产品性能分析的能力。随着计算机数字化技术的发展，产品性能分析逐渐发展成为以有限元技术为核心的计算机辅助工程技术。借助于计算机辅助工程技术软件，产品设计工程师可以方便地对设计产品进行性能分析、改进和优化。

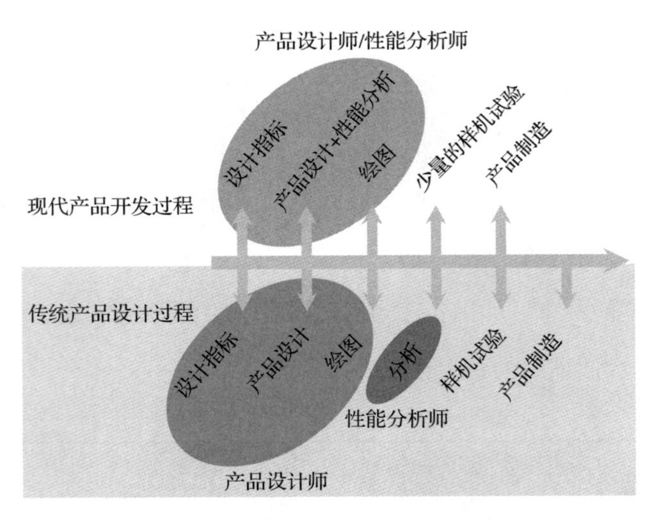

图 5-17　产品设计工程师工作能力的变迁

借助于计算机辅助工程软件，可以帮助产品设计工程师快速、准确地进行产品性能分析，提高产品的设计质量，减少产品召回的风险，减少产品模型和样机的制造数量，大大减少产品样机试验的时间和反复修改产品的次数，从而达到减少产品研发成本、缩短产品研发周期，加快产品上市速度，提高产品的市场竞争力。表 5-1 为数字化产品分析与传统产品开发方法的区别。

表 5-1　　数字化产品分析与传统产品开发方法的比较

工业领域	航空航天行业	汽车行业	电子行业
研发成本比较（传统试验法/数字化分析法）	>500	3~5	2~4
开发周期比较（传统试验法/数字化分析法）	>10	3~4	3
样机原型数量比较（传统试验法/数字化分析法）	N/A	>120	10~15

（数据来源：D. H. Brown，Enhancing CAE Effectiveness，MCAE，CAD/CAM.）

数字化产品分析主要应用于：产品立项阶段的技术支撑、产品设计阶段的性能分析、产品试制前的性能评估、产品样机测试阶段失效分析、批量产品使用阶段失效分析以及召回产品原因分析等。

1. 数字化产品分析的步骤

如图 5-18 所示，数字化产品分析一般需要以下几个步骤：绘制模型、指定材料、网格划分、约束与加载、执行分析、结果显示等。值得注意的是，数字化产品分析过程是一个不断反复、不断完善和不断改进的过程。

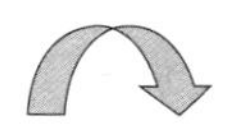

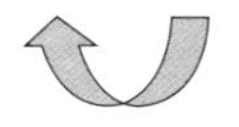

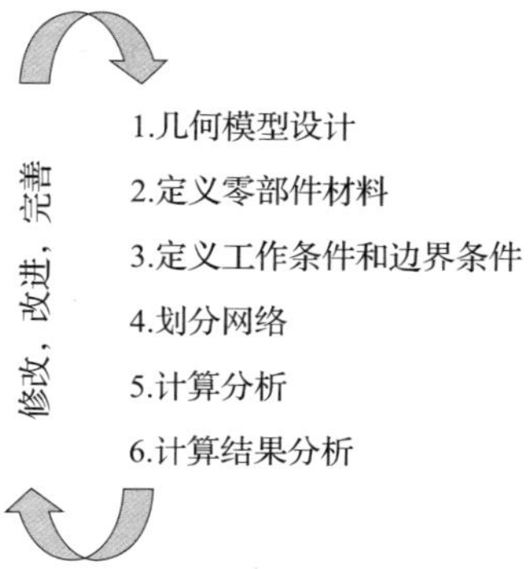

图 5-18　数字化产品分析的步骤

2. 数字化产品分析涉及的主要工作

数字化产品分析。其基本功能是进行线性应力、位移、频率和室温、热分析以及含装配体分析，还可以实现运动分析和流体分析。

静应力分析。涉及的问题包括：零件会断裂吗？是超安全标准设计吗？热应力作用下会失效吗？

频率分析。主要是确定零件或装配的造型与其固有频率之间的关系，在需要共振效果的场合如超声波焊接喇叭、音叉等，获得最佳设计效果。

失稳分析。主要研究在压载荷作用下，薄壁结构件是否会发生失稳。一般不会达到材料失效（应力超过材料屈服极限）。

热分析。主要研究零件是否会过热，热量在整个装配体中如何发散。具体用辐射、对流和传导三种方式研究热量在零件和装配中的传播。

非线性分析。用于分析橡胶类或者塑料类的零件或装配体的行为，还用于分析金属结构在达到屈服极限后的力学行为，也可以用于考虑大扭转和大变形，如突然失稳。

间隙/接触分析。研究在特定载荷下，两个或者更多运动零件相互作用。例如，在传动链或其他机械系统中接触间隙未知的情况下分析应力和载荷传递。

优化。研究在保持满足其他性能判据（如应力失效）的前提下，自动定义最小体积设计。

后动力分析。研究零件或装配体在动态激励下的线性动力学分析，如地震激励分析。

疲劳分析。预测疲劳对产品全生命周期的影响，确定可能发生疲劳破坏的区域。

流体动力学计算（CFD）。跟踪导管内部或者螺旋桨等表面的气体、液体流动状况。例如，CPU 内的空气循环和冷却，螺旋桨的升降。

电磁分析。研究导电原件的电磁相互作用，确定线圈和磁体感应产生的机械力。

3. 数字化产品分析中的有限元法

有限元法（FEM，Finite Element Method）是一种将物体整体分解成多个有限单元，进行力学分析的高效能计算方法之一，是数字化产品分析中的最有效的方法。有别有传统的材料力学和弹性力学方法，有限元法是将数字化产品离散为有限数量的单元，针对单元进行独立计算，通过节点把单元连接起来形成一个整体，建立数字化产品系统的公式，并借助于矩阵算法进行求解。有限元法中的单元和节点如图 5-19 所示。

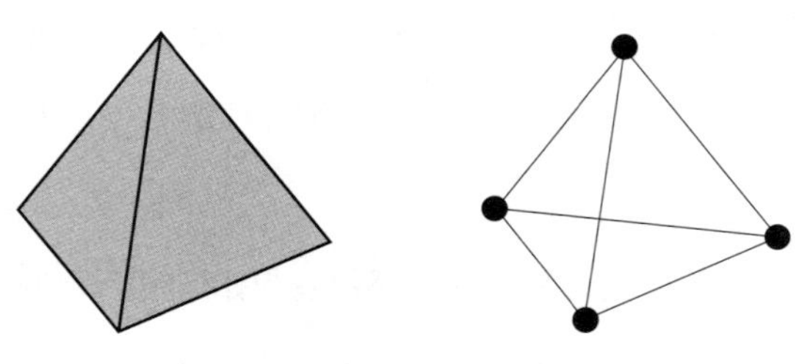

图 5-19　有限元法中的单元与节点

计算精度和运算时间是有限元法的两个主要评价指标，影响这两个指标的主要因素是单元的大小和单元的数量。如图 5-20 所示，单元越小、单元数量越多，有限元分析结果的精度就越高，但所用的计算时间就越长。为解决有限元法计算精度和计算时长的矛盾，有限元分析软件已可根据需要，把重点关注区域进行单元加密，以便在不大量增加计算时长的前提下提高计算精度，如图 5-21 所示。

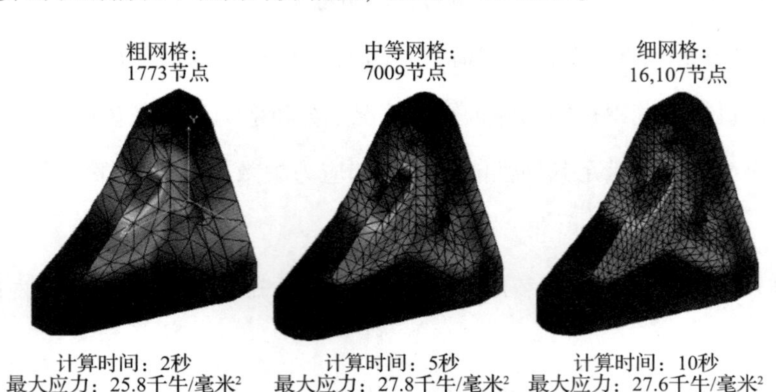

图 5-20　节点数量与计算精度和计算时长的关系

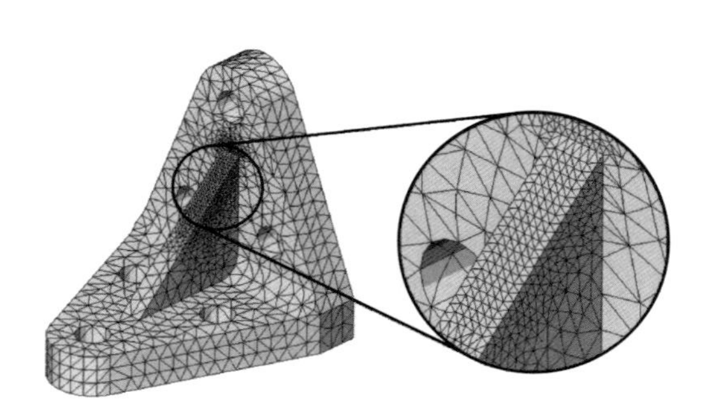

图 5-21　有限元法中的局部单元加密技术

4. 基于产品的数字化产品分析[101]

传统的设计产品的分析都是需要把 CAD 模型用通用格式（如 STEP，Parasolid，IGES 等，也有购买 CAD 软件的直接接口）从 CAD 软件中写出来，再导入到 CAE 软件的前处理器中来划分网格，如图 5-22 所示。因此，几何数据如需要在不同公司软件之间传递，就会带来几何模型精度和完整性问题。比如，在 CAD 软件中产生的高精度曲面，导入到传统 CAE 软件的前处理器后要降阶，高精度曲面曲线就变成了折线和简单曲面，甚至有的 CAE 前处理器无法读入 CAD 模型，CAE 工程师只得在这些 CAE 软件的前处理中建立非常简化的几何模型来进行分析（这是因为传统的 CAE 前后处理器没有专业级的几何建模工具，只有简单的几何模型创建功能），更不用说带在原模型上的特征参数、注释、产品与制造信息 PMI 信息了。分析工程师花费大量时间在几何模型传递与处理上，造成分析跟不上设计节拍，分析与设计脱节，设计分析两张皮问题，

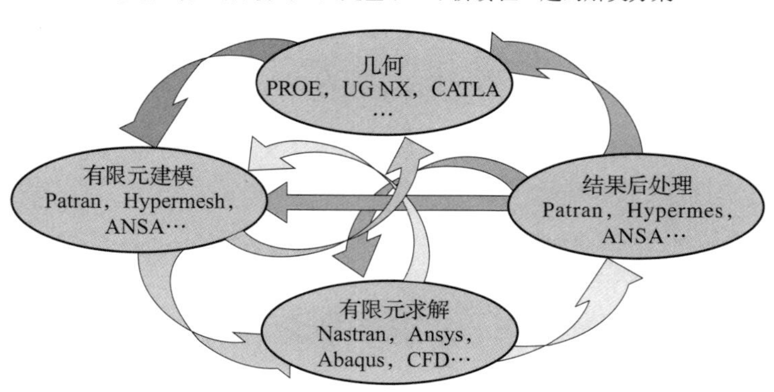

图 5-22　传统的 CAE 分析流程

从而导致 CAE 分析的价值不能充分发挥出来，严重影响对产品性能的及时验证和产品创新。企业迫切需要一个能完全基于设计模型的，设计分析能够联动的成熟解决方案来提高产品研发、制造生产的效率。

基于产品的数字化产品分析是新一代分析方法，其要求所有的 CAE 分析都是完全基于数字化产品设计模型，即分析的模型与设计模型完全一致与关联。设计模型的信息全部都能带入到分析中，如果设计模型进行修改与更新，则分析模型可以自动捕捉到设计的变化，自动更新分析模型。若设计更改了，分析的模型自动更新了，用户只需要简单提交求解，很快就能获得更新后的设计的分析结果。无论是单个零件模型还是复杂的装配的整机（系统）模型，设计变更后，只需自动更新有变化的几何模型相应的网格即可，不需要重新划分网格模型，从而极大地减少了重复劳动。

四、基于 NX 平台的数字化设计与分析

下面以西门子产品数字化建模与开发解决方案 NX 为例，对产品的数字化设计与分析进行详细阐述。全球各行业都有大量专业设计师、设计单位的科研人员使用 NX 进行设计和研究，并且多所大学和教育机构也使用 NX 进行教学。它是当前工程设计、绘图的主流软件之一。作为未来的工程技术人员，了解和掌握一种主流三维设计软件的功能、操作和应用是十分必要的。NX 是一个交互的计算机辅助设计、计算机辅助制造和计算机辅助工程（CAD/CAN/CAE）集成系统。NX 系统覆盖了包括机械工程、电子工程、自动化和工业流程等数字孪生的全部领域。其功能涵盖了整个产品开发过程，包括产品概念设计、造型设计、结构设计、性能仿真、工装设计到加工制造。NX CAD 功能包括现代制造企业中常用到的工程设计和制图能力；NX CAM 功能利用 NX 描述完成零件的设计模型，为现代机床提供 NC 编程；NX CAE 功能提供产品、部件和零件的性能仿真能力。

1. 基于 NX 平台的数字化设计

下面介绍 NX 的主要设计功能。NX 提供了适应不同工业场景的建模方法，包括以下几方面。

（1）装配设计。在机械及其他类产品设计的过程中，装配设计是一项非常重要的

设计过程，其主要的目的就是在确定零件完成理想功能条件下的合理相对位置，如图 5-23 所示。创建装配图一般分为自底向上和自顶向下两种设计方法。前者是指先单个创建零部件，最后再对零部件摆放的位置进行合理的设计，是适用于零部件较少的机械设计方法；后者是先创建一个空装配文件，然后在这个空装配文件下添加或新建组件，新建零件的设计都是参照某一个零件的尺寸来设计，这种建模方法适用于零部件相对较多的机械整体设计。NX 可以支持以上两种设计方法，管理和导航装配模型。

图 5-23　装配设计

（2）特征建模。NX 将参数线框、曲面、实体和刻面建模与同步技术的直接建模功能结合在一个单一的建模解决方案中，如图 5-24 所示。将特性建模技术与同步技术的力量相结合，可以为用户提供创建所需设计的快速建模方法。

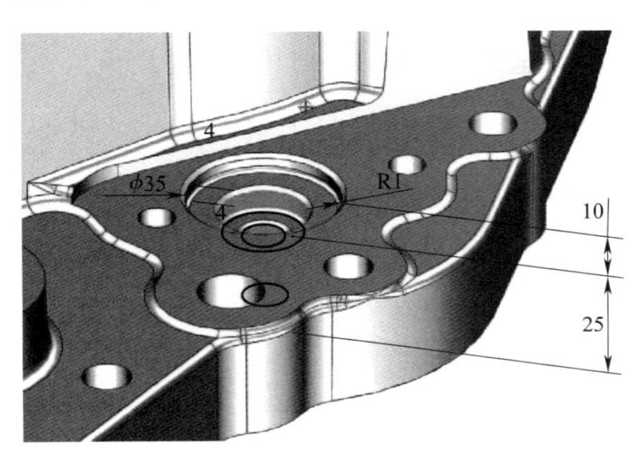

图 5-24　特征建模

（3）自由形状建模。NX 自由形状建模集结合了 2D、3D、曲线、曲面、实体、刻面、同步建模，可用于快速而方便地创建、评估和编辑自由形状，如图 5-25 所示。凭借先进的自由形状建模、自由形状分析渲染和可视化工具，NX 提供了专用工业设计系统的所有功能，并提供与 NX 设计、仿真和制造的无缝集成，以加速产品开发。

图 5-25　自由形状建模

（4）钣金建模。NX 钣金设计工具结合了材料和弯曲信息，使模型既可以表示成形的组件，又可以表示平展的形状，如图 5-26 所示。用户可以快速地将实体模型转换为钣金件，并创建封装其他组件的钣金件。NX 高级钣金提供的功能，使用户可以创建更加复杂多样的钣金件。

（5）基于模板的设计。重用设计信息和过程知识可以帮助用户降低成本，增加创新和提高产品设计的效率。用户可以从现有的设计中快速创建模板，并很容易地将它们用于新的设计，如图 5-27 所示。通过使用简单的拖放工具，用户可以快速、轻松地创建控制模板的设计输入和工程操作的自定义接口。

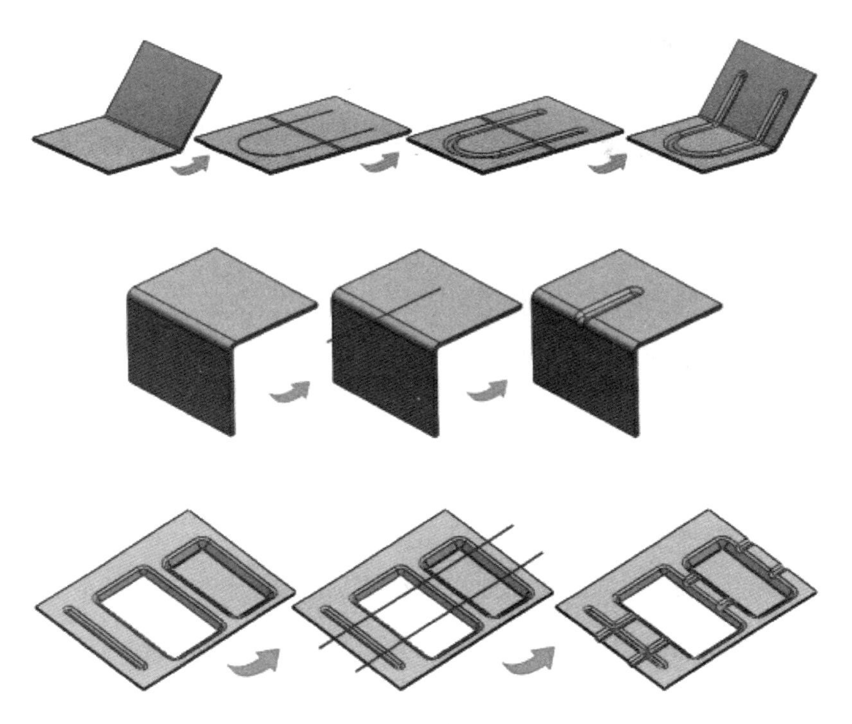

图 5-26　钣金建模

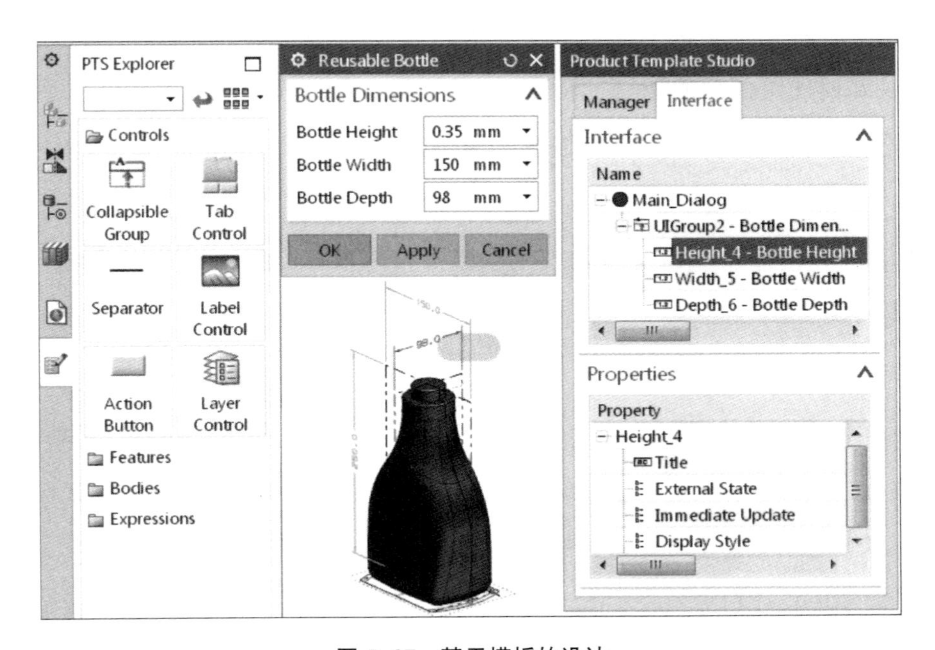

图 5-27　基于模板的设计

接下来我们介绍 NX 建模的概念与过程。

（1）NX 实体建模。NX 建模是基于特征的复合建模，是显式建模、基于特征的参数化建模、基于约束建模以及同步建模几种建模技术的有效结合。

①传统的显式建模。NX 不限于参数化实体建模，它包括一个为显式定义线框、曲面和实体几何体的完整系统。通过这些传统的建模工具，设计人员能够用一系列不受限制的操作来处理二维或三维几何体等。

②基于特征的参数化建模。利用参数化、基于特征的 CAD 建模功能，设计人员能够从一个基础形状开始、应用共用的机械产品特征（比如孔、凸台、切口和圆角等）快速地创建实体模型。基于特征的建模方法将根据设计人员选择的特征参数值，在模型元件中自动地执行细节操作。

③基于约束的建模。基于约束的建模是在建立模型几何体的时候定义约束，包括尺寸约束（如草图尺寸）或几何约束（如等长或相切）。

④同步建模。从 NX 6 开始，NX 提供了独特的同步建模功能，使设计人员能够改动模型，而不用管这些模型来自哪里，也不用管创建这些模型所使用的技术，更不用管是原生的 NX 参数化、非参数化模型，还是从其他 CAD 系统导入的模型。利用直接处理任何模型的能力，NX 节约了浪费在重新建造或转换几何模型上的时间。使用同步建模，设计人员能够继续使用参数化特征，但却不再受特征历史的限制。

（2）NX 建模过程。NX 基于特征的建模过程仿真零件的加工过程：先建立毛坯，再进行粗加工，最后进行精加工。因此，建议一般的建模次序应遵循加工次序，这将有助于减少模型更新故障。

首先，创建模型的实体毛坯：

• 由一体素特征形成实体毛坯。NX 的设计特征功能提供了基于 WCS 直接生成解析形状的块、柱、锥、球等体素特征的能力，是创建实体毛坯的另一种方法。

• 由一草图特征扫掠形成实体毛坯。利用草图模块去徒手绘制一草图，并标注曲线外形尺寸，然后利用拉伸或旋转体功能进行扫掠去创建一实体毛坯。

其次，仿真粗加工过程，创建模型的实体粗略结构：

• NX 的设计特征功能提供了在实体毛坯上生成各种类型的孔、型腔、凸台与凸垫等特征的能力，以仿真在实体毛坯上移除或添加材料的加工，从而创建模型的实体粗略结构。

• NX 的体素特征也可相关于已存实体创建，然后通过布尔运算来仿真在实体毛坯上移除或添加材料的加工，是创建模型的实体粗略结构的另一种方法。

最后，仿真精加工过程，完成模型的实体精细结构。

NX 的细节特征功能提供了在实体上创建边缘倒圆、边缘倒角、面倒圆、拔模与体拔模等特征的能力；NX 的偏置与比例功能提供了片体增厚与实体挖空的能力；最后，完成模型的实体精细结构设计。

（3）主模型概念。NX 的主模型一般指设计人员创建的零件模型。通过建立描述一零件部件的几何体开始工作，NX 系统允许你建立全三维部件模型。此模型可以永久地被存贮，存贮的部件可以相继地为 CAE 分析提供几何模型，产生全尺寸的工程图，为 NC 加工和制造工作流过程生成指令等。

工艺室、结构分析室、绘图员、总装车间的工程人员进行的后续操作所采用的模型均是对零件主模型的“引用”，对零件主模型只有“读”的权力没有“写”的权力。如图 5-28 所示。

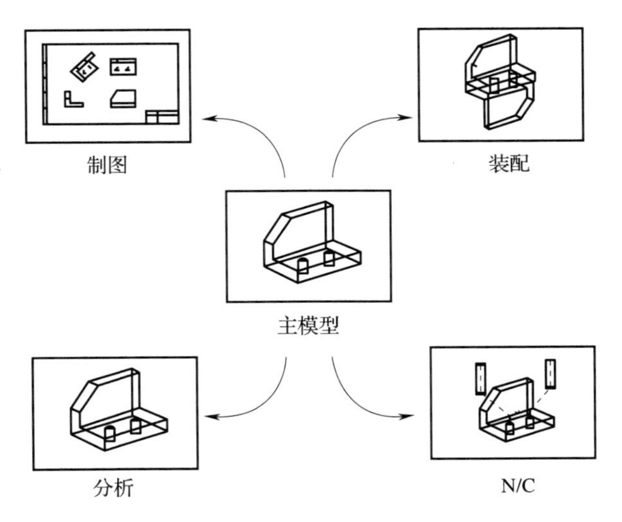

图 5-28　主模型方法

例如，NX 工程图文件与主模型部件保持相关性。实现零件模型数据与制图数据的关联与分离。制图需要建立两个部件文件：一个主模型部件文件，即零件模型；另一个为用于制图的非主模型部件文件，该文件没有几何参数，只是引用主模型文件的数据。主模型方法的实质就是应用装配的思想，制图文件（如 jd_cover_dwg. prt）与零件模型（如 jd_cover. prt）建立装配结构，虚拟指向零件模型，如图 5-29 所示。

图 5-29　制图装配结构

再例如，NX 装配件文件也与主模型部件保持相关性。因此，如果主模型被更改，则整个装配也随之更新。主模型方法支持并行工程。当设计员在模型上工作时，制图员可以同时进行制图，工艺师可以同时编程。

2. 基于 NX 平台的数字化分析[98]

Simcenter 3D（NX CAE）与 NX CAD/CAM 完全集成于一个环境中，实现多学科多物理场分析（包括耦合分析）真正使用一个前后处理器（不是简单的封装），它颠覆了传统的 CAE 分析流程，从先进的软件工具层面实现了基于模型的设计分析方法与流程。

基于模型的设计分析，Simcenter 3D（NX CAE）具有两个大适用对象：面向广大产品设计与工艺设计工程师；面向专业 CAE 分析师。无论是产品设计与工艺设计工程师还是专业 CAE 分析师都是共用一个前后处理界面，都是基于模型进行产品分析。只是设计与工艺工程师和专业 CAE 分析师所分析的产品对象与学科不一样。如图 5-30 所示，设计工程师、工艺工程师通常只是对零部件（简单的套件合件等）进行常规的强度刚度分析，模态分析和简单的热分析；专业 CAE 分析师主要针对复杂模型（整机，大的系统等）进行结构分析、非线性分析、声学分析、NVH 与流体分析、热分析、机构运动、刚-柔联合仿真、机电液联合仿真、疲劳耐久性分析、拓扑优化、复合材料分析等。Simcenter 3D（NX CAE）真正能满足整个企业各个层面 CAE 分析的需要，对于设计工程师，工艺工程师基本就利用 NX CAE 的智能化与自动化基于模型的网格划分工具来快速地完成仿真建模；对于专业分析师，既可以利用自动化工具也可以利用手动辅助建模工具来按照自己的设想建立出“艺术化”模型。

图 5-30　多学科多物理场统一环境下的仿真分析

Simcenter 3D（NX CAE）是多学科集成环境的平台级工具集合，无论客户是否进行结构分析静力（线性，非线性）、非线性结构动力分析、声学分析、动力响应分析（瞬态，频率响应，冲击谱响应，DDAM，跌落，随机振动等）、机构运动（刚性，刚柔联合，机电液控联合等）、疲劳耐久性分析、参数优化、拓扑优化、热分析、CFD、热-流耦合、热-结构耦合、热-流-结构耦合、流-结构-机构运动耦合分析、电子系统散热分析、空间系统热分析等，都用统一前后处理器界面环境，跟 NX CAD/CAM 都是一样的操作风格。进行 CAE 分析时，不需要离开 NX 环境，直接基于设计模型，也不需要花费额外多的时间，就直接对设计的产品进行 CAE 仿真分析。

五、实验

1. 实验目的

如下：

- 理解三维建模技术的相关概念和相关基础知识。

• 熟悉 NX 软件的基本操作。

• 掌握对 NX 软件常用建模模块和装配模块的使用方法。

2. 实验原理

NX 实体建模功能是系统参数化三维设计技术的核心功能，实体对象可以包含各种产品设计意图的数据信息，它可以方便地导入产品后续的各种加工、仿真和分析功能环境中，并可以与其他计算机辅助设计系统进行标准格式的文件转换。

3. 实验环境/实验平台

使用 NX。

4. 实验内容及主要步骤

（1）实验内容。结合图 5-31 的飞机起落架和图 5-32 的球阀，完成如下的实验内容：

• 利用绘制草图的方法生成三维模型（如通过拉伸/旋转/扫掠等命令完成零件的三维造型）。

• 利用特征建模的方法完善三维实体的造型（如倒斜角/倒圆角、抽壳、打孔等命令）。

• 对三维实体模型进行编辑和修改。

• 三维实体模型装配过程操作编辑。

• 三维实体模型爆炸图设计方法。

图 5-31　飞机起落架

（2）主要步骤。如下：

- 了解 NX 软件特征建模技术的基本原理，掌握构建几何模型的思路和方法。
- 对目标实体模型进行草图的绘制。
- 利用基础特征建模操作及布尔操作等实现三维模型的生成并对其进行颜色编辑。
- 利用附加特征建模操作完善和修改三维模型。
- 利用装配约束实现模型之间的装配并且对装配体进行干涉检查。
- 掌握爆炸图生成操作，并保存模型。

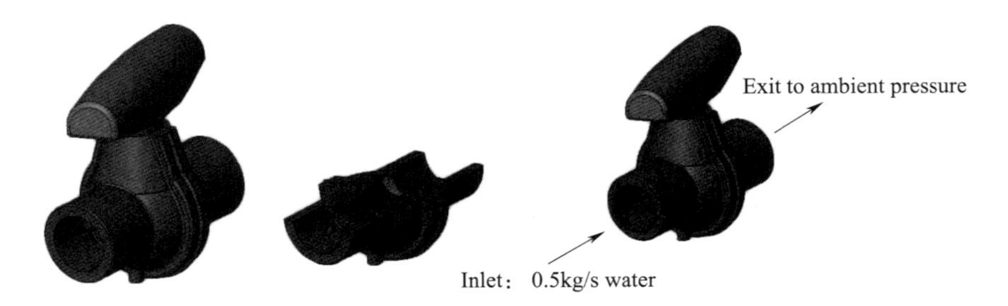

图 5-32　球阀

第三节　零件与装配工艺仿真

考核知识点及能力要求：

- 了解零件与装配工艺仿真相关概念。
- 熟悉零件与装配工艺仿真应用场景及价值。
- 掌握机器人装配运动仿真的程序。

一、数字化工艺规划概述

工艺规划（Process Planning）是产品设计和制造之间的桥梁，它把产品的设计信息转化为制造信息。美国制造工程工程师协会（SME）把工艺规划定义为“为了经济地、有竞争力地制造某一产品，对其加工方法进行系统的决策”。因此，工艺规划与企业所拥有资源以及企业的工艺方法息息相关。

传统的工艺设计方法通常是根据预估的制造特性，参考设计侧提供的图纸、模型及相关设计要求，然后对制造处理工艺单元的产品尺寸、结构进行选择计算并对工艺过程进行基于经验的分解。其不足在于难以获取设计参数与生产设备之间的定量关系，是一种黑箱方法。

数字化工艺规划是指在数字化制造的平台上，对产品的工艺进行规划即是以数字化加工资源和工艺方法为基础，通过产品制造特征的识别，为产品制定加工工艺路线并进行仿真分析（即数字化工艺仿真）。具体地说，数字化工艺仿真是利用产品的三维数字样机，对产品的装配过程统一建模，在计算机上实现产品从零件、组件装配成产品的整个过程的模拟和仿真。这样，在建立了产品和资源数字模型的基础上，就可以在产品的设计阶段模拟出产品的实际生产过程，而无须实物样机，使合格的设计模型加速转化为工厂的实际产品。

基于 MBD 数字化制造系统中的装配工艺仿真能力为改进产品装配制造过程提供了一个全新的方法和手段，通过产品的可装配性分析、装配工艺的优化、装配质量的控制、装配工装的验证，以达到保证产品质量、缩短产品生产周期的目的。装配工艺仿真的优点包括：

• 通过在早期检测和沟通产品设计问题，降低了工程变更的数量和成本。

• 通过早期的虚拟验证，减少了存在的问题，减少了车间安装、调试和量产的时间。

• 通过人因仿真确保了人体操作的合理性和安全性，提高了装配然可行性。

• 提高制造资源的利用率，降低了成本。

• 减少了工装夹具的更改，降低了工装夹具的制造成本。

• 通过仿真多个制造场景使生产风险最小化。

• 实现并行工程，装配工艺仿真可以与产品设计同步进行。

• 降低制造成本，提高产品的制造质量。

二、数字化装配仿真

产品数字化装配仿真工作内容包括产品装配建模、产品装配序列规划、产品装配路径规划、产品装配分析等组成，图 5－33 所示为产品数字化装配仿真内容结构树[102]。

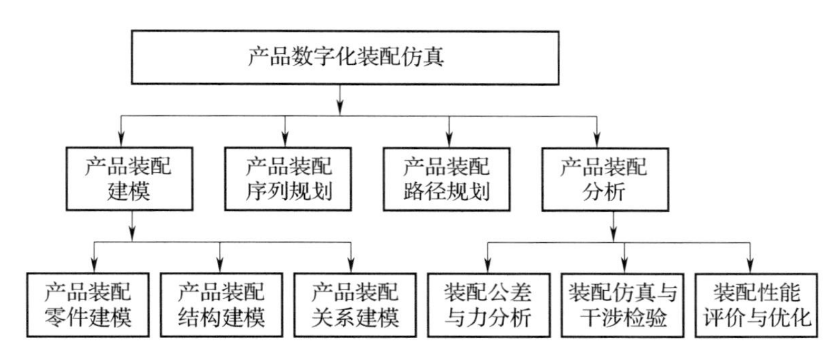

图 5－33　数字化装配仿真内容

产品装配建模是对构成装配体的零件及零件间关系的描述，为后续工作提供零件模型、装配树和装配关系等信息，内容包括产品装配零件建模、产品装配结构建模、产品装配关系建模三个功能子模块。

产品装配序列规划即生成装配序列，即找出能把零件装配成产品且满足约束条件（如几何、工艺、工具等）的顺序。

产品装配路径规划是在装配建模和装配序列规划的基础上，利用装配信息进行路经分析和求解，判断并生成合理的装配运动路径，为装配仿真提供相应的数据。

数字化装配可模拟装配过程，评价产品设计及装配规划，测试不同的装配策略产并提供装配分析、仿真结果，以指导装配设计的改进。其内容包括装配公差与力分析、装配仿真与干涉检验、装配性能评价与优化三个方面。其中，装配仿真与干涉检验是数字化装配的基础，对产品结构和装配规划进行干涉检验，可检验产品的可装配性，发现产品在装配过程中零部件之间或工装夹具与零部件之间的碰撞。

图 5-34 展示了当前数字化预装配的流程。首先在特定的三维 CAD 软件（如 NX、UG、Pro/E、Solidworks 等）进行产品的特征几何造型，然后利用针对三维 CAD 软件二次开发模块所开发的产品装配特征信息提取和转换程序模块导出产品装配特征信息，同时转换为中性文件（VRML）的格式存储在产品信息中性文件库中。产品装配模型采用 XML 进行描述并将所建模型存储在模型库中。由于中性文件（VRML）格式可适应于不同的商用三维 CAD 软件且适合网络传输，XML 格式文件也可通过网络传输供不同的用户使用。同时，系统中建立了产品信息中性文件库和产品装配模型库，通过检索、修改库中的零部件模型和产品装配模型实现零部件和产品装配模型的可重用，通过对装配模型结构树中装配节点的添加、删除和移动的操作，实现产品装配模型的可重构。产品装配模型建立后，在装配专家系统的装配知识和装配规则的支持下进行产

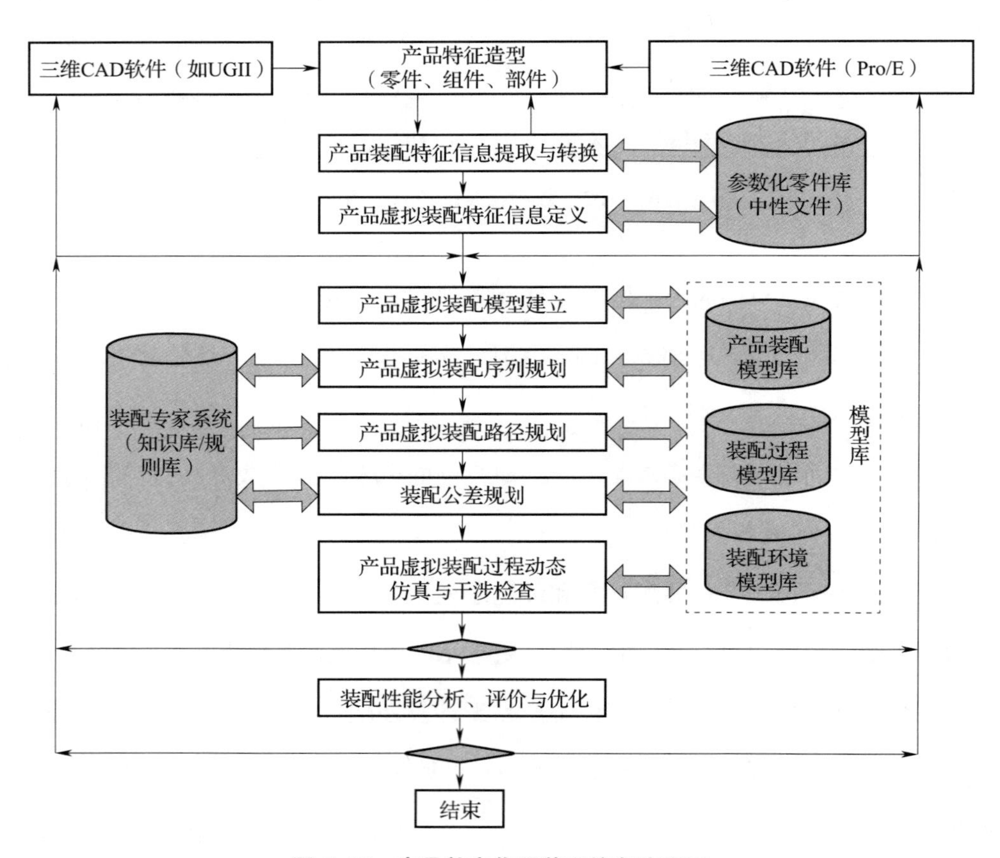

图 5-34　产品数字化预装配信息流程图

品虚拟装配序列和产品虚拟装配路径的规划，并进行虚拟装配公差规划，在此基础上进行产品虚拟装配过程的动态仿真和干涉检查，同时进行装配性能分析（包括装配公差、装配力、装配约束、装配稳定性等的分析），如发现问题则返回装配建模并修改装配设计，如无问题，则说明装配设计是可行的（但不一定是最优的），最后，针对装配进行装配性能的评估并优化，若装配设计不是最优的，则返回重新进行装配设计。

装配过程仿真可直观展示装配过程中零部件的运动形态和空间位置关系，并进行运动过程的干涉检验；检查产品的可装配性；通过人机交互调整和控制装配元件的位姿，改进产品的可装配性。通过关键点之间细化的干涉检查及关键点位姿的动态调整确保装配路径的有效性，通过虚拟装配环境（工作台、夹具和工具等）的构造提高装配操作的真实感。装配仿真实质上是将装配序列和装配路径规划的结果以动态装配演示的方式在计算机上显示出来，使在装配规划结果能以直观化、可视化的方式展示在用户的面前，便于用户进一步验证并改进装配规划。

三、基于 Process Simulate 的工艺仿真[3]

Process Simulate 是西门子推出的一款基于模型的数字化装配仿真软件。应用 Process Simulate 可以使制造企业通过虚拟方法，完成机器人及自动制造系统，包括具有可变生产组合的高度自动化工厂的开发、仿真及试运行。多个工程学科利用该虚拟环境，规划并验证从单个工作单元到整个生产线和系统的制造系统。Tecnomatix Process Simulate 技术通过支持系统层面的生产工装设备离线验证，实现虚拟试生产。

启动和运行一个高度自动化的制造系统及其机器人和自动化工作单元，需要涉及大量的工程学科，包括控制工程、制造工程及机器人技术工程。传统上，制造企业已经使用手工方法或非集成化应用软件，验证各种不同的工程任务。这些耗时的流程经常不能发现因应用软件之间的集成问题所造成的工艺相关的问题。机器人及自动化设备规划使制造企业能够利用一个协同化 3D 环境，在此环境中，当构建完整的制造系统时，多位工程师就能够彼此共享他们的工作单元设计。这样工程团队就可以对设计变更进行快速响应，并彼此交互，同时制定工作单元构建决策，比如，制造特征分配和资源利用，并在此虚拟环境中进行装配过程仿真、装配干涉检查、机器人仿真，虚拟调试及人因工程分析等。

1. 三维动态装配过程仿真

基于模型的数字化装配过程给工艺人员提供了一个三维的虚拟制造环境来验证和评价装配制造过程和装配制造方法。在此环境下，设计人员和工艺人员可同步进行装配工艺研究，评价在装配的工装、设备、人员等影响下的装配工艺和装配方法，检验装配过程是否存在错误、零件装配时是否存在碰撞。它把产品、资源和工艺操作结合起来，分析产品装配的顺序和工艺流程，并在该装配制造模型下进行装配工装的验证，仿真夹具的动作和产品的装配流程，验证产品装配的工艺性，达到尽早发现问题和解决问题的目的。

工艺规划人员通过装配工艺仿真可以在产品开发的早期仿真装配过程，验证产品的工艺性，获得完善的制造规划；交互式或自动地建立装配路径，动态分析装配干涉情况，确定最优装配和拆卸操作顺序，仿真和优化产品装配的操作过程。甘特图和操作顺序表的应用有助于考察装配的可行性和约束条件。运用这些分析工具，用户可以计算零件间的距离并可以专门研究装配路径上有问题的区域。在整个过程中，系统可以加亮干涉区，显示零件装配过程中可能发生的事件。用户也可以建立线框或实体的截面以便更细致地观察装配的空间情况，帮助分析装配过程并检测可能产生的错误。

如图 5-35 所示，在装配过程中，更多的装配问题与现场的装配环境相关，所以动态装配过程仿真在复杂的工装、夹具、设备环境下对复杂的零部件的装配更能发挥作用，可以对复杂的夹具进行动态装配仿真，评估工装夹具的可行性。

2. 机器人仿真

利用 Process Simulate 能够设计和仿真高度复杂的机器人工作区域。针对工艺过程中的自动化设备，如机器人等，通过构建工艺过程的虚拟仿真环境，规划机器人的操作过程及操作路径，结合机器人控制器，形成机器人可识别的控制代码，实现机器人的离线编程。在此过程中，加入 PLC 等硬件控制逻辑，实现对自动化设备及控制逻辑的验证，即虚拟调试，在生产线正式实施部署前进行机械、电气、控制的综合验证，减少生产线在生产现场的调试时间，缩短生产线的生产准备，提早进入批产。

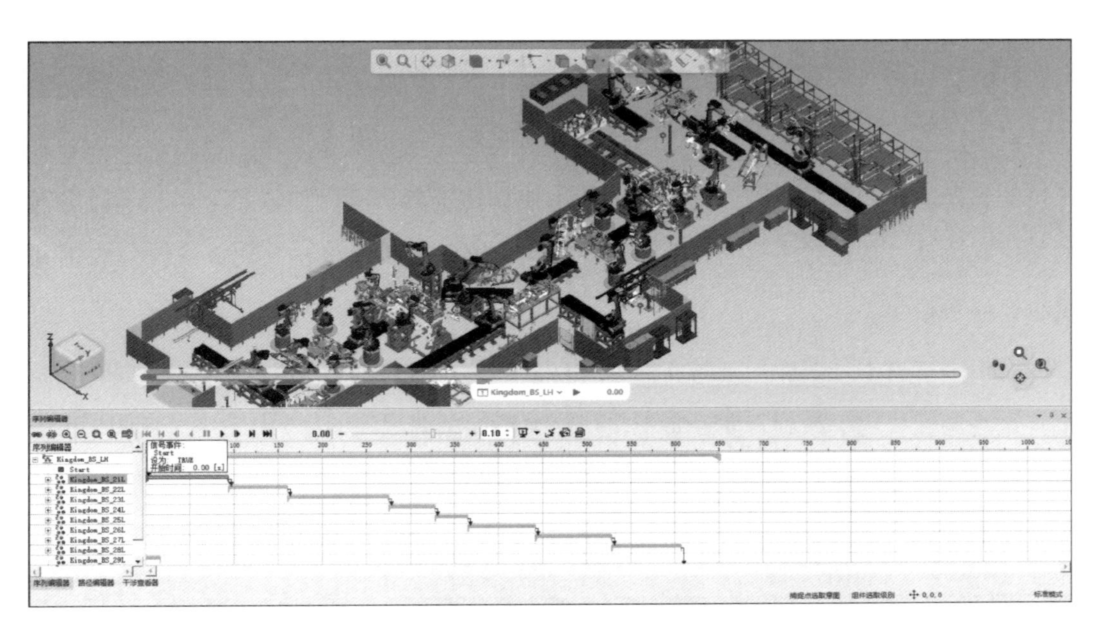

图 5-35　虚拟装配仿真

图 5-36 是一个简单的机器人仿真应用案例。根据机器人生产线的实际结构，用 Process Simulate 软件，建立操作场景的仿真模型，实现包括机器人运动机构定义、机器人可达性测试、轨迹示教、控制器配置、信号配置与编程、机器人程序下载与上传等操作和三维仿真分析。

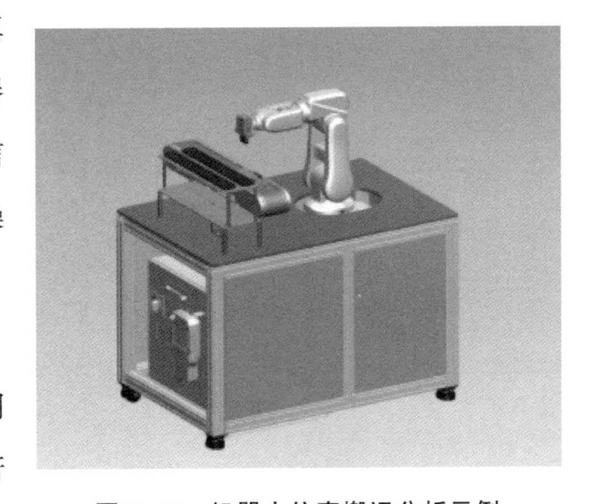

图 5-36　机器人仿真搬运分析示例

3. 虚拟调试

利用 Process Simulate Commissioning，用户能够简化已有的从概念设计一直到车间所有阶段的制造和工程数据。Process Simulate Commissioning 提供了一个通用的集成平台，以供各种学科都能参与到生产区/单元（机械的和电子的）的实际运行之中。利用 Process Simulate Commissioning，用户能够仿真实际的 PLC 代码和提供 OPC 接口的实际硬件以及实际的机器人程序，从而确保真实的虚拟试运行环境。

利用机器人和自动化对操作进行设计、仿真和离线编程。利用 Tecnomatix 机器人与自动化编程解决方案，可以在数据管理和基于文件的环境中开发机器人和自动化生产系统。这些工具可处理多个层次的机器人仿真和工作站开发工作，包括从单机器人工位到整条生产线和生产区域的范围。使用协作性工具，可以加强各个制造部门之间的沟通和协作，从而做出更明智的决策。这样，可以更快地将自动化系统投入应用并减少错误数量。

虚拟调试技术是在虚拟环境中调试 PLC 代码，通过虚拟仿真来验证设备自动化，再将这些调试代码下载到真实设备中，从而大幅缩减调试周期，如图 5-37 所示。和传统调试不同的是，虚拟调试技术可以在现场改造前期，直接在虚拟环境下对机械设计、工艺仿真、电气调试进行整合，使设备在未安装之前已经完成调试。

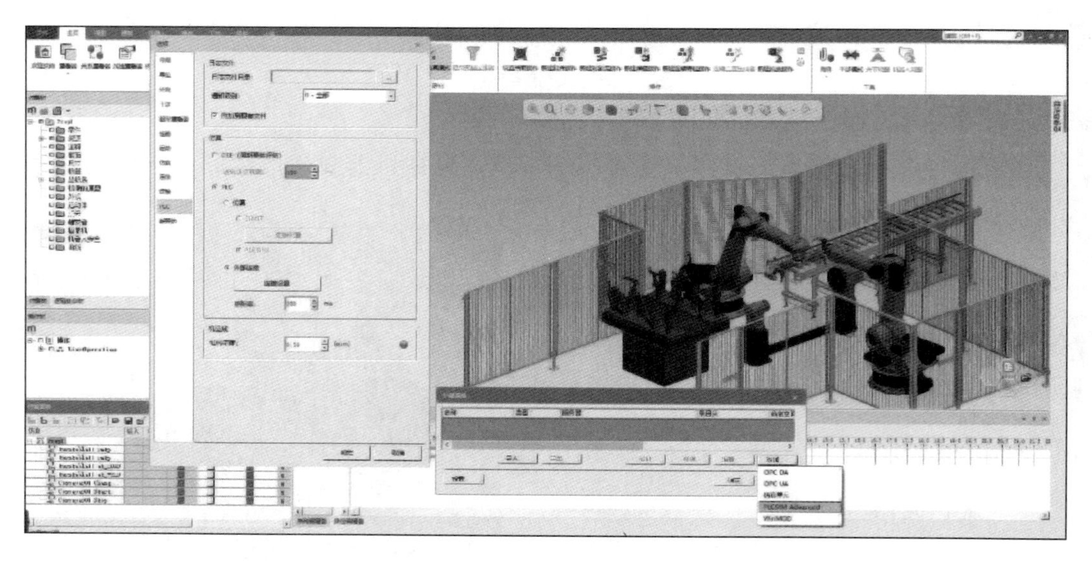

图 5-37　虚拟调试技术

虚拟调试技术实现了虚拟环境和现实世界的连接。通过虚拟调试技术可以将 Process Simulate 环境下的虚拟产线或工位与现实世界的 PLC 控制器连接称为硬件在环，如图 5-38 所示，或者与虚拟 PLC 控制器连接称为软件在环。之后使用真实的 PLC 程序控制虚拟产线的运行，从而验证自动化产线的控制逻辑，实现对 PLC 程序的验证及优化。

图 5-38　硬件在环仿真

同时虚拟调试技术还可以结合西门子 SIMIT 行为控制模型，能够对自动化设备运动进行精确模拟，实现了数字孪生与物理生产线的高度一致性。虚拟调试技能够帮助我们在物理生产线制造安装完成之前对产线运行状态进行精确的评价和调整，大幅缩短物理生产线调试时间，减少生产线更改费用，加速产品投放市场。

4. 人因工程仿真

人因工程仿真能详细评估人体在特定的工作环境下的一些行为表现，如动作的时间评估、工作姿态好坏的评估、疲劳强度的评估等，可快速地分析人体可触及范围，分析人体视野，从而分析装配时人体的可操作性和装配操作的可达性。人因工程仿真还可以分析人体最大或最佳的触手工作范围，帮助改善工位设计；能进行动作时间分析，支持工时定额评估标准来达到工位能力的平衡，简化工作及提高效率。

图 5-39 所示是一个简单的人因工程仿真应用实例。根据发动机生产线的实际结构，用 Process Simulate 软件，建立操作场景的仿真模型，从而进行有关人因工程的数据分析。包括创建人体模型、动作设置属性、规划行走路径、规划操作轨迹、疲劳度分析（颜色反映状态）等三维仿真分析。

人因工程系统能够实现在工作环境下对人体的操作进行设计、分析与优化。可以使用该系统进行人体工效的分析，进而指导项目开发人员如何在操作时间限制内使用人体模型进行生产顺序的定义。

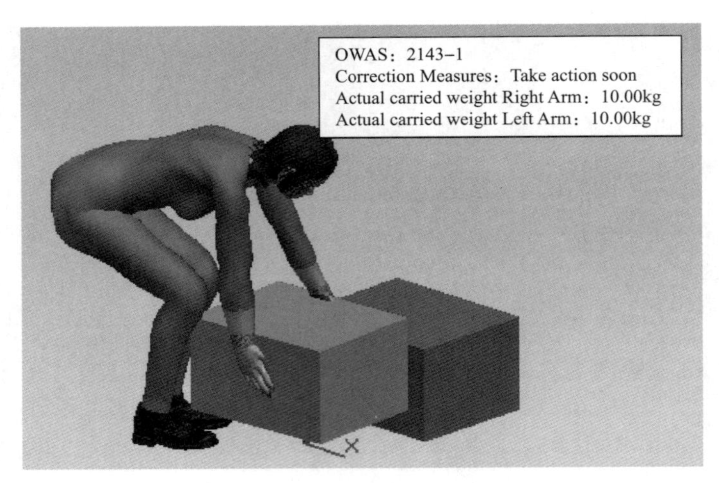

图 5-39　人因工程中的搬运分析示例

人因工程系统可具有计时功能，能够根据时间要求完成各部分的操作。对于操作时间的问题，Process Simulate 软件在每个操作创建时都设定了默认的操作时间，同时也给出了专门的分析方法 MTM（Methods Time Measurement），MTM 根据选定的操作的难度和距离确定该操作所需的平均时间值，可以编辑该时间值，通过对每个操作时间的估计，可以得到完成任务所需的总的时间值。使用 MTM 可以估计并分配各个操作的时间。

图 5-40　Process Simulate 中抓举操作示例图

抓举操作是车间生产操作中较为普遍的一种。下面就以抓举操作为例，介绍在 Process Simulate 软件应用 NOISH 方法对人体疲劳度进行分析的完整过程。

在 Process Simulate 软件中进行如下分析操作：身高中等的女性工人将放在地上的工件放到桌子上去，如图 5-40 所示。在使用该软件进行分析的时候，系统根据工人与工件、桌子的位置，自动测量操作初始时和终止时的距离、高度，并进行系

数的计算。

NOISH 分析的原始模型为：

$$LI=L\ (\text{抓取重量})/RWL$$

$$RWL=LC\times HM\times VM\times DM\times AM\times FM\times CM$$

而在 Process Simulate 软件中，对于抓举物体重量由 library 中所导入的具体物件来确定，抓举过程中物件移动距离等因素均通过路径的设置来确定，因而所输入的参数仅为图中所描述。

该操作进行 NIOSH 分析时的设置如图 5-41 所示。

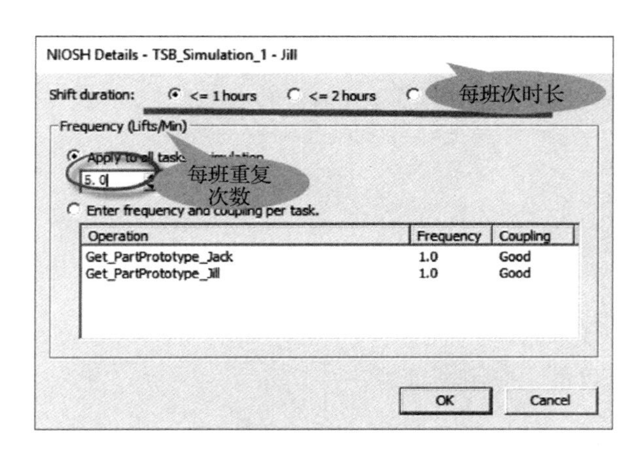

图 5-41 Process Simulate NIOSH 分析输入信息

搬运受力改善措施包括重物重量、手离开身体的距离、双手距离地板的垂直高度、躯干弯曲的程度、手和物体配合的程度以及起重的频率和持续时间。

NIOSH 工具假设评估的搬运任务满足以下条件：活动不需要大量的能量消耗；没有意外滑倒、跌落或其他创伤事件；任务不涉及单手起重或坐着提升。

可见，所输入的参数为抓举频率、每班次时长及抓取状态等。然后在 Process Simulate 软件中启动 NOISH 分析功能，当所设置的抓举操作完成时，便可得到的分析报告，如图 5-42 所示：

可见，LI 的值大于 1，由此表明此作业过程可能会引起人体的疲劳、发生危险的程度增加，从长远的利益看，需要做出一些改进。

对人体抓举操作进行分析，可实现对生产过程中实际抓举操作的指导作用。

Object Weight (kg)		Hand locations (mm) Origin		Hand locations (mm) Dest		Vertical Distance (mm)	Asym.Angle (deg) Origin	Asym.Angle (deg) Dest	Frequency lifts/min	Duration Rate (HRS)	Object Coupling
L(Avg)	L(Max)	H	V	H	V	D	A	A	F	-	C
25	25	435.9	72.8	442.1	78.6	3.8	18	3	1	8	Good

NIOSH91 Details

Multipliers and Recommended Weight Limits (RWL)

		=	LC	*	HM	*	VM	*	DM	*	AM	*	FM	*	CM	=		
	RWL	=	LC	*	HM	*	VM	*	DM	*	AM	*	FM	*	CM			
ORIGIN	RWL	=	23	*	0.57	*	0.8	*	1	*	0.94	*	0.75	*	1	=	7.39	kg
DESTINATION	RWL	=	23	*	0.57	*	0.8	*	1	*	0.89	*	0.75	*	1	=	7.79	kg

Lifting Index (LI)

		=		/		=		/		=	
ORIGIN	Lifting Index	=	Object Weight (L)	/	RWL	=	28	/	7.38	=	[illegible]
DESTINATION	Lifting Index	=	Object Weight (L)	/	RWL	=	25	/	7.79	=	[illegible]

NIOSH81 Details

Multipliers and Action Limits (AL)

		=	LC	*	HM	*	VM	*	DM	*	FM	=		
	AL	=	LC	*	HM	*	VM	*	DM	*	FM			
ORIGIN	AL	=	40	*	0.34	*	0.73	*	1	*	0.92	=	9.13	kg
DESTINATION	AL	=	40	*	0.34	*	0.73	*	1	*	0.92	=	9.13	kg

Maximum Permissible Limits (MPL)

		=		*		=		*		=		
ORIGIN	MPL	=	3	*	AL	=	3	*	9.13	=	27.4	kg
DESTINATION	MPL	=	3	*	AL	=	3	*	9.13	=	27.4	kg

图 5-42　NIOSH 分析结果图

四、实验

1. 实验目的

实验目的如下：

- 熟悉工艺仿真建模流程。
- 理解工艺仿真价值，应用场景等。
- 熟悉 process simulate 软件。

2. 实验原理

Tecnomatix 可视化装配规划与验证，以虚拟方式设计和评估装配工艺方案，迅速制定用于装配产品的最佳方案、管理更加全面的装配计划。通过虚拟装配手段，减少后续产品的物理样机试制过程，减少因装配问题引起的设计返工。

3. 实验环境/实验平台

使用 Tecnomatix-process simulate 及相应的计算机环境。

4. 实验内容及主要步骤

（1）实验内容。结合图 5-43 完成机器人装配运动仿真，并进行虚拟调试运行，具体的实验内容为：

- 利用通用 CAD 模型建立装配仿真模型。
- 进行装配工艺研究，评价装配的工装、设备、人员等影响下的装配工艺和装配

方法，检验装配过程是否存在错误，零件装配时是否存在碰撞。

• 通过装配仿真检查装配过程的合理性，并可生成装配的爆炸图及运动序列动画。

（2）主要步骤。如下：

• 明确仿真目的。

• 导入外部 jt 数据（装配模型）。

• 模型整理——定义活动单元以及资源属性。

• 装配或拆卸顺序和路径定义。

• 分析包含装配环境因素的装配过程：装配顺序是否合适、装配是否存在干涉、路径如何优化、装配间隙如何调整等。

• 装配仿真分析报告（含视频）输出。

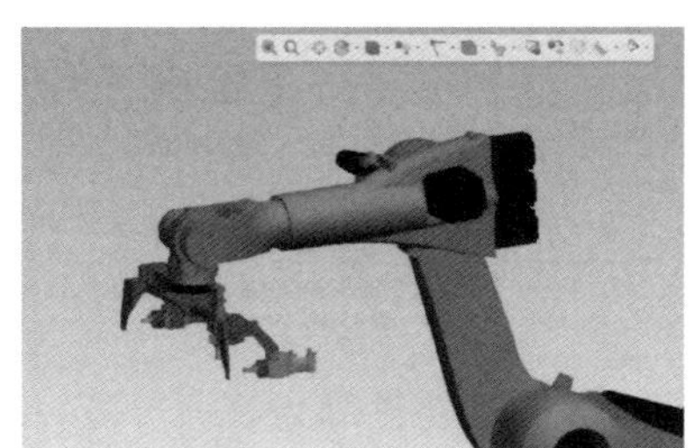

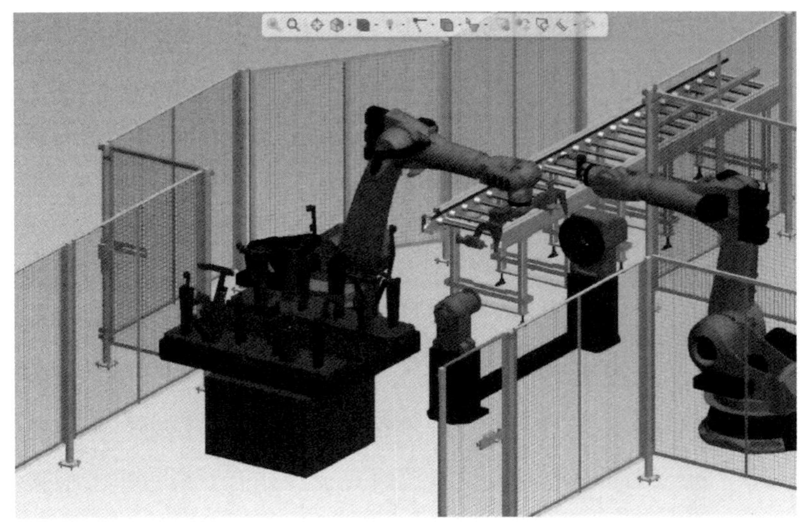

图 5-43　机器人夹具安装与虚拟调试

第四节　工厂仿真及其优化

考核知识点及能力要求：

- 了解工厂仿真相关概念。
- 熟悉工厂仿真的工作流程。
- 掌握工厂仿真模型的建立和结果分析。

一、工厂仿真的定义

1. 工厂仿真的必要性和定义

多年来仿真技术不仅在机场、商品运输和配送中心、医院、仓储与物流业等服务行业获得了广泛的应用，作为制造系统的物理载体，仿真技术在工厂中也有着广泛的应用。在世界各国的汽车、航空航天设备、半导体、重型机械等制造行业的一大批大型工厂中都采用了仿真技术，并取得了显著的成绩。应用专业的仿真软件，可以帮助人们建立复杂的工厂生产线模型，在模型中快速进行实验，针对仿真结果在模型中进行调整，找到最优或者较优的方案，最终将通过仿真验证的结果用于实际。

如何在新工厂规划阶段精确知道产能配置是否满足既定的规划需求？新规划的产线布局及仓储系统设计是否合理？如何优化现有工厂中生产线的配送方式可以使得物料配送效率最高？下个月的生产计划能否按时完成？如有紧急订单，应该如何调整生产？要回答以上问题，需要以工厂中产品零件、工装资源等物料的流动过程为研究对象，综合考虑产品 BOM 组成、工艺路线、设备需求、设施布局、物流配送、仓储、生

产调度策略等复杂因素对整个生产系统的影响。毫无疑问，要切实分析和求解这样一个多约束多影响因素的复杂系统问题，仿真技术是目前最有力的手段。

在前面所给出的仿真定义框架下，本节我们将着重介绍仿真技术在工厂中的应用，并将之称为“工厂仿真”，即以（新或现有）工厂为对象，针对需要分析或求解的问题，运用专业仿真软件搭建相应的计算机模型，通过在该模型中输入并运行各种可能的复杂影响因素，来观察模型可能产生的各种结果，并依此给出关于工厂的生产性能评估或改进建议。

2. 工厂仿真的一般过程

如果把完成工厂仿真作为一个项目来看待的话，首先是项目准备阶段，即组建仿真项目团队并选择合适的仿真软件，给出项目时间周期及进度安排，然后进入项目实际工作阶段，这一阶段的工作过程如图 5-44 所示。

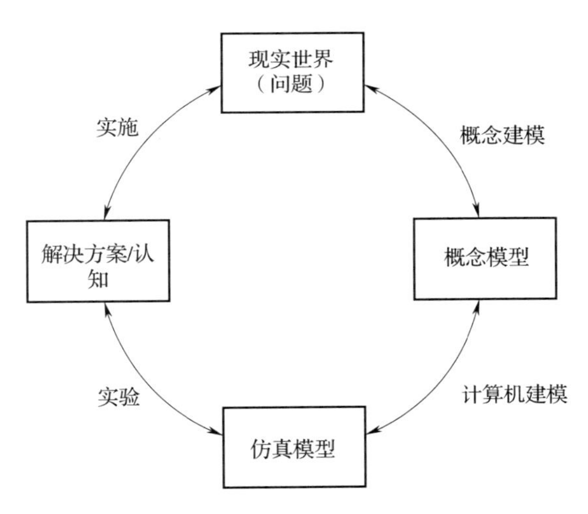

图 5-44　仿真项目实际工作过程

如图 5-45 所示，仿真工作的首要任务是辨别要解决的实际问题，并以此为基础，对实际问题进行概念上的抽象和描述，我们称之为概念建模；比照概念建模，使用仿真软件搭建对应的仿真模型，然后在模型中设定相关数据并导入仿真实验因素，这一步骤我们称为仿真建模；运行仿真模型，收集到相应的结果，并以这些结果的分析和理解作为反馈来变化更多可能的仿真实验因素，或按照既定方案更改实验因素，从而得到新一轮的仿真结果，直到达成要求解的问题目标，这一步骤就是仿真实验；根据仿真实验结果分析给出实际问题的解决方案，并将解决方案付诸实施，即进入了工厂仿真项目的实施，这也是项目的最后一个步骤。当然，数据收集、检查和分析工作贯穿于整个工厂仿真过程。

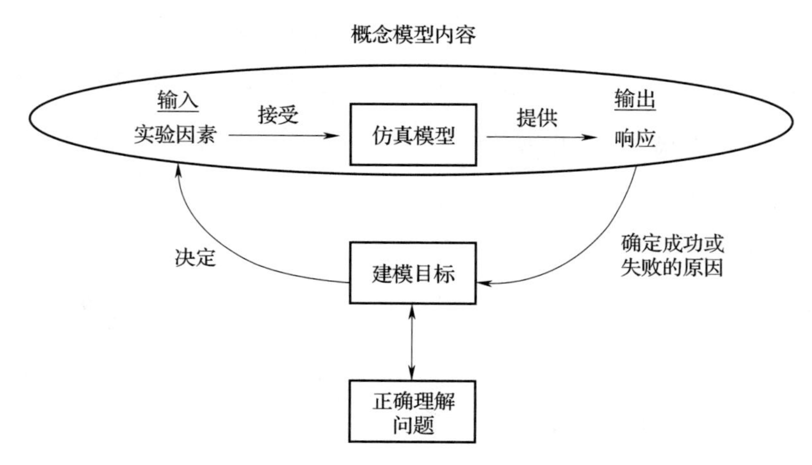

图 5-45　概念建模工作路线框架

值得注意的是，在以上过程中，概念建模工作虽重要却并没有得到充分的重视，一方面是由于缺乏成熟的理论指导，另一方面是由于这项工作更偏向于一种“艺术性”的工作而非一种“科学性”的工作。事实上，概念建模工作的质量好坏会直接影响仿真模型的正确性，进而影响后续工作的进展速度，为此，从经验角度给出在工厂仿真中这项工作的框架和路线，供大家参考。

作为工厂仿真项目的准备工作之一，也需要对市场中常见的工厂仿真软件有所了解。概括地说，目前主流的工厂仿真软件均为欧美公司软件产品，包括 Plant Simulation、Flexsim、Demo 3D、COMPONENT 3D 等。西门子公司的 Plant simulation 是一款优秀的工厂仿真软件，可以对包括大规模的跨国企业在内的各种规模的工厂及产线进行建模，并分析和优化工厂的生产布局、资源利用率、产能和效率等性能表现。

二、工厂仿真的典型应用

生产得更多、销售得更多，并不一定能获得更多的利润。如果工厂布置和物流没有得到优化，要制造更多的产品，则必须付出更高的成本来获得所要的产出。即

使收入增加，利润实际上却下降了。好的产品设计一定能增加收入，但是至于收入是否能够变成利润，则全取决于是否有一个好的工厂设计，这样的设计可以使得工厂的生产效率达到最优。通过工厂仿真和优化，能够对工厂的生产系统和过程进行建模与仿真，在开始实际生产前确保工厂生产系统和过程的效率达到最优。通过让工程师在虚拟工厂中看到计划产生的结果，企业能够避免把时间浪费在解决现实工厂中的问题上。

在生产线日常运行中，通过仿真也可以实现生产管理决策的验证与优化。计划的制订及评估是很多企业中非常关键的问题。应用仿真软件在计算机系统中建立与实际生产过程相对应的模拟环境，将实际编制的生产计划导入系统，在仿真环境中进行模拟运行。从运行结果中找出计划编排中存在的问题，从而对生产计划编排的合理性进行辅助校验并给出改进方向。

除了在新工厂的规划设计和现有工厂的改进优化中发挥作用，仿真还可以通过模型搭建和研究提供合适的工厂生产规范，用于培训员工进行规范性操作，从这个意义上说，工厂仿真不再是寻找问题解决方案的手段，而是提供一整套规范的手段。

表 5-2 汇总了仿真在不同阶段的工厂生产线上的主要应用场景。

表 5-2　　工厂仿真典型应用场景

应用阶段	主要应用场景
规划新产线	■ 验证和优化生产时间和产能 ■ 确定生产线面积大小及设备和人力的需求 ■ 研究设备失效对生产线效率的影响 ■ 确定合适的生产控制策略 ■ 评价不同生产线的规划方案
优化现有产线	■ 排查系统瓶颈 ■ 优化控制策略 ■ 优化排产顺序 ■ 测试日常工艺流程
执行规划方案	■ 提供一种模板来创建控制策略 ■ 测试生产线生产不同产品阶段的效果 ■ 培训不同生产线状态下的设备操作工

三、基于 Plant simulation 的工厂仿真[3]

Plant Simulation 是西门子工业软件公司数字化企业解决方案数字化制造中的一个

环节。应用 Plant Simulation，可以对各种规模的生产系统和物流系统，包括生产线进行建模、仿真；也可以对各种生产系统，包括工艺路径、生产计划和管理，进行优化和分析；还可以优化生产布局、资源利用率、产能和效率、物流和供需链，考虑不同大小的订单与混合产品的生产。Plant simulation 是面向对象的、图形化的、集成的建模、仿真工具，系统结构和实施都满足面向对象的要求。面向对象方法把客观世界看成是各种独立对象的集合，每个对象将数据和操作封装在一起，并提供有限的外部接口，其内部的实现细节、数据结构及对它们的操作则是外部不可见的。对象之间通过消息相互通信，当一个对象为完成其功能需要请求另一个对象的服务时，前者就向后者发出一条消息，后者在接收到这条消息后，识别该对象消息并按照自身状态予以响应。

1. 基于 plant simulation 的工厂建模

Plant Simulation 支持 2D 及 3D 两种建模方式，如图 5-46 所示。在 2D 模式下可以应用拖拽的方式，快速搭建起 2D 概念工厂。2D 建模主要应用于工厂概念设计阶段，无须设备三维模型，只需要有相关生产能力参数即可快速开始建模及仿真，协助确定工厂规划时需要的主要运行参数。

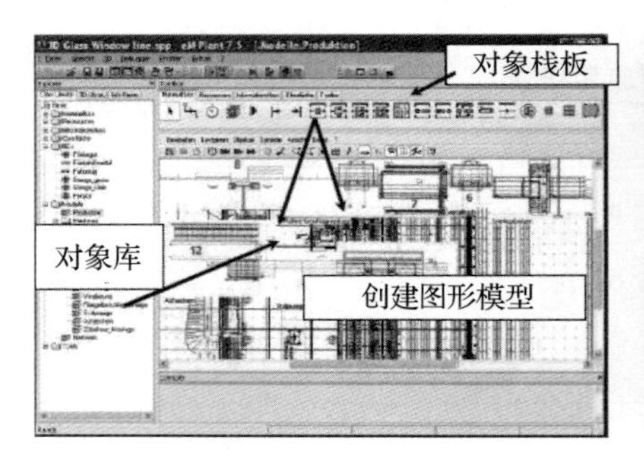

图 5-46　Plant Simulation 软件中的 2D 和 3D 模型

进入工厂设计的后期阶段后，工厂主要设施和设备有了明确的 3D 模型。通过软件内部的实时关联机制或者数据接口，将 2D 仿真模型转换成对应的 3D 仿真模型。软件中可以同时进行 2D/3D 仿真显示和分析，工厂的三维效果便于成果展示，而仿真数据来自于 2D 概念工厂。

Plant simulation 是面向对象的建模工具。根据面向对象建模设计方法，以类为设计单位，对生产线的制造环境进行分析，可以从中抽象出以下三种基本资源类：实体类、信息类、控制类，如图 5-47 所示。

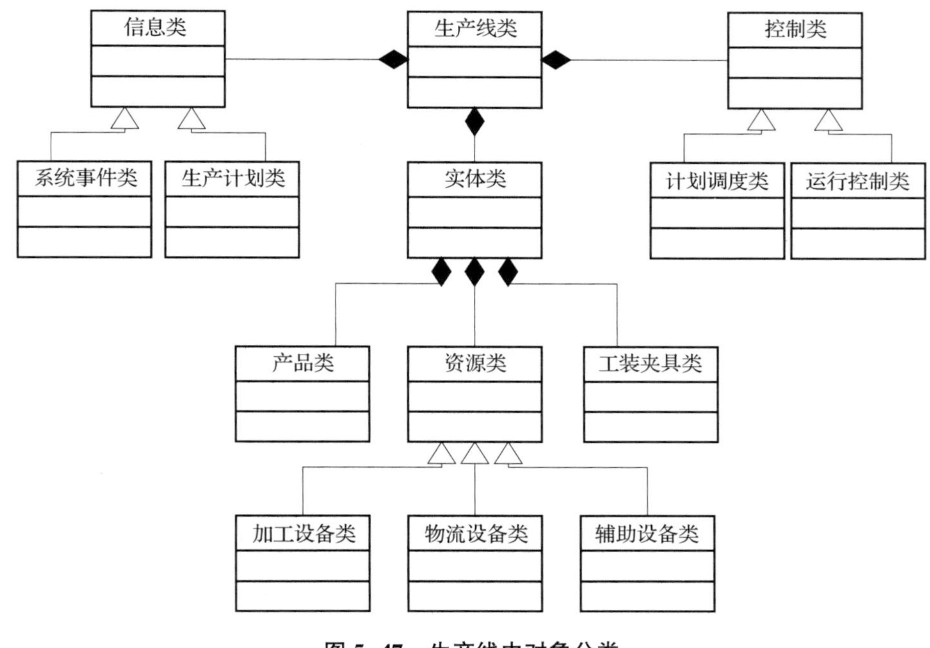

图 5-47　生产线中对象分类

（1）生产线类。该类描述了生产线的基本属性和方法，如生产线的名称、标识、状态以及与之相关的方法，如设备选择与排序算法、单元构建算法以及评估算法等。生产线类与生产线中的其他三个基本资源类（实体对象类、信息对象类和控制类）之间属于聚合关系。

（2）实体类。该类描述了生产线中所涉及的各种实体对象，如产品、设备、刀具等，它们在实际的生产线中拥有有形的外观，因此，有关外观轮廓尺寸的属性和方法将被抽象出来，封装在实体类中，以便在派生过程中可以将这些属性和方法直接派生给它的子类。

①产品类。该类描述了生产线上各种待加工工件对象，其属性分为静态属性和动态属性。静态属性是指在产品的整个加工过程中保持不变的属性，如产品的加工工艺信息；动态属性是指在产品的加工过程中会随着加工进程有所改变的属性，如产品被提取、放置、等待等状态。产品类提供的信息，可辅助系统混流加工方案的选择、设

备的选取、布局的优化以及确定零件加工的批量和加工顺序。

②设备类。该类描述了生产线中使用的各种设备对象，这些设备又可分为加工设备类、辅助设备类和物流设备类。通过对各类设备的功能、工艺特性及状态的分析，作为所有设备的基类，设备类的属性也可以分为静态属性和动态属性。静态属性在设备的运行过程中是不变的，如设备能力、装载和卸载时间等；动态属性则根据设备的运行状态发生变化，如设备的运行、等待、实时负荷等信息。而作为设备类的子类，除了可以继承父类的这些属性和方法，还可以拥有针对自身特点的属性和方法，如加工设备类的能力指的是该设备的可加工产品的工艺能力，辅助设备类的能力指的是该设备可辅助处理产品的种类，物流设备类的能力指的是该设备可运送的货物重量等。

（3）信息类。该类描述了生产线中所设计的各种信息对象，为系统的运行提供信息支持。因此，信息对象类的属性可包括作业或事件的对象、时间、地点和事件内容等。信息类的子类，如作业计划类、系统事件类等，可通过继承的方式获得这些属性，并根据需要添加属于自身特点的新属性。

①生产计划类。该类描述了针对生产线指定的生产大纲，主要指定了待加工产品的名称、编号、生产批量以及交货时间等。从产品的计划时间上看，它是一个比较粗的生产任务安排，并为计划调度提供必要的数据基础。

②系统事件类。该类描述了生产线运行过程中发生的各种事件信息，如下道工位阻塞、设备运行时出现碰撞、单工位加工时间超时、刀具无法到达加工位置等异常情况。因此，其属性和方法主要就是事件列表和事件管理。事件列表用于保存系统事件的格式列表；事件管理用于对事件列表的管理。

（4）控制类。该类描述了生产线的决策和控制对象，为系统的运行提供决策和控制支持。因此，控制类中主要包含的是方法，针对系统提供的必要信息，通过封装在其中的这些方法加以处理，并将处理结果反馈给执行对象。

①计划调度类。该类描述了生产线上各种待加工工件的作业安排，这种作业安排将细化到具体零件的批次、编号、工序号、加工设备、加工时间、加工内容等。因此，作业计划类提供的这些信息将标识生产线上各种待加工工件的加工顺序和加工路线，

并且是仿真运行的直接依据。

②运行控制类。该类描述了生产线上的运行控制对象，解析并实施产品的作业安排。由于生产线是一种复杂的离散随机系统，随机事件或系统故障随时有可能发生，因此，运行控制类还要针对各种可能出现的系统事件做出判断与决策，在尽量满足生产要求的前提下，控制系统的运行。

基于以上各类，利用类对象的继承与封装机制，通过自底向上的设计过程，可在仿真环境中依次生成各种设备、加工单元、生产线等对象，对象继承了类的方法，同时对象的参数，可以定义以及设置具体数值，模拟工时、速度、容量等实际生产参数。各对象建立好后，还需要定义物料从生产上游到下游的流动规则。仿真模型建立好后，即可进行离散事件仿真，运行模型了，如图 5-48 所示。

图 5-48　工厂仿真模型

为了支持搭建复杂模型，Plant Simulation 软件可以进行层次建模。利用层状结构，建立不同精细程度的仿真分析模型。层次建模使得复杂和庞大的模型（物流中心、装配工厂、机场等等）变得井井有条。应用层次化建模方法，可以逼真地表现一个完整的工厂，模型层次可以急剧扩大和收缩，从高层管理人员到规划工程师和车间操作者，都能最好地理解仿真模型。而且面向建模人员而言，层次建模法支持自上而下或者自下而上的建模方法。不同工作组成员分别建立不同的下级模型，建立总体模型时，可以直接调用通过继承性的建模思路，生产系统中的很多类似的子系统可以快速被引用和重用，从而极大地提高模型的效率。

2. 仿真分析

运行搭建好的仿真模型，就可以非常直观地获取工厂运行地各类量化数据，如设备利用率，场地利用率，产量，库存量等。使用 Plant Simulation 分析工具可以轻松地解释仿真结果。统计分析、图、表可以显示缓存区、设备、劳动力（personnel）的利用率。用户可以创建统计数据和图表来支持对生产线工作负荷、设备故障、空闲与维修时间、专用的关键性能等参数的动态分析；由 Plant Simulation 可以生成生产计划的 Gantt 图并能被交互地修改。

①使用图形和图表分析产量、资源和瓶颈。Plant Simulation 包含许多专门对于生产和物流系统仿真模型的性能和仿真结果进行评价的内嵌工具。使用专门的图形分析工具，用户可以快速进行图形、图表化的仿真模型的数值跟踪和显示，如图 5-49 所示。

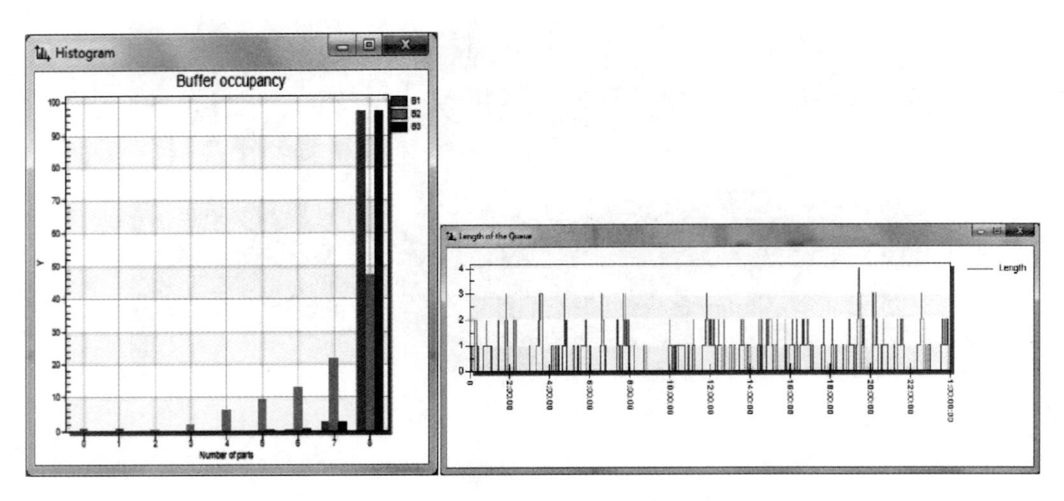

图 5-49　Plant Simulation 分析结果显示

②综合分析工具，包括自动瓶颈分析器、Sankey 图和 Gantt 图。在图形图表显示的同时，Plant Simulation 提供很多专业的分析工具，包括瓶颈分析图、流量分析图（Sankey）、甘特图（Gantt）等，如图 5-50 所示。应用瓶颈分析器可以直观地显示出产线上关键设备的利用情况，找到产线瓶颈及未充分利用的设备等。流量分析图可以将物流密度可视化，直观地显示各传输路径地传输量及传输方向，支持物流系统的相关分析。软件还可以生成计划地甘特图，通过甘特图可以看出各个工位的运行情况，

以此来评估加工顺序的合理性。

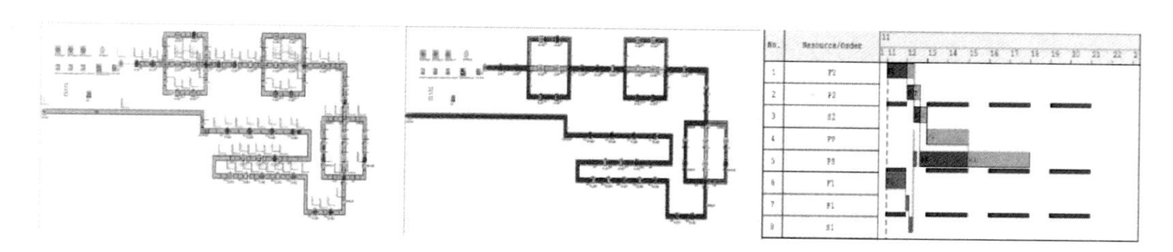

图 5-50　瓶颈分析、流量分析和甘特图

3. 仿真系统优化

使用 Plant Simulation 仿真工具可以优化产量、缓解瓶颈、减少在加工零件，考虑到内部和外部供应链、生产资源、商业运作过程，用户可以通过仿真模型分析不同变型产品的影响。用户可以评估不同的生产线的生产控制策略并验证主生产线和从生产线（sub-lines）的同步。Plant Simulation 能够定义各种物料流的规则并检查这些规则对生产线性能的影响。从系统库中挑选出来的控制规则（control rules）可以被进一步地细化以便应用于更复杂的控制模型。用户使用 Plant Simulation 试验管理器（Experiment Manager）可以定义试验，设置仿真运行的次数和时间，也可以在一次仿真中执行多次试验。用户可以结合数据文件，例如 Excel 格式的文件来配置仿真试验。

使用 Plant Simulation 可以自动为复杂的生产线找到并评估优化的解决方案。在考虑到诸如产量、在制品（inventory）、资源利用率、交货日期（delivery dates）等多方面的限制条件的时候，采用遗传算法（Genetic Algorithms）来优化系统参数，如图 5-51 所示。通过仿真手段来进一步评估这些解决方案，按照生产线的平衡和各种不同批量，交互地找到优化的解决方案。

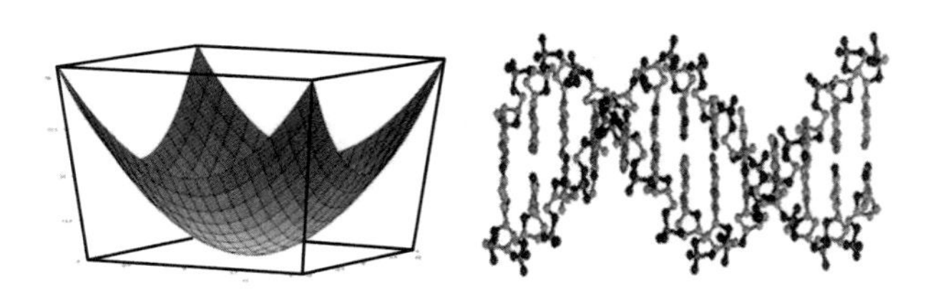

图 5-51　遗传算法

四、实验

1. 实验目的

实验目的如下：

- 熟悉工厂仿真建模流程。
- 熟悉 Plant Simulation 软件。
- 加深对工厂仿真的应用理解。

2. 实验原理

- 产线分析：分析产线工艺内容、工艺参数、现场工位划分等。
- 创建工厂仿真模型：在仿真环境中创建生产线的模型，设置相关物流逻辑及工艺参数。
- 运行仿真模型及数据分析：运行仿真模型，通过设备利用率等参数，分析生产线运行状况。
- 生产线优化：根据运行结果，找出生产线存在的问题，在模型中调整后，观察运行结果。

3. 实验环境/实验平台

使用 Tecnomatix-Plant simulation 及相应的计算机环境。

4. 实验内容及主要步骤

（1）实验内容。结合图 5-52 桌子的制作工艺和表 5-3 工艺参数（实验 1），完成以下实验内容：

- 用 Plant Simulation 建立生产线模型，在仿真环境中建立与实际生产线一致的模型，并在实验报告中写出主要的建模步骤。
- 运行模型，获得一定时间内的生产线运行数据，通过图标展示出来。
- 在实验报告中写明数据反应的问题及可以优化的点。

（2）实验步骤。将产线关键工艺，关键参数，物流逻辑进行梳理；在软件中创建产线仿真模型，并完成调试；运行产线模型，分析数据，找出产线布局中可能存在的问题，并尝试通过调整布局，调整参数等方式解决。

实验：仿真一个桌子的生产线，桌子的制作需要经过木料切割、桌面打磨、喷漆、组装和包装这五个工艺步骤。建立仿真模型，并试着运行模型，看看有什么发现。

图 5-52　桌子制作工艺流程

各工艺步骤中对应的设备数量及工艺详细信息如表 5-3 所示：

表 5-3　桌子生产工艺说明表

序号	工艺步骤	工艺内容	设备数量	工艺参数
1	切割	将原材料切割成桌面形状	一台	一次加工一个零件，耗时 3 分钟
2	桌面打磨	将切割好的桌面进行边缘打磨	一台	一次加工一个零件，耗时 8 分钟
3	喷漆	将桌面喷漆	一台	一次加工一个零件，耗时 3 分钟
4	组装	将桌面与桌腿组装成桌子	一台	一次加工一个零件，耗时 4 分钟
5	包装	做好的桌子包装，准备发货	一台	一次加工一个零件，耗时 2 分钟

本章思考题

1. 为什么说仿真是一种实验方法而不是解析方法？

2. 数字化产品设计中的造型方法类型和特点有哪些？

3. 基于 NX 平台数字化设计与分析的基本步骤有哪些？

4. 数字化装配有哪些内容？

5. 西门子的 Process Simulate 软件完成哪些工作？

6. 完成工厂仿真的一般过程是什么？结合这一过程，谈谈是否只需要使用仿真软件搭建工厂的仿真模型，并运行仿真模型，就完成了对工厂的仿真？

第六章
智能制造技术服务与咨询

咨询是一种技术服务行为，它以专业的知识和技术为手段，以协助用户解决复杂的决策问题作为整个活动的目的。它是一种通过调查研究，运用专门的智能制造知识、技能和经验，依靠科学的方法和手段，以协助用户解决复杂的智能制造决策和规划等问题的活动。智能制造技术服务与咨询既属于战略决策层次，又是管理咨询层次，更是实际操作层次。其具有职能性、渗透性、全局性、全程性、机动性和时效性的特点。

要求从业人员知识面相对比较广，素养比较高，不但有生产企业制造方面的实践经验和理论知识，更应该有新一代智能制造技术、信息技术、人工智能技术及其应用的涉猎与研究；对于深度化解决方案的提出者，由于方案规划要做到作业场景的详细设计，所以尤其要求其有制造联动和物流协同等方面的专业知识和配比经验，并具有丰富的相关工作背景，还要有经历现场后即提出初步方案意向的能力。

- **职业功能：** 智能制造咨询与服务
- **工作内容：** 技术咨询、技术服务
- **专业能力要求：** 能进行智能制造单元模块的技术需求调研；能进行智能制造单元模块的技术评估；能进行智能制造单元模块技术的测试；能进行智能制造单元模块的技术实施服务
- **相关知识要求：** 需求描述方法；需求分析基础；技术评估基本方法；系统分析方法基础；技术测试方法；集成理论基础；工程实施基础

第一节　智能制造技术服务与咨询概述

无论是在智能制造规划设计、实施落地过程中，还是后续的智能制造运营与维护过程中，智能制造技术服务与咨询都起到方案导向、运维论证和逻辑赋能的作用。咨询与服务过程解决了从逻辑上将各类技术与应用场景进行梳理，最后实现概念设计、实践落地，也是对方案的有效性提供可行性、有效性、可得性的认证过程。

考核知识点及能力要求：

- 了解智能制造咨询基本方法论和基本工作原理。
- 了解技术服务的任务与使命。
- 了解智能制造咨询与服务的知识体系。
- 熟悉咨询与服务内容的前期准备工作。
- 了解智能制造技术服务与咨询的知识结构体系。
- 了解关联知识的获得途径与方法。
- 了解不同领域知识的协同与组合。
- 熟悉关联知识对于智能制造技术落地的转化方法。
- 了解技术服务人员的共性知识结构与个性化知识结构。
- 了解项目管理的范围基准、进度基准和成本基准。
- 了解咨询项目的基本节奏和项目管理模式。
- 了解咨询项目的风险及其管控。

• 熟悉项目的关键干系人管理。

• 熟悉项目总结与提升。

一、基本介绍

1. 智能制造技术服务与咨询介绍

（1）技术服务与咨询的特点。技术服务和咨询是指被委托方根据委托方的要求，利用自己的技术、人力、仪器和设备等就有关的技术项目、技术任务或某种服务提供技术援助或技术咨询服务，并由委托方支付一定数额的技术服务费的活动。技术咨询与服务应属服务贸易范畴，但与技术贸易无法分离[103]。其特点如下：

• 技术咨询与服务的内容是工业产权和专有技术以外的那部分技术资料和服务，属劳务或服务范畴，受方一般不承担保密义务。

• 技术资料及服务是公开的，仅为附属于技术的某一项重要任务。

• 咨询服务内容比较简单，以某个技术目标的实现为限度。

• 咨询合同周期较短，被雇方（供方）资料的所有权要转移给受方。

（2）技术服务与咨询的表现形态。顾问咨询是雇主与工程咨询公司签订合同，由咨询公司负责对雇主所提出的技术性课题提供建议或解决方案。服务的内容很广，如项目的可行性研究、技术方案的设计和审核、招标任务书的拟定、生产工艺或产品的改进、设备的购买，工程项目的监督指导等[104]。咨询公司通常掌握丰富的科学知识和技术情报，可以协助雇主选择先进适用的技术，找到较为可靠的技术供方，以较合理的价格获得质量较好的机器设备。

（3）技术服务与咨询的价值。技术服务与咨询通常可以为雇主企业节约大量的时间和资金投入，并且得到较为合理的投资方案，避免了走弯路和投资失败的概率。

（4）技术服务与咨询的发展趋势。随着信息技术的发展，简单的知识和技术都可以通过网络化、移动化解决，未来的技术服务与咨询更加向数字化、智能化方向发展，比如技术逻辑、场景设计、模型、算法等的研究。

2. 智能制造技术服务与咨询工作方法

（1）基本方法论和工作原理。一般而言，技术服务和咨询需求都是由甲方根据需

要提出，由咨询机构来响应相关要求，通常会经历从诊断到立项、数据分析、方案设计、实施辅导等步骤过程，如图 6-1 所示。

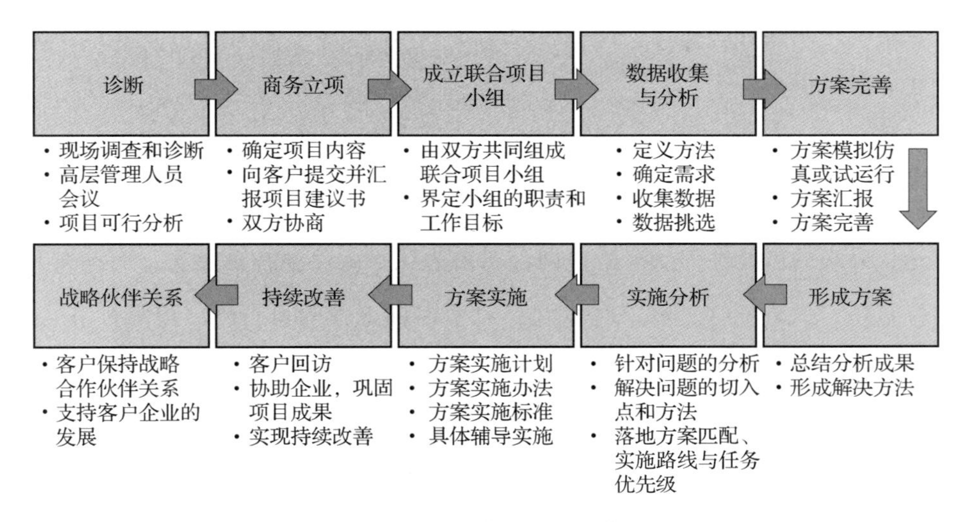

图 6-1　一般的咨询项目过程

在客户提出咨询需求的过程中，客户通常会根据项目的背景、公司的发展策略，以及对智能制造的相关的定位，甚至简单的概念导向，并以此来向咨询公司提出商务和立项的依据。

（2）服务模式。对于客户而言，他很可能只需要技术的结果或者结论，比如图纸、解决方法，客户未必会在意技术逻辑梳理和论证的过程，但是咨询本身的价值也就在这里，所以咨询团队往往需要花费 90% 以上的时间来做过程论证，这部分通常由咨询团队完成。但是对于需要落地和运营的部分，是需要培养客户团队的。通常需要成立联合项目小组，由双方关键干系人来担当项目领导组长和执行组长，协同项目资源的应用，并保证服务的有效性和精准性。

在咨询的过程中，数据收集与分析非常的重要，数据收集质量是方案质量的基础。需要先期梳理数据逻辑，并且辅导客户填写、收集。

在方案设计阶段，通常会提出多个方案，然后根据方案评审的维度和相关指标，来选择最合理优秀的方案，或者综合多个方案的优点，形成新一轮的方案探讨，最终提出一个咨询团队和客户方都认可的系统方案。

在实施阶段，咨询团队通常需要帮助甲方团队实施指导，但是主要以甲方团队为主，咨询团队只是指导。在方案实施之前，需要出来一份技术标准协议文本。尤其对于需要设备购买招投标的项目，技术标准就显得尤为重要，而这正好也是技术服务与咨询的重要成果表现。

（3）服务绩效评价。对于咨询项目的关键指标，通常会包括效率指标、成本指标、人员需求与结构、自动化覆盖率、价值流增值比例、技术先进性指标以及未来三到五年迭代升级的可能性等。有些咨询公司会为项目的落地指标负责，有些则未必会承担指标责任，但是不管是哪一种模式，对于咨询方案的可行性、可靠性和合理性，都会经过专家评审阶段。

技术服务和咨询方案需要请专家来评审，从而使得甲方愿意放心的投资，并且对于方案的落地有指标上的预期。

3. 实验

• 实验目的：学会分析企业智能制造技术服务与咨询需求，帮助客户精确定位项目需要解决的问题和方向。

• 实验原理：根据企业智能制造发展策略、当前瓶颈与约束条件、基本产品工艺和产能规划等输入条件，梳理出企业智能制造（物流）园区规划、动线规划、功能区域布局等智能制造园区建设与运营要素。

• 实验平台/实验环境：某电器企业现有工厂以及新建工厂现场作业观测与分析。

• 实验内容及主要步骤：根据所提供的信息，分析某电器企业技术服务与咨询需求。

训练模式：将参与人员分为 A、B 两组，其中 A 组以客户（甲方）的角色，提供企业技术服务与咨询需求；B 组以咨询服务方（乙方）的角色，提出需要满足客户要求的技术服务咨询方案，最终达到可以谈合作的状态。

基础信息：某公司经营规模稳步提升，是一家全球领先的以线性驱动系统为核心产品的机电一体化整体解决方案提供商，已经发展成为电动直线驱动器行业中的领导者；该公司以电动直线驱动器的研发、加工为主，通过建立快速反应的柔性化制造体系，为客户提供及时专业的服务，致力于成为全球电动推杆行业的主导。目前公司拥有员工 1 000 多人，主要产品包括推杆、手控、电源、铁架、脚板等，广泛服务于智

能家居、智慧办公、汽车零部件、医疗器械等领域。目前的生产基地供应链物流管理能力相对较为薄弱，一方面目前的生产环境和方式无法匹配该公司优秀的口碑，另一方面无法保证和支撑企业成长过程中获得持续的竞争优势。结合该公司的产品特征和产销模式，并充分考虑新旧工厂的匹配对接，期望规划出符合其自身特点的协同、高效的新工厂布局模式，既符合个性化、多产品线、小批量的复杂生产要求，又能适应大批量高效率的生产，从而满足不同客户的产品需求。

已经拿到160亩地块，目的是建设成拥有相当生产规模能力的新型、高效工厂；打造系统化、一体化、新旧园区物流协同发展的现代化工厂；建成与公司战略目标匹配的、行业领先的、有逻辑关系的工厂。

需要对甲方待建新工厂进行物流战略定位及概念设计，同时对整体园区布局进行规划，规划内容涵盖整个厂区大物流（供应商到货车辆、成品车辆、小车车辆及人流）规划、生产厂房功能区域定位、功能区域内详细规划、典型线体及产品生产物流动线设计等。

需要体现的能力如下：

- 快速交付能力。
- 物流管理基础及能力提升。
- 高流转效率、低库存能力。
- 计划协同管理能力和过程可控性。
- 抗风险能力。
- 柔性生产和快速响应能力。
- 降低综合成本。
- 安全第一，人车分流。

二、技术服务与咨询的知识基础

1. 技术服务与咨询的基础知识

（1）典型的咨询方法论。“以假设为先导，以数据为依据”是技术服务与咨询的常用切入方法，可以理解为技术落地可行性的实证过程，通常需要做到以下几点：

以事实为基础。通过充分调查和访谈，及严谨的分析验证，提出相对最优方案，确保其是以事实为基础的、切实可行的方案。

• 持续改善。基于客户需求提出 3~5 年发展战略的方案；策划有利于企业的后续发展和持续的改善活动；持续跟进辅导；与客户形成战略合作伙伴关系。

• 客观公正的原则。站在客户落地与有效运营的立场考虑问题；遵循客观、公正、充要性原则为客户设计、选择、推荐期望的软硬件设备（而不是凭个人对于技术的偏好来实现技术应用）；尽量优先利用企业现有的一切资源来达到投资收益期望。

• 知识转移。咨询项目的目的就是需要通过方案来培养客户的能力。方案提交后，客户团队进行专业运作和维护，这就需要咨询团队在咨询过程中实现相关技术和理论的知识嫁接，如专业的培训，旨在为客户企业打造一支专业的团队。

保证实施效果。技术服务就是需要保证落地和实施效果，咨询专家有必要亲自参加和辅导客户的方案实施，确保方案达到既定的实施效果；实施过程如出现问题，双方参与团队还需要共同探讨解决问题的方法和途径。

（2）技术服务与咨询的客户价值算法。客户在推动技术服务与咨询立项的时候，就会思考咨询服务的价值，通常都会根据对应的解决的问题和量化的 KPI 指标来定性或定量测算，比如提高 30%的效率、降低 40%的库存、提高 35%的空间利用率或者提高平效等。也有的咨询服务不一定显现出明显的客户价值计算，比如说战略咨询和概念设计以及简单的逻辑梳理。

（3）服务意识与能力形成。服务就是满足别人期望和需求的行动、过程及结果。服务意识是指企业全体员工在与一切企业利益相关的人或企业的交往中所体现的为其提供热情、周到、主动的服务的欲望和意识。是自觉主动做好服务工作的一种观念和愿望，发自服务人员的内心。服务意识有强烈与淡漠之分，有主动与被动之分。这是认识程度问题，认识深刻就会有强烈的服务意识；有了强烈展现个人才华、体现人生价值的观念，就会有强烈的服务意识；有了以公司为家、热爱集体、无私奉献的风格和精神，就会有强烈的服务意识。服务意识的内涵是：发自服务人员内心；是服务人员的一种本能和习惯；可以通过培养、教育训练形成。

技术服务与咨询的意识要求服务人员层次更高，需要与不同层次的人打交道。有

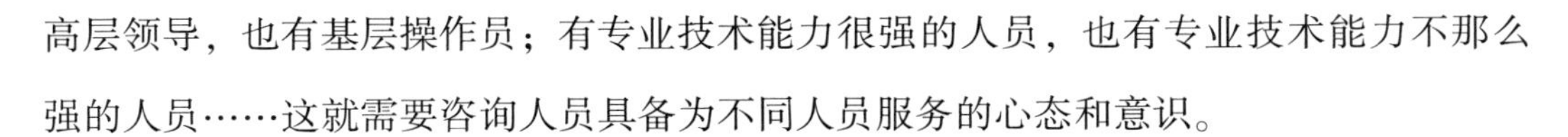

高层领导，也有基层操作员；有专业技术能力很强的人员，也有专业技术能力不那么强的人员……这就需要咨询人员具备为不同人员服务的心态和意识。

作为技术服务的直接参与人员，需要具有多种能力，具体内容通常与参与的项目范围有关系。除了专业能力之外，更需要有沟通表达能力、培训能力、数据分析能力、逻辑梳理能力、时间管理能力、团队协同能力、工作压力担当能力与技术钻研能力等。这些能力的形成，固然与咨询服务团队成员本身的教育经验和个人成长有关系，但更多的时候是与技术能力、专业能力和后期的团队培养有关系。

很多时候，技术服务与咨询项目经验通常也会成为能力表现之一。

2. 生产技术与运营的专业基础知识

（1）生产系统的发展。生产系统是将输入资源转换为期望产出的过程，而转换的过程可分为下列几种类型：实体的如制造业，位置的如运输业，交换的如零售业，储存的如仓储业，生理的如医疗照护，资讯的如通讯业等。

生产系统是由人和机器构成的，能将一定输入转化为特定输出的有机整体，使转化过程具有增值性是生产系统的基本功能。增值是描述输入系统的成本与系统输出所形成的价值之间的差额。

生产系统具有什么样的功能是由其所面对的环境要求和其自身发展的需要决定的。事实上，生产系统的功能与生产系统的目标之间存在着一种对应关系，生产系统所具有的功能是直接与其所面对的功能目标相对应，有什么样的功能目标，就有什么样的功能。因此，人们可以从生产系统的功能目标引出生产系统所应该具备的主要功能，而对于功能的满足升级，形成了生产系统的迭代升级。

企业的生产系统应该具备六个方面的功能[105]：创新功能、质量功能、柔性功能、继承性功能、自我完善的功能、环境保护功能。不同的生产系统之间只是在不同功能的具体要求上有所不同。

生产系统的生存功能和发展功能是衡量生产系统可行性的基本判断。在实际的生产系统中，由于目标子系统的多样性和相悖性，从而使得生产系统中的各项功能之间常常是相悖的，在技术应用与运营管理过程中也就容易出现不同部门和环节的指标的矛盾与差异，从而容易形成短板效应和牛鞭效应。如何合理配置各项功能及其强弱、协调它们之间的关系，从而使得各项功能之间相互补充，共同达成生产系统的总体目标，实现生产系统的高绩效是生产策略所必须解决的问题。

生产系统未来将以“数字化”为发展核心[3]，包括以设计为中心的数字制造，以控制为中心的数字制造和以管理为中心的数字制造。“精密化”将成为发展的关键，一方面其对产品、零件的精度要求越来越高，另一方面其对产品、零件的加工精度要求越来越高；“极端条件”是发展的焦点，指其在高温、高压、高湿、强磁场、强腐蚀等等条件下工作的，或在有硬度、弹性等方面有要求的，或在几何形体上展示出奇形怪状的；“自动化”技术为发展前提，旨在减轻人的劳动，强化、延伸、取代人的有关劳动的技术或手段；“集成化”为发展的方法，主要包含技术的集成、管理的集成、技术与管理的集成和知识及其表现形式的集成；“网络化”为发展道路，以满足生产组织变革和生产技术发展的需要为目的，其通过利用网络，快速调集、有机整合与高效利用有关制造资源；“智能化”是制造技术发展的前景，旨在实现人机一体化，提高系统的自律能力、自组织与超柔性、学习能力与自我维护能力等，在未并具有更高级的类人思维的能力；“绿色”是生产系统未来发展的必然趋势，制造业的产品从构思到设计阶段、制造阶段、销售阶段、使用与维修阶段，直到回收阶段、再制造各阶段，都必须充分计及环境保护。在此前提与内涵下，还必须制造出价廉、物美、供货期短、售后服务好的产品。

（2）生产系统的集成技术[106]。生产系统是企业生产计划的制订、实施和控制的综合系统。要制订生产计划，使企业的生产活动有依据。生产计划是生产活动的纲领，实施和控制是实现生产计划、生产目标的保证。制订计划、实施计划和控制计划三者之间相互协调，促进了生产进程均衡有节奏地进行；同时，生产系统是包括人和机器在内的组织管理系统，人与机器间的合理分工将从整体上促进生产系统的进一步优化。

生产系统是需要集成多层次多目标的系统。生产系统可以按照功能的不同划分成若干个子系统，以实现递阶控制和分散控制。同时，生产系统需要实现信息收集传递和加工处理功能，以保证生产系统能够正确、及时地提供、传递生产过程必需的信息，促进对人力、物力和财力资源的合理使用，提高劳动生产率。

由于现代科学技术的不断进步，企业内外部发展环境变化加快，企业生产系统的

更新速度也在不断加快。这要求企业要保持生产系统本身的先进性，同时还要不断创新，否则将使系统失去市场竞争能力。

总而言之，制造企业中的各个部分（即从市场分析、经营决策、工程设计、制造过程、质量控制、生产指挥到售后服务）是一个互相紧密相关的整体[107]；整个制造过程本质上可以抽象成一个数据的搜集、传递、加工和利用的过程，最终产品仅是数据的物化表现，这体现了集成的思想。它将企业决策、经营管理、生产制造、销售及售后服务有机地结合在一起，同时信息化的重要性也得到了凸显。

集成制造系统（CIMS，Computer Integrated Making System）又称计算机综合制造系统[108]，在这个系统中，集成化的全局效应更为明显。其将技术上的各个单项信息处理和制造企业管理信息系统集成在一起，将产品生命周期中所有的有关功能（包括设计、制造、管理、市场等的信息处理）全部予以集成。其关键是建立统一的全局产品数据模型和数据管理及共享的机制，以保证正确的信息在正确的时刻以正确的方式传到所需的地方。集成制造系统的进一步发展方向是支持“并行工程”，即力图使那些为产品生命周期各阶段服务的专家尽早地并行工作，从而使全局优化并缩短产品开发周期。它不仅仅把技术系统和经营生产系统集成在一起，而且把人（人的思想、理念及智能）也集成在一起，使整个企业的工作流程、物流和信息流都保持通畅和相互有机联系，所以 CIMS 是人、经营和技术三者集成的产物。

比如，先进制造技术（AMT，Advanced Manufacturing Technology）是传统制造技术不断吸收机械、电子、信息、材料、能源和现代管理等方面的成果，它综合应用于产品设计、制造、检测、管理、销售、使用、服务的制造全过程，以实现优质、高效、低耗、清洁、灵活的生产为目的，并取得了理想经济效果的制造技术[109]；敏捷制造（AM，Agile Manufacturing）是以竞争力和信誉度为基础，选择合作者组成虚拟公司，分工合作，为同一目标共同努力来增强整体竞争能力，对用户需求做出快速反应，以满足用户的需要[110]；虚拟制造（VM，Virtual Manufacturing）利用信息技术、仿真技术、计算机技术对现实制造活动中的人、物、信息及制造过程进行全面的仿真，以发现制造中可能出现的问题，在产品实际生产前就采取预防措施，从而达到降低成本、缩短产品开发周期、增强产品竞争力的目的；并行工程（CE，Concurrent Engineering）

是集成地、并行地设计产品及其相关过程（包括制造过程和支持过程）的系统方法，要求产品开发人员从一开始就考虑产品整个生命周期中从概念形成到产品报废的所有因素，包括质量、成本、进度计划和用户要求[111]。

（3）生产系统的建模及仿真。生产系统是按照产品的工艺路径和市场需求规律结合起来的，相互作用、相互依存的所有元素的集合。对生产现实中的现象或者作业场景通过某种抽象，建立表达现实变化规律或特征的模型，运用一定的手段加以描述，这就是仿真[112]。

首先针对真实系统建立模型，然后在模型上进行试验，用模型代替真实系统，从而研究系统性能。系统仿真能一一仿效实际系统的各种动态活动，并把系统动态过程的状态记录下来，最终得到用户所关心的系统统计性能。

仿真是当系统特征无法用数学方程、数学函数描述时，为了研究系统特征所采用的一种研究方法。系统所涉及的专业知识较为广泛，如机械、生产管理、人事管理、产品设计、生产工艺等。它是用一种抽象的、能够反映系统研究本质的“虚假”系统，来模拟实际系统。而这虚假系统就是系统模型。

系统模型是为研究系统所收集的有关信息的集合，通过研究系统模型来揭示系统的性能，旨在研究其生产系统结合规律相互作用所收集的有关信息。因为收集的信息有详细、粗略之分，加上收集方法的差异和研究目的的不同，因此，对于同一个系统就会出现多种不同的系统模型。模型是为系统服务的，其所揭示的性能规律应该是稳定的。常见的系统模型见图 6-2。

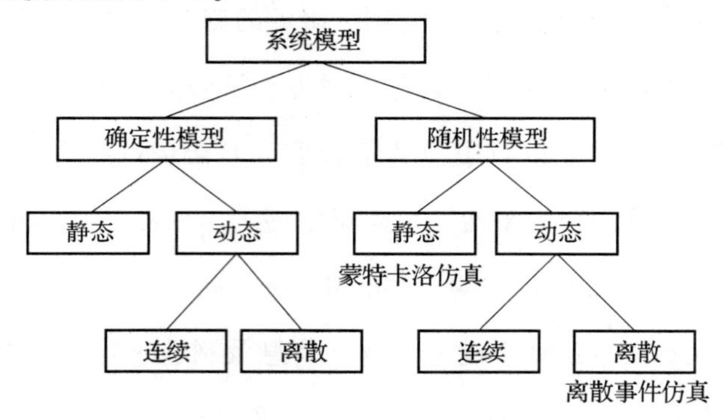

图 6-2 通常的系统模型与仿真可能

生产系统是典型的离散系统。比如，为离散事件系统建立一个模型的基本步骤为：确定一个系统目标或仿真目的；建立概念性模型；转换为一个详细模型——制定仿真规则；转换为一个计算机计算模型——编制程序代码；模型的运行检验——特例检验；模型的有效性检验——模型检验、可信度检验；典型事件的多次重复仿真——循环过程。

（4）生产系统的评价指标。生产系统需要面对的是市场与客户要求，需要达到七个主要指标：品种款式、质量、数量、价格、服务、交货期和环境保护。对于具体的评价而言，通常有以下几个维度：创新目标、质量目标、柔性目标、成本目标、继承性目标、交货期目标、环境保护目标、自我完善目标。主要解决功能性目标和效率目标。功能性目标代表了对生产系统未来所应具有的功能的规划和期望，决定了生产系统的基本构成状况和未来的运行方向；效率性目标表示了对生产系统功能发挥程度的要求，保证了功能目标具体内容的合理性[113]。

3. 经营过程指标分析

（1）生产运营的关键参数（供应商到货周期、库存周期、作业计划、产品交付计划等）。供应商到货周期是指购买方下订单之日起，供应商通过采购、生产、交付到买方的仓库或生产区域的时间。如果供应商有一定的库存，那么根据买方订单，直接发货到买房指定场所，也算此例。

库存周期是指在一定范围内，库存物品从入库到出库的平均时间。即采购单发出后，需要多少的前置时间才能拿到货。由此就可以测算出货物流转排程，也可以计算出安全库存和最佳采购补货的时间。库存周期的管理就是通过库存周期控制模型，在保证生产连续性的同时，达到存货的经济性。根据库存是单周期需求还是多周期需求，可以把库存分为单周期存和多周期库存两类。对单周期需求物品的库存控制是单周期库存管理，对多周期物品的库存控制是多周期库存管理[114]。

作业计划是月度和月度以下的旬、周、日、轮班等计划，它是根据企业年度、季度计划的要求和各单位在计划期内的具体情况来编制的，是年度、季度计划的延续和具体化，是组织企业日常生产经营活动，保证年度、季度计划实现的有力工具。各项年度专业计划都应编制相应的短期的作业计划，如月度销售计划、月度生产作业计划、月度设备维修计划、月度物资采购计划、月度财务收支计划等。

产品交付计划是指接到客户订单后安排交付的时间节点。需要根据生产周期、库存周期和不同的客户需求导向来制定。

（2）运营过程相关指标（库存周转率、交付周期、计划达成率等）。库存周转率是在某一时间段内库存货物周转的次数，它是反映库存周转快慢程度的指标。周转率越大，表明销售情况越好。在物料保质期及资金允许的条件下，可以适当增加其库存控制目标天数，以保证合理的库存。反之，则可以适当减少其库存控制目标天数。公式如下：

$$\text{时间段库存周转天数}=\frac{\text{时间段天数}\times(1/2)\times(\text{期初库存数量}+\text{期末库存数量})}{\text{时间段销售量}}$$

$$\text{库存周转率}=\text{时间段天数}/\text{库存周转天数}$$

交付周期是指从订货到交货的时间，在车间里它通常被称为“大门到大门”时间。对于柔性化制造的产品，可以理解为从开始设计到结束的过程。交付周期越短，对于市场的响应能力就越强，由此对于管理的要求就越高。

计划达成率通常用来考核生产计划的完成程度，在某特定时段内实际完成数值与计划任务数值对比的结果，是用来检查、监督计划执行情况的相对指标。

（3）能力指标（包括人均产出率、平/坪效、单班效率等）。人均产出率是指一个生产企业（或生产单元）在某个时段内的总产出分摊到参与该生产任务的团队每一个人的平均值。

平/坪效是指每平方米的面积可以产出多少产值（产值/生产设施所占的平面数），通常用来计算单位面积和空间流转率。

单班效率是指一个班次的产出数量或产值。

（4）方案对比指标（投资回收期、综合效率对比、综合投资成本对比）。投资回收期亦称“投资回收年限”。投资项目投产后获得的收益总额达到该投资项目投入的投资总额所需要的时间（年限）。投资回收期的计算有多种方法，按回收投资的起点时间不同，有从项目投产之日起计算和从投资开始使用之日起计算两种；按回收投资的主体不同，有社会投资回收期和企业投资回收期；按回收投资的收入构成不同，有

盈利回收投资期和收益投资回收期。很多制造型企业通常会将这个周期设定为 3 年或者 5 年，更长者也有 10 年，以此作为投资决策参考。

综合效率对比通常是各种不同方案之间系统效率的对比，用来分析方案之间的优劣。综合投资成本对比通常是各种不同方案之间系统投资成本的对比，用来分析方案之间的可行性程度。

4. 案例

下面举企业关键运营过程指标的统计分析的例子。

A 公司一直致力于大型离心式冷水机组方面的技术沉淀，自主设计、研发和生产大型离心机组，主要产品为离心式冷水机组，螺杆式冷水机组、风冷模块机组、末端产品及各种附属设备产品。多年来，该公司从引进世界先进技术，到与国际化公司合作，在技术和产品创新领域，取得很多新的突破，多项世界领先、国内首创的技术在该公司诞生。公司已成为国内唯一一家具有离心式冷水机组自主知识产权和综合研究开发能力的公司。

该公司 40 多年来为秦山核电站、核潜艇、火箭发射中心等国防科工项目，以及首都国际机场、重庆君豪酒店等大型项目提供优质的产品和服务，打破外资品牌在离心机领域的市场垄断地位。公司产品已经销售覆盖了全球 170 多个国家。

由于公司产品性能、品牌在市场上比较受欢迎，所以该公司来自全球的订单非常的多，但是公司最大的痛点是经常延迟交货！且公司经常陷入“卖得好的产品生产不出来，生产出来的产品卖不出去”的囧境。

咨询专家团队通过对该公司订单、计划、物流、制造、交付等过程指标进行分析，提出了改进方案并提供了实施辅导，使得公司交付能力提高了 40%以上。

具体分析的内容主要有：产能能力分析（计划、工艺、实际产能）、信息配套率分析、采购件到货准时率、订单价值流分析（计划周期、实际周期）、典型物料流动性分析、库存分析、停线时间影响、供应商卸货作业效率分析、领料人员作业分析、典型工位岗位作业分析、物料包装现状分析、典型物料搬运活性指数分析、计划变动比率和原因分析……典型的数据举例如下。

（1）规划产能、计划产能与实际产能对比。如图 6-3 所示。

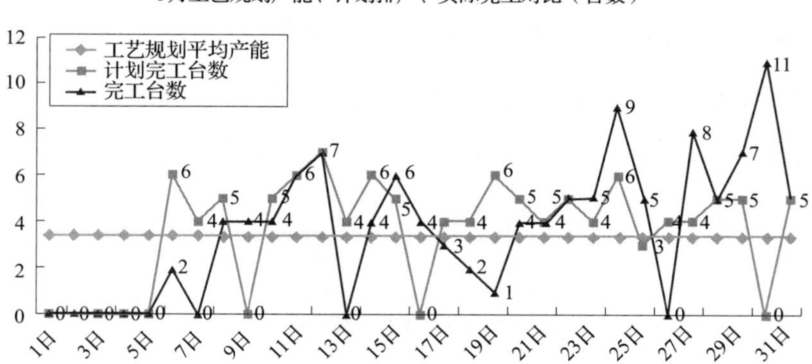

图 6-3　A 公司产能达成数据对比

（数据来源：天睿咨询——某工厂系统中排产和实际完工台数数据。）

统计可知，5 月的计划排产相对不均衡，产出不均衡；5 月的上旬几乎没有产出，下旬产出数据往往远远高于计划排产，甚至出现极端情况完工台数相当于通常的 2~3 倍。实际完成台数不是低于计划就是远远高于计划。严重的不均衡给物料的准备和工厂的运营带来了很大的影响，最终导致标准产能、计划产能和实际产能之间无法一致，在实际运营中只好“通过历史数据来指导后续的计划排产”，结果交付能力越来越弱，承诺交付的可靠性越来越低，客户抱怨不断增加。

（2）针对订单价值流追溯与分析。如图 6-4 所示。

咨询专家团队对该公司的整个订单执行的价值流过程进行了追溯和分析发现，该公司整个订单价值流在管理上人为分割为四段：自制件阶段（图中序号 1）、采购件阶段（图中序号 2）、前置工序阶段（图中序号 3）和总装阶段（图中序号 4）。由于缺乏订单、计划、采购、物流、库存和作业执行等的系统管理，这四个阶段存在不协调、不一致的情况。比如，在自制件阶段基本上看不到作业计划和完成记录，所以难以对后续的总装形成有效支持；在前置工序阶段也存在同样的情况；在采购物料到货阶段，由于不同（供应商）物料到货时间缺乏严格管控，物料不是早到就是晚到，使得供方到货的准确性存在偏差，前面三者存在的管理偏差，使得总装前的作业准备难以到位，无法形成物料实物齐套，在智能制造的设施面前，未能解决物理问题，导致生产顺延推迟；而经过仔细对生产执行过程分析，发现生产过程的不同环节并没有任何的延迟，

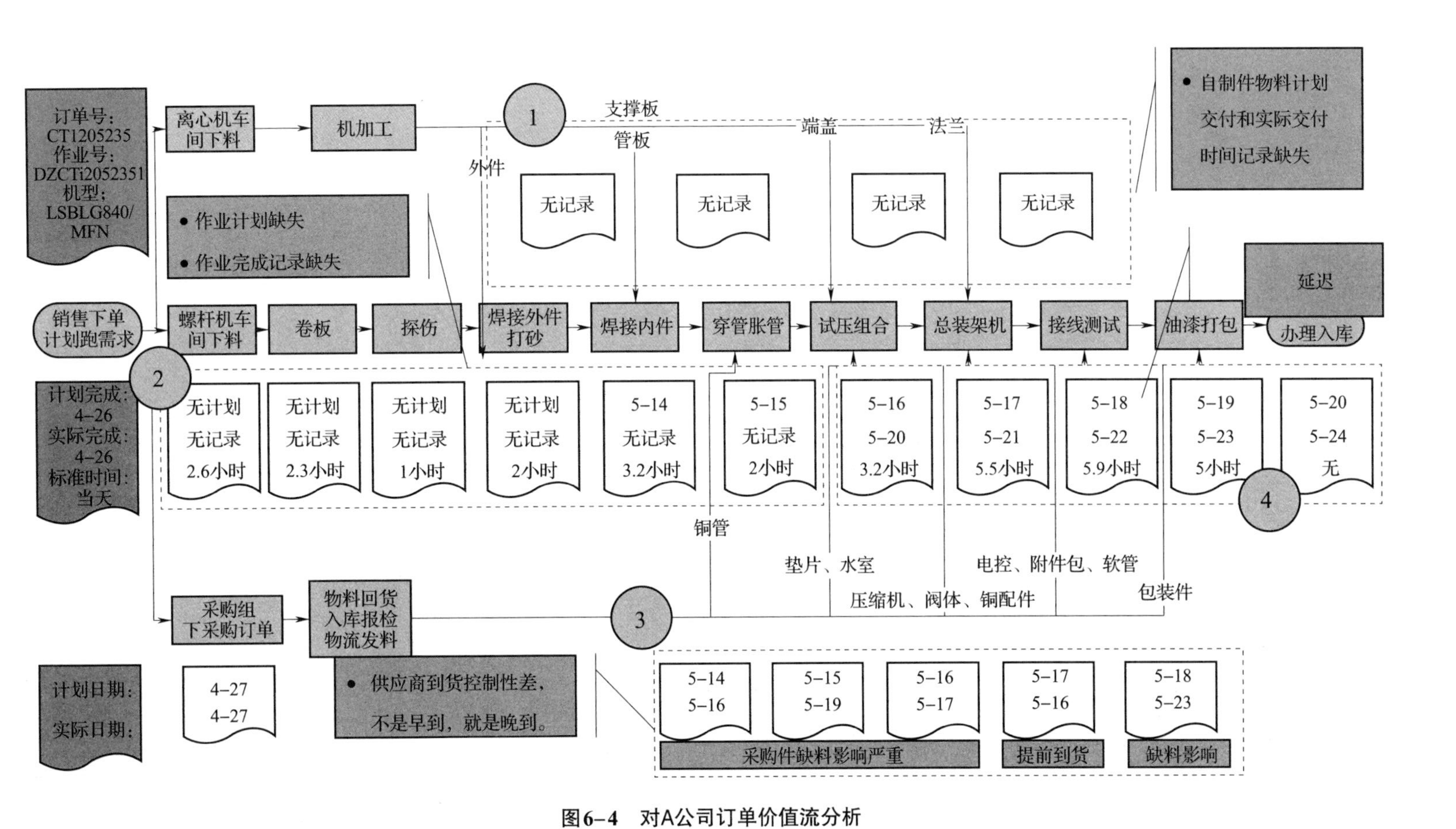

图6–4 对A公司订单价值流分析

（数据来源：天睿咨询——根据系统中的数据随机抽取5月的任一订单号做价值流分析，由计划组提供数据。）

而是总体向后推迟了四天，导致最后延迟四天交付；而在责任分配上经营管理层，通常把延迟交付的责任留给了生产部门。同时，该公司是有规划标准作业时间，但是在计划和实际完成的数据上数据不全，也就是说不同关键节点的数据采集不到位，订单可追溯性不强。并且，对于单个物料的价值流追溯分析也存在类似的情况。

总而言之，其业务过程数据统计是离散型的，各部门协同共享联动性较差，信息不能共享，不能及时传递，形成信息孤岛；过程中产生的异常信息绝大多数没有及时存储，导致不能及时对其做统计、分析，而且大量的数据都是人工统计，导致统计结果滞后；制造能力不清晰、不可决策、不可预警、不可智能化；销售员不敢承诺交期、承诺后无法兑现，更不敢轻易缩短交期，最终使得品牌受到影响。

未来客户越来越关注其订单的履行有效性，关键是关注企业订单执行系统的有效性，以增强对组织的信心和信赖度，这就需要组织内部，提升过程管控能力，关键是差异管理、预警、自我反馈与协调提升能力。

咨询专家团队提出：应搭建制造信息及目标差异管理系统平台。即通过对计划、采购、仓储物流、生产四大关键业务环节的管控，实时掌握进度、监控过程异常，包括对整个异常处理的全过程控制，更好地实现问题的事前预防和事中控制，实现各业务部门的协同性，帮助企业落地 PDCA 管理循环和持续优化各项管理指标提升。

为了提升交货准确率和缩短交付周期，势必需要提高供应商到货准时准点、提高物料配套率，同时减少供应链过程中的效率浪费、提高人均产出效率和现场办公效率，从而提升物料周转率。为此需要构建八个数字化的作业体系：生产计划和物流计划的联动体系、供应商到货管理体系、物流运行过程的监控机制、物流运行关键物流指标、优化数据手工统计工作量和作业逻辑、信息及时采集和传递并可视化看板自动显示、计划和实际运行的目标偏差管理、异常和风险预警机制。而要保证企业有效运营，便是从建立八个数字化作业体系入手，逐步达到缩短交货期和提升交货准确率。上述要求的具体逻辑，如图 6-5 所示。

梳理清楚数字化逻辑之后，有利于将计划、采购、生产和物流的全过程信息有效联动起来，同时将过程中的异常信息能进行预警或及时展示。以此能将当前事后的管理提升为及时管理和预先控制，并且能进行及时的监控。参考模型如图 6-6 所示。

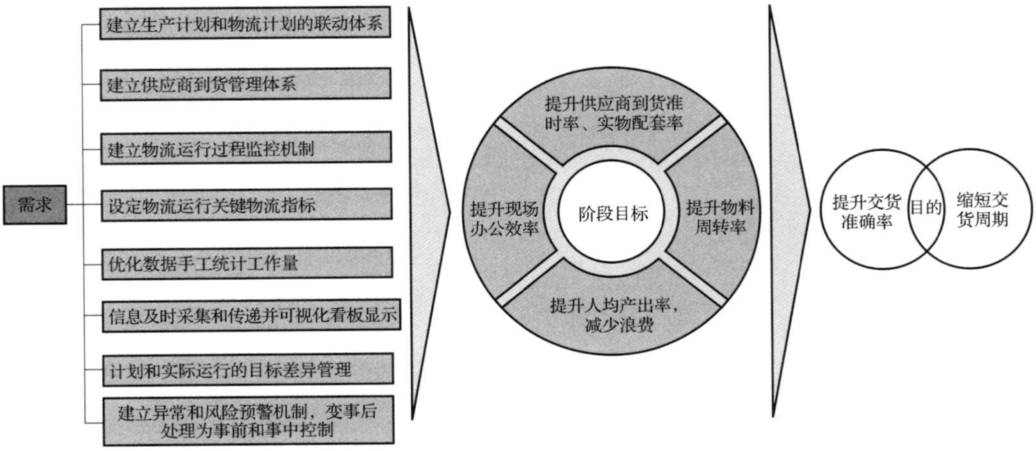

需求
建立生产计划和物流计划的联动体系
建立供应商到货管理体系
建立物流运行过程监控机制
设定物流运行关键物流指标
优化数据手工统计工作量
信息及时采集和传递并可视化看板显示
计划和实际运行的目标差异管理
建立异常和风险预警机制，变事后处理为事前和事中控制
提升供应商到货准时率、实物配套率
提升现场办公效率
阶段目标
提升物料周转率
提升人均产出率，减少浪费
提升交货准确率
目的
缩短交货周期

图 6-5　有效交付关键指标联动的一般逻辑

产销存计划/主生产计划
采购计划
物流计划
生产计划
基于需求拉动的销售、库存与运营管理计划（SLOP）
计划–物流–生产协同运营与管理
• 大计划平台：实现计划联动
• 订单全过程可视化监控与量化管理
• 按时交付率提升
• 交货期缩短
• 事前预防、事中控制，减少异常损失
物料齐套计划执行与监控、差异分析
库存计划
采购计划
供应物流计划
配送计划
A零件部装作业计划
B零件车间作业计划
C零件作业计划
总装作业计划
• 分工段（工序）作业计划
• 精确到时间的作业计划
• 按作业监控
库存控制策略
采购策略
预约到货上门收货
积放链模式电子看板拉动
成品发运计划

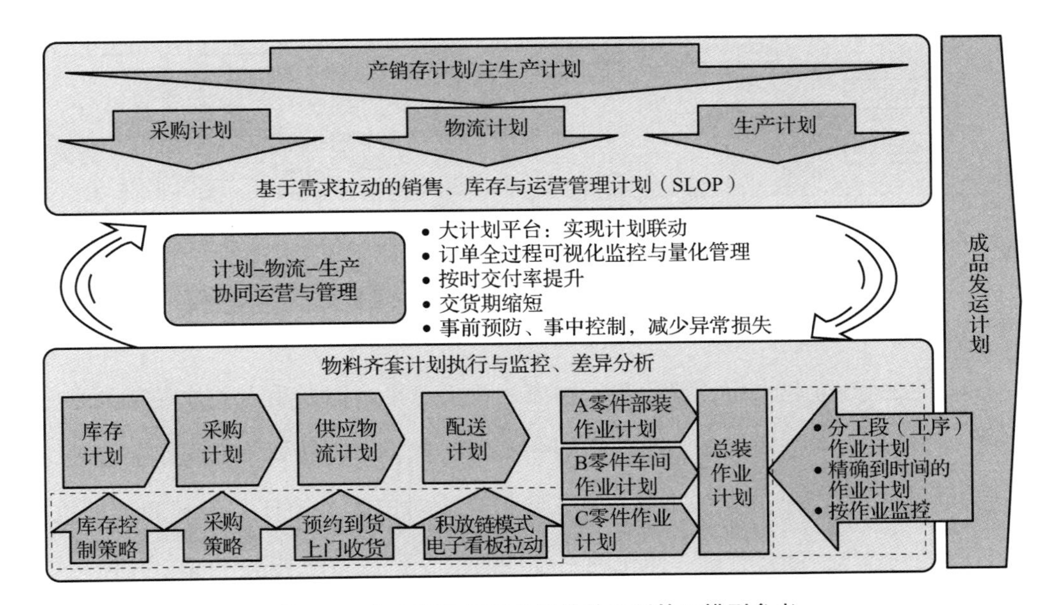

图 6-6　企业有效运营关键绩效机制管理模型参考

通过建立智能工厂运营关键信息平台模型，重新梳理生产运营流程，针对关键环节、工艺或工序进行标准化、有效化、可视化管理，以拉通制造工厂的价值链。于是，价值链上不同环节的关系处理不再依靠传统的经验和感性（俗称“拍脑袋”）模式，或者单个决策模式，而是系统化决策了。

在此过程中，将涉及的要素全面集成，从而实现从信息逻辑到物理逻辑的对应关系，合理分解为多个管理模块之后的协同，形成同一逻辑的数据平台，图 6-7 所示为该企业制造数据平台架构与协同逻辑。

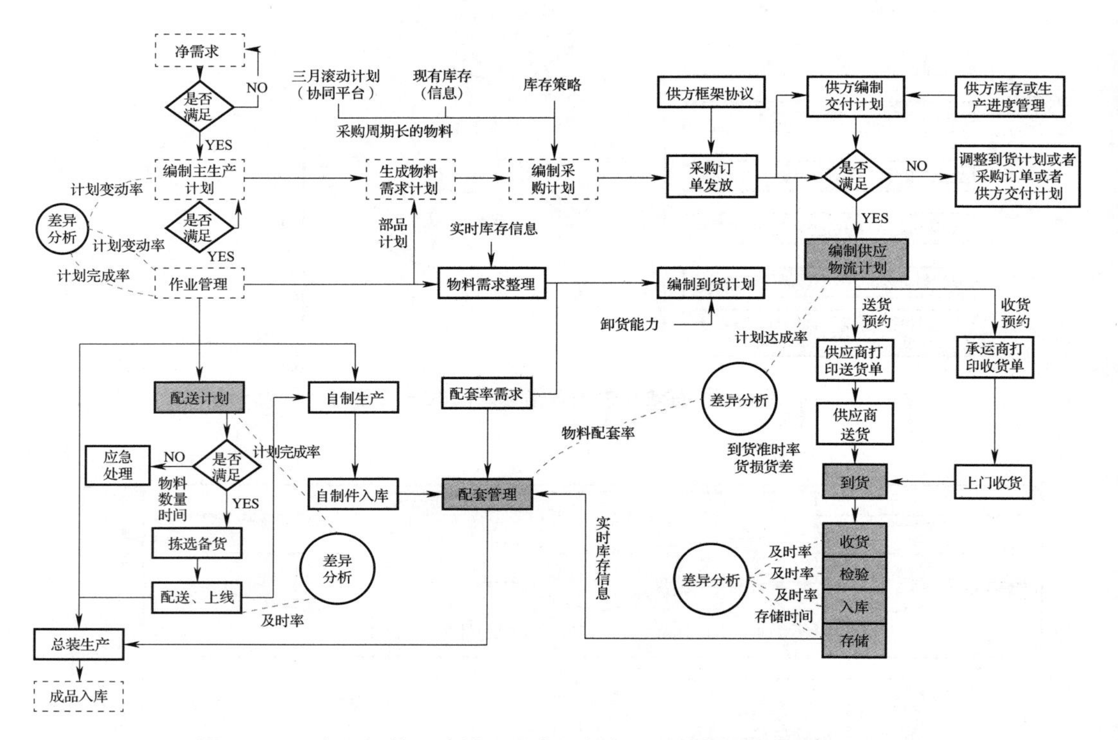

图 6-7　A 企业订单、计划、采购、生产、物流与执行关键数据逻辑

当对应关系建立起来后，智能工厂物流运营信息平台需要重点关注送货计划—到货管理、存储计划—存储现场、配套计划—实物配套、作业计划—现场作业管理、总装计划—总装作业管理、装车计划—装车装柜六个对应的关键环节参数和标准执行，以解决数据一体化、偏差管理一体化的系统性要求，保证系统能够实现差异控制、先期预警和应急管理。过程中还需要考虑包装器具设计与身份管理、存储空间的数字化规划和智能仓储设施、工位智能化配送模式和响应参数设置、成品下线到智能化、快速化装车模式等的设计。

不同物料、不同订单、不同作业方式、不同工位、不同供应商涉及的制造需求全面联系起来，形成横向+纵向的协同，支撑过程中信息逻辑和实物逻辑的对应，以保证物流资源和计划的一致运行，并最终形成综合的实时数据和报表。各个价值链关键环节的数据和运行状态经过系统算法，形成管理者和决策者需要的报表，比如日计划与产值实时报表、月产值停线时间和原因分析实时报表、月产值计划达成率实时报表、订单延误实时报表、月产值累计达成与标准值之间的差异分析实时报表以及各项产品和产线产值动态类及报表等，从而能够实时显示当前运作对于工厂运作绩效指标的达成情况，如图 6-8 所示，可以将制造过程中的各类指标形成“驾驶舱”模式或者在线的 APP 模式，便于在移动终端实时监控。

图 6-8　A 公司不同环节的关键指标管理表现

各类管理界面的显示和实时报表的生产，有利于决策者思考制造过程优化和战略绩效的持续推动和偏差、瓶颈问题的实施解决，从而实现七大管理要求：量化管理、实时管理、可视化管理、PDCA 管理、主动管理、目标偏差管理、数字化管理，达到持续改进、有效交付的目的。

本项目由于打通了整个制造过程的价值链，使得订单管理、采购、物流、计划、制造形成了一个闭环，各个制造资源与要素都处于“同一个频道”，并且该过程形成了数理逻辑，能够实时管控过程差异，减少了系统误差累计，以下指标有了良好的提升（降低）：

- 交付周期缩短 31%。
- 综合库存降低 35.6%。
- 空间利用率提高 28.75%。
- 产能提高 32.5%。
- 单班产能出效率提高 37.8%。
- 物料齐套率从平均 88%提高到 99.88%。
- 设备利用率提高 20%。

三、咨询项目管理基础

1. 咨询项目管理

项目管理是为了完成一个特定任务或者目标而去计划、组织、鼓励员工、控制资源的一个过程或者活动。在有限的资源约束下，运用系统的观点、方法和理论，对项目涉及的全部工作进行有效地管理。即从项目的投资决策开始到项目结束的全过程进行计划、组织、指挥、协调、控制和评价，以实现项目的目标[115]。

项目是一种被承办的旨在创造某种独特产品或服务的临时性努力，是为了达到特定的目标而调集到一起的资源组合。项目是一项独特的工作努力，即按照某种规范及应用标准导入或者生产某种新产品或者某项新服务。项目应当在限定的时间、成本费用、人力资源及资财等项目参数内完成。项目具有目的性、相互依赖性、独特性、冲突性和寿命周期性等特点。

项目管理是一种管理方法体系，它是一种已被公认的管理模式，而不是任意的一次管理过程；项目管理的对象只是企业庞大系统的一部分或几个部分，其主要目的是实现项目管理的预定目标，而不是以项目管理的目的代替企业管理的目的。

技术服务与咨询项目管理是通过项目经理和客户项目联合工作组织的努力，运用制造系统和供应链管理的理论和方法对项目及其资源进行计划、组织、协调、控制，旨在实现该项目的特定的目标（比如智能制造系统规划建设的合理化和有效化）的管

理方法体系。

技术服务与咨询是一种行为，它以专门的知识和技术为手段，以协助用户解决复杂的决策问题作为整个活动的目的。咨询人员或组织受用户委托，通过调查研究，运用专门的知识、技能和经验，依靠科学的方法和手段，以协助用户解决复杂的投资决策和规划等问题的活动。它具有职能性、渗透性、全局性、全程性、机动性和时效性的特点，是知识密集性服务，属于知识工业的一块领域。

（1）项目范围界定。在项目确立的先期计划中，项目范围是需要首先被界定的，这通常会根据甲方的要求达到的目的来倒排（分解）定义。在制造系统的咨询项目中，通常会确定某一个地块、某一个工厂、某一个车间、产线或者某个生产/物流单元的技术应用或改造。对于相对复杂的项目，可能会涉及多个子项目，多个子项目的范围界定，组成整个项目集的范围。

（2）项目计划与管理。作为确立的一个项目，技术服务与咨询和技术改造项目必然经过启动、成长、成熟、终止四个阶段，并且这些阶段都是独一无二的。它也必然具备项目管理的计划、组织、实施某些特征，其操作方式也必须满足项目管理的要求。项目计划是项目管理的基本纽带，项目计划的管制定和管理，决定了项目质量。

项目计划和进程通常主要包含以下阶段：项目导入、数据收集、数据分析、初步方案提出、方案汇报和反馈、方案确认、方案实施或者指导。这些阶段通常会以“里程碑”的模式来界定时间节点。

（3）项目成本预算与管理。项目成本预算，是指将项目成本估算的结果在各具体的活动上进行分配的过程，目的是确定项目各活动的成本定额，并确定项目意外开支准备金的标准和使用规则以及为测量项目实际绩效提供标准和依据。这是一项制订项目成本控制标准的项目管理工作，它涉及根据项目的成本估算为项目各项具体工作分配和确定预算、成本定额，以及确定整个项目总预算的管理工作。

项目经理团队需要使项目成本控制在计划目标之内所作的预测、计划、控制、调整、核算、分析和考核等管理工作。

项目成本管理就是要确保在批准的预算内完成项目，具体项目要依靠制定成本管理计划、成本估算、成本预算、成本控制四个过程来完成。项目成本管理是在整个项目的实施过程中，为确保项目在以批准的成本预算内尽可能好地完成，而对所需的各个过程进行管理。

2. 咨询项目管理模式

（1）调研逻辑与数据采集设计。项目调研逻辑通常是根据项目目标和相关的指标倒排展开，梳理出一些关键逻辑节点。在调研逻辑梳理清楚之后，进行相应的关键数据需求分析，然后在此分析基础上界定数据来源、制定数据收集方式、设计数据收集表格，具体数据可能包括政策环境、市场需求、产品、工艺、物流、技术要求以及场景设定等。数据跨度可能包含历史数据、当前数据和未来的规划数据。

（2）数据分析与技术需求思考。数据分析主要包含数据的完整度、数据的可靠性、数据的精准度以及数据之间的逻辑对应关系，通常称之为数据质量，在此基础上再来进行技术应用的可能性分析和参数界定。

（3）智能制造咨询项目的概念设计过程管理。智能制造的概念设计是决定后续所有规划过程的前提或者目标，需要回答“该智能制造项目长成什么样”。其通常是由该智能制造项目的定位来导出的，概念设计也将由相关具体的子项目来支撑，形成“概念设计战略屋”。

（4）智能制造咨询的初步设计过程管理。初步设计过程主要是指从概念设计出来之后，对概念设计的形成逻辑进行梳理，从而分别表现为逻辑、数据、技术以及物理上的表达方式。这个初步设计过程是建筑规划设计、智能物流系统设计、生产线布局设计以及后续管理流程模式设计、信息化设计等的依据。初步设计需要考虑到多项技术和子项目的构建，涉及多种资源的初步整合和协调，参与设计者要有顶层思维和高阶项目管理能力。

（5）智能制造咨询的详细设计过程管理。详细设计过程通常会细分为子项目范围内的专业设计过程，一般情况下需要考虑具体的可操作性和可落地性。其通常会通过参数化的模式呈现出来，对智能制造而言，可以理解为是智能制造作业的场景设计；对智能物流而言，可以理解为是物流流线和物流技术的动线设计；对于信息化而言可以理解为信息子项目系统的数字化界定。详细设计颗粒度通常需要达到

“细化到每个工位、每个物料、每个平方米、每个动作”。最终都要形成参数化的方案表达。

（6）智能制造咨询的方案评审过程管理。由于咨询的方案通常是专业智慧的结果呈现，所以会组织专家进行评审。通常根据该方案类涉及的专业领域和跨专业融合的要求来邀请行业权威专家。评审可以通过模型、算法、公式，或者专家打分法来界定基本的评审维度。

（7）智能制造咨询的技术服务过程管理。技术服务过程主要是技术达成标准梳理，也就是将规划方案转变为落地制度和运营方略，它需要将方案的智慧转变为企业运营的能力，这需要咨询专家做好知识转移；同时在辅导运营的过程中出现问题或者瓶颈时，需要使用方梳理和解决。长期而言，它还有一个帮助使用方实现技术迭代升级路径管理的服务过程。

3. 项目管理技术

（1）计划网络评审技术（PERT）。计划网络评审技术（PERT，Program Evaluation and Review Technique）是用来安排大型、复杂计划的项目管理方法。是一种规划项目计划（project）的管理技术，它利用作业网（net-work）的方式，标示出整个计划中每一作业（activity）之间的相互关系，同时利用数学方法，精确估算出每一作业所需要耗用的时间、经费、人力水平及资源分配。计划者必须估算：在不影响最后工期（project duration）的条件下，每一作业有多少宽容的时间，何种作业是工作的瓶颈（bottle neck），并据此安排计划中每一作业的起记时刻（scheme），以及人力与资源的有效运用。PERT 的内容包含“管理循环”中的三个步骤：计划（planning）、执行（doing）、考核（controlling）。

PERT 是利用网络分析制订计划以及对计划予以评价的技术。它能协调整个计划的各道工序，合理安排人力、物力、时间、资金，加速计划的完成。在现代计划的编制和分析手段上，PERT 被广泛地使用，是现代化管理的重要手段和方法。PERT 网络是一种类似流程图的箭线图。它描绘出项目包含的各种活动的先后次序，标明每项活动的时间或相关的成本。对于 PERT 网络，项目管理者必须考虑要做哪些工作，确定时间之间的依赖关系，辨认出潜在的可能出问题的环节，借助 PERT 还可以方便地比较不同行动方案在进度和成本方面的效果。

通常做法是：将项目中的各项活动视为有一个时间属性的结点，从项目起点到终点进行排列；用有方向的线段标出各结点的紧前活动和紧后活动的关系，使之成为一个有方向的网络图；用正推法和逆推法计算出各个活动的最早开始时间、最晚开始时间、最早完工时间和最迟完工时间，并计算出各个活动的时差；找出所有时差为零的活动所组成的路线，即为关键路径；识别出准关键路径，为网络优化提供约束条件。如图 6-9 所示。

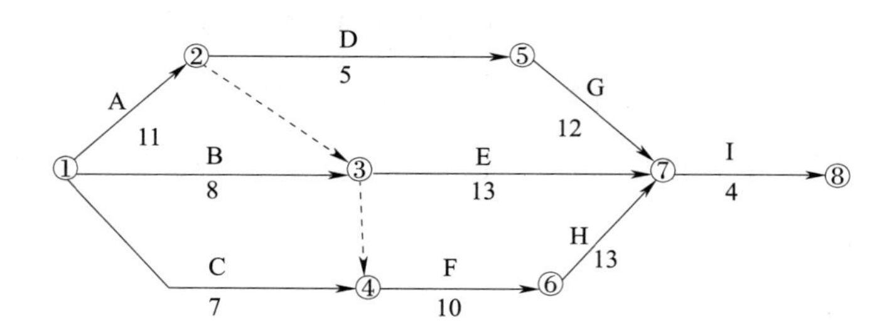

图 6-9　PERT 计划网络评审路径图

（2）甘特图（GANTTI）。甘特图也称为条状图（Bar chart）。其内在思想简单，基本是一条线条图，横轴表示时间，纵轴表示活动（项目），线条表示在整个期间上计划和实际的活动完成情况。它直观地表明任务计划在什么时候进行，及实际进展与计划要求的对比。管理者由此极为便利地弄清一项任务（项目）还剩下哪些工作要做，并可评估工作是提前还是滞后，或正常进行。是一种理想的控制工具。

甘特图包含以下三个含义：它以图形或表格的形式显示活动；是一种通用的显示进度的方法；构造时应包括实际天数和持续时间，并且不要将周末和节假日算在进度之内。

甘特图具有简单、醒目和便于编制等特点，在企业管理工作中被广泛应用。根据反映的内容不同，甘特图可分为计划图表、负荷图表、机器闲置图表、人员闲置图表和进度表五种形式。图 6-10 为某企业的新工厂物流规划咨询项目计划甘特图。

（3）子项目的横向与纵向关联管理。智能制造咨询项目属于复杂的项目管理项目，子项目之间具有关联需求需要综合管理。在子项目内部通常按照纵向为主的管理

某科技股份有限公司新工厂物流规划咨询项目工作内容清单			第一月				第二月				第三月				第四月				第五月				…	结束时间 20××年 ××月××日
序号	任务名称	人工天	1W	2W	3W	4W	1W	2W	3W	4W	1W	2W	3W	4W	1W	2W	3W	4W	1W	2W	3W	4W		
一	新工厂规划背景、需求调研与数据测算分析																							
二	新工厂物流概念设计																							
三	新工厂建筑物内物流功能区域规划（初步规划）																							
四	新工厂大物流规划																							
五	物料单元化方案指导及包装优化																							
六	新工厂场内物料区域详细设计																							
七	新工厂生产物流动线设计																							
八	新工厂作业环境设计指导																							
九	新工厂内部成品物流详细设计																							
十	新工厂物流可视化管理																							
十一	物流设施配置与投资预算指导																							
十二	现有工厂物流改善辅导																							
十三	项目实施与落地辅导																							持续进行

图 6-10　项目计划甘特图

模式，也就是线性管理模式；在子项目之间的协同会涉及成本、时间、工艺条件、人力资源、环境等的相互交错与制约，所以需要协调和关键联动。

（4）项目变更与资源协同。项目变更有补充和修改两种方式。补充是在原合同或者方案基础上增加新的服务或者技术咨询内容，从而产生新的协作内容与方案优化。修改是对原合同或者方案的条款进行变更，抛弃一些原来的条款或者技术选型，或更换成新的内容。无论使用哪种方式，合同或者方案中未变更的内容仍继续有效。项目变更可以对已完成的部分进行变更，也可以对未完成的部分变更，除项目主体内容不属于变更范围外，其他如定做物或者技术与设施的质量、数量、部位，履行的时间、地点、方式等都可以变更。

项目变更自然引起合同变更、以及相关资源的变更与协调，需要双方协商一致，签订书面变更协议，同时调整相关工程费用及工期。为避免频繁变更、多项变更的情况出现，项目管理双方一定要有周密的考虑，完整的设计，预定的施工工艺和计划，尽量减少临时变更，对质量工期的影响也最小。

（5）项目风险管理技术。项目风险管理是指通过风险识别、风险量化分析和风险评价、风险对策研究和风险对策实施控制等过程，认识和控制工程项目的风险，并以此为基础合理地使用各种风险应对措施、管理方法、技术和手段对项目的风险实行有效地控制，妥善处理风险事件造成的不利后果，以最少的成本保证项目总体目标实现的管理工作。它通常包括将积极因素所产生的影响最大化和使消极因素产生的影响最小化两方面内容。

上述程序不仅在项目过程中相互作用，而且与其他一些区域内的程序也互相影响，每个程序都可能牵涉及基于项目本身需要的一个人甚至一组人的努力。

4. 关键干系人管理

（1）项目人员组成。一般项目人员会包括项目经理和来自不同领域的咨询工程师或者专家；对于相对大型的项目，经常会出现项目管理层主要负责人和项目执行层主要负责人。要识别出项目的干系人，并对干系人的兴趣、影响力等进行分析，理解关键项目干系人的需要、希望和期望。

（2）干系人责权利。不同的项目干系人的责权差别很大，其参与项目情形对项目进程也产生不同的影响。他们的责任和权利从偶尔参与调查和形成项目的重要小组，到对整个项目的发起或投资——提供经济和政治上的支持。忽略这些职责的项目干系人会对项目目标造成毁灭性的影响；同样，忽略项目干系人的项目经理会严重影响项目成果。

（3）过程冲突管理。项目冲突是组织冲突的一种特定表现形态，是项目内部或外部某些关系难以协调而导致的矛盾激化和行为对抗。主要包含人力资源的冲突、成本费用冲突、技术冲突、管理程序上的冲突、项目优先权的冲突、项目进度的冲突、项目成员个性冲突等。项目中冲突产生原因主要有沟通与知觉差异冲突、角色混淆冲突、项目中资源分配及利益格局的变化冲突和目标差异冲突等。

项目过程中需要一定的建设性的冲突，管理者也需要在适当的时候激发一定水平的冲突。坦诚的建设性的冲突能够让不同观点交锋，碰撞出新的思想火花，有利于管理者顺势推动改革与创新。为此，项目经理应该适当地利用建设性冲突，避免破坏性冲突，但这两种冲突是共生的，项目经理能否应用得好也是管理艺术的体现。

5. 案例

下面列举某智能新工厂的项目管理过程的分析。

W 公司是隶属于全球领先的白色家电 M 集团的零部件子公司，主要生产微波炉的核心部件磁控管，产品科技含量高，生产制程大多实现了自动化，但物料供应系统相对落后、供应商到货不均衡、装卸货效率低下、产品品质难以保证、与自动化生产系

统贴合度低。咨询项目需要对物料供应系统存在的问题，梳理需求，分析物料流动特性，利用 PFEP 规划、存量流量测算等方法，对智能工厂物料供应系统进行方案设计，并通过仿真的方法验证方案合理性，主要研究内容如下。

第一，结合工艺路线，对生产物料及供应系统进行分类。通过现场调研的方式获取 W 公司物料系统运作数据，对获取的数据进行分析，识别出物料供应系统运作的痛点，提炼出贴合智能工厂物料供应的系统规划需求模型。

第二，在智能工厂规划路线图的基础上，对物料供应系统的 PFEP 规划方法进行研究，建立供应物料的存量、流量以及物流设施面积的测算模型。

第三，针对生产用的管内件和管外件物料进行流动特性分析，定义物料流动的基本参数，并结合线体的生产节拍、线体数量、作业时间等参数，对管内件和管外件的到货系统进行规划设计。

第四，面向物料到货系统，对物料流动各节点的存储数量，流动量以及上线配送流动量进行测算；根据测算的结果，确定物料存储方式及上线方式，对物料供应系统进行方案设计，并根据方案进行核心设备选型。

第五，为确保研究成果的合理性，规避方案瓶颈环节，保证核心设备满足节点存储量和流动量需求，可选用 Flexsim 软件对智能工厂物料供应系统进行仿真分析，验证方案的合理性和可行性。

项目阶段与范围如图 6-11 所示。其项目进度和关键里程碑管理如图 6-12 所示。

对于项目方向有以下明确的规定：

• 全面。方案规划要全面、深入，通过项目的调研，发掘出此项目的真实需求，并制定至少三年内行之有效的系统解决方案，满足项目关键目标、目的达成路径要求。

• 细致。针对甲方的数据进行细致的分析，并得出正确的结论，选取合适的物流装备。

• 先进。方案应先进和具有一定前瞻性（工业 4.0 导向），既能够适应现阶段的市场需求，又能满足未来自动化、智能化制造的发展需求。

• 实用。报告提出的运作方案具有可操作性和迭代升级的可行性，方便实用效率高。

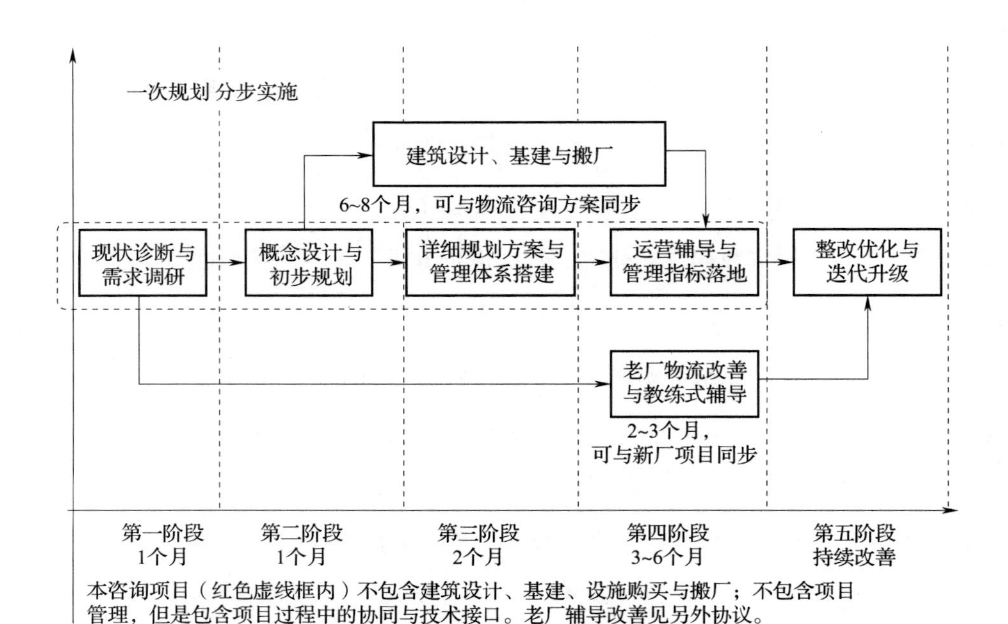

图 6-11　W 公司工厂智能物流系统项目管理阶段与范围

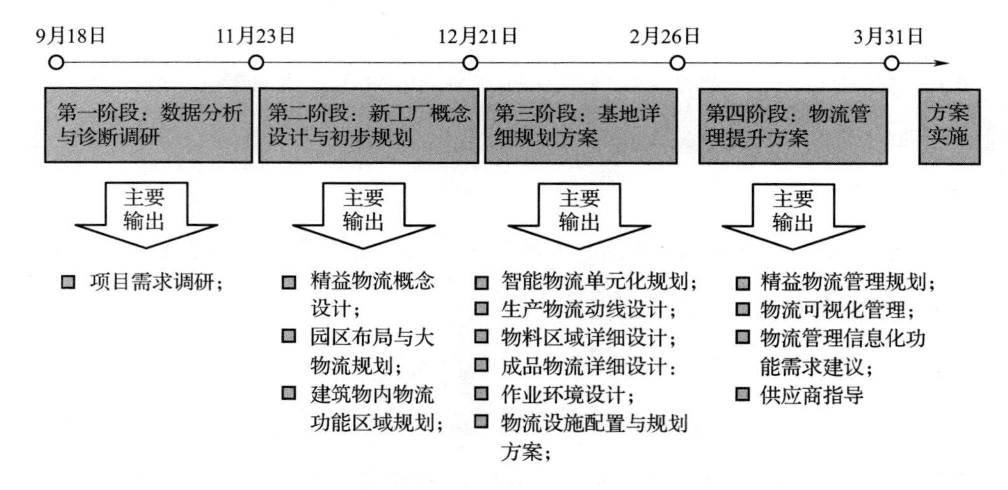

图 6-12　W 公司智能物流系统规划项目进度与关键里程碑管理

本项目规划导向如下：

- 明确工厂规划设计目标和导向。
- 设计需要正视公司现有管理水平，规划与管理水平提高必须同步。
- 需要专业化逻辑思考。

- 需要有业务主导部门强势介入，形成综合团队。
- 需要有指标和绩效导向。
- 一次规划、分步实施。
- 团队专业承载和传递能力。
- 开放的视野、战略前瞻性、迭代的思维。
- 大物流小生产的思维。

乙方完成项目相关规划咨询服务后，甲方负责组织对项目方案及成果进行综合评价、评审。双方确定以下列标准和方式对乙方的咨询服务工作成果进行验收：

- 方案制作阶段工作成果的验收标准。
- 出具双方认可的项目方案报告。
- 完成双方认可的项目措施辅导。
- 方案实施辅导阶段工作成果的验收标准。
- 达成项目设定的阶段目标。
- 完成双方认可的项目措施辅导。

验收方法：由乙方提出申请，甲方组织双方相关人员共同验收并签字确认。

验收的时间和地点：乙方提出需求后一周内，甲方须组织双方相关人员在甲方所在地进行验收。

为了保证该项目的有效落地和例外管理，设立了联合项目管理小组，分别由双方的项目经理担任组长和副组长，并配备相应的专家与负责人。对于项目的进度有详细的管理细则，比如计划管理包括：项目总计划、阶段计划、月计划、周计划；过程监控：项目日清会议、周例会、月度总结；沟通管理包括：项目日报、周例会、月例会、里程碑检查和回顾、重大变更管理；项目质量管控包括：阶段性成果汇报、项目过程沟通、专家指导与把关；会议制度管理；考核激励和文档管理等。

第二节　智能制造单元评估与需求分析

智能制造系统由多个制造单元组成。每个制造单元的合理性、有效性将成为整个智能制造系统的基础与前提。任何一个单元的不合理、不协调，将影响系统的有效运营甚至导致系统的崩溃。单元的边界特性和系统的一体化属性，需要在规划、技术服务与咨询过程中充分论证，最终形成完美的统一。

考核知识点及能力要求：

- 了解基本的数据调研方法。
- 了解数据的逻辑原理。
- 熟悉数据的错位与缺失。
- 了解评估的基本方法。
- 了解智能制造单元技术的工作原理。
- 熟悉改善方法与方案研究。
- 了解系统分析的基本方法论。
- 了解系统的基本作业原理。
- 了解系统迭代升级的基本路径。
- 熟悉系统分析的基本工具。

一、智能制造技术服务与咨询的数据调研方法

1. 数据调研逻辑

（1）智能制造产品—工艺调研。不同的产品有不同的制造工艺，而工艺决定了智能制造的技术选择和咨询的方式。流程型制造和离散型制造的工艺又完全不一样，所以在调研阶段对工艺路线和相关参数的调研研究是后期规划和咨询服务的依据和前提条件。

（2）供应链—物流过程调研。供应链与物流管理和运营是智能制造精益化、稳定化运作的前提条件，所以该过程的调研非常重要。对于供应链—物流过程数据的调研，通常会涉及供应商管理、各类物料库存、不同阶段的计划、仓储、装卸货、运输、物流网络布局、客户分布等以及相关的数据。由于供应链—物流过程是动态的管理，所以对于该过程的调研数据，需要有时间范围和特定的产品订单等的匹配数据，才能研究出供应链—物流过程中的运营规律。

（3）计划—执行—差异调研。智能制造通常会有产能的分析和设计要求，而产能从规划到运营会呈现三种状态，即设计产能、计划产能和实际产能。在实际执行运营过程中，这三个产能会有所差别，通常表现为计划—执行由于各种因素影响而导致性的差异，而差异往往就是数字化运营管理和决策的主要内容和依据，所以对于计划—执行—差异的调研，往往决定了智能制造系统设计的能力参数和范围，以及运营的有效性。

（4）绩效管理调研。确定客户希望达到的绩效管理目标，细致、深入地调查客户在绩效管理方面存在的问题，分析问题产生的根本原因，据此提出解决问题的原则和框架性思路。

（5）其他基础管理调研。如人员构成、能源管理、质量管理、物流基础管理等。

2. 数据调研路径

（1）问卷调研。需要根据项目要求设计专项调研问卷。

（2）访谈调研。需要根据项目要求预约、访谈关键干系人和项目资源管理者。

（3）经营数据采集。基于智能制造的直接关联数据，比如产能数据、市场数据、交付数据、订单数据、计划达成率等数据。相关数据可以通过数据系统抽取，也可以通过现场观测。

（4）历史数据抓取。通常会根据项目管理要求，选取过去一段时间内的数据，比如 3 个月、半年数据，或者 1 年、3 年数据，以寻求过去的运营规律。

（5）其他路径。如同行业数据、标杆企业数据、上市公司数据等。

3. 基础数据的梳理

（1）数据梳理方法与逻辑。逻辑结构指反映数据元素之间的逻辑关系的数据结构，其中的逻辑关系是指数据元素之间的前后件关系，而与它们的存储位置无关。逻辑结构用于设计算法，存储结构用于算法编码实现。其中，逻辑梳理结构一般分为集合、线性、树形、图形四种；存储结构指数据元素连同其逻辑关系的存放和梳理形式，主要有四类：顺序、链接、索引、散列。具体而言，某种存储结构与某种逻辑结构没有必然的联系，算法的实现效率越高，解决问题越方便，就越好。在具体分析过程中，通常会依据订单交付逻辑和基于产品制造工艺基础上的全价值链逻辑梳理。

（2）数据模型。是数据特征的抽象，是数据库管理的一般形式框架。数据库系统中用以提供信息表示和操作手段的形式构架。数据模型包括数据库数据的结构部分、数据库数据的操作部分和数据库数据的约束条件。其中，数据结构描述数据的类型、内容、性质以及数据间的联系，数据结构是数据模型的基础，数据操作和约束都建立在数据结构上，不同的数据结构具有不同的操作和约束；数据操作主要描述在相应的数据结构上的操作类型和操作方式；数据约束主要描述数据结构内数据间的语法、词义联系、它们之间的制约和依存关系，以及数据动态变化的规则，以保证数据的正确、有效和相容。

（3）数据矩阵。用来表达过程与数据两者之间的关系。比如，制造过程中计划和执行之间的数据对比，实物库存和库存数据之间的关系等。

（4）数据策略。需要根据数据使用的目的来做数据分析。需要用适当的分析方法及工具，对处理过的数据进行分析，提取有价值的信息，形成有效结论的过程。

4. 数据缺失与优化

（1）数据质量。数据是组织最具价值的资产之一。企业的数据质量与业务绩效之间存在着直接联系，高质量的数据可以保证智能制造规划与技术服务的合理性、有效性，也能够在后续的经营中使公司保持竞争力并在经济动荡时期立于不败之地。有了普遍深入的数据质量，企业在任何时候都可以信任满足所有需求的所有数据。数据质量主要包含准确性、唯一性、关联性、合规性、一致性、重复性、及时性和完备性等维度。

（2）数据补充。当数据没有符合上述质量要求时需要进行修改、补充。

（3）数据集成。将各个不同的应用系统，不同地方的数据进行集成，将异构、冗余的数据进行整理和集中梳理，使得数据能够支持特定的方案需求。

二、单元技术评估方法

1. 评估的基本方法论

（1）评估基本方法。根据技术实施和创新的一个过程以及主要涉及的内容进行标准性的考察评估。不同的项目采用的评估方法不同，通常有诊断性评估、形成性评估、总结性评估，可以根据具体情况采用和实施有效的措施方法，使得评估过程更加科学。

（2）评估对象与范围。根据项目范围基准、进度基准以及成本基准作为主要导向评估，最终需要实现项目的终极目的。

（3）单元技术应用场景对于技术的要求。智能制造应用场景是技术服务和咨询的主要工作内容，不同的场景设计，涉及人、机、料、法、环、测等要素，这些要素的组织与运营需要支撑对应的项目目标，由此拉动了单元技术的应用可能，同时需要提出相关的技术参数。

（4）单元技术应用分类。不同的单元技术应用场景对于技术的需求与分类也不一样。

按表现形态的不同，单元技术可分为硬技术（物化技术）与软技术（非物化技术）。前者指各种信息设备及其功能，如显微镜、电话机、通信卫星、多媒体电脑。后者指有关信息获取与处理的各种知识、方法与技能，如语言文字技术、数据统计分析技术、规划决策技术、计算机软件技术等。

按工作流程中基本环节的不同，其表现的功能性也不一样。比如，信息技术可分为信息获取技术、信息传递技术、信息存储技术、信息加工技术及信息标准化技术。物流技术可以分为存储技术、搬运技术、分拣输送技术、包装技术、运输调度技术、网络布局技术等。

根据设备不同，其表现的硬件应用也不同。比如，把信息技术分为电话技术、电报技术、广播技术、电视技术、复印技术、缩微技术、卫星技术、计算机技术、网络技术等。制造技术分为冲压技术、注塑技术、成型技术、焊接技术、机器人技术、喷涂技术、装配技术、机加工技术等。

（5）单元技术评估的价值与尺度。单元技术评估必须建立综合评价的指标体系。建立指标体系首先必须以制造系统整体效益为根本出发点；同时，要考虑到多重价值，如技术价值和企业文化价值等；评估时要有针对性目标和具体目标。要处理好技术的实用性、合理性、经济性与技术可能产生的文化后果之间的辩证关系，尤其是企业长期战略和短期需求、技术目标与运营痛点、明显的与潜在的利弊、物质的与精神心理的影响等矛盾关系。在进行技术评估时需要遵循系统性原则、需要性原则、预测性原则、可行性原则和动态性原则。

比如，对于电子产品或者家电产品，其寿命周期越来越短，有些产品寿命短到五个月、一年或者两年，技术应用的投资回收周期可能会在五年，当产品迭代更新之后，原有的技术可能对于更新后的产品工艺不适应，那么此时需要单元技术的应用进行动态新的评估。

2. 单元技术工作原理

（1）单元技术作业与功能。最小作业单元的技术应用与功能，通常涉及生产设施（比如产线）、物料联动设施（比如包装模式）和机器人技术之间的联动，其需要完成的是“如何将设施、物料、操作主体实时智能联动”。尤其是在多品种、多物料、多工位的作业场景中，具有其复杂性。比如设备的快速换型调整为满足后工序频繁领取零部件制品的生产要求和“多品种、小批量”的均衡化生产提供了重要的基础。但是这种频繁领取制品的方式必然增加运输作业量和运输成本，特别是如果运输不便，将会影响智能制造项目的顺利进行。单元技术的合理设计和生产设备的合理布置是实现

小批量频繁运输和单件生产单件传送的另一个重要基础。多技能作业员（或称“多面手”）是指那些能够操作多种机床的生产作业工人。在复杂的作业场景中，多技能作业员是与设备的单元式布里紧密联系的。在U型生产单元内，由于多种机床紧凑地组合在一起，这就要求并且便于生产作业主体（机器人或者工人）能够进行多种机床的操作，同时负责多道工序的作业，排除了工序间不必要的在制品，加快了物流速度，有利于生产单元内作业人员之间的相互协作等。特别地，多技能作业员和组合U型生产线可以将各工序节省的零星工时集中起来，以便整数削减多余的生产人员，有利于提高劳动生产率。

（2）单元技术工作过程分析。不同的加工工艺过程决定了单元技术工作过程也不一样。一般而言，主要是从工序、安装、工位、工步和基本加工的过程。

3. 单元技术改善探索

（1）成熟技术引进。在智能制造系统中，首选的技术往往是最佳实践的成熟技术，此类技术往往标准化程度相对较高，技术稳定性高、可得性强和价格相对合理，同时需要兼顾迭代升级的技术优化。

（2）非标技术研发。对于个性化、柔性化的制造系统，存在太多的非标准技术需求，尤其创新型的产品工艺，市面上难以找到，这就需要咨询团队具有非标技术研发的能力。

（3）技术迭代与改造。需要制定技术迭代与改造升级的条件、路径和相关资源的投入清单，以保证后续过程的有序化。

4. 单元技术优化方案

（1）方案描述。对于技术方案的精准定义和描述，通常需要制成系列书面文件、图形文件、技术文件、技术标准和演示文件，必要时通过仿真模式呈现出来。

（2）方案对比要素。一般而言，至少需要准备两个或以上的方案呈现，并且需要从能力指标达成、效率、成本、技术可得性、技术成熟度、最佳实践次数等维度进行对比。

（3）方案综合与优化。不同的方案经过评估与对比之后，需要做两次甚至多次的优化。

三、系统分析方法基础

1. 系统目标分析

（1）系统分析原则。系统分析需要遵循整体性原则、科学性原则和综合性原则。系统分析的主要任务是将在先期详细调查中所得到的数据资料集中梳理，对系统内部整体管理状况、技术应用可能和信息处理过程进行分析。其侧重于从业务运营或者价值链全过程的角度进行综合分析。系统分析的目的是将用户的智能制造要素需求和场景应用及其解决方法确定下来，系统分析所确定的内容是今后系统设计、系统实现的基础。

（2）系统任务与要求。不同的系统，其任务与要求也有所不同。对智能制造共性系统而言，其主要要求“精准、实时、高效的制造产品实现完美交付”，尽量减少系统冗余和瓶颈的产生，从而减少效率损失和机会成本，保证系统的有效性、充要性，实现效益达成。

（3）系统关键指标。从企业经营而言，制造系统的关键指标需要强调资产投资回收期、固定资产贡献与负债率、流动资产运营效率和现金流管理。从系统本身而言，通常包含制造周期、库存周转率、质量合格率、客户满意度、直通率、订单交付周期、交付准时率等指标。

（4）系统发展路径。一般情况下，系统在设计之初就有其战略定位和概念设计，系统的规划设计到落地，实际上就是一个战略的实现过程，只不过这个过程会受到投资、项目时间、相关政策、技术升级等因素的影响，所以在技术服务与咨询方案过程中，需要明确系统的发展条件和路径。比如对于一家特定企业的制造系统，定义为向智能制造方式转型升级，它往往需要经历基础管理升级、精益化、数字化、自动化、智能化的过程，而这个过程的迭代升级往往受到企业战略定位、战略投资信息与耐心、技术服务与咨询人员专业水平、市场发展和需求、实施团队的专业水平以及技术成熟度等条件的约束和支撑。

2. 系统结构与要素

（1）系统特征分析。系统特征主要包含：整体性、组织化的复杂性、相互依存、互

感相关（系统内某一行动会诱发其他动作）、常态和变态性、等同性（即不同的初始状态可达到某一相同的最终状态）、动态性（系统成长、变化、延迟、随时间的流逝而消亡，或受到外部干扰等等），还可以可区分为各种投入、人员、结构、过程、产出、以及边界条件和环境之间的相互影响、格式塔现象（即总体大于其各个组成部分的总和）[116]。

上述各种系统和特征，决定了系统得以形成的条件。不过，一个系统的形成，并非要包罗所有特征，因为系统是有不同类别的，不同的类别只需不同的系统特征。但是，不管怎样的系统，必须要具备一个总的系统特征，从上述种种具体特征中，我们可以归纳出系统的总特征——整体性。

（2）系统模型分析。常用的系统模型通常可分为物理模型、文字模型和数学模型三类。在所有模型中，通常普遍采用数学模型来分析系统工程问题，其原因在于：它是定量分析的基础；它是系统预测和决策的工具；它可变性好，适应性强，分析问题速度快，省时省钱，且便于使用仿真模型分析。

（3）系统过程关键节点。在关键线路上的所有节点都是关键节点。掌握好关键节点的特性有利于确定工作的时间参数。一般而言，关键工作两端的节点必是关键节点，但两关键节点间的工作不一定是关键工作。比如，在智能制造过程中，供应商到货、检验、物料上线、智能制造与装配、产品打包下线、产品交付等都是制造系统的过程关键节点，而其中品质的质量保证和物料的实物齐套保证是关键节点中的关键工作。

（4）系统边界。不同系统的边界划分方式不同。系统边界划分的标准是需求及功能。

3. 系统作业原理

（1）系统基础理论。系统就是若干相互联系、相互作用、相互依赖的要素结合而成的，具有一定的结构和功能，并处在一定环境下的有机整体。系统的整体具有不同于组成要素的新的性质和功能。具体来讲，系统的各要素之间、要素与整体之间，以及整体与环境之间，存在着一定的有机联系，从而在系统的内部和外部形成一定的结构。要素、联系、结构、功能和环境是构成系统的基本条件。通常用到的基础理论有系统的科学、数学系统论；系统技术涉及控制论、信息论、运筹学和系统工程等领域；

系统哲学包括系统的本体论、认识论、价值论等方面。

在智能制造系统中，通常包含不限于生产运营、预测与计划、精益生产、物流与供应链、物流工程、工业工程、库存算法等方面的理论。

（2）系统作业驱动力。从制造的系统而言，系统作业驱动力一般是指市场需求和订单拉动。在内部运营过程中，这些动力细分为作业指令和偏差数据管理，从而形成了自我反馈和作业协同与调整。

（3）系统综合指标。制造系统经营过程中的相关指标。

4. 系统反馈与迭代

（1）系统反馈逻辑。系统反馈逻辑主要是“检测偏差，用以纠正偏差”的原理。这需要系统能够自动检测偏差，由反馈结构决定[117]。系统输出量经测量组件反馈到系统的输入端，并给定值进行比较得出偏差；同时，一旦出现偏差，就产生控制作用。由于系统的这种联结方式，这种控制作用将使系统的被控量自动监控或消除偏差的方向运动。反馈控制是自动控制系统中最基本的一种控制方式，它具有自动修正被控量偏离给定值的作用，因而可以抑制内部变数和外部干扰所引起的偏差，达到自反馈、自控制、自调节的目的。从运营的角度而言，主要就是计划、组织、实施、监控考核和 PDCA 良性循环。

（2）系统迭代模型。在智能制造系统中，由于各种变数，通常难以一次性达成建设战略目标和定位中的制造系统，此时通常需要设立迭代升级模型与路径。但是，不同的系统迭代模式不同。

通常而言，在项目规划和早期，项目需求可能有所变化；分析设计人员对应用领域和场景很熟悉；用户可不同程度地参与整个项目的设计和升级过程；项目具有高素质的项目管理者和技术研发和落地团队。

（3）系统迭代要素。通常考虑以下要素（包含不限于）：产品寿命周期、产品制造工艺的成熟度、制造技术的成熟度和实用性、物流技术成熟度和适应性、甲方团队对于智能制造系统的驾驭能力、制造资源管理能力、制造基础、投资资金到位的限制等。一般会建议考虑“一次规划分步实施”的模式逐渐迭代和达成。

5. 案例

以下为某企业智能制造系统的迭代升级过程的案例。

某家电核心零部件工厂生产 A 产品，当前制造体系人员为 1 100 人，面积为 91 亩（约 6 万余平方米），产能为 2 000 万台/年。由于主机厂每年需要 4 000 万台该零部件的交付能力，所以每年需要外购另外 2 000 万台，每台需要多支付采购成本 15 元，于是仅采购费用就需要多出 3 亿元。原材料库存大概 7~8 天，在制品 2~3 天，产成品为 6~7 天。经过调研，该工厂无论是工厂物理布局、价值链运营，还是管理逻辑，都存在线路长、工艺路径与物流路径来往迂回复杂、计划变频繁、质量不稳定、无法及时交付等痛点，各项指标都不符合经营的需要，迫切需要迭代升级。图 6-13 为现有工厂的平面布局。

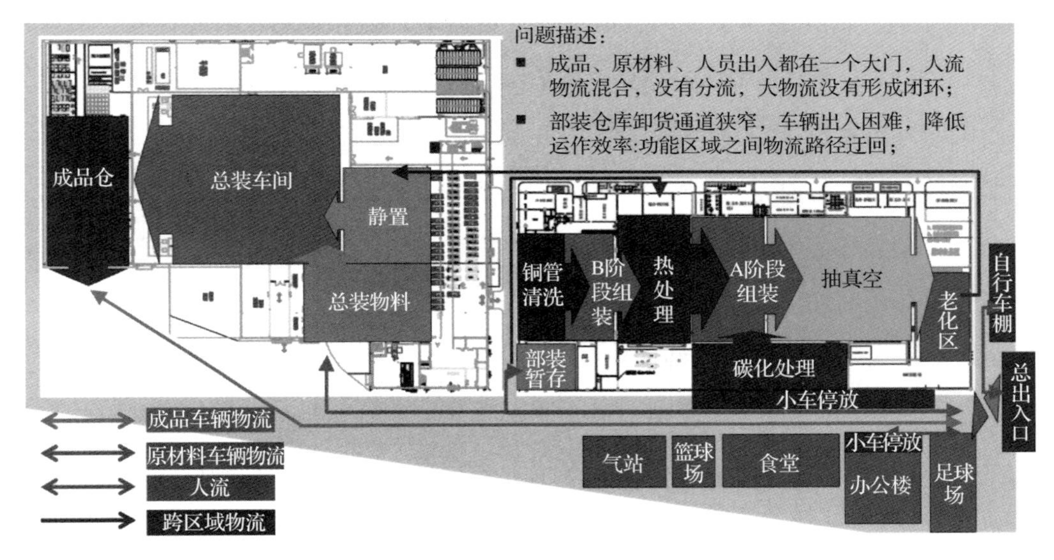

图 6-13　某工厂迭代升级前的布局与工艺流程

具体问题表现如下。

（1）没有清晰的系统化、智能化战略指引。产品有经营战略，但没有数字化、智能化迭代升级和发展战略，也没有明确的长期发展规划和蓝图，企业生产与经营系统的设计更多地仅从单点技术、设备和产能本身进行规划，而未考虑系统管理的长远需求，导致运营逻辑、计划协同、生产-物流动线管理得不到应有的重视。

（2）部门壁垒。因缺少系统化、智能化战略的主导，在运作中通常各个部门都追求自我效果最大化，缺乏协同，容易带来局部思维，无法做到全局优化，无法寻求企业综合成本与效率的平衡点，最终可能导致头痛医头、脚痛医脚，形成习惯性思维和经验。

（3）体系逻辑不清晰。制造系统相关的计划、采购、仓库、生管及各车间等职能没有形成有机整体，对于物料齐套、库存、工位配送、工位使用等问题没有一个明确的责任主体，导致各种问题长期存在而又得不到根本性的解决。比如，计划体系缺少前瞻性，采购、生产、物流计划间缺少清晰的逻辑关系，因工厂没有合理的综合计划体系，没有形成系统的供应商到货计划、物料配送计划、物料调拨计划等，导致工厂在物流运作过程中无法很好地衔接和监控。生产计划经常变动，不具有刚性，计划执行缺少有效监控，从而难以达成系统运营监控、差异管理和反馈、预警。

（4）数量、时间逻辑不清晰，信息逻辑不清晰。生产计划、采购计划、供应计划、自制件计划、配送计划等缺乏精确的数量与时间逻辑，计划和执行存在较大差异，且无法对各环节的数量与时间进行精准化的管理和控制。价值链相关部门之间以及与供应商之间的信息传递无法做到及时准确，导致信息传递严重延滞，缺少合理的实时监控界面。信息传递主要依靠邮件和电话，“信息孤岛”普遍存在，各部门相关人员主要依据经验判断和决策。

（5）物流运作体系缺少系统性规划，布局规划无序，大物流混乱和标准缺失。工厂物流缺乏系统性的统筹规划，导致物流管理条线分割严重，物流使用面积、物流职能、管理流程、信息体系等严重分割，不具备全局性和系统性。同时厂区内进出车辆行驶路径随意、混乱、不畅、不仅带来效率低下，而且存在安全隐患。另外，存在同一供应商多点卸货问题，及空容器回收区多点设置的问题，这都使得车辆在厂区内停留时间长、行驶路径长、迂回多、转弯多、等待多、进出多，带来了极大的管理难度。厂区四处可见堆放的各种形式、状态的物料、容器具等，比如空容器、尾数存放、报废品区、空容器具、报废的容器具存放、不良品等，容易形成“不良细胞”，导致人、机、料各项资源分割严重，资源利用率不高。

（6）生产设施虽然采用了机器人、智能化单元技术，但是无法从系统的高度协调人、机、料、法、环、测等要素，导致智能化设施平衡率低下、利用率不高、协同性差，无法有效地实现智能制造。比如，机器人无法有效抓取物料、产线节拍、物流配送效率、精度、人工协同等不在同一频率，导致产线走走停停，状况频出。

以上问题导致供应链各个环节中都有大量库存，并且从供应链下游往上游层层放大。另外，线边库存、半成品库存过高，占用大量资金，管理成本提高。同时，物料的装卸货、存储、搬运、配送等过程均没有严格地制定合理的操作标准，同时因物料流动过程没有配置合适的容器具和搬运工具，导致物料的掉落、碰撞、刮伤等状况时有发生，各个环节作业过程中存在较多的变数，存在较大的风险。如品质的风险、操作不良的风险、缺料的风险、物资管理风险、安全隐患风险等。现场表现如图 6-14 所示。

图 6-14　某工厂的迭代升级前的制造作业场景

迭代过程主要包含智能工厂概念设计与初步规划、细化方案设计与管理运营规划。根据产品策略与发展战略，确定智能供应链发展策略及智能制造、智能物流的规划、运作管理模式；搭建智能制造资源协同管理体系，理顺运作逻辑关系，实现联动和差异管理；理顺供应链物流环节的管理和作业流程，确保供应链快速、经济、安全地运营；建立物料、包装、工位、设施等基础管理与数据体系，支撑物流与生产的自动化、信息化运作；提倡一次规划，分步实施，项目规划方案的可实现性与可迭代发展相结合；需要细化到“五个一”，即“每一个工位、每一个物料、每一个平方米、每一个作业、每一个加工设施单元”。

具体包含智能工厂概念设计与工业 4.0 创意、智能制造—物流单元化规划、园区功能区域布局与大物流规划、建筑物内初步生产—物流规划、场内作业—流转区域详细设计、生产—物流动线设计、作业场景与环境设计、精益制造管理流程规划、全价值链可视化管理、场内成品流转详细设计、数字化管理信息化功能需求等。迭代逻辑与步骤如图 6-15 所示。

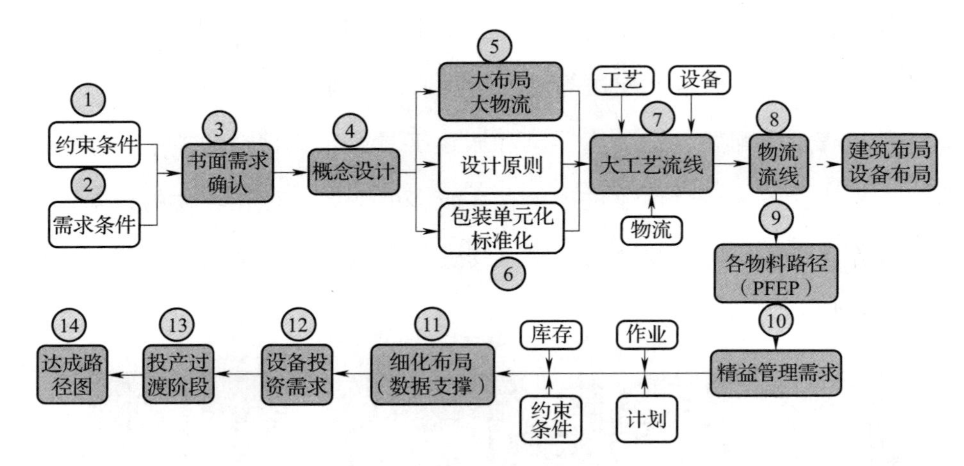

图 6-15　某工厂智能迭代方式

迭代过程的技术细节如图 6-16 所示。

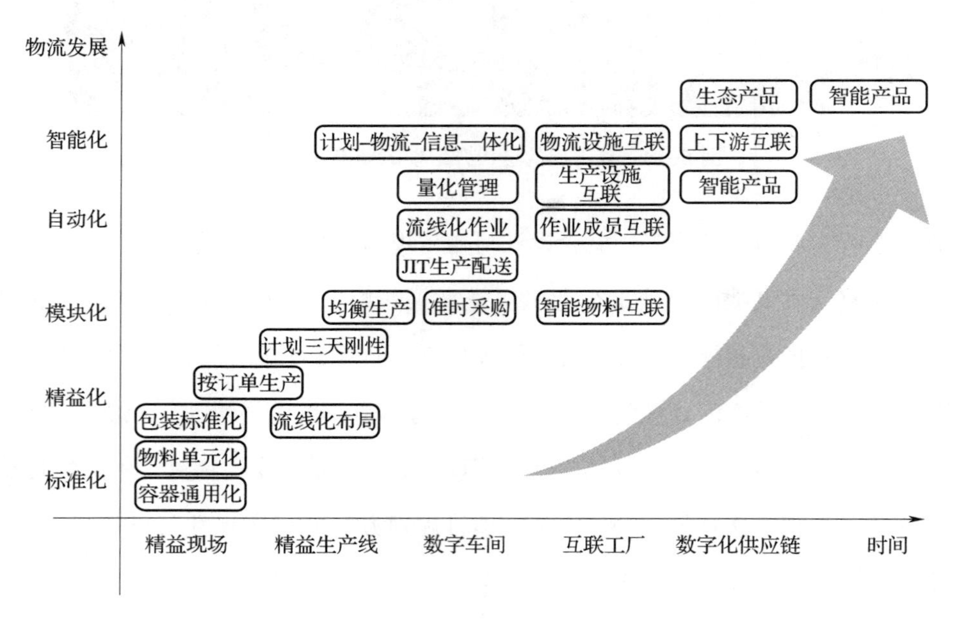

图 6-16　迭代过程的技术细节

迭代后的效果如图 6-17 所示。

图 6-17　某工厂智能迭代后效果

智能迭代后，通过价值链及网络可实现企业间横向集成、贯穿整个价值链的端到端工程数字化集成、企业内部可灵活组合的网络化制造体系纵向集成；企业与供应商对接，打通了入场物流从订单、计划开始直到成品发货全过程，且全程可视化、数字化；实现了“一个流”的整体布局，实现人工搬运到自动配送；实现人工站立半自动化到全流程自动化；实现产品、人、机、料互联，目视化信息管理系统；信息流程与实物流程实时对应，与主机厂对接，准时响应客户要求；实现系统分析逻辑与决策，实现设备智控。

运营指标有了巨大改善，实现了高度精益化（95%）、全流程自动化（95%）、信息集成数字化（80%）。工厂所需要的面积为 29 亩（近 20 000 平方米），产能提升到 4 500 万台/年，人数降为 500 人（优化 600 人）；库存原材料为 5 天，在制品，4 个小时，产成品为 1 天；来料不良率降低 90. 7%；物料尺寸精准度累计提升 32%；成品一次下线不良率降低 74. 7%；等待时间改善 52. 3%；价值流过程断点改善 83. 3%。仅从库存成本、采购成本和人员成本每年降低超过 3. 85 亿元人民币。

四、智能制造单元成熟度模型

1. 智能制造单元成熟度模型原理

（1）成熟度模型解读。我国已经初步建成大批数字化车间/智能工厂，其中电子信息、电力装备、动力电池等领域的数字化车间/智能工厂达到国际先进水平。在服装、家居等领域，形成了面向用户个性化需求的大规模定制生产模式；在航空航天、汽车等领域，形成了涵盖设计研发、生产制造、经营管理等业务的网络协同制造模式；在电力装备、工程机械等领域，形成了远程运维服务新模式，推动了企业生产方式转变、制造服务化转型。

在这次工业升级转型的过程中，制造企业始终都是其中的主角，企业经营管理层势必要根据企业自身的经营战略、产品、市场、团队、客户变化等开展经营活动。为获得最大的物质利益而运用经济权力，用最少的资源消耗创造出尽可能多的、能够满足人们各种需要的产品经济活动。对于企业主要经营者而言，其根本目标是利润最大化，而企业生产过程是一个投入产出过程，且有时生产周期较长。经营者们首先需要让企业具有核心竞争力，并且在竞争过程中获得必要的经济效益和社会效益，从而获得未来发展的空间。所以，智能工厂发展策略首先必须要符合企业的经营发展策略。

按照《中国制造 2025》的规划设计可以预计，在后续的进程中，智能制造将作为主攻方向和突破口，继续占据特别重要的地位。我国将继续建立和健全推进体系，促进新旧发展动能的加快转换；继续开展应用标准的制定和试验验证，大力推动工业互联网创新发展，抓紧制定出台网络、平台、安全等重点领域的指导性文件；同时持续推进网络安全建设，强化工业主机安全防护，提升从业人员的安全意识，加快推进工业信息安全监测预警能力建设。

（2）成熟度模型应用方法。通常需要根据企业实际情况进行桌面测评、现场测评，并进行打分，并以此来分此次，同时在测评报告中需要提出改善建议和相关结论。

（3）成熟度模型实用性。实用性是相对的。在定义、实施、度量、控制和改善其技术应用过程的实践中的各个发展阶段都需要有针对性地描述与应用。智能制造是一个过程，在逐渐达成的资源整合中存在各类变数与冲突，需要随时创新和维护进行过程监控和研究，以使其更加精益化、数字化、科学化、标准化，使制造系统能够更好地实现商业目标。

2. 成熟度分析与迭代路径

（1）智能制造单元定位。通常根据智能制造系统的综合定位，逐步分解为智能制

造单元定位，比如智能采购单元、智能物流单元、智能装配单元、智能存储单元、质量检测单元等等。这些单元的定位需要兼顾系统性和功能性的要求，并行实现，然后由此进行场景研究和设计，从而实现数字化、智能化。

（2）关键节点差距与平衡要求。智能制造讲究横向联通和纵向连接，不同关键节点之间需要强调直通率和平衡的要求，所以在关键节点的参数设置上需要规避彼此之间的能力差距，从而达到系统的最佳平衡。在运营中，当标准和实际执行产生偏差时，系统才能够主动地进行偏差监控，并且自我反馈、自我调整至最佳的平衡。

（3）提升路径。需要研究系统提升和关键节点的技术优化提升。

3. 案例

某智能制造产线单元的结构分析，如图 6-18 所示。

图 6-18 某作业单元场景

这个单元结构涉及上下道工序的对接，其关键要素包含：产线的节拍与效率，机器人抓取物料、移动、对接以及安装作业的动作模式，物料上线和下线的节拍与流量等诸多要素之间的相互协同，同时也涉及生产线的流动速度，以物流输送线的流动速度之间的匹配和联动。

其中，产线的生产节拍和有效平衡是拉动机器人作业和物料流动的关键要素；物料的包装方式，尤其是周转箱内衬垫等对于物料的定位模式，又将决定机器人抓取和放置物料的精准性，同时也会影响机器人抓手（属具）的设计和与机器人的对接；从信息的角度而言，产线数据机器人的数据和物料流动的数据需要取得完美的配合。

第三节　智能制造单元技术服务

智能制造咨询与规划的终极目的是为了有效运营，技术服务是有效保障。相关单元技术应用的有效性和平稳性，是技术服务的常态化要求。技术服务的落地有效性，考验整个项目的效率与效益。

考核知识点及能力要求：

- 了解单元技术应用逻辑。
- 了解单元技术测试方法。
- 熟悉测试过程。
- 熟悉测试报告的提炼。
- 了解单元集成的基本范围。
- 了解单元集成的基本方法。
- 了解集成难点。
- 熟悉集成路径。
- 了解单元技术实施项目管理的一般方法。
- 了解单元技术实施的资源管理模式。
- 了解单元技术实施的重点与难点。
- 熟悉技术实施路径。

一、单元技术测试方法

1. 单元技术测试背景

（1）场景设计要求。场景包括时间、空间、设备支持、信息传递、实时决策及作业人员情绪等多个方面。进行应用场景的判断和描述的时候，应尽量把这些都考虑好。

（2）运营要求。从设计到运营是技术从逻辑、流程逐渐转化为物理、现实的有效性的一个过程，场景设计有必要融合运营的要求，而运营又是基于场景设计的前提下进行作业，所以运营要求有必要将场景设计要求的相关参数融合到作业标准和作业指令中去。

（3）系统指标要求。当场景设计要求和运营要求的相关参数与物理现有效融合的时候，就可以逐渐形成系统的指标要求，在后续的运营过程中，就可以真实实现“数字孪生”，实现系统与现实的一致性。

2. 单元技术测试方法

（1）测试计划。测试之前需要制订相关的测试计划，以保证测试的准备工作没有疏漏和测试过程中顺利进行，同时相关的测试资源也能够保证到位。

（2）测试脚本。测试过程需要包含技术单元局部测试、制造设施测试、物流设施测试、质量检测单元测试、关键模块接口测试、关键模块局部数据结构测试、不同单元边界条件测试、不同关键节点联动方式与路径测试、不同单元错误呈现与处理模式测试等。简而言之，先从单元内部进行，然后是关键单元节点之间联调测试，最后是系统综合测试与调节。

（3）测试方法。依据设计方案进行具体分析。

3. 单元技术测试过程

（1）测试周期。测试周期可以按照不同的工艺设计和智能化的程度来进行。一般情况下，测试周期可以分为随时测试、1 周、1 个月、3 个月、6 个月测试及一年测试。

（2）测试阶段。测试过程通常按 4 个步骤进行，即单元测试、集成测试、确认测试和系统测试及验收测试。

（3）测试频率。不同的节点、单元功能需求以及技术应用等决定了测试频率会有所不同。

（4）测试环境。测试环境是指测试人员利用一些工具及数据所模拟出、接近用户真实使用环境的环境，测试环境的目的主要是为了使测试结果更加真实有效。一般而言，测试环境就应该是方案中场景设定所界定的环境，也就是说在正常的智能制造过程中的作业环境。

4. 单元技术测试结果与报告

（1）测试参数。单元测试参数主要是指方案场景设计过程中的参数需要进行模拟型的测试，在测试过程中需要注意参数获取的规范性、科学性，以保证参数的合理性和有效性。

（2）测试偏差管理。将项目的结果与事先制定的技术标准进行比较，找出其存在的差距，并分析形成这一差距的原因，偏差控制同样贯穿于项目实施的全过程。

（3）测试趋势分析。通过不同的参数与偏差过程与出现的几率，分析出系统运营可靠性的可能趋势。

（4）测试报告。测试结论的提炼和后续改善的建议。

二、单元集成方法概述

1. 单元集成方法

（1）集成背景。集成背景主要是整个智能制造项目的定位、概念设计和相关的关键指标导向，作为一个大的需求背景。在场景设计初期，往往是按照单元本身的特点和技术应用的可能性来进行分析，集成时需要根据大的系统项目的价值导向要求来对单元集成过程中的一些参数进行协调和优化。

（2）单元集成范围。不同的智能制造系统其涵盖的范围也有所不同，对于技术单元的需求范围、层次和深度也不一样。一方面，单元集成的时候需要思考如何更有效、精准地支撑系统功能；另一方面，单元集成范围可能会随着达成路径的时间、成本、技术结构和技术优化等不同，而产生一些不一样的组合。

（3）单元集成要素。单元集成需要通过结构化的大物流运作布局、平面功能区域布局、智能制造产线设计与布局、智能物流技术与硬件设计与布局、信息系统的综合

布线系统和计算机网络技术，将各个分离的设备（如制造设施、物流设施等）、功能、作业和信息，乃至人员等集成到相互关联的、统一和协调的运作系统之中，使制造资源达到充分共享，实现集中、高效、便利的管理。通常采用功能集成、网络集成、软件界面集成等多种集成技术[118]。

2. 单元集成过程

（1）多技术协同分析。系统集成实现的关键在于解决系统之间的互联和互操作性问题，它是一个多技术、多厂商、多协议和面向各种应用的体系结构。这需要进行协同分析，以解决各类设备、子系统间的接口、协议、系统平台、应用软件等与子系统、建筑环境、施工配合、组织管理和人员配备相关的一切面向集成的问题。比如智能制造技术集成、智能物流系统集成、人机协同作业与安全集成、计算机硬件技术系统集成、计算机系统软件和应用软件的集成、信息和资源的集成、应用技术集成和人员集成，其中以人员集成最为重要。

（2）集成综合指标要求。以系统功能指标作为分解设计，再进行集成，最后回归到系统功能定位指标，形成一个闭环。

（3）单元集成从逻辑到物理落地。设计时从定位到逻辑，实施时从逻辑到物理，测试时从物理到参数，运营时从参数回到定位，达到系统从设计到有效运营形成“知行合一”。

3. 案例

以下列举某企业智能工厂对于智能物流系统能力的仿真测试。

（1）案例背景。某企业生产物流系统仿真项目属于智能化制造的重要部分。项目通过对新厂设计方案进行仿真优化，构建一套完整的物流系统解决方案，使作业区与作业区之间、设备与设备之间能够平稳、高效地衔接，同时解决物料/产品上下设备，达到“少落地、无断点”的生产管理目标，全面配合和保证项目的实施及预期效果。

为了对整体物流方案进行验证评估，需要引入专业的物流仿真工具并结合智能工厂的整体规划进行针对性的仿真，提供分析报告从而改善设计方案的不足，消除瓶颈问题，确保整体物流方案的合理性，规避过程风险，确保投资决策的准确性。同时，希望通过此项目可以使物流管理人员在后续工作中独立进行方案评估，以此提升物流人员的专业能力。

方案测试需要反映出工厂的布局、工艺流程、物流调度规则等特性，实现生产过程的三维可视化，能够便捷地检验及分析相关流程的可达性和效率。

诊断物流系统和生产系统存在的瓶颈、确定各环节最优物流方案、修正不合理的功能区、调整配置不平衡的资源、优化生产节拍、配送节拍等，辅助完成工厂物流设备方案与自动化生产方案的实施。

（2）基本方案要求。概念布局如图 6-19 所示。

图 6-19　某企业的制造-物流系统概念设计

制造资源动线如图 6-20 所示。

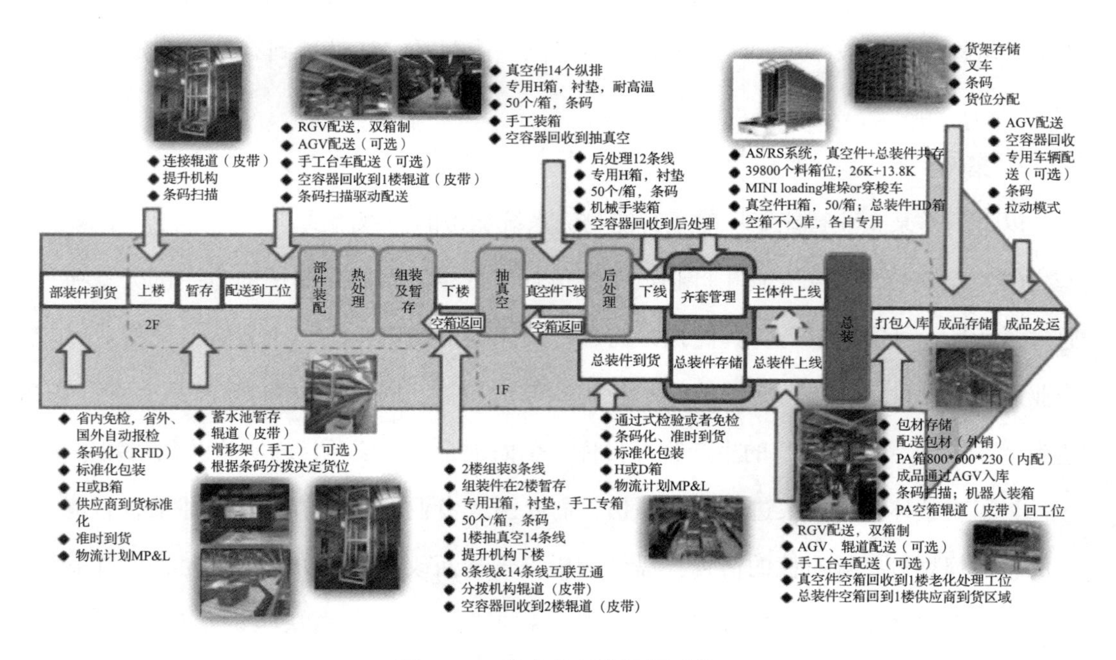

图 6-20　某企业制造资源动线

（3）仿真方法。选用国内主流专业的三维物流仿真软件，支持物流仿真方案的3D可视化预览：在三维可视化的界面上进行物流方案的评审；数据的无缝集成：开放的输入、输出数据接口，仿真、分析结果可输出到电子表格等软件中，便于进行技术细节分析。

具体是利用功能强大的控制语言构建灵活、准确的仿真模型；进行可视化的统计分析；进行图形或数据输出，充分发挥仿真、分析的效果；模拟出各设备的加工动作；运行过程颜色RGB动态可调试功能，即设备运行过程能用颜色动态地显示设备的状态。

模型95%代码集中在一起或者一个模块中，而不是分散在各个实体中；成果模型要最少跑一个月的订单，项目结题汇报结果时，需要当场演示模型，并运行一个周期的数据。

（4）仿真内容。包括以下几种仿真。

多组件（A+B+C组件）多工序（E工序、F组装工序、抽真空工序、后处理工序、总装工序等等）加工仿真：分析线边工位存储容量需求大小、器具数量、人员需求、配送节拍及不同情况下配送有效性分析等。

物流系统与生产产能的能力匹配仿真：生产过程中的物流瓶颈仿真和优化，厂房内物流通道物流量分析、路口拥堵时间分析等。

生产系统与物流系统的应急方案仿真：各环节应急方案的可行性与实效性。

原材料仓储及相关输送系统仿真：存储策略、存储区域面积及结构、物流车辆的数量分析和路径优化、物流容器具数量、人员需求、配送节拍及不同情况下配送有效性分析等。

部件上、下楼物流系统仿真：各提升设备和输送设备的利用率、上下楼的最优路径选择、分拣系统的作业效率、物流器具数量、上下楼配送的时效性。此环节需做方案对比。

立体仓库仓储及相关输送系统仿真：库位需求、物流器具数量、物料供应等待时间、堆垛机的利用率、走行距离、零件存储区域划分、存储区占用情况与有效利用率分析、零件存放规则、立体仓库区域功能区容量等立体库相关参数指标的分析、立体库输送系统与产线节拍衔接等。

成品仓库仿真：入库方式、仓库存储面积、物流设备数量、物流设备利用率、路径优化、出库方式、出库自动装车效率等。

（5）仿真数据与结论。各个环节的仿真数据表现如图 6-21 所示。

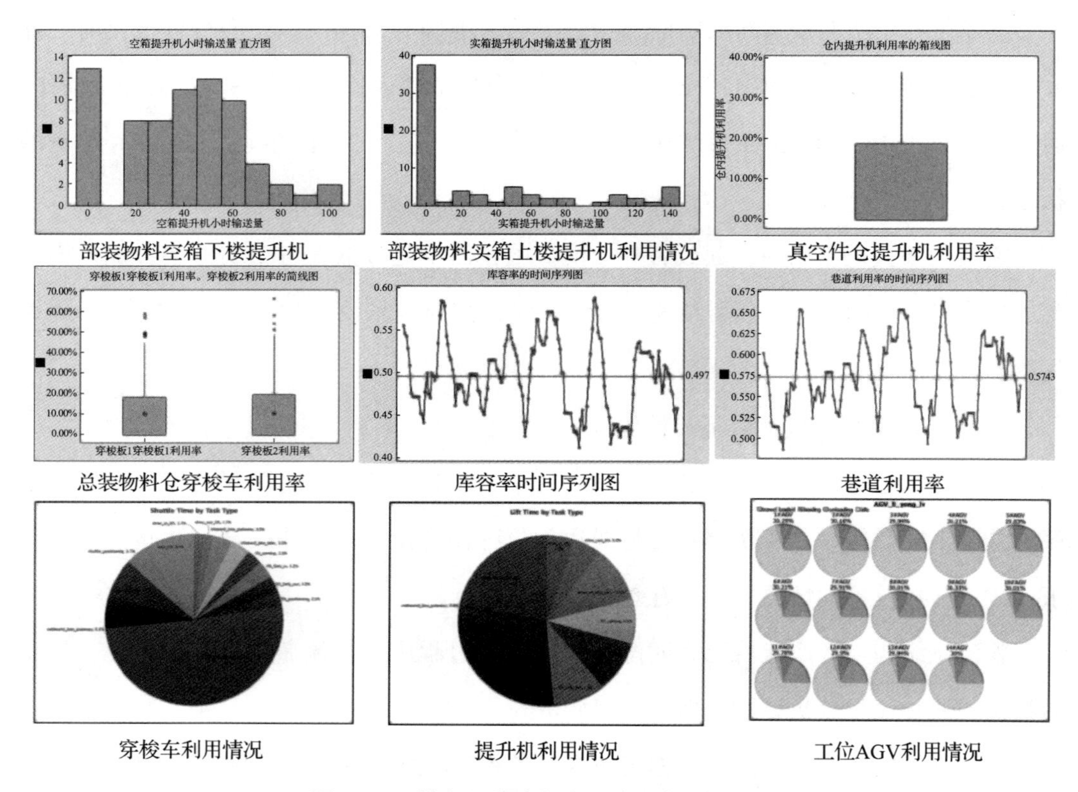

图 6-21　某企业制造物流系统仿真数据表现

通过生产产量分析，保证投资有效。生产产能分析可以预测在节拍、故障率、生产计划、设备投入数量、控制策略和物料拉动配送方案等综合影响下的线体达产状况，分析瓶颈所在。通过生产产量分析，可以提前发现影响产量达标的瓶颈。

通过规划方案比对和效果验证，保证投资安全。以初步设计方案进行仿真，选择某几个关键指标作为评估标准，实现比如部件 A 从 F2 到 F1 的物流流线方案、真空件和采购件立体库出入库方案、成品入库等多方案的比较，达到验证设计方案的效果。

通过仿真布局验证，保证设计方案的有效。通过仿真预测在线体达产状况下，发现了工厂布局中空间干涉的问题，缓存区域和资源配置的瓶颈问题，进行反复方案调

整并仿真验证，以实现工厂整体布局最优。

通过设备投入产出分析，避免不必要的高昂设备成本和盲目性投入。对比不同的设备投入数量对应的生产能力状况，帮助规划人员找到最优的设备投入数量，确保设备规划数量和设备运行规则的合理性。

通过仿真得出各种设备利用率、物流设备负荷分析；分析利用率差异较大的物流设备，调整相应物流设备工作分配情况，直到调整到各物流设备利用率比较平衡，从而得出工作量调整的新分配方案，提升各设备的有效利用率。

通过物流线路分析，合理分配物料搬运线路。对初步设计方案进行仿真，统计生产物流和仓储物流路线的主要通道物理量、路口拥堵时间等指标。对各指标进行评价，分析指标异常的通道，进行反复调整优化，直到各主要通道相应指标趋于合理，从而实现物流路线的定位优化。

通过暂存区域容量需求及库存量，提高工厂面积的有效利用率。对物流设备、物流线路、生产节拍等优化后的方案进行仿真，统计各线边工位需求的器具数量、拉动触发的水位量，以及立体仓库存储区的容量需求、安全库存量等指标，以这些指标为正常生产提供指导。

通过立库系统分析，提高立库系统设计的可靠性。通过仿真得到如下指标：库区总体库容率、自制件库容率、外购件库容率，各类外购件的库存量、各批次真空件的库存量，入库台等待入库零件的平均排队长度、平均等待时间，总装线前等待上线零件的平均排队长度、平均等待时间，提升机利用率，堆垛机利用率、走行距离，自制件和外购件的存储区域划分，各类外购件的存储区域划分，立体库零件存放规则，进行方案的比较选择。

三、单元技术实施项目管理

1. 单元技术实施项目管理要素

（1）单元技术实施项目定位管理。需要明确界定单元技术实施的项目范围、项目进度和项目成本基准，以终为始、层层推进项目的有效管理。

（2）技术实施逻辑管理。从技术应用的场景设计入手，进行技术探索、技术选型、参数定义和硬件应用的成熟度，以及供应商选择过程都需要有一系列的实施逻辑和计划，以保证该过程是一次性成功，避免迂回管理。技术实施过程中有必要邀请行业有实力的技术提供方，参与讨论和分析技术实施可行性，在很多时候还可能涉及标准技术的个性化二次开发和设计，甚至是非标技术的创新设计。

（3）单元技术实施项目要素管理。主要关注项目范围、项目时间管理、项目成本管理、项目质量管理、关键干系人管理和人力资源管理、项目沟通管理、项目风险管理、项目采购管理等要素。

（4）单元技术实施项目资源管理。主要体现为对项目所需的人力、材料、机械、技术、资金等资源所进行的计划、组织、指挥、协调和控制等活动。

（5）单元技术选型与来源管理。技术选型指的是根据实际业务管理的需要，对硬件、软件及所要用到的技术进行规格选择。技术来源可能涉及创新设计、专利购买、设备采购，以及原有设备的技术升级等。

（6）单元技术引入门槛与要求标准。对智能制造系统的单元技术引入需要遵循场景设计、概念设计和技术参数等而形成的技术标准，在通常情况下需要遵循可靠、适用、有效和经济的原则。

（7）关键技术与零部件锁定。对于影响系统运营指标和关键功能的某些关键技术和零部件，比如说5G信息技术、伺服电机的品牌、PLC的功能模块等有必要进行锁定与指定，避免由于价格等原因导致的功能缺陷和技术不足。

（8）招投标与技术提供方入场管理。技术提供方入场管理门槛除了企业经营实力本身外，还通常需要考虑提供方的系统方案设计能力、方案可行性评估与优化—仿真能力、项目管理经验及能力、安装调试方案及能力、类似工程成功经验、信息系统能力、价格、品质和交货期、售后服务承诺及质保期、培训内容及计划、现场答辩。

（9）单元技术实施安装与联调管理。技术实施安装需要考虑建筑装修、动力、能源、消防、物流等要素的整体配合，安装好了之后需要整个系统进行联合调试。也就是说，需要与采购体系、物流体系、质量体系、制造体系、信息系统和相关的辅助设施进行联调，只有经过多次联调成功之后，才可以试产甚至量产。

2. 单元技术实施项目瓶颈与风险管理

（1）瓶颈与风险定义。瓶颈一般是指在整体中的关键限制因素。智能制造中的瓶颈是指那些限制工作流整体水平（包括工作流完成时间，工作流的质量等）的单个因素或少数几个因素。通常把一个流程中生产节拍最慢的环节叫做“瓶颈”。在单元技术实施过程中，需要界定瓶颈产生的条件、定义，以及可能出现的时机与频率，由此推导该瓶颈所带来的风险。

（2）瓶颈与风险识别。在以交付为中心的智能制造过程中，需要从原料投入到成品产出全过程，按顺序连续地根据不同物料、产品的流动流程，对每一阶段和环节，逐个进行调查分析，找出瓶颈和风险存在的原因。

（3）瓶颈扩充与优化。制造体系需要强调追求作业和物流的平衡，而不是生产能力的平衡。就是使各个工序都与瓶颈关键节点同步，以求生产周期最短、在制品最少。生产能力的平衡实际是做不到的，而波动是绝对的，市场每时每刻都在变化；生产能力的稳定只是相对的。所以必须接受市场波动这个现实，并在这种前提下追求物流平衡。做所需要的工作（应该做的，即“利用”）无论需要与否，最大程度可做的工作（能够做的，即“活力”）之间是明显不同的。所以对系统中“非瓶颈”的安排使用，应基于系统的“瓶颈”，并对此进行扩充与优化。

（4）针对风险的应急管理。需要制定应急措施和相关的培训与演练，当发生某种特定的风险时，即启动该应急模式，应急模式需要划分等级。

（5）单元技术实施项目过程瓶颈与风险的早期预警。风险预警系统是一项非常复杂的系统项目，涉及因素众多，可以运用的方法较多。在风险预警子系统中，根据研究对象的实际情况及风险管理者的经验，合理划分风险预警区间，判断风险量处于正常状态、警戒状态还是危险状态。预警系统可采取类似交通管制信号灯的灯号显示法，如“蓝灯”“绿灯”“黄灯”“橙灯”“红灯”五种标识进行单项预警。针对不同的预警区间，灯号显示所表现的警情也会有所不同。

3. 案例

以下为某智能制造项目单元技术集成实施过程与测试案例。

在某智能工厂项目中，总装阶段的物料“黑球”和“支架组件”工位单位小时流量（黑球：10 箱/小时，支架：6. 3 箱/小时）需求较大，两个工位占了单线流量的 50%，在总装配送方案设计中需重点考虑这两个工位的配送上线需求。使用提升机直接对接到工位要料点，其中，两台提升机之间的工位要料点——“磁铁 1”，以及黑球提升机旁边的要料点——“散热片”，使用提升机一并处理，其他工位要料点使用 AGV 配送至工位。装配线的要料点如图 6-22 所示。

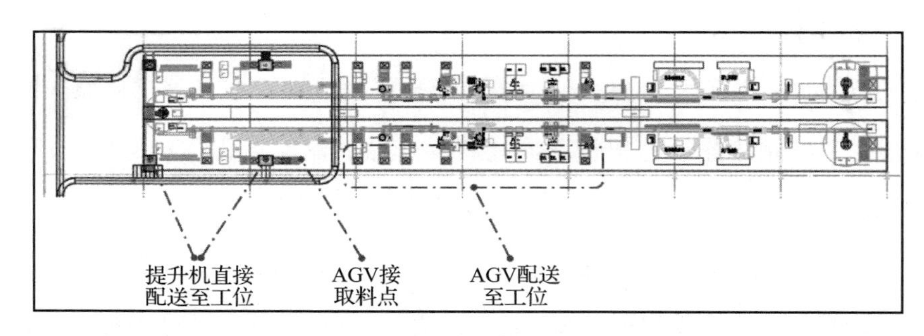

图 6-22　装配线的要料点示意图

根据工厂总装线布局，总装共需配置 14 条线的资源，物料采用标准箱（D. H）送线，总装对接工位形式设计为：实箱在下层，空箱在上层。根据产能，每条总装线单线工位数为 9 个，流量为 33. 85 箱/h，考虑生产作业环境的干扰性对 AGV 效率的影响，AGV 不做系统调度，单台 AGV 对单线各点位进行循环配送，使用双工位，一次可配送多箱，总装物料配送场景如图 6-23 所示。

图 6-23　总装物料配送场景

该场景设计涉及循环配送技术、提升机构往复对接技术、产线双箱制拉动技术（满箱换空箱）、AGV 搬运与循环对接技术与算法以及产线关联的自动化作业对接技术

等，在实施过程中需要经过单机测试、多机测试以及整个智能生产–智能物流系统联合调试，最终需要达到设计要求的相关参数，之后才能够经过试产和量产爬坡。

本章思考题

1. 简述技术服务与咨询的特点。
2. 技术服务与咨询为什么需要做“知识嫁接”？
3. 如何理解生产系统的整体性、集成性？请简述说明。
4. 生产经营过程指标有哪些重要的内容和项目？请举例说明。
5. 如何做一个智能工厂物流技术的规划、建设方案咨询服务？
6. 如何针对一个特定的单元技术实施项目管理？

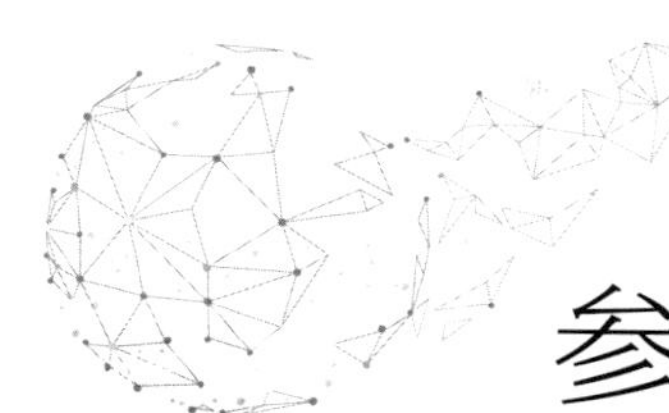

参考文献

第一章　智能制造导论

［1］国家智能制造标准体系建设指南（2018 年版）［J］. 机械工业标准化与质量，2018（12）：7-14.

［2］陈明，张光新，向宏．智能制造导论［M］. 北京：机械工业出版社，2021.

［3］陈明，梁乃明．智能制造之路：数字化工厂［M］. 北京：机械工业出版社，2016.

［4］周济，周艳红，王柏村，臧冀原．面向新一代智能制造的人-信息-物理系统（HCPS）［J］. Engineering，2019，5（04）：71-97.

［5］李向前，陈明，杨敏．转型：智能制造的新基建时代［M］. 上海：上海科学技术出版社，2020.

［6］Ilie Margareta, Ilie Constantin. Product Lifecycle Management and Project Life Cycle Management［J］. Ovidius University Annals, Economic Sciences Series. Volume X, 2010.

［7］顾新建，纪杨建，祁国宁．制造业信息化导论［M］. 浙江：浙江大学出版社，2010.

［8］［美］杰弗里．莱克，韩英．The Toyota Way. 丰田汽车案例［M］. 北京：中国财政经济出版社，2004.

［9］［美］詹姆斯．P. 沃麦克，丹尼尔．T. 琼斯．Lean Thinking，精益思想（2003 年修订版）［M］. 北京：商务印书馆，2005.

［10］［美］迈克．鲁斯，约翰．舒克．Learning to See，学习观察［M］．北京：中国劳动社会保障出版社，2005.

第二章　工业互联网

［11］工业互联网创新发展行动计划（2021—2023年）．［R］．中华人民共和国中央人民政府．2021-02-18.

［12］谭建荣，工业互联网［J］．浙江大学学报，2018，29（10）：1248-1259.

［13］工业互联网产业联盟．工业互联网体系架构2.0［R］.2019-02.

［14］夏志杰．工业互联网的体系架构与关键技术［J］．中国机械工程，2018，29（10）：1248-1259.

［15］赵福川，刘爱华，周华东．5G确定性网络的应用和传送技术［J］．中兴通讯技术，2019，25（5）：62-67. DOI：10. 12142/ZTETJ. 201905010.

［16］夏于飞主编，张国忠，卜文平，副主编，成品油管道的运行与技术管理［J］．中国科学技术出版社，2010（09）：153-156.

［17］Li Da Xu, Wu He, Shancang Li. Internet of Things in Industries: A Survey［J］. IEEE Transactions on Industrial Informatics. volume.（10）, Novermber 2014.

［18］Emiliano Sisini, Abusayeed Saifullah, et. al. Industrial Internet of Things: Challenges, Opportunities, and Direcitions［J］. IEEE Transactions on Industrial Informatics, volume.（14）, April 2018.

［19］HANSONG XU, WE YU. et. al. A Survey on Industrial Internet of Things: A Cyber-Physical Systems Perspective［J］. IEEE Access, VOLUME（6）, 2018.

［20］陈德基．实时物联网框架．［S］．ISO/IEC30156（2021-07）.

［21］陆平，李建华，赵维铎．5G在垂直行业中的应用［J］．中兴通讯技术，2019，25（1）：67-74.

［22］陆平．数字孪生模型在产品构型管理中应用探讨［J］．航空制造技术，2017.

第三章　工业大数据

［23］中国电子技术标准化研究院．工业大数据白皮书（2019 版）［R］. 2019-03.

［24］工业互联网产业联盟．中国工业大数据技术与应用白皮书［R］. 2017-07.

［25］本刊编辑部．联想工业大数据解决方案及赋能体系［J］. 中国信息化，2018（08）：28-29.

［26］孟勋．物联网技术综述［J］. 中国科技信息，2018（23）：46-47.

［27］田野，刘佳，申杰．物联网标识技术发展与趋势［J］. 物联网学报，2018，2（02）：8-17.

［28］邵海龙，敖勇．基于 RFID 的物联网技术在物流仓储管理中的应用［J］. 物流技术与应用，2018，23（06）：139-141.

［29］赵一凡，卞良，丛昕．数据清洗方法研究综述［J］. 软件导刊，2017，16（12）：222-224.

［30］邓建新，单路宝，贺德强．缺失数据的处理方法及其发展趋势［J］. 统计与决策，2019，35（23）：28-34.

［31］李玲娟，梁玉龙，王汝传．数据归约技术及其在 IDS 中的应用研究［J］. 南京邮电大学学报（自然科学版），2006（06）：52-55.

［32］刘明吉，王秀峰，黄亚楼．数据挖掘中的数据预处理［J］. 计算机科学，2000，27（04）：56-59.

［33］杨俊杰，廖卓凡，冯超超．大数据存储架构和算法研究综述［J］. 计算机应用，2016，36（09）：2465-2471.

［34］李业田，常用数据库类型介绍与解析［J］. 电子世界，2018，554（20）：101.

［35］段成．智能制造背景下工业大数据的数据质量控制探讨［J］. 机械设计与制造工程，2018，47（02）：13-16.

［36］陈跃国，王京春．数据集成综述［J］. 计算机科学，2004，31（05）：48-51.

［37］Chandra P, Gupta M K. Comprehensive survey on data warehousing research［J］. International Journal of Information Technology, 2018, 10(2): 217-224.

[38] 王美清，马鹏飞，边远，等．面向数控加工过程智能管控的多源异构数据管理方法 [J]. 航空制造技术，2020，063（008）：14-23.

[39] 王建民．工业大数据技术综述 [J]. 大数据，2017，3（06）：3-14.

[40] 孙海东，王诗贺，鞠晓辉．产品测试数据管理系统的开发与应用 [J]. 科技创新与应用，2019（09）：186-188.

[41] 刘若南．工业大数据安全风险与技术应对 [J]. 中国工业和信息化，2020（08）：20-24.

[42] 佟鑫，任望，冯运波．大数据平台安全风险分析与评估方法 [J]. 保密科学技术，2018（02）：6-14.

[43] 朱闻亚．数据加密技术在计算机网络安全中的应用价值研究 [J]. 制造业自动化，2012，34（006）：35-36.

[44] 朱建彬．计算机网络安全与数据完整性技术 [J]. 信息技术与信息化，2018（11）：81-83.

[45] 国家工业信息安全发展研究中心．工业互联网数据安全白皮书（2020）[R]. (2020-12).

[46] 施巍松，孙辉，曹杰，张权，刘伟．边缘计算：万物互联时代新型计算模型 [J]. 计算机研究与发展，2017，54（05）：907-924.

[47] 汪俊亮，张洁．大数据驱动的晶圆工期预测关键参数识别方法 [J]. 机械工程学报，2018，54（23）：185-191.

第四章　工业人工智能

[48] 工业互联网产业联盟．工业智能白皮书 [R]. 工业互联网产业联盟，2020：1-38.

[49] 赵楠，谭惠文．人工智能技术的发展及应用分析 [J]. 中国电子科学研究院学报，2021，16（07）：737-740.

[50] 张一贺．AlphaGo 背后强大的人工智能技术 [J]. 数字通信世界，2017（11）：78-79.

［51］卢新来，杜子亮，许赟．航空人工智能概念与应用发展综述［J］．航空学报，2021，42（4）：245-258.

［52］李开复，王咏刚．《人工智能》第三章（节选）［J］．汕头大学学报（人文社会科学版），2017，33（05）：127-136.

［53］李东，杨云飞，胡鹏翔，张欢，程兴．运载火箭多体动力学建模与仿真技术研究［J］．宇航学报，2021，42（02）：141-149.

［54］杨骁勇，张辉，刘尚豫，等．航空安全领域研究进展可视化综述［J］．交通信息与安全，2021，39（3）：8-16.

［55］王建民，杨子兵，桑腾，等．数字孪生技术关键应用及方法研究［J］．数字技术与应用，2020（12）：44-46.

［56］王建民．工业大数据技术综述［J］．大数据，2017（6）：3-14.

［57］王韵滋，王爽．基于大数据的数据挖掘技术在工业信息化中的应用分析［J］．科学与信息化，2020（25）：68-69.

［58］李晓华．全球工业互联网发展比较［J］．甘肃社会科学，2020（6）：187-196.

［59］胡琳，杨建军，韦莎，等．工业互联网标准体系构建与实施路径［J］．中国工程科学，2021，23（2）：88-94.

［60］高云全，李小勇，方滨兴．物联网搜索技术综述［J］．通信学报，2015，36（12）：57-76.

［61］杨艳华，朱祖平，姚立纲．机械产品概念设计推理技术研究综述［J］．现代制造工程，2010（2）：4-8.

［62］孙铁利，赵隽，杨凤芹，吴迪．一种基于相对特征的文本分类算法［J］．东北师范大学学报（自然科学版），2010，42（01）：63-66.

［63］黄大荣，陈长沙，孙国玺，等．复杂装备轴承多重故障的线性判别分析与反向传播神经网络协作诊断方法［J］．兵工学报，2017，38（8）：1649-1657.

［64］王守选，叶柏龙，李伟健，等．决策树、朴素贝叶斯和朴素贝叶斯树的比较［J］．计算机系统应用，2012，21（12）：221-224.

［65］窦小凡．KNN 算法综述［J］．通讯世界，2018（10）：273-274.

[66] 郭明玮，赵宇宙，项俊平，等．基于支持向量机的目标检测算法综述［J］．控制与决策，2014（2）：193-200.

[67] 刘启军，曾庆．Logistic 回归模型及其研究进展［J］．预防医学情报杂志，2002，18（5）：417-419.

[68] 孔欣然．机器学习综述［J］．电子制作，2019（24）：82-84，38.

[69] 赵晨阳．机器学习综述［J］．数字通信世界，2018（1）：109-112.

[70] 曾凡智，周燕，余家豪，等．基于无监督学习的二维工程 CAD 模型端到端检索算法［J］．计算机科学，2019，46（12）：298-305.

[71] 秦智慧，李宁，刘晓彤，等．无模型强化学习研究综述［J］．计算机科学，2021，48（3）：180-187.

[72] 王鑫，陈蔚雪，杨雅君，等．知识图谱划分算法研究综述［J］．计算机学报，2021，44（1）：235-260.

[73] 王曰芬，章成志，张蓓蓓，等．数据清洗研究综述［J］．现代图书情报技术，2007（12）：50-56.

[74] 沈毅，李利亮，王振华．航天器故障诊断与容错控制技术研究综述［J］．宇航学报，2020，41（6）：647-656.

[75] 易立，赵海燕，张伟，等．特征模型融合研究［J］．计算机学报，2013，36（1）：1-9.

[76] 吴金波，唐前进，杨明．分类算法应用程序的蜕变测试方法研究［J］．计算机应用与软件，2020，37（7）：9-13，48.

[77] 余水宝，张筱燕，成斌，等．传感器传递函数回归算法及其应用研究［J］．仪器仪表学报，2005，26（8）：1083-1084.

[78] 曾翎，王美玲，陈华富．遗传模糊 C-均值聚类算法应用于 MRI 分割［J］．电子科技大学学报，2008，37（4）：627-629.

[79] 朱金周，石林，石阁，等．5G 在离散制造中的应用研究［J］．现代信息科技，2021，5（4）：162-165，170.

[80] 樊炯明，胡山鹰，陈定江，等．流程制造业本质性分析［J］．中国工程科

学，2017，19（3）：80-88.

［81］赵东明，田雷，刘静，等．电信运营商知识图谱智慧运营管理系统［J］．中国新通信，2021，23（1）：97-99.

［82］邓际斌．计算机编程语言发展综述［J］．中国科技信息，2019（17）：50-52.

［83］田燕军，王莉，王玥．编程语言发展综述［J］．信息记录材料，2020，21（6）：7-8.

［84］沈娉婷，陈良育．Java 应用系统的复杂网络分析［J］．华东师范大学学报（自然科学版），2017（1）：38-51.

［85］张俊．基于大数据的 C 语言程序设计［J］．数字技术与应用，2021，39（3）：105-107.

［86］李蜀瑜，吴健，胡正国．嵌入式 JavaScript 解释器的设计与实现［J］．计算机应用研究，2003，20（1）：128-130.

［87］高成强．R 语言在几类优化问题中的应用［J］．价值工程，2019，38（17）：238-240.

［88］祝永志，张彩廷．基于 TensorFlow 深度学习的 Minist 手写数字识别技术［J］．通信技术，2020，53（1）：46-51.

［89］李双峰．TensorFlow Lite：端侧机器学习框架［J］．计算机研究与发展，2020，57（9）：1839-1853.

［90］Ketkar N. Introduction to PyTorch［M］. Deep learning with python. Apress, Berkeley, CA, 2017：195-208.

［91］高宇鹏，胡众义．基于 Keras 手写数字识别模型的改进［J］．计算技术与自动化，2021，40（02）：164-169.

［92］李培秀，李致金，韩可，等．基于 Caffe 深度学习框架的标签缺陷检测应用研究［J］．中国电子科学研究院学报，2019，14（2）：118-122.

［93］于璠．新一代深度学习框架研究［J］．大数据，2020，6（4）：69-80.

第五章　产品与工厂的建模与仿真

［94］武福，李忠学，雷斌，等．生产系统建模与仿真［M］．西安：西安电子科技大学出版社，2014.

［95］王亚超，马汉武，等．生产物流系统建模与仿真［M］．北京：科学出版社，2006.

［96］梁乃明，方志刚，李荣跃，高岩松等编著．数字孪生实战 基于模型的数字化企业（MBE）［M］．北京：机械工业出版社，2020.

［97］苏春，数字化设计与制造（第 2 版）［M］．北京：机械工业出版社，2016.

［98］沈斌，陈炳森，张曙．生产系统学（第 2 版）［M］．上海：同济大学出版社，1999.

［99］西门子工业软件公司 西门子中央研究院 工业 4.0 实战：装备制造业数字化之道［M］．北京：机械工业出版社，2015.

［100］张浩，樊留群，马玉敏编著．数字化工厂技术与应用［M］．北京：机械工业出版社，2006.

第六章　智能制造技术服务与咨询

［101］申艳玲．国际贸易理论与实务［M］．北京：清华大学出版社，2008.

［102］制造强国战略研究组．制造强国——战略研究．综合卷［M］．北京：电子工业出版社，2015.

［103］理查德．B. 蔡斯，尼古拉斯．J. 阿奎拉诺，F. 罗伯特．雅各布斯．运营管理［M］．北京：机械工业出版社，2004.

［104］邱伏生．智能供应链［M］．北京：机械工业出版社，2019.

［105］严隽薇．现代集成制造系统概论——理念、方法、技术、设计与实施［M］．北京：清华大学出版社，2007.

［106］孙春华．CAD/CAPP/CAM 技术基础及应用［M］．北京：清华大学出版社，2004：120-160.

［107］孙林岩，李刚，江志斌，等．21 世纪的先进制造模式——服务型制造［J］．

中国机械工程，2007（19）.

［108］柴天佑，金以慧，任德祥等．基于三层结构的流程工业现代集成制造系统［J］．控制工程，2002，3：1-6.

［109］吴澄，李伯虎．从计算机集成制造到现代集成制造：兼谈中国 CIMS 系统论的特点［J］．计算机集成制造系统，1998，4（5）：1-5.

［110］李伯虎，吴澄，刘飞，戴国忠等．现代集成制造的发展与 863/CIMS 主题的实施策略［J］．计算机集成制造系统，1998，4（5）：7-15.

［111］李荣彬，张志辉，杜雪等．自由曲面光学元件的设计、加工及面形测量的集成制造技术［J］．机械工程学报，2010，46（11,），137-148.

［112］吴澄．现代集成制造系统的理论基础——一类复杂性问题及其求解［J］．计算机集成制造系统，2001，3（2）：1-7.

［113］于永成，顾炎秋编．物流技术用语［M］．北京：人民交通出版社，1993.

［114］何盛明．财经大辞典［M］．北京：中国财政经济出版社，1990.

［115］陆雄文．管理学大辞典［M］．上海：上海辞书出版社，2013.

［116］王学文．工程导论［M］．北京：电子工业出版社，2012.

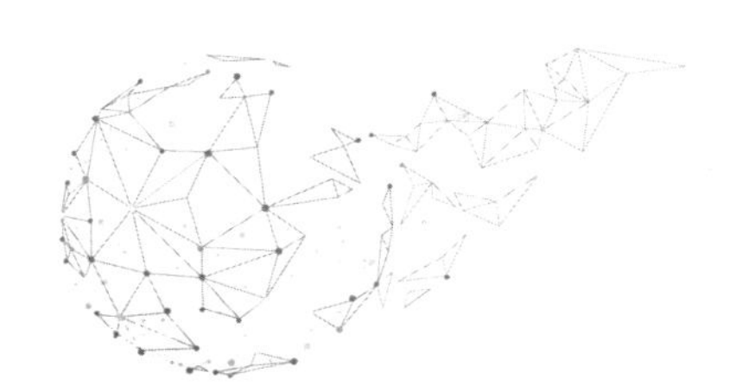

后记

随着全球新一轮科技革命和产业变革加速演进，以新一代信息技术与先进制造业深度融合为特征的智能制造已经成为推动新一轮工业革命的核心驱动力。世界各工业强国纷纷将智能制造作为推动制造业创新发展、巩固并重塑制造业竞争优势的战略选择，将发展智能制造作为提升国家竞争力、赢得未来竞争优势的关键举措。

智能制造是基于新一代信息技术与先进制造技术深度融合，贯穿于设计、生产、管理、服务等制造活动各个环节，具有自感知、自决策、自执行、自适应、自学习等特征，旨在提高制造业质量、效益和核心竞争力的先进生产方式。作为“制造强国”战略的主攻方向，智能制造发展水平关乎我国未来制造业的全球地位，对于加快发展现代产业体系，巩固壮大实体经济根基，建设“中国智造”具有重要作用。推进制造业智能化转型和高质量发展是适应我国经济发展阶段变化、认识我国新发展阶段、贯彻新发展理念、推进新发展格局的必然要求。

2020 年 2 月，《人力资源社会保障部办公厅　市场监管总局办公厅　统计局办公室关于发布智能制造工程技术人员等职业信息的通知》（人社厅发〔2020〕17 号）正式将智能制造工程技术人员列为新职业，并对职业定义及主要工作任务进行了系统性描述。为加快建设智能制造高素质专业技术人才队伍，改善智能制造人才供给质量结构，在充分考虑科技进步、社会经济发展和产业结构变化对智能制造工程技术人员要求的基础上，以智能制造工程技术人员专业能力建设为目标，根据《智能制造工程技术人员国家职业技术技能标准（2021 年版）》（以下简称《标准》），人力资源社会保障部专业技术人员管理司指导中国机械工程学会，组织有关专家开展了智能制造工程技术人员培训教程（以下简称教程）的编写工作，用于全国专业技术人员新职业培训。

智能制造工程技术人员是从事智能制造相关技术研究、开发，对智能制造装备、生产线进行设计、安装、调试、管控和应用的工程技术人员。共分为 3 个专业技术等级，分别为初级、中级、高级。其中，初级、中级均分为 4 个职业方向：智能装备与产线开发、智能装备与产线应用、智能生产管控、装备与产线智能运维；高级分为 5 个职业方向：智能制造系统架构构建、智能装备与产线开发、智能装备与产线应用、智能生产管控、装备与产线智能运维。

与此相对应，教程分为初级、中级、高级培训教程。各专业技术等级的每个职业方向分别为一本，另外各专业技术等级还包含《智能制造工程技术人员——智能制造共性技术》教程一本。需要说明的是：《智能制造工程技术人员——智能制造共性技术》教程对应《标准》中的共性职业功能，是各职业方向培训教程的基础。

在使用本系列教程开展培训时，应当结合培训目标与受训人员的实际水平和专业方向，选用合适的教程。在智能制造工程技术人员各专业技术等级的培训中，“智能制造共性技术”是每个职业方向都需要掌握的，在此基础上，可根据培训目标与受训人员实际，选用一种或多种不同职业方向的教程。培训考核合格后，获得相应证书。

初级教程包含：《智能制造工程技术人员（初级）——智能制造共性技术》《智能制造工程技术人员（初级）——智能装备与产线开发》《智能制造工程技术人员（初级）——智能装备与产线应用》《智能制造工程技术人员（初级）——智能生产管控》《智能制造工程技术人员（初级）——装备与产线智能运维》，共 5 本。《智能制造工程技术人员（初级）——智能制造共性技术》一书内容涵盖《标准》中初级共性职业功能所要求的专业能力要求和相关知识要求，是每个职业方向培训的必备用书；《智能制造工程技术人员（初级）——智能装备与产线开发》一书内容涵盖《标准》中初级智能装备与产线开发职业方向应具备的专业能力和相关知识要求；《智能制造工程技术人员（初级）——智能装备与产线应用》一书内容涵盖《标准》中初级智能装备与产线应用职业方向应具备的专业能力和相关知识要求；《智能制造工程技术人员（初级）——智能生产管控》一书内容涵盖《标准》中初级智能生产管控职业方向应具备的专业能力和相关知识要求；《智能制造工程技术人员（初级）——装备与产线智能运维》一书内容涵盖《标准》中初级装备与产线智能运维职业方向应具备的专业能力和相关知识要求。

本教程适用于大学专科学历（或高等职业学校毕业）及以上，具有机械类、仪器类、电子信息类、自动化类、计算机类、工业工程类等工科专业学习背景，具有较强的学习能力、计算能力、表达能力和空间感，参加全国专业技术人员新职业培训的人员。

智能制造工程技术人员需按照《标准》的职业要求参加有关课程培训，完成规定学时，取得学时证明。初级、中级为 90 标准学时，高级为 80 标准学时。

本教程是在人力资源社会保障部、工业和信息化部相关部门领导下，由中国机械工程学会组织编写的，来自同济大学、西安交通大学、华中科技大学、东华大学、大连理工大学、上海交通大学、浙江大学、哈尔滨工业大学、天津大学、北京理工大学、西北工业大学、上海犀浦智能系统有限公司、北京机械工业自动化研究所、北京精雕科技集团有限公司、西门子（中国）有限公司等高校及科研院所、企业的智能制造领域的核心及知名专家参与了编写和审定，同时参考了多方面的文献，吸收了许多专家学者的研究成果，在此表示衷心感谢。

由于编者水平、经验与时间所限，本书的不足与疏漏之处在所难免，恳请广大读者批评与指正。

本书编委会